U0160865

普通高等教育光电信息科学与工程专业系列教材

激光器件与技术（下册）

激光技术及应用

田来科　白晋涛
王展云　程光华　编著

科学出版社

北京

内 容 简 介

本书以著名光子学家郭光灿院士指出的"书乃明理于本始，惠泽于世人……探微索隐，刻意研精，识其真要，奉献读者"为旨要，以 12 章成体，以激光单元技术和应用技术为用。首先对各种单元技术结构特点、运转机理等基础知识进行介绍；然后分别介绍激光调制、偏转、调 Q、超短脉冲、放大、横模选取、纵模选取、稳频、非线性光学、激光微束等技术，其各自独立解剖展示技术特性、运转机理等内容；最后，介绍激光在各个领域中的应用。本书着重论述与分析物理基本原理和概念，通过大量实例来深入浅出地剖析激光技术的应用，并展示激光技术的最新成果和前沿动态。

本书既是理论学习的蓝本，又是实用说明书。全书理论论述深入浅出，物理概念清晰明了，内容编排图文并茂。

本书可作为高等院校光电信息科学与工程、应用物理学等专业的专科生、本科生及研究生教材，也可作为教师、科技人员、医生和工程技术人员的参考书。

图书在版编目（CIP）数据

激光器件与技术. 下册，激光技术及应用 / 田来科等编著. —北京：科学出版社，2023.6
普通高等教育光电信息科学与工程专业系列教材
ISBN 978-7-03-075868-2

Ⅰ. ①激… Ⅱ. ①田… Ⅲ. ①激光器件－高等学校－教材 Ⅳ. ①TN365

中国国家版本馆 CIP 数据核字 (2023) 第 110633 号

责任编辑：潘斯斯　张丽花 / 责任校对：王　瑞
责任印制：赵　博 / 封面设计：马晓敏

科学出版社 出版
北京东黄城根北街 16 号
邮政编码：100717
http://www.sciencep.com

北京科印技术咨询服务有限公司数码印刷分部印刷
科学出版社发行　各地新华书店经销
*
2023 年 6 月第 一 版　　开本：787×1092　1/16
2025 年 1 月第三次印刷　　印张：19 1/4
字数：490 000

定价：88.00 元

（如有印装质量问题，我社负责调换）

序

　　1960 年，世界上第一台激光器诞生，激光独特而绚丽的性质，使其成为具有广泛用途且其他工具不可替代的神奇光源。激光的诞生引起了光学领域的巨大革命，同时对整个科技领域的进步和发展起到了助力器的作用。激光装置与技术创造了诸多的世界之最：瞬间最高温度达 10^{10}K，压力超过 10^{11} 个大气压，最低温度达 10^{-9}K，世界最短时标 10^{-18}s，超快脉冲激光瞬时功率可达 10^{15}W，等等。激光被广泛地应用到工业、农业、医学、通信、国防、检测与测量、科学研究及信息等诸多领域，带动了许多学科的发展以及新兴学科的诞生，如信息光学、非线性光学、激光光谱学、光化学、光生物学、光物理学、激光医学、光通信、光传感器、光神经网络、光子学、光电子学、集成光学、导波光学、傅里叶光学、激光武器、激光雷达、激光热核聚变、高速摄影、量子通信、量子计算机等。美国于 1964 年在越南战场就使用了激光致盲武器、激光精确制导炸弹等；1997 年美国用化学激光器成功地摧毁了过期的空间地球卫星；美籍华人朱棣文等成功地用激光冷冻原子(温度为 24nK)实现了玻色-爱因斯坦凝聚，1997 年获诺贝尔物理学奖……这一切充分显示出激光装置与技术在科技发展和人类社会进步中的光辉前景。

　　激光的应用涵盖宇观、宏观、介观、微观直至渺观等领域中的前沿学科，激光的理论涉及经典、半经典、简化量子到全量子理论。它充满了神秘的色彩，具有诱人的魅力和极大的挑战性，给探索科学提供了犀利的武器，并开拓了广阔的天地。

　　量子通信的出现，斩断了窃密的魔爪，量子计算机投入实际应用后，将会揭开包括人类大脑活动在内的自然界诸多的千古之谜，将来可能实现真正意义上的人工智能机器人，使人类在科学研究、生产技术、社会管理等诸多社会业态发生翻天覆地的变化。然而，影响整个科技进步的关键之一是电子器件超大规模集成化和光学元件高度集成化，其中涉及材料、电子、光学及精密加工等多学科综合交叉，不可或缺的装置是极紫外激光光源。激光光源给物理、化学、生命科学、纳米材料技术及光量子通信、量子计算机等诸多的基础学科和现代前沿技术领域提供了其他任何手段均无法替代的极端条件和技术装置。科技的进步和社会的发展，需要培养大量激光教学科研优秀人才，这就需要一本体系结构科学有序、内容丰富，体现学科前沿性和应用题材，又注意到学科内在逻辑关系的教材。作者探微索隐、刻意研精、识其真要，汇集数十年的教学成果和科研实践经验编写《激光器件与技术(上册)：激光器件》和《激光器件与技术(下册)：激光技术及应用》，这套书值得推荐。

中国科学院院士

郭光灿

2022 年 6 月

前　言

　　宇宙之大，是否有边，粒子之小，结构难辨。当今世界，科学技术日新月异、突飞猛进，犹如东方喷薄欲出的晨阳，绽露出绚丽的曙光呈现在世人面前。

　　生命诞生和存在的三大要素是空气、阳光和水。光是人类获取外界信息、认知宇宙世界最重要的媒介。阳光将缤纷多彩的世界呈现给人类。随着科技进步，望远镜、显微镜将人类视野拓展到广袤的宇宙空间和极小的微观世界。制造新的光源是人类诞生以来不懈的追求。20世纪，继核能、半导体及计算机之后，激光是人类的又一重大发明。它被称为"最锋利的刀""最准确的尺子""最精准的时钟""最高速的摄影机""最亮丽的光源"等，激光科学被誉为最有发展前途的领域之一。激光不但是新学科诞生的源泉，而且是现代科技发展、工业革命等诸多领域向前发展必不可少的工具。

　　激光与AI、5G结合——新学科诞生的催化剂；

　　激光与AI、5G结合——开启了现代工业革命的高速通道；

　　激光与AI、5G结合——为现代军工插上飞翔的翅膀；

　　激光与AI、5G结合——为现代医学精准诊断和治疗提供了犀利工具；

　　激光与AI、5G结合——铸造了开启宇宙演化、生命起源、人体系统奥秘的钥匙；

　　……

　　激光已被广泛地应用到工业、农业、医学、通信、国防、科研等领域。激光器光子的瑰丽特性为获得大量纠缠态光子提供了可能，从而为量子通信、量子计算机等的诞生奠定了基础，为人类揭开宇宙之大、粒子之微、生命起源、大脑奥秘、星体演化、自然的规律等一系列困惑人类数千年的问题展现出一缕曙光。

　　当前，激光科学及与其密切相关的光子学正孕育着突破性进展，阿秒激光脉冲已经诞生，我国已建成10^{16}W飞秒级激光系统。未来激光将会进一步给物理、化学、生命科学、纳米材料技术等基础学科和现代技术领域提供目前其他任何方式均无法获得的极端条件和技术装置。我国"十四五"的工业制造激光应用技术涉及的下游群企业达到万亿规模，它必将在工业加工、材料处理、微电子等诸多领域替代传统手段。

　　综上所述，激光的未来发展具有巨大的机遇、挑战与创新空间。

　　鉴于激光技术在各个学科领域及行业中的普遍应用，全国许多理工科院校开设了激光相关课程。"激光原理""激光器件与技术"课程在许多高校不仅是光电信息科学与工程、应用物理学等专业的必修课程，也是其他许多专业的选修课程。

　　党的二十大报告指出："教育、科技、人才是全面建设社会主义现代化国家的基础性、战略性支撑。"本书以科技创新驱动教育发展，为我国激光技术相关领域培养人才，助力我国高水平科技自立自强。本书内容结合当前高新科技前沿学科的发展趋势和市场对人才培养知识结构的要求，又契合教育部高等院校相关专业的教学大纲；既考虑在校学生的课程学习需要，又兼顾从事相关行业的科研、工程技术人员和激光医学的医务工作者等的工作需求。本套书（《激光器件与技术（上册）：激光器件》和《激光器件与技术（下册）：激光技术及应用》)的内容采用以激光振荡器件为基础，以激光单元技术为提高，以激光应用技术为综合应用的三步式知识结构体系。书中既有严密的理论分析和推导，又有具实用价值的器件和技术的实例，深入浅出地呈现给读者。每章配有习题，既能培养学生的理论分析能力，也能培养学生的应用设计能力。

　　本书以作者从事激光、光电子等课程教学成果和数十年的科研经验与感悟为基础，融会了诸多光电子学专家、学者的教导，紧密结合激光学科的最新成果和前沿动态，将激光器件与技术的基本装置设备、结构特点和应用中所遵循的基本规律与原理，按照人们的学习认知规律构建成知识体系。衷心地感谢郭光灿院士在百忙之中为本书作序。

　　由于作者水平有限，书中难免存在不妥之处，恳请广大读者批评指正。

作　者

2023 年 2 月于西安

目　　录

目　录 • vii •

第1章 激光技术概论

激光技术可分为激光单元技术和激光应用技术。激光单元技术是指通过一定装置控制、改变激光器振荡输出与处理、变换激光光束的技术。为满足激光应用需要，将激光系统、光学系统、机械系统及人工智能(AI)控制结合为一体的技术称为激光应用技术。激光应用技术是以激光为核心的多系统融合技术。本章先介绍激光单元技术，再综述激光应用技术，展望激光产业未来的发展前景与趋势。

1.1 激光单元技术

为了满足实际使用需求，在激光振荡过程中，对激光器的输出特性通过一定的设备手段进行人为的干预、控制，或者对已经产生的激光光束，在波形、频率、模式或强度等方面进一步做一些必要的控制、处理和变换所采用的一些专门技术，即激光单元技术。激光单元技术可概括为：激光调制技术、激光偏转技术、巨脉冲技术与超短脉冲技术(调 Q 技术、锁模技术)、非线性光学技术(倍频技术、光参量振荡技术、激光受激拉曼技术等)、稳频技术、选模技术、激光放大技术、激光调谐技术等。

1.1.1 激光调制技术

1. 分类及简介

激光调制就是以激光为载波，把信号加载到激光束上的过程。激光调制可以是模拟的，也可以是脉冲数字的。激光频率很高，可利用的带宽很宽，特别适合于脉冲调制。在现代通信中，和微波相比，将激光作为载波，可使通频带宽提高 $5 \sim 6$ 个数量级。

1)根据调制信号加载时间分类

激光调制根据调制信号加载时间可分为内调制和外调制。

(1)内调制：加载调制信号于激光振荡的过程之中。实现内调制的最简单方法是通过激光器的泵浦电源将信息加载于输出的光束上，或是在谐振腔内放置调制元件，使调制元件的物理特性受调制信号的控制，输出激光受到调制变为已调波，即携带信号的光波；也可加载调制信号控制激光谐振腔，使谐振腔的参数(如腔长)受控于调制信号，输出激光将因受到调制而成为携带信号的载波。

(2)外调制：加载调制信号于激光振荡形成以后的调制过程中，即将调制信号加载于激光器已输出腔外的激光光束上的调制过程。具体方法是，在激光器谐振腔外的光路上设置调制器。外调制器不改变激光器的参数，而改变已经输出的激光束的参数(如强度、频率等)。

2)根据调制性质分类

激光调制按调制性质分，又可为幅度调制、强度调制、频率调制和相位调制、脉冲调制、脉冲编码调制等。

(1)幅度调制：激光振荡的振幅按调制信号的规律变化。

(2)强度调制：激光振荡的强度按调制信号变化。

(3)频率调制和相位调制：激光振荡的频率或相位按调制信号变化。这两种调制都表现为总相角的变化，因而统称为角度调制。

(4)脉冲调制：激光脉冲序列的幅度、位置、宽度、频率等按调制信号的规律变化，包括脉冲调幅(PAM)、脉冲调强(PIM)、脉冲调频(PFM)、脉冲调相(PPM)。

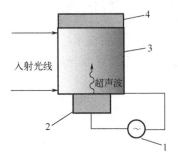

图 1.1.1 声光调制器
1—高频振荡电源；2—电声换能器；
3—声光介质；4—吸声器或声反射器

(5)脉冲编码调制：利用有脉冲(对应 1)和无脉冲(对应 0)的不同排列形式(即二进制的编码信号)，对应表示被传递信号的瞬时值的过程。实现脉冲编码调制需要经过三个过程，即抽样、量化和编码。

2. 实现激光调制的方法

实现激光调制有下列几种方法：机械调制、电光调制、磁光调制、电源调制、声光调制、干涉调制等。图 1.1.1～图 1.1.4 是几种激光调制装置。

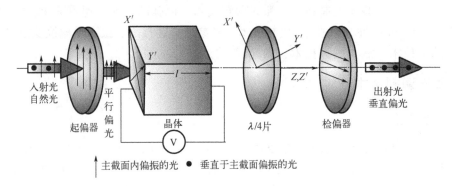

图 1.1.2 激光强度调制器

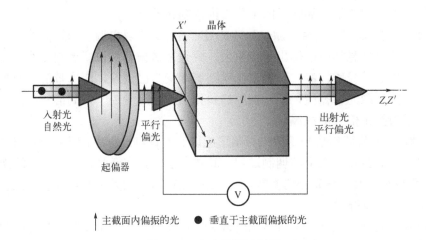

图 1.1.3 电光相位调制器

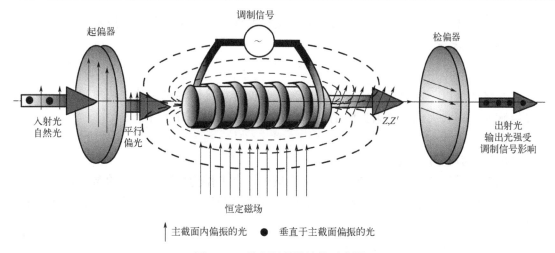

图 1.1.4　磁光调制器结构示意图

3. 一种特殊的调制器——空间光调制器

无论是电光相位调制，还是电光强度调制，都是对一束光的整体进行作用，整个光波横截面各点受到的作用力是相同的。而空间光调制器由许多独立的单元组成，它可对光束横截面内各点的光场空间分布独立实施调制，或者说实施图像调制。这种器件在光信息处理和光计算中作为图像转换、显示、记录、滤波等功能器件获得重要应用。

1.1.2　激光偏转技术

激光偏转技术，即让激光束相对于原始位置做一定规律的偏转扫描，是激光显示、激光电影、激光读取与检索等应用中的关键技术之一。

(1) 分类：按偏转过程的特点可以分为两类。一类是模拟式偏转，即光的偏转角连续变化，它能描述光束的连续位移；另一类是数字式偏转，即在选定空间中的某些特定位置使光离散，不是连续的偏转。

(2) 技术指标：可分辨点数，扫描速度。

(3) 偏转方法：机械偏转法、电光偏转法、声光偏转法等。

图 1.1.5 所示为双棱镜磷酸二氢钾 (KDP, KH_2PO_4) 晶体光束偏转器示意图。

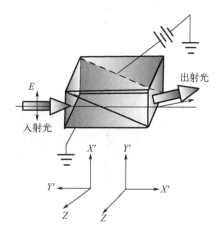

图 1.1.5　双棱镜 KDP 晶体光束偏转器示意图

1.1.3　巨脉冲技术与超短脉冲技术

为了使激光器输出一个高峰值功率的单脉冲(称为巨脉冲或强激光脉冲)，必须设法控制激光器，使激光振荡的弛豫效应导致的分散在数百个小尖峰脉冲中辐射出来的能量，集中在时间宽度极短的一个脉冲内释放出来。有两个基本途径可以使能量从时间域、空间域和频率域都更加集中。能量的储存及快速释放——调 Q 技术；能量在时间上的逐步叠加，使能量叠加到一个时间很窄的脉冲上，从而获得巨脉冲，可从时间和频率两种途径实现，从频率途径实现——锁模技术，以及从时间途径实现——激光注入放大技术。

1. 调 Q 技术

1)原理

首先将能量以一定的方式储存起来，当能量储存得足够多时，使之快速释放，以获得激光巨脉冲，即人为地控制谐振腔的 Q 值，使之发生突然变化而工作。

2)两种工作方式

(1)工作物质储能调 Q 方式。

使能量以激活粒子的形式储存于工作物质中，当工作物质高能态上的激活粒子积聚到最大值时，快速发生辐射跃迁，将储存的能量以光子的形式释放，从而获得一个强的激光脉冲输出。

过程：低 Q 储能，高 Q 输出。

输出方式：PRM，即谐振腔在形成激光脉冲的过程中，一边形成一边输出，在某一时刻 t，输出光波的强度与腔内光场强度成比例。

(2)谐振腔储能调 Q 方式。

使能量以光子的形式储存在谐振腔中，当谐振腔内的光子积累得足够多时，瞬间全部释放到腔外，获得强激光脉冲。

过程：高 Q 储能，低 Q 输出。

输出方式：PTM，即"腔倒空"技术，在透过率 $T = 0\%$ 的条件下储能，在透过率 $T = 100\%$ 的条件下实现激光输出。

3)几种调 Q 方式

调 Q 方式有转镜调 Q(图1.1.6)、染料调 Q、电光调 Q(图1.1.7)、声光调 Q(图1.1.8)。

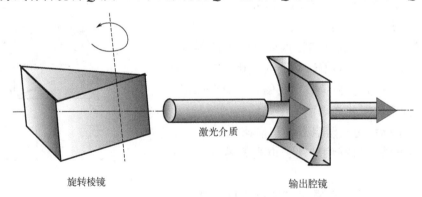

旋转棱镜 　　　　激光介质 　　　　输出腔镜

图 1.1.6　转镜调 Q 原理图

2. 锁模技术

虽然 Q 开关技术可以压缩激光脉冲宽度，获得巨脉冲输出，但从原理上其压缩能力受到腔长限制。因为一个 Q 开关光脉冲的宽度至少等于光波行进单程光腔长度所经历的时间，所以 Q 开关巨脉冲宽度通常被限制在纳秒量级。激光锁模技术则可进一步将激光脉冲宽度压缩到皮秒、飞秒乃至阿秒量级，故称为超短脉冲技术。

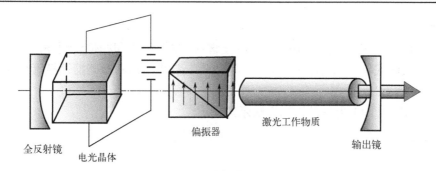

图 1.1.7　电光调 Q 原理图

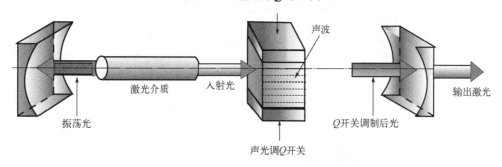

图 1.1.8　声光调 Q 原理图

1) 分类

依据激光的模式，锁模技术分为纵模锁定、横模锁定以及纵横模同时锁定三种。其中，最有价值的是纵模锁定。

2) 原理

锁模就是将两个以上不发生关联的振荡模式(纵模)关联起来。激光器中振荡的纵模本来是不关联的，即各自振荡的相位是独立且随机变化的，即使是紧相邻的两个模也是非相干的，所以激光器的总输出功率等于各个独立模功率之和。如果能使它们的振荡相位一致起来，则各模之间变成相干关系，相干源之间的相加不再是功率之和，而是振幅相加，相应的功率在时间上出现不均匀分布，参与相干的模越多，不均匀分布越尖锐，即形成脉宽极窄、峰值功率很高的激光脉冲。要想获得窄脉冲激光，不仅要求参与振荡的模式数目要多，而且要求各模式之间的相位关系要一致和固定。这种固定各个模式相位关系的方法就称为锁模，相应的技术即为锁模技术。锁模后，激光的输出特性便会发生显著的变化。

(1) 锁模的结果，相当于一个单色正弦波受到频率为纵模间隔的调制频率的幅度调制。

(2) 锁模后调幅波的幅度出现极值的时间间隔恰好为一个光脉冲在腔内往返一次所需的时间。因而，锁相的结果可以理解为只有一个光脉冲在腔内往返传播。

(3) 锁模后各振荡纵模的振幅同时达到极大值。激光的峰值功率提高了 $2(2n+1)$ 倍 ($2n+1$ 为纵模数)。

(4) 锁模后所得脉冲序列中的每一个脉冲的宽度 $\Delta\tau$，近似等于激光器振荡线宽的倒数，因此锁模脉宽约为调 Q 脉宽的 $1/(2n+1)$。

总之，锁模可形成比调 Q 获得脉冲宽度更窄、峰值功率更高的光脉冲，并且工作物质的荧光线宽越宽，锁模光脉冲的宽度越窄。

3)锁模方法

按工作机理可以分为主动锁模(包括幅度调制(AM)锁模和相位调制(FM)锁模)、被动锁模(可饱和吸收式锁模)、主被动同时锁模、同步泵浦锁模和对碰撞锁模等形式。

4)几种锁模方法

图 1.1.9~图 1.1.11 为三种锁模方法示意图。

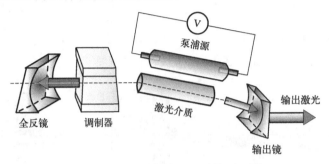

图 1.1.9　AM 锁模激光器结构原理图

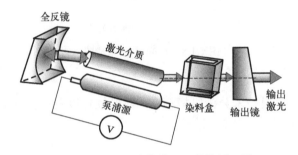

图 1.1.10　被动锁模激光器结构原理图

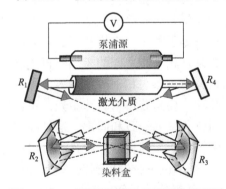

图 1.1.11　对碰撞锁模激光器结构原理图

1.1.4　非线性光学技术

1)非线性光学的特点

(1)在光和物质的相互作用中,物质的光学参数(如折射率、吸收系数)表现为与光强有关,不再是常数。

(2)在光和物质的相互作用中,各种频率的光场产生非线性耦合,从而产生新的频谱,已不满足叠加原理。

2)倍频技术

倍频原理是利用非线性晶体在强光作用下的二次非线性效应，使频率为 ω 的激光通过晶体后变成频率为 2ω 的倍频光，简称为 SHG。

3)光参量振荡技术

倍频方法分为腔内倍频、腔外倍频。图 1.1.12 为腔内倍频激光器结构原理图。

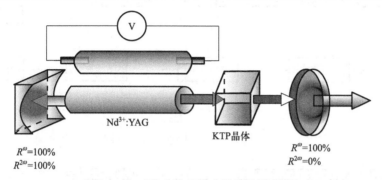

图 1.1.12 腔内倍频激光器结构原理图

1.1.5 稳频技术

稳频技术是使激光器稳定在所需频率振荡的技术。

1)频率稳定的技术指标

(1)稳定度：指在激光器工作时间内，频率的变化量与参考频率的比值。这个比值越小，表示其频率稳定度越高。

(2)复现性：指参考频率本身在激光器工作时间内的漂移变化量与参考频率的比值。这个比值越小，表示其复现性越好。

2)影响频率稳定的因素

(1)温度变化的影响。

(2)机械振动及声波的影响。

(3)空气的气压、温度和湿度变化的影响。

3)稳频方法

采取一定措施，如恒温、避震、隔声、选取小膨胀系数材料、采用稳压稳流电源等，可以使频率不稳定度达到 10^{-7} 量级，称为被动稳频方法。但要进一步提高频率稳定性，必须采用人为伺服控制方法，即以某一条迁跃谱线为参考标准，采用电子学中的伺服回路技术将激光器频率锁定在这一不变的频率上，称为主动稳频方法。

(1)兰姆凹陷法稳频(图 1.1.13)。利用兰姆(Willis Eugene Lamb，1913—2008，美国物理学家，曾获 1955 年诺贝尔物理学奖)凹陷的原理，使激光振荡的频率稳定在增益曲线的中心频率上。稳定度可达 $10^{-10}\sim10^{-9}$ 量级，复现性可达 1×10^{-7}。

(2)饱和吸收法稳频(图 1.1.14)。稳定度可达 $10^{-13}\sim10^{-11}$ 量级，复现性可达 $10^{-11}\sim10^{-10}$。

另外，还有塞曼效应双频稳频、无源干涉腔稳频、线性吸收稳频、准行波吸收稳频等技术。

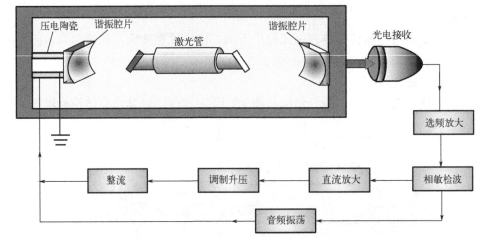

图 1.1.13 兰姆凹陷法稳频原理图

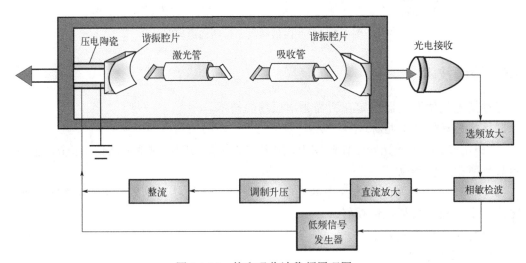

图 1.1.14 饱和吸收法稳频原理图

1.1.6 选模技术

一般来说一台普通激光器所给出的激光单色性和方向性是不能令人满意的。其原因在于，一般激光器是多模式工作的，即许多模式都能满足振荡条件，模式越多，单色性和方向性越差。因此，要提高激光的单色性和方向性，首先必须限制能够参与振荡的模式数目。激光的模式可分为纵模和横模两大类。纵模主要决定光子的频率特性，横模主要决定光的空间能量分布和光在空间传播过程中光束的方向特性。故选模技术可分为两类：一类是主要使光束的能量分布更加集中，提高单位面积上光功率密度和压缩振荡光束的发散角，从而改善其方向性的选横模技术；另一类是用于限制振荡频率数目的选纵模技术。

1. 选横模技术

横模是指由于光腔(包括工作介质在内)的横向尺寸限制能允许独立存在的各种光场分布形式。激光模式用符号 TEM_{mnq} 表示，TEM 表示横向电磁波，下标 m、n 表示 x、y 光场的零线节线数目，下标 q 表示纵模序号，这些下标只能取正整数，数目的大小表示模式阶数的高低。模式阶数越高，光场能量分布越分散，方向性越差。TEM$_{00}$能量最集中，方向性最好，称为基横模。选横模技术，就是只允许基横模存在，而抑制其他高阶模振荡的技术。

（1）原理。横模选择的实质是通过控制谐振腔各阶横模的振荡阈值抑制高阶模振荡，促使激光器处于单横模状态运转。

（2）机理。利用谐振腔中可能存在的各阶模的损耗差异。在激光器内，一般存在着三种不同性质的损耗：内损耗、透射损耗、衍射损耗。通常对基模和高阶模来说，内损耗和透射损耗是基本相同的，而衍射损耗对于不同模式有较大的差别，模式的阶数越高，衍射损耗越大，因而可利用各阶横模衍射损耗的差别来抑制高阶横模。

（3）选择关键。

①必须尽量增大高阶横模与基模的衍射损耗比。

②尽量减少激活介质及腔内光学元件的内部损耗及腔镜损耗，从而相对增大衍射损耗在总损耗中的比例，以便通过衍射损耗拉开各阶模的总损耗水平。

（4）选模方法。

①选择腔型和腔参数。光腔理论表明，稳定腔与非稳腔相比，前者的横模间损耗差别很小，通常是多横模振荡；而后者的横模间损耗差别很大，具有强的抑制高阶横模的能力，是一种很好的选横模光腔。非稳腔本身就是高耗腔，不但高阶模相对基模损耗差别大，而且基横模自身的损耗也较高，因此它只适合高增益工作介质的情况。对于低增益介质，当必须选用稳定腔时，可通过腔参数设计尽量向非稳腔靠拢，同时采用一些其他补救方法。望远镜选模结构原理图如图 1.1.15 所示。

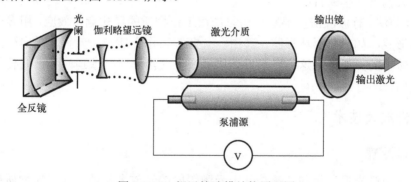

图 1.1.15　望远镜选模结构原理图

②光阑选模。在光腔中人为插入一个小孔光阑，只允许基横模通过，阻挡其他高阶模，可以达到选模的目的。但往往在较好地限制高阶模的同时也限制了基横模的体积，这对提高基横模输出功率不利。

③自孔径选模。如果选择适当的光腔参数来增大基横模在激光晶体中的光斑尺寸，既可增大有效的基横模体积，又可利用激光棒本身的横向尺寸起到小孔光阑的限制模作用，这就是自孔径选模技术。

④棱镜选模。对高增益激光器来讲，为使输出功率最大，其腔镜最佳反射率往往较低。在这种情况下，依据棱镜的临界角附近反射率随入射角的变化而迅速变化的原理，可用棱镜代替光腔的一个反射镜进行选模。

2. 选纵模技术

激光工作介质的增益线宽是有限的，而无源光腔只允许一些分立的频率成分存在，这些分立的频率光场称为光腔的纵模，而且每一纵模的线宽远远小于增益线宽。因此，在增益线宽内就可能有很多纵模满足振荡阈值条件，形成多纵模振荡。如果在增益线宽内只允许一个纵模存在，那么激光振荡也就只在一个纵模上发生，称为单纵模激光器。单纵模激光器能输出单色性最好的激光束，而实现单纵模的方法称为选纵模技术。选纵模技术有以下几种。

(1) 短腔法。短腔法即缩短腔长，将无源腔纵模频率间隔拉开，如果这个频率间隔大于激光增益线宽，则只可能有一个纵模获得增益，如氦氖(He-Ne)激光器。当腔长短到 10cm 时，就能实现单纵模运转。因为缩短腔长会减小激光输出功率，所以这种方法只适用于窄增益线宽且对激光功率要求不高的激光器，不适于增益线宽较宽的激光器(如固体及氩激光器)。

(2) 色散腔法。在光腔内插入一个色散分光元件，使不同波长的光在空间上分离，只让其中一种波长的光满足振荡条件，这样的光腔称为色散腔。利用这种色散腔选纵模是一种通用而有效的方法。

(3) 干涉子腔法。为克服短腔法因激光工作介质受到相应的限制而使输出功率太低的缺点，采用复合腔是最好的办法。复合腔是由大腔长的主腔(包含工作介质)和短腔长的子腔组成。主腔允许较多的纵模存在，而子腔的干涉效应则只允许其中一个纵模通过，对其他纵模呈现较大的损耗，其综合效果是只允许一个纵模实现较强功率的振荡，达到既选单纵模又保持较大输出功率的目的。

(4) 行波腔法。行波腔法主要基于均匀加宽工作物质的模式竞争效应，用多于两个反射镜构成的环形腔，如三角形环形腔。其中，一臂置工作介质，一臂置一单向隔离器，只允许一个主向传播的光通过。这样激光只能以行波方式沿顺时针或逆时针方向传播，从而获得单纵模输出。

1.1.7　激光放大技术

1. 工作原理

激光放大与激光振荡相同，都是基于受激辐射的光放大原理，即工作物质在光泵激励下，处于粒子数反转分布状态，当有外来光信号通过它时，激发态上的粒子在外来光信号的作用下产生强烈的受激辐射，这种辐射叠加到外来光信号上使之得到放大。如果放大了的激光反馈回放大器，反馈量又不足以形成振荡，就称为反馈放大；如果放大器中不设置反射镜，不存在放大信号反馈，就称为行波放大。激光放大器也要求工作物质具有足够的粒子数反转，以保证激光信号通过时得到的增益远大于放大器内部的各种损耗。另外，还要求放大器工作物质有与信号相匹配的能级结构和与信号光束相匹配的孔径。

2. 激光放大类型

1) 行波放大

(1) 单程行波放大(图 1.1.16)。

(2) 多程行波放大。

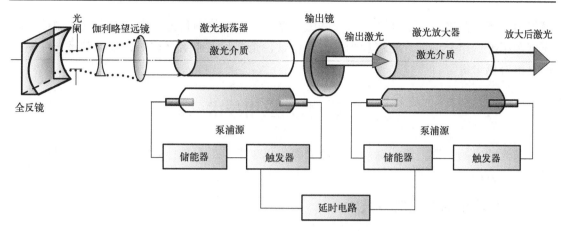

图 1.1.16 单程行波放大器构成示意图

2）注入放大

（1）外注入放大：包括再生放大和注入锁定。

（2）自注入放大：包括腔内剪切（图 1.1.17）、予激光锁模和予激光选单纵模。

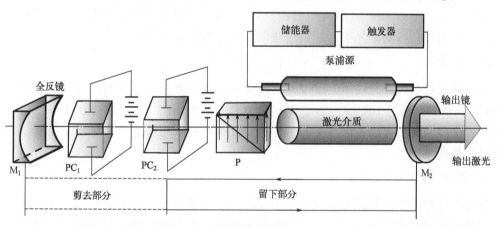

图 1.1.17 腔内剪切激光放大器

3. 激光放大的另一种分类法

按照被放大的激光脉冲宽度的大小，可将激光放大器分为稳态放大器、脉冲放大器和超短脉冲放大器三类。当激光脉冲宽度较宽或连续激光时，脉冲宽度大于放大器激光上能级寿命，两者都是稳态运转，称为稳态放大器；当脉冲宽度小于激光上能级寿命时，如 Q 开关纳秒级脉冲，此时放大器反转粒子数和光子数均未达到稳态，放大过程就结束了，称为脉冲放大器；当激光脉冲宽度更短时（飞秒级），放大器介质原子不能立即响应激光作用，必须考虑光子原子相互作用的相位关系，称为超短脉冲放大器。

1.1.8 激光调谐技术

顾名思义，激光调谐就是在一定的频率范围内使激光频率或波长产生人为控制的变化。激光调谐技术的原理与选纵模技术基本相同，因而所使用的方法和光学元件也基本相同，如棱镜调谐法、光栅调谐法、标准具调谐法、双折射滤光片调谐法等。为了提高调谐的选择能力，压缩激光的输出线宽，对一些激光器，可同时将两种方法组合起来进行调谐，如光栅和标准具组合调谐、棱镜和光栅组合调谐、光栅和光栅组合调谐、双折射滤光片和标准具组合调谐等。

1.2　激光应用技术

激光的应用广泛，影响深远。从激光诞生以来多年的发展中，其应用大致可以概括为以下几个方面。

1.2.1　科研中的激光应用技术

激光技术广泛应用于科研各领域，成为科研人员的得力助手。

1. 光谱分析

光谱分析是研究物质结构的重要手段。激光技术引入光谱分析后，至少从 5 个方面扩展和增强了光谱分析能力：①分析的灵敏度大幅度提高；②光谱分辨率达到超精细程度；③可进行超快(10～100fs 量级)光谱分析；④把相干性和非线性引入光谱分析；⑤光谱分析用的波长可调谐。自从激光引入后，先进的光谱分析已经激光化。

2. 计量

计量基准被引入激光技术。1889 年国际计量大会将米原器定为长度标准；1960 年改为 Kr-86 灯，精度提高了 100 倍；1983 年又改为稳频激光器的频率，精度再提高一倍。现在采用激光来定义时间单位秒和质量自然基准，还有可能利用激光技术来定义温度、光度等物理量的基准。

3. 激光测距

超远程高精度激光测距对天文学、地学做出了重要贡献。人们已建立全球和区域人造地球卫星观测网和月面观测站。利用高精度测距仪，对人造地球卫星的观测距离从几千千米至几万千米，测距精度达 1～3cm。已积累了大量数据，用于改进地球重力场模型，研究地球大陆板块漂移、极移、固体潮，还用于研究宇宙膨胀过程中的内在力是否减弱；对月球表面由宇宙飞船登月时放置的角反射器阵的观测数据，已用于研究月球轨道的微小变动及其对地球的影响。这些研究有助于精确守时、惯性导航以及验证广义相对论。

4. 激光生物学技术

1) 激光微加工和激光控制

激光系统和显微镜组合，产生一种无接触、无菌的光学控制和光学精密加工生物材料的工具。聚焦激光束可使微观物体发生自陷、非接触定位和显微外科手术，甚至可在一个细胞内部进行手术，而不必将其打开。激光辐射显微镜，又称为显微辐射，正发展为生物学研究的通用工具。

紫外激光微辐射装置将紫外辐射耦合到显微镜中，并将光束会聚成直径小于 1μm 的焦斑。焦区内巨大的能量密度可用来嫁接和切割生物组织。焦区小且激光能量密度非常高，从而能够在细胞内部进行微外科手术，无须打开细胞，对细胞的生存能力不产生影响。

除了给细胞和细胞组织穿微孔外，还可用紫外激光微辐射仪精确切割染色体，切割宽度在紫外激光波长范围内。

与紫外激光微辐射仪不同，光镊的功能则是建立在连续工作的红外激光辐射基础上。利用激光动量转移无损控制细胞，研究其运动和繁殖情况，甚至将细小有机质植入细胞内部，而不用切开细胞等，为生物学的研究开辟了一片新天地。

借助光镊和紫外激光微辐射仪的人工授精(活体外受精)对兽医研究和动物饲养也有应用价值。借助紫外激光微辐射仪将卵母细胞的透明带打开，使精子闯入变得容易。而借助光镊可以捕获精子，将其运送到透明带的缺口处，从而形成精子与卵母细胞膜直接接触，使精子与卵母细胞的融合变得容易。

光镊与荧光技术相结合，可以进行细胞分类。可以从异类细胞的混合物中分离有特定标记的细胞。相对于传统细胞分类仪而言，它可以在封闭的血管内进行，避免发生感染。

光镊还可以应用于细胞生理学。运用光镊焦斑区高光子密度产生的力场可以测量动态分子，如肌球环蛋白、运动肌蛋白的力(光镊用作力学传感器可以准确和重复测量大小约为 10^{-12}N 的力)。

非接触式的共焦激光显微术有很多优点：能给出高分辨率三维结构，能抑制焦平面以外区域的散射光，由此获得对比度大的照片，包括测量物体内部的照片。能把光学剖面放在任意聚焦平面，这使其在生物学中有非常有趣的应用。利用光镊或激光微辐射仪与共焦激光显微镜结合，将使制作生命系统显微标本和注射成为可能。共焦激光扫描显微术与荧光彩色技术相结合(荧光显微术)，可以获得细胞内的组织或生命过程结构变化的时间过程等结构参数或动力学参数。光学近场显微术(扫描近场光学显微镜)可以获得尺度明显小于所用激光波长的组织图像。若采用波长为 488nm 的激光，则可以分辨 10～20nm 大小的结构。

激光用于宏观分子系统的结构、动力学和相互作用过程的研究。用激光能掌握生物体运动的动力学规律，提供相互作用的光谱。其测量原理以运动微粒的光散射为基础。激光拉曼光谱可以给出宏观分子的结构及其变化，可以根据分子的结构振动分析无荧光分子。

2)其他方面

用激光技术作为辅助手段来研究 DNA 顺序排列，用激光流量细胞仪可以直接对有生命样品分类并解释其生物化学变化。在细胞光化学方面，激光有两个作用：一是作为光子源，引发光化学反应；二是作为仪器，确定位置和解释光化学过程。另外，激光也可以用于环境监测。生物系统和其周围环境间的相互作用改变了这个系统中的光物理特性，如吸收和发射带的移动、激发态寿命的改变、反应和能量传输速率的变化。于是，可以把生物分子用作标记器或探针，测量相应的生物化学参数，从中得出有关生物系统环境状态的推论。还有建立在分析技术基础上的激光生物传感器技术以及以细菌视紫红质这样的光铬蛋白质为介质的光存储技术。

1.2.2　工业中的激光应用技术

激光加工技术、激光准直技术和激光精密检测技术等已经普及，大大提高了生产效率、产品质量，节约了原材料和动力消耗。激光加工技术是利用激光束与物质之间相互作用的特性，对材料(包括金属和非金属)进行切割、焊接、表面处理、打孔及微加工等的一门加工技术。它是涉及光、机、电、材料及检测等多门学科的综合技术。研究范围包括激光加工系统(激光器、导光系统、加工机床、控制系统及检测系统)和激光加工工艺。在汽车工业、机械工业、造船工业和电子工业中，激光打孔、切割、划片、焊接、集成电路的封装、阻值微调、芯片清洁、汽车车身钢板表面的毛化、汽车内壁表面改性等都离不开激光。激光准直已普遍用于建筑施工、矿山巷道掘进、大型设备安装和农田水利建设。激光检测用于在线检测，控制产品尺寸、精确定位或控制液面高度；用于成品的无损探伤；用于检测精密光学、机械零件的表面光洁度、平整度和曲率半径；用于控制药品质量；用于检测高压电力线的电流；用于危险物质泄漏的检测。

在激光加工工艺中，用于汽车零件、锂电池、密封继电器等密封器件及不允许焊接污染和变形器件的激光焊接技术，常用 YAG、CO_2 和半导体泵浦激光器；用于各种材料行业的激光打标，常用 YAG、CO_2 和半导体泵浦激光器；用于航空航天工业、电子仪表、化工等行业的激光打孔(目前打孔用 YAG 激光器的平均输出功率已由 5 年前的 400W 提高到了 800～1000W)，常用 YAG、CO_2 和一些准分子激光器等；用于模具及机电行业的激光涂敷，常用 YAG、CO_2 激光器等。

1.2.3　激光医学技术

激光在医学上的应用分为两大类：激光诊断与激光治疗，前者是以激光作为信息载体，后者以激光作为能量载体。多年来，激光技术已成为临床治疗的有效手段，也成为发展医学诊断的关键技术。它解决了医学中的许多难题，为医学的发展做出了贡献。

当前激光医学的出色应用研究主要表现在以下方面：光动力疗法治癌；激光治疗心血管疾病；准分子激光角膜成形术；激光治疗前列腺良性增生；激光美容术；激光纤维内窥镜手术；激光腹腔镜手术；激光胸腔镜手术；激光关节镜手术；激光碎石术；激光外科手术；激光在吻合术上的应用；激光在口腔、颌面外科及牙科方面的应用；弱激光疗法等。

激光医疗近期的研究重点包括以下方面。

(1)研究激光与生物组织间的作用关系，特别是在诸多有效疗法中已获得重要应用的激光与生物组织间的作用关系；研究不同激光参数(包括波长、功率密度、能量密度与运转方式等)对不同生物组织、人体器官组织及病态组织的作用关系，取得系统的数据。

(2)研究弱激光的细胞生物学效应及其作用机制，包括弱激光与细胞生物学现象(基因调控和细胞凋亡)的关系、弱激光镇痛的分子生物学机制，以及弱激光与细胞免疫(抗菌、抗毒素、抗病毒等)的关系及其机制。

(3)深入开展有关光动力疗法机制、激光介入治疗、激光心血管成形术与心肌血管重建机制的研究，积极开拓其他新的激光医疗技术。

(4)对医学光子技术中重要的、新颖的光子器件和仪器设置进行开发性研究，例如，研制医用半导体激光系统、角膜成形与血管成形用准分子激光设备、激光美容(换皮去皱、植发)设备或其他新激光设备，开拓新工作波段的医用激光系统以及开发 Ho:YAG 及 Er:YAG 激光手术刀等。

1.2.4 激光——新学科诞生的助推器

激光诞生之后，一批新学科随之诞生。信息光学、非线性光学、激光光谱学、光化学、光生物学、光物理学、激光医学、光通信、光传感器、光计算机、光神经网络、光子学、光电子学、集成光学、导波光学、傅里叶光学、激光热核聚变及高速摄影等迅速兴起。

激光介入后，迅速出现了大量非线性光学效应，如光学谐波（二倍频和高次倍频）、光学和频与差频、光参量振荡与放大、光子吸收、光束自聚焦、受激光散射、非线性光谱效应、瞬态相干效应、光致击穿等；非线性光学效应的研究从固体扩展到气体、原子蒸气、液晶等各类材料，由二阶效应发展到三阶、五阶及更高阶效应，而时间范畴则从纳秒、皮秒、飞秒乃至阿秒量级。同时，研制出各种非线性晶体、有机非线性材料和非线性光学元器件。激光的出现也为全息术的发展开辟了广阔前景，如今全息术在三维图像存储和再现、防伪、检测等领域得到广泛应用。

1.2.5 激光——信息传递的载体

光波以其极高的频率作为信息载体是最理想的频段。激光作为光波段的相干辐射源成为信息的理想载体。通信频道所能承载的信息量是与载波频率成正比的，在 400～700nm 可见光波段可以容纳 $8×10^7$ 个电视频道。

光盘已成为重要的存储介质。激光照排、激光分色、激光打印等技术带来了出版印刷业的革命和办公自动化。以激光为识别光源的条码已广泛用于商品、邮件、图书、档案的管理，显著提高了工作效率。

1.2.6 农业中的激光应用技术

激光辐射种子可以通过热效应、光化学效应、光电效应及电磁效应等多种效应的协同作用，改变作物体内的基因表达，使某些酶活性提高、代谢旺盛、光合作用增强，其效果有益于农作物产量的提高以及品质的改良。

激光辐射种子报道较早的是美国和加拿大，中国激光科技人员也进行了大量卓有成效的激光在农业上应用的研究工作，用红宝石激光处理蚕豆、萝卜、紫花苜蓿和南瓜种子，提高了种子的发芽率和发芽势。许多农业科研所的多年试验表明，采用激光技术可使小麦、玉米、水稻等大田作物增产 10%～15%。激光辐射不仅能增产，而且能使果实或种子维生素及总糖含量增加，营养价值提高，广西大学激光学科科研人员和植物科研人员合作，用激光辐照广西沙田柚树的枝芽，使其所结果实不但无核，而且味道更加鲜美。

激光技术用于农业增产的关键问题是对于菜种作物应用何种激光和需要多大的剂量。激光作为一种物理因子，对不同作物存在不同的阈值效应，即剂量必须达到一定值才能引起生物效应，剂量过高则起抑制作用。因此，不同激光对不同作物都存在一个最佳剂量。

激光辐照作物植株促进增产。在作物生长期间，利用激光辐照植株，同样能达到刺激作物生长发育的目的，并且可以根据需要辐照作物的不同部位，以实现不同的效果。例如，用氦氖激光器辐照茶苗生长芽的生长点，有明显提高成活率和促进萌发的作用；辐照沙田柚树枝条的生长点，可使果实的种子数由平均 140 粒变为无核。激光辐照蚕后，不但使蚕的吐丝量大大增加，而且蚕丝的强度与韧性均增加。另外，激光诱变育种也有了一定的进展。

1.2.7　激光化学技术

传统的化学过程，一般是把反应物混合在一起，然后往往需要加热(或者还要加压)。加热的缺点在于，分子因增加能量而产生不规则运动，这种运动破坏原有的化学键，使其结合成新的键，而这些不规则运动破坏或产生的新键，会阻碍预期化学反应的进行。

用激光来指挥化学反应，不仅能克服上述不规则运动，而且能获得更大的好处。这是因为激光携带着高度集中而均匀的能量，可精确地打在分子键上，比如利用不同波长的紫外激光，打在硫化氢等分子上，改变两激光束的相位差，从而控制了该分子的断裂过程。也可通过改变激光脉冲波形的方法，十分精确和有效地把能量打在分子上，触发某种预期的化学反应。

激光化学技术的应用非常广泛。例如，在制药工业中，应用激光化学技术，不仅能加速药物的合成，而且可把不需要的副产品剔除，使得某些药物变得更安全可靠。又如，利用激光控制半导体，可改进新的光学开关，从而改进计算机和通信系统。激光化学前景也十分光明。

1.2.8　飞秒激光的应用

超快超强激光——飞秒激光，作为一种独特的科学研究的工具和手段，主要应用可以概括为三个方面，即飞秒激光在超快领域中的研究、在超强领域中的研究和在超微细加工中的应用。

飞秒激光在超快领域中起到的是一种快速过程诊断的作用。飞秒激光犹如一个极为精细的时钟和一架超高速的相机，可以将自然界中特别是原子、分子水平上的一些快速过程分析、记录下来。

飞秒激光在超强领域中的应用(又称为强场物理)归因于具有一定能量的飞秒脉冲的峰值功率和光强可以非常高。这样的强光所对应的电磁场会远大于原子中的库仑场，从而很容易地将原子中的电子统统剥落出去。因此，飞秒激光是研究原子、分子体系高阶非线性、多光子过程的重要工具。与飞秒激光相应的能量密度只有在核爆炸中才可能存在。飞秒强光可以用来产生相干 X 射线和其他极短波长的光，可以用于受控核聚变的研究。

飞秒激光用于超微细加工是飞秒激光技术用于超快现象研究和超强现象研究之外的又一个重要应用领域。这一应用是近几年才开始发展起来的，目前已有不少重要的进展。与飞秒超快领域和飞秒超强领域研究有所不同的是飞秒激光超微细加工与先进的制造技术紧密相关，对某些关键工业生产技术的发展可以起到更直接的推动作用。飞秒激光超微细加工是当今世界激光、光电子行业中一个极为引人注目的前沿研究方向。

1.2.9　激光军事技术

激光军事技术已渗透到各种武器平台，成为高技术局部战争的重要支柱和显著特征。激光测距仪是激光在军事上的起点，它与激光制导极大地提高了炮弹、炸弹和战术导弹的首发命中率和命中精度。激光雷达相比于无线电雷达，激光发散角小，方向性好，因此其测量精度大幅度提高。基于同样的原因，激光雷达不存在盲区，因此尤其适用于对导弹初始阶段的跟踪测量。但由于大气的影响，激光雷达并不适宜在大范围内搜索，只能作为无线电雷达的有力补助。激光引信提高了弹头的破坏力和抗干扰性。光纤通信和激光大气通信是军事指挥控制通信网的重要组成部分。武器平台内部的光纤数据总线既有强的抗干扰能力，又无电磁波泄漏。

激光武器的研究也一直处在非常重要的战略地位。

激光武器的优点：无须进行弹道计算；无后坐力；操作简便，机动灵活，使用范围广；无放射性污染，性价比高。

激光武器的分类：不同功率密度，不同输出波形，不同波长的激光，在与不同目标材料相互作用时，会产生不同的杀伤破坏效应。激光器的种类繁多，名称各异。按工作介质分，目前有固体激光器，液体激光器，分子型、离子型、准分子型的气体激光器等。按其发射位置可分为战术型和战略型两类。

中国激光武器的研究也处于战略地位，中国科学院和中国工程物理研究院从 20 世纪 80 年代开始联合攻关，承担了“神光”系列激光系统的研制和惯性约束聚变(ICF)物理实验任务，取得了国际瞩目的成就。

1.2.10　激光传输技术

激光传输技术是研究激光束与传输介质相互作用的一门技术，其主要任务是通过对传输介质光学性质的研究，揭示激光束的传输特性和规律并尽可能地保持激光束的质量不受传输介质的破坏。激光传输介质可分为天然介质(如水、大气)和人工介质(如各种光波导、光纤等)。地面大气层中激光信息系统涉及激光大气传输技术，激光水下探测涉及激光水下传输技术，光纤通信网涉及光纤传输技术。

1.3　中国激光技术的历史与激光产业的展望

从 1961 年中国第一台激光器宣布研制成功至今，在全国激光科研、教学、生产和使用单位的共同努力下，形成了门类齐全、水平先进、应用广泛的激光科技领域，并在产业化上取得了可喜进步，为中国科学技术、国民经济和国防建设做出了积极贡献，在国际上了也争得了一席之地。

1.3.1　早期激光技术的发展

中华人民共和国成立后，中国科学发展迎来了明媚的春天，1957 年，在长春建立了中国第一所光学专业研究所——中国科学院(长春)光学精密仪器机械研究所(简称“光机所”，现中国科学院长春光学精密机械与物理研究所)。1962 年，中国科学院西安光学精密机械研究所成立。1964 年 5 月，上海光学精密机械研究所成立。1970 年 12 月，中国科学院安徽光学精密机械研究所成立。1970 年，四川成都成立中国科学院光电技术研究所。1974年，北京光电技术研究所成立，在专业科研机构的带领下，中国激光事业如雨后春笋般迅速崛起，青年科技工作者迅速成长。1960 年世界第一台激光器问世。1961 年夏，中国第一台红宝石激光器研制成功。此后短短几年内，激光技术迅速发展，产生了一批先进成果。各种类型的固体、气体、半导体和化学激光器相继研制成功。在基础研究和关键技术方面，一系列新概念、新方法和新技术(如腔的 Q 突变及转镜调 Q、行波放大、镧系离子的利用、自由电子的振荡辐射等)纷纷提出并获得实施，其中不少具有独创性。

作为具有高亮度、高方向性、高质量等优异特性的新光源，激光很快应用于各技术领域，显示出强大的生命力和竞争力。通信方面，1964 年 9 月用激光演示传送电视图像，1964 年 11 月实现了 3～30km 的通话。工业方面，1965 年 5 月激光打孔机成功地用于拉丝模打孔生产，获得了显著经济效益。医学方面，1965 年 6 月激光视网膜焊接器进行了动物和临床试验。国防方面，1965 年 12 月研制成功激光漫反射测距机(精度为 10m/10km)，1966 年 4 月研制出遥控脉冲激光多普勒测速仪。

在起步阶段中国的激光技术发展迅速，无论是数量还是质量，都和当时的国际水平接近。尤其是能够把物理设想、技术方案顺利地转化成实际激光器件，主要得力于光机所等多年来在技术光学、精密机械和电子技术方面积累的综合能力和坚实基础。

1.3.2　重点项目带动激光技术的发展

激光科技事业从一开始就得到了领导和科学管理部门的高度重视，1964 年启动的"6403"高能钕玻璃激光系统研究，1965 年开始的高功率激光系统和核聚变研究，以及 1966 年制定的研制 15 种军用激光整机研究等重点项目，由于技术上的综合性和高难度，有力地牵引和带动了激光技术各方面在中国的发展。

1. "6403"高能钕玻璃激光系统研究

1964 年启动，最后从技术上判定热效应是根本性技术障碍，于 1976 年下马。这一项目对发展高能激光技术的历史贡献是不可忽视的，它使中国激光技术的水平上了一个台阶。其成果主要表现在：①建成了具有工程规模的大孔径(120mm)振荡-放大型激光系统，最大输出能量达 32 万 J；改善光束质量后达 3 万 J。②实现了系统技术集成，成功地进行了打靶实验，室内 10m 处击穿 80mm 铝靶，室外 2km 处击穿 0.2mm 铝靶，并系统地研究了强激光辐射的生物效应和材料破坏机理。③第一次揭示了强光对激光系统本身的光损伤现象和机制。④第一次深入地理解激光光束质量的重要性和物理内涵，采用了一系列提高光束质量的创新性技术，如万焦耳级非稳腔激光器、片状激光器、振荡-扫描放大式激光系统、尖劈法光束质量诊断等。⑤激光元器件和支撑技术有了突破性提高，如低吸收高均匀性钕玻璃熔炼工艺、高能脉冲氙气、高强度介质膜、大孔径(1.2m)光学精密加工等。⑥培养和造就了一批技术骨干队伍。

2. 高功率激光系统和核聚变研究

1964 年，王淦昌提出激光聚变倡议，1965 年立项开始研究。经过几年努力，建成了输出功率 10^{10}W 的纳秒级激光装置，并于 1973 年 5 月首次在低温固氘靶、常温氘化锂靶和氘化聚乙烯上打出中子。1974 年，中国第一台多程片状放大器研制成功，把激光输出功率提高了 10 倍，中子产额增加了一个量级。在国际上向心压缩原理解密后，积极跟踪并于 1976 年研制成六束激光系统，对充气玻壳靶照射，获得了近百倍的体压缩。这一系列的重大突破，使中国的激光聚变研究进入世界先进行列，也为以后长期的持续发展奠定了基础。

3. 军用激光整机研究

1966 年 12 月，国防科学技术委员会主持召开了军用激光规划会，48 个单位 130 余人参加，会议制定了包括 15 种激光整机、9 种支撑配套技术的发展规划。此后的几年内，这一领域涌现了一批重要成果。①靶场激光距技术初试成功：采用重复频率为 20Hz 的 YAG 调 Q 激光器，测距精度优于 2m，最远测距达 660km，加在经纬仪上，可实现对飞行目标的单站定轨。这一成果为以后完成洲际导弹再入段轨迹测量创造了必要条件。②红宝石激光人造卫星测距：成功地对美国实验卫星 Expl- 27 号、29 号和 36 号进行了测量，最远可测距离为 2300km，精度为 2m 左右。这是第一代人造卫星的测距成果，为以后更远距离、更高精度的人造卫星测距打下了基础。③红宝石激光雷达和机载红外激光雷达，首次实现了地-空和空-空对飞机的跟踪测距。④激光航测仪：将激光测距机和航空照相机组合，由飞机机载对地航测，完成对边远地区等重要地形的测绘，重复率 6 次/min，测距精度 1m。⑤地炮激光测距机：可独立完成观察、测距、测角(方向角和高低角)及磁针定向等功能，测距范围 300～10000m，精度 5m。

在激光应用方面，Nd^{3+}:YAG 激光通信(3～12 路)、He-Ne 激光通信、单路/三路半导体激光通信在通信试验中获得成功；1975 年，由上海光机所凌俊达主持研制成功我国第一台 Nd^{3+}:YAG 激光手术刀后，CO_2 激光手术刀、激光虹膜切除仪等医疗设备也投入使用；激光全息摄影、激光全息在平面光弹中的应用，脉冲激光动态全息照相和拉曼分光光度计已成为计量科学的新手段；数控激光切割机、激光准直仪、激光分离同位素硫、用于农业研究的液体激光器、大屏幕导航显示器等成果也在工农业中获得了应用。

为了形成高水平的研究开发中心，我国对科研队伍和布局进行了积极调整，先后成立了一批国家重点实验室、开放实验室、国家工程研究中心和产学研组织。由于拥有国际先进的仪器设备和设施，聚集了高水平的科技人才，又有较为灵活的运行机制，目前其正在为激光科技成果转化、创造自主知识产权和促进激光技术产业化发挥重要作用。

在多项国家级战略性科技计划中，激光技术受到重视。"863"计划八大领域中有激光技术和光电子技术(包括用于信息领域的激光技术)，1995 年又增列了"惯性约束聚变"主题。国防预研光电子技术作为跨部门项目正式立项，其中包括激光技术。"六五"和"七五"国家科技攻关计划，激光技术被列为重大项目。此外，国家自然科学基金 1986～1998 年年平均资助 27.6 个激光领域项目。这些由国家支持的计划都经过了充分论证和严格挑选，对国民经济和国防建设具有重要意义。许多激光科研单位也主动进行组织体制和运行机制的改革，面向市场、鼓励创新、大力促进科技成果向商品转化，取得了可喜成绩。

激光器研究向纵深发展，不断追求高光束质量、高稳定性、长寿命、短脉冲、波长可调谐等目标。这一时期，激光技术成果丰硕，许多具有重大应用价值并达到了国际先进水平。其中的代表性成果如下所述。

1)测距和测卫

新一代实用测距系统投入使用，完成了预定的重要任务。其中，718 和 G-179 激光电影经纬仪投入使用并圆满完成任务；第一台全激光跟踪测距雷达外场试验成功；第一台实用化红外激光雷达(G-168)设计定型，交用户使用；战术军用激光测距仪(炮兵、坦克、手持)批量生产。

建成第三代人造卫星激光测距(SLR)系统投入使用并达到国际先进水平。第一代红宝石 SLR 系统的测距精度为米级，第二代 YAG 调 Q 激光器的精度达分米级，第三代锁模激光器加微机系统在大于 8000km 距离上精度达厘米级。在上海、武汉、长春、北京等先后建站，形成了中国网，数据参加国际交流。

2）惯性约束聚变(ICF)激光驱动器——"神光"系列

在王淦昌、王大珩的指导下，中国科学院和中国工程物理研究院从 20 世纪 80 年代开始联合攻关，承担了"神光"系列激光系统的研制和 ICF 物理实验任务，取得了国际瞩目的成就。其中，"神光Ⅰ"激光装置于 1986 年建成，输出功率 2 万亿 W，达到国际同类装置的先进水平。"神光Ⅰ"连续运行 8 年，在 ICF 和 X 射线激光等前沿领域取得了一批国际一流水平的物理成果。90 年代又研制了规模扩大 4 倍、性能更为先进的"神光Ⅱ"激光装置，并投入运行。1995 年，ICF 在"863 计划"中立项，开始研制跨世纪的巨型激光驱动器——"神光Ⅲ"激光装置，总体设计和关键技术研究已取得一系列高水平的成果。

3）新型激光器

两种高功率连续波化学激光器，3.8μm 氟氖激光器(DF)和 1.315μm 短波长氧碘激光器(COIL)，均取得了突破性进展，功率和光束质量仅次于美国，达到当前国际水平。

X 射线激光方面，碰撞机制的类氢软 X 射线激光(波长为 23.2nm 和 23.6nm)达到增益饱和，并具有近衍射极限的光束质量，居国际领先水平；复合泵浦 X 射线激光研究获得一系列国际首次报道的新谱线，并将短波长推进到 4.68nm。

自由电子激光器和多波长可调谐激光也取得了可喜进展。

4）中国牌新晶体走向世界

中国发明的 BBO(β-BaB_2O_4，偏硼酸钡晶体)、LBO(LiB_3O_5，三硼酸锂)晶体，以及生长制造的 KTP($KTiOPO_4$，磷酸钛氧钾)、钛宝石等晶体以优异的质量在国际市场享有盛誉并占有一定的份额。

1.3.3　方兴未艾的激光行业

在"十三五"期间，我国的激光产业规模从 350 亿元增长到近 1000 亿元，且实现了从点到面的全国发展格局。

"十四五"规划中，激光产业可望维持快速发展的势头，实现产值翻一倍的增长，即到2025 年，全国激光产业规模可达 1800 亿元。若要继续做强做大激光加工装备，应从以下几个方面着力：

加快激光核心技术创新，加大推广激光技术与应用。"十三五"期间，中国在激光关键核心技术与器件上的发展是巨大的，我国拥有了国产的激光芯片、成熟的泵浦源产品，在特种光纤、激光器整合、功率提升、紫外、超快激光器等方面都有巨大的进步，在设备方面，高功率切割、自动化焊接、清洗设备、修复设备等都有较大的发展。虽然在产业链上打破了外国垄断，但是具体到专业的核心材料与器件，我国的产能有限、产品性能参数达不到国外先进水平，也满足不了实际工业应用要求，因此还有很大的份额依赖进口产品。因此在"十四五"规划中，我国的激光必须继续推进技术创新，争取掌握激光全产业链的所有技术，激光产业规模化、集聚化和激光装备要往高端化方向发展。

经过几十年的努力，中国激光技术有了较为雄厚的技术基础，锻炼培养了一支素质较高的队伍。这支队伍遍布科研、高校、产业部门和企业、地方，达数十万人，包括一批学成归国的优秀青年科学家和几十名两院院士。可以预计，中国激光科学技术在 21 世纪必将有更辉煌的发展。在 ICF 激光驱动器、高功率化学激光器、半导体泵浦的固体激光器、超短超强激光器、激光测距测卫、人工晶体和激光产业等方面，中国激光科技工作者将锐意创新，攀登新的高峰。

1.3.4　激光产业的展望

激光产业在未来的发展重点是：

(1)激光器件，包括半导体激光器(用于光通信、光存储、医疗、加工和装饰)、光纤、固体、气体等各类激光器(应用于军事、工业、医疗等各领域)；

(2)光电子晶体材料和光学玻璃等关键部件和器件；

(3)激光医疗设备；

(4)激光工业加工设备；

(5)激光全息；

(6)光电子元器件；

(7)红外探测器及其配套件、红外测温、热像仪等专用设备。

展望未来，激光技术的发展前途一片光明，激光科技将在更多的领域得到推广与应用，它将为发展经济、造福人民、加强国防做出更大的贡献。

习　　题

1．激光技术是如何分类的？

2．常见的激光单元技术有哪些？

3．常见的激光应用技术有哪些？

4．激光应用和激光理论设计涉及哪些科学领域、范围和理论？

5．简述中国激光技术的发展概况。

第 2 章　激光调制技术

　　激光作为载波，将欲传送的信息加载于激光光波之上的过程称为激光调制，把完成这一过程的装置称为激光调制器。将信息从载波中检测取出的过程称为解调。既能加载信息于载波，又能从载波将信息检测取出的装置称为调制解调器(modem)。按调制与激光形成过程之间的相对关系，可以将激光调制分为外调制和内调制两类。外调制是加载调制信号于激光器输出光束上的调制过程。其具体方法是在激光谐振腔外的光路上设置调制器。外调制不改变激光器的参数，而是改变已经输出激光的参数(强度、频率等)。内调制是加载调制信号于激光的振荡形成过程之中，即用调制信号去改变激光振荡的参数，从而使激光器输出的激光本身载有欲传输的信息。实现内调制的最简单方法是通过控制激光器的泵浦电源将信息加载于输出激光上。按调制的性质可把激光调制分为幅度调制、强度调制、角度调制、脉冲调制及脉冲编码调制等类型。

2.1　幅　度　调　制

　　使激光振荡的振幅按调制信号的规律变化的调制称为激光幅度调制，已调光波称为激光幅度调制波，简称调幅波。设未加调制时，激光振荡的波形如图 2.1.1 中的 $e_0(t)$ 所示。此时，由于激光可近似作为准单色的准平面波，故瞬时光波电场的振幅表达式为

$$e_0(t) = A_0 \cos(\omega_0 t + \varphi_0) \tag{2.1.1}$$

式中，A_0 为振幅；φ_0 为初相角；ω_0 为圆频率。又设 $a(t)$ 为随时间变化的低频调制信号，如图 2.1.1 中 $a(t)$ 所示，将 $a(t)$ 加载到 $e_0(t)$ 后，$e_0(t)$ 的幅度按 $a(t)$ 规律变化，如图 2.1.1 中 $e(t)$ 所示，其已调光波电场振幅可表示为

$$\begin{aligned} e(t) &= A(t)\cos(\omega_0 t + \varphi_0) \\ &= [A_0 + Ka(t)]\cos(\omega_0 t + \varphi_0) \end{aligned} \tag{2.1.2}$$

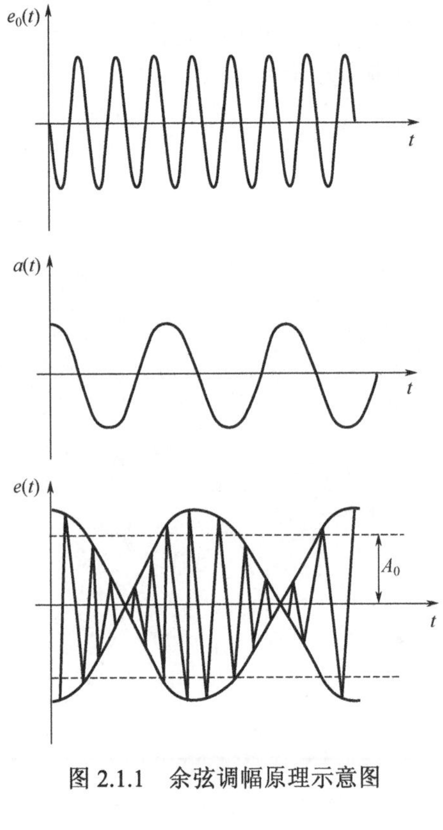

式中，K 为比例系数。幅度调制的程度常用调幅系数表示。定义调幅振荡的最大振幅增量 ΔA 与振幅平均值之比为调幅系数 m。调幅时，要求 $\Delta A \leqslant A_0$，即 $m \leqslant 1$。否则调幅振荡的振幅包络将不按 $a(t)$ 变化，调幅波就要发生畸变。所以，$m \leqslant 1$ 是实现无失真的必要条件。设调制信号按余弦变化，即

图 2.1.1　余弦调幅原理示意图

$$a(t) = A_m \cos \omega_m t \qquad (2.1.3)$$

式中，A_m 为调制信号的振幅；ω_m 为调制信号的圆频率，将式 (2.1.3) 代入式 (2.1.2) 中得

$$
\begin{aligned}
e(t) &= [A_0 + Ka(t)]\cos(\omega_0 t + \varphi_0) \\
&= [A_0 + KA_m \cos \omega_m t]\cos(\omega_0 t + \varphi_0)
\end{aligned}
$$

令 $KA_m = \Delta A$，$\Delta A / A_0 = m$，称为调制度，则

$$e(t) = A_0[1 + m \cos \omega_m t]\cos(\omega_0 t + \varphi_0)$$

用三角公式将上式转化为

$$
\begin{aligned}
e(t) =\ & A_0 \cos(\omega_0 t + \varphi_0) + \frac{mA_0}{2}\cos[(\omega_0 + \omega_m)t \\
& + \varphi_0] + \frac{mA_0}{2}\cos[(\omega_0 - \omega_m)t + \varphi_0]
\end{aligned} \qquad (2.1.4)
$$

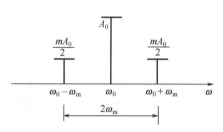

图 2.1.2　余弦振幅调制的频谱

由此可见，余弦调制波是由三个不同频率的余弦波组成：载频分量 ω_0；上边频分量 $\omega_0 + \omega_m$；下边频分量 $\omega_0 - \omega_m$。上、下边频分量对称地排列在载频分量 ω_0 的两侧，频谱宽度等于调制频率的 2 倍，如图 2.1.2 所示。

2.2　强　度　调　制

输出激光的强度按调制信号变化的激光振荡称为强度调制波。激光调制通常采用强度调制形式，因为光接收器一般为直接响应其所接收的信号光的强度。光强 $I(t)$ 等于光波电场强度有效值的平方：

$$I(t) = \frac{A_0^2}{2}\cos^2(\omega_0 t + \varphi_0) \qquad (2.2.1)$$

如果调制是线性的，即光强的变化与调制信号 $a(t)$ 之间呈正比例关系，设比例系数为 K_p，则已调制光强的表达式可写为

$$I(t) = \frac{A_0^2}{2}[1 + K_p a(t)]\cos^2(\omega_0 t + \varphi_0) \qquad (2.2.2)$$

若 $a(t) = A_m \cos \omega_m t$，则式 (2.2.2) 为

$$I(t) = \frac{A_0^2}{2}[1 + K_p A_m \cos \omega_m t]\cos^2(\omega_0 t + \varphi_0) \qquad (2.2.3)$$

令 $K_p A_m = m_p$，则

$$I(t) = \frac{A_0^2}{2}[1 + m_p \cos \omega_m t]\cos^2(\omega_0 t + \varphi_0) \qquad (2.2.4)$$

欲使信号不失真，必须使 $m_p \ll 1$（图 2.2.1）。利用求调幅振荡频谱的类似方法，也可求出 $I(t)$ 的频谱。

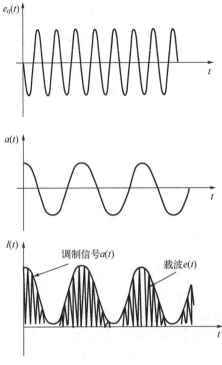

图 2.2.1　强度调制原理示意图

2.3　角　度　调　制

载波的频率或相位受到信号的控制而随之变化的振荡过程,称为频率调制或相位调制。因为这两种被调制波都表现为总相角的变化，所以统称为角度调制。

1. 频率调制

假设调制信号为 $a(t)$ ，则已调频的载波振荡的表达式为

$$e(t) = A_0 \cos\{[\omega_0 + k_{\mathrm{f}} a(t)]\, t + \varphi_0\} \tag{2.3.1}$$

如果 k_{f} 为时间函数，则

$$
\begin{aligned}
e(t) &= A_0 \cos\left\{\left[\int_0^t (\omega_0 + k_{\mathrm{f}} a(t))\mathrm{d}t\right] + \varphi_0\right\} \\
&= A_0 \cos\left[\omega_0 t + \int_0^t k_{\mathrm{f}} a(t)\mathrm{d}t + \varphi_0\right] \\
&= A_0 \cos[\varphi_{\mathrm{f}}(t)]
\end{aligned} \tag{2.3.2}
$$

若信号 $a(t) = A_{\mathrm{m}}\cos\omega_{\mathrm{m}} t$ ，则已调载波成为

$$
\begin{aligned}
e(t) &= A_0 \cos\left(\omega_0 t + \int k_{\mathrm{f}} a(t)\mathrm{d}t + \varphi_0\right) \\
&= A_0 \cos\left(\omega_0 t + \frac{k_{\mathrm{f}} A_{\mathrm{m}}}{\omega_{\mathrm{m}}}\sin\omega_{\mathrm{m}} t + \varphi_0\right)
\end{aligned} \tag{2.3.3}
$$

令 $k_f A_m / \omega_m = m_f$ 为调频指数，表示已调波频率偏离的最大量值，则

$$e(t) = A_0 \cos \varphi_f(t) = A_0 \cos(\omega_0 t + m_f \sin \omega_m t + \varphi_0) \qquad (2.3.4)$$

可见，频率调制的结果，载波的振幅并未改变，但载波振荡的角频率增加了一个与调制信号成比例的增量 $\int k_f a(t) \mathrm{d}t$，其调制指数 $m_f = k_f A_m / \omega_m$（图 2.3.1）。

2. 相位调制

若载波的相角受到调制，则其相角可表示为

$$\varphi_p(t) = \omega_0 t + k_p a(t) + \varphi_0 \qquad (2.3.5)$$

设调制信号 $a(t)$ 为

$$a(t) = A_m \sin \omega_m t \qquad (2.3.6)$$

则调制后，载波的相角成为

$$\varphi_p = \omega_0 t + k_p A_m \sin \omega_m t + \varphi_0 \qquad (2.3.7)$$

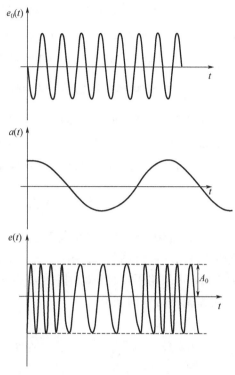

图 2.3.1　余弦调频原理示意图

令 $k_p A_m = m_p$ 为调相指数，则已调波的振荡表达式成为

$$e(t) = A_0 \cos \varphi_p(t) = A_0 \cos(\omega_0 t + m_p \sin \omega_m t + \phi_0) \qquad (2.3.8)$$

与调频后的载波表达式(2.3.4)形式完全一样。

3. 频率调制与相位调制的关系

(1) 从调频与调相后的载波表达式(2.3.4)和式(2.3.8)可见，它们对载波相角的影响效果是等效的，很难从已调波的振荡形式进行判别区分。

(2) 调频与调相在方法和调制器的结构上均不同。

(3) 调频的调制指数 $m_f = k_f A_m / \omega_m$，$m_f \propto 1/\omega_m$；调相的调制指数 $m_p = k_p A_m$ 与频率无关，可见两者在性质上是不同的。

调频和调相的结果都是对载波相角的调制，因此可统称为角度调制。已调波的统一表达式为

$$e(t) = A_0 \cos \varphi_m(t) = A_0 \cos(\omega_0 t + m \sin \omega_m t + \varphi_0) \qquad (2.3.9)$$

4. 角度调制后的载波频谱

角度调制后的载波频谱可分为两种情况：

(1) 当 $m \ll 1$ 时，利用和角公式：

$$\cos(\alpha + \beta) = \cos \alpha \cos \beta - \sin \alpha \sin \beta$$

将式(2.3.9)展开

$$e(t) = A_0[\cos(\omega_0 t + \varphi_0)\cos(m\sin\omega_{\mathrm{m}}t) - \sin(\omega_0 t + \varphi_0)\sin(m\sin\omega_{\mathrm{m}}t)]$$

因为 $m \ll 1$，所以 $\cos(m\sin\omega_{\mathrm{m}}t) \sim \cos(0) = 1$，$\sin(m\sin\omega_{\mathrm{m}}t) \sim m\sin(\omega_{\mathrm{m}}t)$，故得

$$e(t) = A_0[\cos(\omega_0 t + \varphi_0) - m\sin\omega_{\mathrm{m}}t\sin(\omega_0 t + \varphi_0)]$$
$$= A_0\cos(\omega_0 t + \varphi_0) + \frac{m}{2}A_0\cos[(\omega_0 + \omega_{\mathrm{m}})t + \varphi_0] - \frac{m}{2}A_0\cos[(\omega_0 - \omega_{\mathrm{m}})t + \varphi_0] \tag{2.3.10}$$

由式(2.3.10)可见，当 $m \ll 1$ 时，角度调制与幅度调制有着相同形式的频谱，即由载频分量 ω_0 和旁频 $\omega_0 \pm \omega_{\mathrm{m}}$ 组成。

(2) 当调制指数较大时，已调载波振荡表达式为

$$e(t) = A_0\sum_{n=-\infty}^{\infty}J_n(m)\cos[(\omega_0 + n\omega_{\mathrm{m}})t + \varphi_0] \tag{2.3.11}$$

可见其频率谱是由对称与载波频率排列的上、下边频带组成的。当贝塞尔(Bessel)函数的阶数 n 等于调制指数 m，即 $n = m$ 时，$J_{n=m}(m) \not> 0.1$，即当 $n\omega_{\mathrm{m}} = m\omega_{\mathrm{m}}$ 时，边频的幅度极小，可忽略不计。当调制指数 m 很大时，可近似认为已调载波的振荡频率带宽为 $2m\omega_{\mathrm{m}}$，它是调幅波带宽的 m 倍。

2.4 脉 冲 调 制

脉冲调制是一种用断续的周期脉冲序列作为载波，使载波脉冲的幅度或位置、宽度等按调制信号规律变化的调制方法(图2.4.1)。在激光脉冲调制中，脉冲序列的重复频率并不是很高(图2.4.1(b))，调制信号(图2.4.1(a))对脉冲序列的某一参数实行控制，成为已调脉冲序列，这是第一次调制，一定周期的脉冲序列起副载波的作用。然后用已调脉冲序列去调制激光，得到一个按已调脉冲变化的光频振荡，这是第二次调制。脉冲调制的形式主要有以下几种：脉冲幅度调制(PAM，图2.4.1(c))、脉冲强度调制(PIM)、脉冲频率调制(PFM，图2.4.1(d))、脉冲位移调制(PPM，图2.4.1(e))及脉冲宽度调制(PWM，图2.4.1(f))等。

脉冲幅度调制是以调制信号控制脉冲系列的幅度，使其发生周期性的变化，而持续时间和位置均保持不变，如图2.4.1(c)所示。脉冲幅度调制波的表示式为

$$e(t) = \frac{A_0}{2}[1 + M(t_n)]\cos\omega_0 t, \quad t_n \leqslant t \leqslant t_n + \tau$$

式中，t_n 为信息取样；τ 为脉冲宽度；$M(t_n)$ 为信息的振幅，它可以是连续的或量化的。

脉冲强度调制即是脉冲载波的强度比例于调制信号的振幅而变化。其表示式为(当 $t_n \leqslant t \leqslant t + \tau$ 时)

$$I(t) = \frac{A_0^2}{2}[1 + M(t_n)]\cos^2\omega_0 t$$

如果用调制信号只改变其脉冲序列中每个脉冲产生的时间，而不变其形状和幅度，且每个脉冲产生时间的变化量仅比例于调制信号电压的幅度，而与调制信号的频率无关，这种调制简称为脉位调制，如图2.4.1(e)所示。其表示式为

$$e(t) = A_0 \cos \omega_0 t \qquad (t_n + \tau_\mathrm{d} \leqslant t \leqslant t_n + \tau_\mathrm{d} + \tau)$$

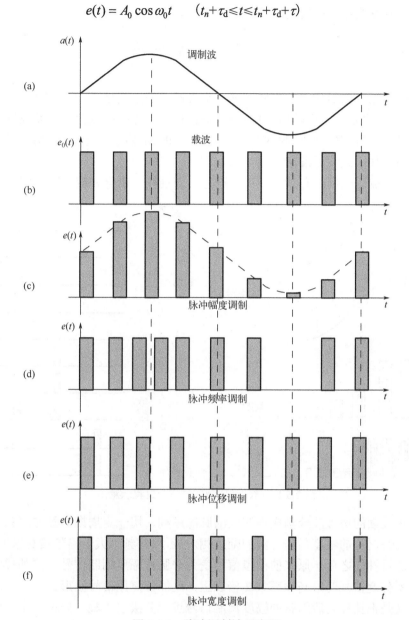

图 2.4.1　脉冲调制波示意图

　　脉冲前沿相对于取样时间 t_n 的延迟时间为 $\tau_\mathrm{d} = \tau_\mathrm{p}[1+M(t_n)]/2$。为了防止脉冲重叠到相邻的样品周期，脉冲的最大延迟必须小于样品周期。若调制信号使脉冲的重复频率发生变化，频移的幅度比例于信号电压的幅值，而与调制频率无关，则这种调制称为脉冲调频，如图 2.4.1 (d) 所示。当 $t_n \leqslant t \leqslant t+\tau$ 时，脉冲调位与调频都可以采用宽度很窄的光脉冲，光脉冲的形状不变，只是脉冲位置或脉冲重复频率随调制信号发生变化。这两种调制形式具有较强的抗干扰能力，故脉冲调频波的表示式可写为

$$e(t) = A_0 \cos\left[\omega_0 t + \omega_\mathrm{d} \int M(t_n)\mathrm{d}t \right]$$

其在目前半导体激光通信中得到了较广泛的应用。

2.5 脉冲编码调制

脉冲编码调制(PCM)用"有"脉冲和"无"脉冲的不同排列(即编码信号)来表示各个时刻模拟信号(如语音、电视等信号)的瞬时值,也就是先把模拟信号变换成脉冲序列,再编成代表信号的二进制的编码(脉冲有、无的组合 PCM 数字信号),再用信号码对载波进行调制,将信号加于载波后发送传递信息。

要实现脉冲编码调制,必须经过三个过程,即抽样、量化和编码,如图 2.5.1 所示。

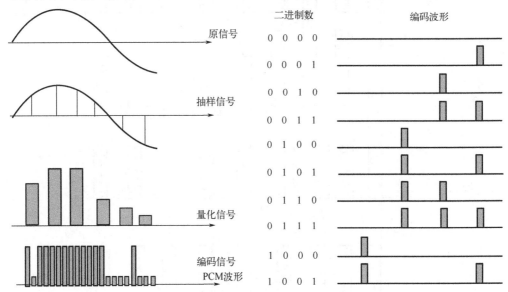

图 2.5.1 脉冲编码调制的三个过程示意图

抽样:把连续的信号波分割成不连续的脉冲序列,用一定周期的脉冲序列来表示,且脉冲序列(称为样值)的幅度与信号波的幅度相对应,取样频率大于信号最高频率 2 倍以上。也就是说,通过抽样之后,原来的模拟信号变为一脉冲幅度调制信号。按抽样定理,只要取样频率比所传递信号的最高频率大 2 倍以上,就能恢复原信号波形。

量化:就是把抽样之后的脉冲幅度调制信号进行分级取"整"处理,用有限个数的代表值来取代抽样值大小的过程。所以,抽取出来的样值通过量化才能变成数字信号。

编码:模拟信号通过抽样、量化变成数字信号,再把这种信号变换成相应的二进制编码的过程称为编码。即用一组等幅度、等宽度的脉冲作为码子,用"有"脉冲和"无"脉冲分别表示二进制编码"1"和"0",将模拟信号通过抽样、量化变成数字信号,再用二进制编码组合脉冲序列将数字信号表示出来(图 2.5.1)。至此,就将欲传递的模拟信号变成了用"有"脉冲和"无"脉冲表示的二进制的脉冲序列编码。

再将这一系列反映被传递信号变化规律的电脉冲加在一个调制器上,控制激光的振荡或输出,用激光载波的极大值代表信息样值振幅二进制编码的"1",而用激光载波的零值代表"0"。这样用码子的不同组合就表示了欲传递的信号,即被调制的激光载波中包含了欲传递的信号。

总之，脉冲编码调制是先将连续的模拟信号通过抽样、量化和编码，转换成一组二进制电脉冲编码，用幅度和宽度相等的矩形脉冲的"有""无"来表示；再将这一系列反映数字信号规律的电脉冲加载于一个调制器上以控制激光输出的强弱，用激光载波的极大值代表信息样值振幅二进制编码的"1"，而用激光载波的零值代表"0"。这样用码子的不同组合就表示了欲传递的信号。这种调制形式也称为数字强度调制（PCM/PIM）。

2.6　常见的激光调制技术

为实现各种不同类型的调制，需采用不同的调制方法，诸如机械调制、电光调制、磁光调制、电源调制及声光调制。人们根据实际应用的需要来选择合适的调制方法。

2.6.1　机械调制技术

机械调制是一种较简单直观的调制方法，通常利用压电陶瓷的长度随所加电压的高低而伸缩的原理实现激光调制。图 2.6.1 是 CO_2 外差通信的原理方框图。与无线电外差通信类似，两台结构相同的 CO_2 激光器，其输出的激光频率、振幅、偏振方向和位相均相同。一台作为发射源，一台作为本地振荡源。两台激光器的输出反射镜皆由锗片制作，并将锗片贴在压电陶瓷上。压电陶瓷上加有偏置直流电压。除此以外，在发送 CO_2 激光器的压电陶瓷上还有从语音变化来的调制信号。压电陶瓷的长度 l 随调制信号电压 V_s 变化，即其长度的变化量 $\Delta l \propto V_s$；而 CO_2 激光器的纵模 ν 随腔长 L 的变化为 $\Delta \nu = cq\Delta L/(2L^2)$，$c$ 为真

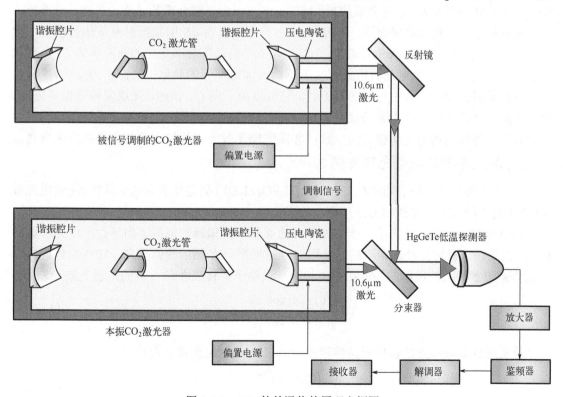

图 2.6.1　CO_2 外差通信的原理方框图

空光速，q 为正整数，由于 $\Delta L = \Delta l$，故 $\Delta \nu \propto V$，即达到了 ν 随着 V 线性变化的激光调频目的。将载有调制信号 CO_2 激光和未调制信号的 CO_2 激光混合后发射出去，收信机经光电转换、鉴频及解调后能使调制信号再现。

原理性实验表明，用压电陶瓷实现调制，有结构简单、材料来源广、调制特性好等优点。常用的锆钛酸铅(PZT)陶瓷的截止频率为 450kHz。在 PZT 上贴一块 3mm 厚的锗片作机械负载。当 PZT 上所加电压改变 1V 时，可使激光频率变化 6kHz；当调制电压峰值约为 25V 时，激光最大频率偏移为 150kHz。

2.6.2　泡克耳斯电光调制技术

1. 电光调制原理

光在介质中的传播行为特征是由介质的折射率分布决定的。在各向同性光学介质中，光在介质界面的传播行为遵循普通的折射定律。在各向异性光学介质中，一束入射光进入介质后，常分成两束折射光的现象，称为光学双折射。对于光学各向同性介质，通过外力(机械力、电场、磁场等)的作用，也可使它变成各向异性。在机械力的作用下，使本来透明的各向同性介质显示出光学上的各向异性现象，称为光弹效应(或弹光效应，亦称机械或应力双折射)。若给透明介质加电(磁)场，使介质的折射率发生变化，这种现象称为电(磁)光效应。将电场引起折射率的变化用下式表示：

$$n = n_0 + aE + bE^2 + cE^3 + \cdots$$

式中，n_0 为电场强度 $E = 0$ 时介质的折射率；$a, b, c, \cdots$ 为光学介质的一次、二次、三次……电光效应的系数。在通常情况下，$a \gg b \gg c \gg \cdots$。由一次项 aE 引起折射率变化的效应，称为线性电光(泡克耳斯(Pockels))效应。由二次项 bE^2 引起折射率变化的效应称为二次(克尔(Kerr))电光效应。一次电光效应只存在于不具反演对称性的晶体中，而因为 $b \ll a$，所以二次电光效应在此类晶体中可以忽略不计。它可以用于调 Q、锁模、光束偏转等很多方面。根据所加电(磁)场的方向与光传播方向(常与晶体光轴方向一致)之间的关系分为：①纵向电光效应，外加电场与光传播方向一致；②横向电光效应，外加电场与光传播方向垂直。

2. 泡克耳斯纵向电光强度调制

图 2.6.2 为一典型的利用磷酸二氢钾(KH_2PO_4, KDP)类晶体纵向电光效应(线性电光效应)原理制作的激光强度调制器原理图。

其中起偏器的偏振方向平行于电光晶体的 X 轴，检偏器的偏振方向平行于电光晶体的 Y 轴。因此，入射激光经起偏器后变为振动方向平行于 X 轴的线偏振光，它在晶体的电感应主轴 X' 和 Y' 轴上的投影的幅度和相位相等，设位于晶体表面($Z = 0$)的入射光波分别为

$$\begin{cases} e_x(0) = A_0 \cos \omega_0 t \\ e_y(0) = A_0 \cos \omega_0 t \end{cases} \tag{2.6.1a}$$

若采用复数表示方法将位于晶体表面($Z = 0$)的入射光波表示为

$$\begin{cases} e_x(0) = A_0 e^{i\omega_0 t} \\ e_y(0) = A_0 e^{i\omega_0 t} \end{cases} \tag{2.6.1b}$$

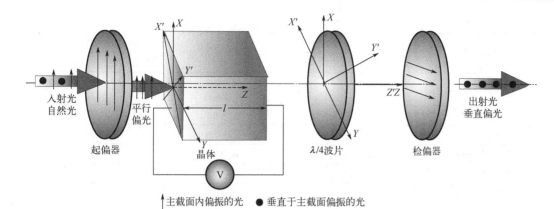

图 2.6.2　激光强度调制器原理图

则入射光波的强度 I_i 为

$$I_i \propto ee^* = e_x(0)\, e_x^*(0) + e_y(0)\, e_y^*(0) = 2A_0^2$$

式中，$e_x^*(0)$ 和 $e_y^*(0)$ 分别为 $e_x(0)$ 和 $e_y(0)$ 的共轭复数。通过长为 l 的电光晶体后，x' 和 y' 两分量之间就产生相位差 δ，即若 $e_x(l) = A_0 \mathrm{e}^{\mathrm{i}\omega_0 t}$，$e_y(l)$ 就应该等于 $A_0 \mathrm{e}^{\mathrm{i}\omega_0 t - \delta}$。通过检偏器出射的光，是该两分量在 Y 轴上的投影之和：

$$e_y = (A_0 \mathrm{e}^{-\mathrm{i}\delta} - A_0)\mathrm{e}^{\mathrm{i}\omega_0 t}\cos 45^\circ = \frac{A_0}{\sqrt{2}}(\mathrm{e}^{-\mathrm{i}\delta} - 1)\mathrm{e}^{\mathrm{i}\omega_0 t}$$

其对应的输出光强 I_t 为

$$I_t \propto [(e_y)(e_y)^*] = \frac{A_0^2}{2}[(\mathrm{e}^{-\mathrm{i}\delta} - 1)(\mathrm{e}^{\mathrm{i}\delta} - 1)] = \frac{A_0^2}{2}(2 - \mathrm{e}^{-\mathrm{i}\delta} - \mathrm{e}^{\mathrm{i}\delta})$$

将上式写成三角形式，有

$$I_t \propto \frac{A_0^2}{2}(2 - \mathrm{e}^{-\mathrm{i}\delta} - \mathrm{e}^{\mathrm{i}\delta}) = \frac{A_0^2}{2}[2(1 - \cos\delta)] = 2A_0^2 \sin^2\frac{\delta}{2}$$

光强透过率为

$$T = \frac{I_t}{I_i} = \sin^2\frac{\delta}{2} \tag{2.6.2}$$

常用电光晶体材料及物理性质见表 2.6.1。

表 2.6.1　常用电光晶体材料及物理性质

材料名称	点群对称类型	折射率		电光系数 $\gamma/(10^{-12}\mathrm{m/V})$	相对介电常数 $\varepsilon/\varepsilon_0$（室温）	
		n_o	n_e		$\varepsilon /\!/c$	$\varepsilon \perp c$
KDP 632.8nm	$\overline{4}2m$	1.51	1.47	$\gamma_{41} = 8.6$ $\gamma_{63} = 10.6$	20	45
KD*P（KD$_2$PO$_4$，磷酸二氘钾）632.8nm	$\overline{4}2m$	1.51	1.47	$\gamma_{63} = 23.6$	约 50（24℃时）	
ADP（NH$_4$H$_2$PO$_4$，磷酸二氢铵）632.8nm	$\overline{4}2m$	1.52	1.48	$\gamma_{41} = 28$	$\gamma_{63} = 8.5$ $\gamma_{36} = 0.57\pm0.07$	12
AD*P（NH$_4$D$_2$PO$_4$）694.3nm	$\overline{4}2m$			$\gamma_{36} = 0.56$		

续表

材料名称	点群对称类型	折射率		电光系数γ/(10^{-12}m/V)	相对介电常数$\varepsilon/\varepsilon_0$(室温)	
		n_o	n_e		$\varepsilon//c$	$\varepsilon\perp c$
SiO$_2$(632.8nm)	32	1.54	1.55	$\gamma_{41}=0.2$ $\gamma_{63}=0.93$	4.3	4.3
CuCl$_2$	$\bar{4}3m$	1.97		$\gamma_{41}=6.1$	7.5	
ZnS	$\bar{4}3m$	2.37		$\gamma_{41}=2.0$	约10	
GaAs(10.6μm)	$\bar{4}3m$	3.34		$\gamma_{41}=1.6$	11.5	
ZnTe(10.6μm)	$\bar{4}3m$	2.79		$\gamma_{41}=3.9$	7.3	
CdTe(10.6μm)	$\bar{4}3m$	2.6		$\gamma_{41}=6.8$	7.3	
LiNbO$_3$(632.8nm)	$3m$	2.29	2.20	$\gamma_{33}=30.8$ $\gamma_{13}=8.6$ $\gamma_{22}=3.4$ $\gamma_{42}=28$	50	98
GaP	$\bar{4}3m$	3.31		$\gamma_{41}=0.97$		
LiTaO$_3$(30℃)	$3m$	2.175	2.185	$\gamma_{33}=30.3$ $\gamma_{13}=5.7$	43	
BaTiO$_3$(30℃)	$4mm$	2.437	2.365	$\gamma_{33}=23$ $\gamma_{13}=8.0$ $\gamma_{42}=820$	106	4300
Ba$_2$NaNb$_5$O$_{15}$(铌酸钡钠)	$mm2$ $3m$			$\gamma_{15}=7.4\pm2.3$ $\gamma_{24}=6.5\pm0.7$(1.06μm) $\gamma_{33}=9\pm0.7$(1.15μm)		
LiIO$_3$(1.06μm)	6			$\gamma_{31}=6.03\pm0.51$ $\gamma_{33}=6.28\pm0.51$		

由于泡克耳斯电光效应中，δ 与电光晶体上所加电压 V 成正比，当 $V=V_{\lambda/2}=V_\pi$ 时，$\delta=\pi$，所以根据比例关系，有

$$\delta=\pi\frac{V}{V_{\lambda/2}} \tag{2.6.3}$$

对于 KDP 类纵向电光效应(KDP 类晶体的半波电压见表 2.6.2)，结合有关晶体的电光效应知识，可得

$$V_{\frac{\lambda}{2}}=\frac{\lambda}{2n_0^3\gamma_{63}} \tag{2.6.4}$$

$$T=\sin^2\left(\frac{\pi}{2}\frac{V}{V_{\lambda/2}}\right)=\sin^2\left(\frac{\pi n_0^3\gamma_{63}}{\lambda}V\right) \tag{2.6.5}$$

表 2.6.2 KDP 类晶体的半波电压

晶体	电光系数γ_{63}/(cm/V)	$\lambda=500$nm		$\lambda=632.8$nm		$\lambda=1.06$μm	
		n_0	V_π/kV	n_0	V_π/kV	n_0	V_π/kV
ADP	8.5×10^{-10}	1.53	10	1.52	12	1.51	16
KDP	1.05×10^{-9}	1.51	8	1.51	10	1.49	14
KD*P	2.60×10^{-9}	1.51	3	1.51	3.5	1.49	5

　　由于用 KDP 类晶体对一定的激光波长进行电光调制时，$\pi n_0^3 \gamma_{63}/\lambda$ 为某一常数，所以 T 将只随晶体上所加电压变化。如图 2.6.3 所示，T 与 V 的关系是非线性的。若选择的工作点不合适，则会使输出信号发生畸变。但在 $V_{\lambda/4}$ 附近有一近似直线部分，由上所述可以看出，当 $V = V_{\lambda/4}$ 时，$\delta = \pi/2$，$T = 50\%$，为获得这个固定的 $\pi/2$ 相位延迟，既可采用给电光晶体加一固定偏压 $V_{\lambda/4}$，也可在光路中插入一片 $\lambda/4$ 波片。

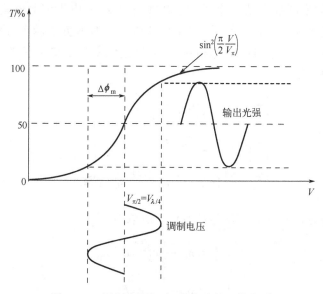

图 2.6.3　调制电压 V 与光透过率 T 的关系

　　设外加电场为一个幅度不大的正弦信号电压，则 e_y 与 e_x 两偏振分量通过 $\lambda/4$ 波片之后的相移为

$$\delta = \frac{\pi}{2} + \delta_m \sin \omega_m t$$

式中，δ_m 为对应于外加调制信号电压的幅度最大值 V_m 的相位延迟，其值为

$$\delta_m = \pi \frac{V}{V_{\lambda/2}}$$

由公式 $T = \sin^2(\delta/2)$ 可知

$$
\begin{aligned}
T &= \sin^2\left[\frac{1}{2}\left(\frac{\pi}{2} + \delta_m \sin \omega_m t\right)\right] \\
&= \frac{1}{2}\left[1 - \cos\left(\frac{\pi}{2} + \delta_m \sin \omega_m t\right)\right] \\
&= \frac{1}{2}[1 + \sin(\delta_m \sin \omega_m t)]
\end{aligned}
\tag{2.6.6}
$$

当 $\delta_m \ll 1$ 时，$\sin(\delta_m \sin \omega_m t) \approx \delta_m \sin \omega_m t$，因此有

$$T = \frac{I_t}{I_i} \approx \frac{1}{2}(1 + \delta_m \sin \omega_m t) \tag{2.6.7}$$

可见，此时输出激光的强度的变化(或透过率的变化)将与调制信号电压之间有一近似

线性的关系。

由于 KDP 晶体的半波电压较高，所以常选择电光效应强的晶体，例如，选用 KD*P 晶体纵向电光效应来制作电光调制器，或用铌酸锂晶体的横向电光效应。铌酸锂晶体在 X 向加压、Z 向通光时，其相位延迟 δ 与 l_z/d_y 成正比，适当提高其沿光轴方向的长度 l_z 与 Y 方向的厚度 d_y 的比值，可降低半波电压，从而降低调制电源的功率损耗。图 2.6.4 表示出了用四块 KDP 晶体串联的方法，串联的 KDP(ADP)纵向电光调制器采用并联加压方法，并使同极性的电极接在一起，为使四块 KDP 晶体对入射偏振的两个分量的相位延迟皆有相同的符号，应使中间一块 KDP 晶体相对于其两侧的两块 KDP 晶体的同号晶轴转动 90°，由晶体的电光效应可知

$$\begin{cases} n'_{x1} = n_0 - \dfrac{1}{2}n_0^3\gamma_{63}E \\[2mm] n'_{y1} = n_0 + \dfrac{1}{2}n_0^3\gamma_{63}E \\[2mm] \delta_1 = \dfrac{2\pi}{\lambda}(n'_{y1} - n'_{x1})d = \dfrac{2\pi}{\lambda}n_0^3\gamma_{63}Ed \end{cases} \tag{2.6.8}$$

对第二、四两块晶体来说，因为 E 为负，所以有

$$\begin{cases} n'_{x2} = n_0 + \dfrac{1}{2}n_0^3\gamma_{63}E \\[2mm] n'_{y2} = n_0 - \dfrac{1}{2}n_0^3\gamma_{63}E \end{cases}$$

若第二、四两块晶体的 x、y 轴相对第一、三两块晶体旋转 90°，则有

$$\delta_2 = \frac{2\pi}{\lambda}(n'_{x2} - n'_{y2})d = \frac{2\pi}{\lambda}n_0^3\gamma_{63}Ed \tag{2.6.9}$$

由于 δ_1 与 δ_2 符号相同，所以总相移为各自相移相加。

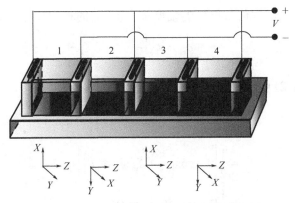

图 2.6.4　串联电光晶体（"●"表示电极接线柱）

3. 泡克耳斯横向电光强度调制

横向电光调制有两个优点：可避开电极对光波的影响；调制电压可通过增加晶体长度而降低。横向电光调制的光路如图 2.6.5(a)所示。图 2.6.5(a)装置加有 $\lambda/4$ 波片，等效于在

电光晶体上加以电压为 $V_{\lambda/4}$ 的直流偏压，使得调制电压工作点在此直流偏压附近变化，则已调波强度变化与调制信号之间呈较好的线性关系，已调波的变化能较正确地反映出调制信号的变化，即已调波(调制器的输出光信号)不失真地包含了调制信号的信息。

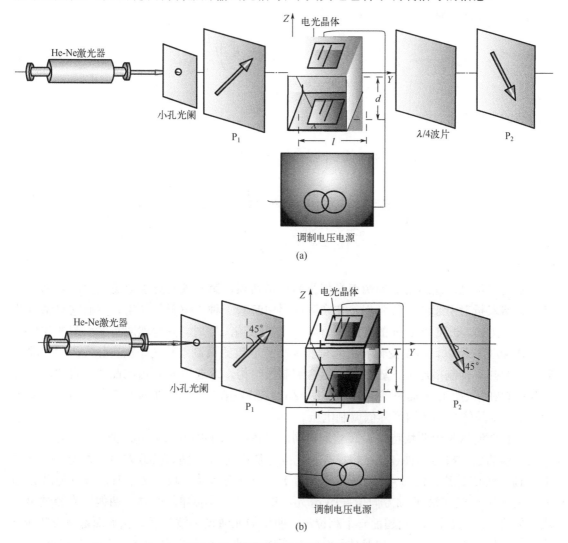

图 2.6.5　横向电光调制器结构原理图

而图 2.6.5(b)则需要给晶体加一电压为 $V_{\lambda/4}$ 的直流偏压来控制调制电压的工作点，工作点电压的结构复杂。

横向电光调制器设为沿 Z 轴加电场，入射光经检偏器后光的偏振方向在 X、Z 轴角分线上，与两轴夹角均为 45°，也即沿 Y' 轴方向。起偏器 P_1 与检偏器 P_2 通光方向互相正交。光在晶体中传播时，沿 X、Z 轴分解成两个正交分量，光在电光晶体中折射率的变化为

$$n'_x = n_o - \frac{1}{2}n_o^3\gamma_{63}E_z$$

$$n'_z = n_z = n_e$$

$$n'_y = n_o + \frac{1}{2}n_o^3\gamma_{63}E_z \tag{2.6.10}$$

设晶体沿通光方向长为 l,沿加电场方向厚为 d(两电极间距离),在晶体出射面上,X、Z 轴两个正交分量通过晶体的光程为

$$\begin{cases} \varDelta_x = l \cdot n'_x = \left(n_o - \frac{1}{2}n_o^3\gamma_{63}E_z\right)l \\ \varDelta_z = l \cdot n'_z = n_e \cdot l \end{cases} \tag{2.6.11}$$

其对应的光程差为

$$\begin{cases} \varDelta = \varDelta_x - \varDelta_z = \left(n_o - n_e - \frac{1}{2}n_o^3\gamma_{63}E_z\right)l \\ \Delta\varPhi = \frac{2\pi}{\lambda}\varDelta = \frac{2\pi}{\lambda}\left(n_o - n_e - \frac{1}{2}n_o^3\gamma_{63}E_z\right)l \\ \qquad = \frac{2\pi}{\lambda}(n_o - n_e)l - \frac{\pi}{\lambda}\gamma_{63}\frac{Vl}{d}\cdot n_o^3 \end{cases} \tag{2.6.12}$$

由上式可见,晶体出射的两束光相位差包括两项,第一项与外加电场无关,是晶体本身的自然双折射引起的相位延迟,在实际应用中起着一种"偏置"作用。然而它对温度非常敏感,例如,长度为 1cm 的 KDP 晶体,当温度变化 1℃时,其自然双折射引起的相位延迟高达 40℃。所以,温度变化将引起位相漂移所导致的调制不稳定,在实际应用中,除必须采取散热等抑制措施外,还可采用组合调制器结构,或选用 $n_o = n_e$ 的晶体,自然双折射项就不存在了(如 $\overline{43}m$ 晶系的晶体 CuCl$_2$、ZnTe 等)。第二项与外加电场有关,增加晶体长度 l 或减少晶体厚度 d 均可降低调制电压。

组合调制器是由两块特性、尺寸均相同的晶体(如 KDP)和插入其间的半波片组成的,两块晶体的放置按照光轴(Z 轴)相反规则,当外加电场沿 Z 轴(光轴)方向,通光方向垂直于 Z 轴。当与 Z 轴夹角为 45°的线偏振光沿 Y 轴方向射入第一块晶体中时,分解为沿 Z 轴方向偏振的 e_1 光和沿 X 轴方向偏振的 o_1 光,KDP 晶体为负单轴晶体,两偏振光经过第一块晶体后,e_1 光要比 o_1 光超前一个相位 φ_1,两偏振光通过半波片后,偏振面都将发生 90°旋转。这样,当光经过第二块晶体后,e_1 光变成 o_2 光,o_1 光变成 e_2 光,而 e_2 光要比 o_2 光超前一个相位 φ_2。因此,当两块晶体材料的尺寸及所受外界场影响完全相同时,由晶体本身自然双折射引起的位相差正好互补抵消,从而消除了温度变化引起位相漂移所导致的调制不稳定问题。而两块晶体上所加电场是反相的,故由外加电场作用引起的光通过两块晶体后的总相位差为

$$\Delta\varPhi = \frac{2\pi}{\lambda}\frac{l}{d}Vn_o^3\gamma_{63} \tag{2.6.13}$$

通常横向调制的半波电压要比纵向调制的电压低,这是因为 l/d 可做到很大,许多商品调制器 l/d 可达 100。这也是横向调制器的一个主要优点。

下面分析讨论铌酸锂(LiNbO$_3$,LN)晶体作为电光介质的横向电光调制。铌酸锂晶体具

有优良的压电、电光、声光、非线性等性能,利用一次电光效应组成横向调制(外加电场与光传播方向垂直)的泡克耳斯盒实验装置。

铌酸锂是铁电体材料,属于 $3m$ 晶类。光学透明区为 $1\sim3.8\mu m$, $n_1 = n_2 = n_0$, $n_3 = n_e$,折射率椭球是以 z 轴为对称轴的旋转椭球,垂直于 z 轴的截面为圆,如图 2.6.6 所示。

其电光系数为

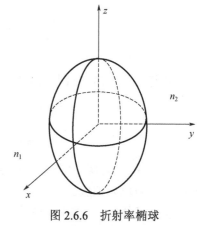

图 2.6.6 折射率椭球

$$\begin{bmatrix} 0 & -\gamma_{22} & \gamma_{13} \\ 0 & \gamma_{22} & \gamma_{13} \\ 0 & 0 & \gamma_{33} \\ 0 & \gamma_{51} & 0 \\ \gamma_{51} & 0 & 0 \\ -\gamma_{22} & 0 & 0 \end{bmatrix} \qquad (2.6.14)$$

在没有加电场之前,铌酸锂的折射率椭球为

$$\frac{x^2 + y^2}{n_0^2} + \frac{z^2}{n_e^2} = 1 \qquad (2.6.15)$$

在加上电场之后,其折射率椭球变为

$$\left(\frac{1}{n_0^2} - \gamma_{22}E_2 + \gamma_{13}E_3\right)x^2 + \left(\frac{1}{n_0^2} + \gamma_{22}E_2 + \gamma_{13}E_3\right)y^2 + \left(\frac{1}{n_e^2} + \gamma_{33}E_3\right)z^2$$
$$+ 2\gamma_{51}E_2yz + 2\gamma_{51}E_1zx - 2\gamma_{22}E_1xy = 1$$

当采用 Y 轴通光、Z 轴加电场时,如图 2.6.7 所示,也就是说,$E_x = E_1 = 0$, $E_y = E_2 = 0$, $E_z = E_3 = E$,那么上式就可以变为

$$\left(\frac{1}{n_0^2} + \gamma_{13}E_3\right)(x^2 + y^2) + \left(\frac{1}{n_o^2} + \gamma_{33}E_3\right)z^2 = 1 \qquad (2.6.16)$$

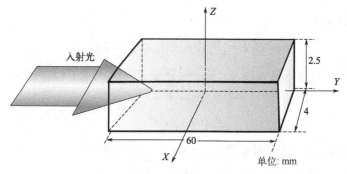

图 2.6.7 铌酸锂晶体尺寸与通光方向

式(2.6.16)中没有出现交叉项,说明新的折射率椭球的主轴与旧折射率椭球的主轴完全重合,所以新的主轴折射率为

$$\begin{cases} n'_x = n'_y = \left(\dfrac{1}{n_0^2} + \gamma_{13}E\right)^{\frac{1}{2}} \approx n_o - \dfrac{1}{2}n_o^3\gamma_{13}E \\[4mm] n'_z = \left(\dfrac{1}{n_e^2} + \gamma_{33}E\right)^{\frac{1}{2}} \approx n_e - \dfrac{1}{2}n_e^3\gamma_{33}E \end{cases} \tag{2.6.17}$$

沿着三个主轴方向上的双折射率为

$$\begin{cases} \Delta n'_x = \Delta n'_y = (n_o - n_e) + \dfrac{1}{2}(n_e^3\gamma_{33} - n_o^3\gamma_{13})E \\[4mm] \Delta n'_z = 0 \end{cases} \tag{2.6.18}$$

式 (2.6.18) 表明，LN 晶体沿 z 轴方向加电场之后，可以产生横向电光效应，但是不能够产生纵向电光效应。

经过晶体后，o 光和 e 光产生的相位差为

$$\delta = \frac{2\pi l}{\lambda}(n_o - n_e) + \frac{\pi}{\lambda}n_o^3\gamma_c l\frac{V}{d} + \delta_0 \tag{2.6.19}$$

$$\gamma_c = \left(\frac{n_e}{n_o}\right)^3\gamma_{33} - \gamma_{13}$$

式中，γ_c 称为有效电光系数；δ_0 为晶体所加电压 $V = 0$ 时的相差值，它与晶体材料和切割方式有关，对加工良好的纯净晶体而言，$\delta_0 = 0$。

入射光经起偏器后变为振动方向与 x 轴成 45° 的线偏振光，它在晶体的感应轴 x' 和 z' 上的投影的振幅和相位均相等，分别为

$$\begin{cases} e_{x'} = A_0\cos\omega t \\ e_{z'} = A_0\cos\omega t \end{cases} \tag{2.6.20}$$

用复振幅的表示方法，将位于晶体表面 $(z = 0)$ 的光波表示为

$$\begin{cases} E_{x'}(0) = A \\ E_{z'}(0) = A \end{cases}$$

所以，入射光的强度是

$$I_i \propto E \cdot E = \left|E_{x'}(0)\right|^2 + \left|E_{z'}(0)\right|^2 = 2A^2$$

在光通过长为 l 的电光晶体后，x' 和 z' 两分量之间就产生了相位差 δ，即

$$\begin{cases} E_{x'}(0) = A \\ E_{z'}(0) = Ae^{-i\delta} \end{cases}$$

通过检偏振片出射的光，是该两分量在 y 轴上的投影之和：

$$(E_y)_0 = \frac{A}{\sqrt{2}}(e^{i\delta} - 1)$$

其对应的输出光强 I_t 可写成

$$I_t \propto [(E_y)_0 \cdot (E_y)_0^*] = \frac{A^2}{2}[(e^{-i\delta}-1)(e^{i\delta}-1)] = 2A^2 \sin^2 \frac{\delta}{2}$$

所以光强透过率 T 为

$$T = \frac{I_t}{I_i} = \sin^2 \frac{\delta}{2} \tag{2.6.21}$$

$$\delta = \frac{2\pi l}{\lambda}(n_o - n_e) + \frac{\pi}{\lambda}n_o^3 \gamma l_c \frac{V}{d}$$

将 δ 代入式 (2.6.21)，得

$$T = \frac{I_t}{I_i} = \sin^2 \frac{\delta}{2} = \sin^2 \left(\frac{\dfrac{2\pi l}{\lambda}(n_o - n_e) + \dfrac{\pi}{\lambda}n_o^3 \gamma l_c \dfrac{V}{d}}{2} \right)$$

透过率 T 与加在晶体两端的电压 V 呈函数关系。也就是说，电信号调制了光强度，这就是电光调制的原理。

改变信号源各参数对输出特性的影响如下所述。

(1) 当 $V_0 = \dfrac{V_\pi}{2}$、$V_m \ll V_\pi$ 时，将工作点选定在线性工作区的中心处，如图 2.6.8(a) 所示，可获得较高效率的线性调制，把 $V_0 = \dfrac{V_\pi}{2}$ 代入式 (2.6.21)，得

$$T = \sin^2 \left(\frac{\pi}{4} + \frac{\pi}{2V_\pi}V_m \sin \omega t \right) = \frac{1}{2}\left[1 + \sin\left(\frac{\pi}{V_\pi}V_m \sin \omega t \right) \right] \tag{2.6.22}$$

当 $V_m \ll V_\pi$ 时

$$T \approx \frac{1}{2}\left[1 + \left(\frac{\pi V_m}{V_\pi} \right) \sin \omega t \right]$$

即

$$T \propto \sin \omega t \tag{2.6.23}$$

这时，虽然调制器输出的信号和调制信号振幅不同，但是两者的频率是相同的，输出信号不失真，称为线性调制。

(2) 当 $V_0 = 0$、$V_m \ll V_\pi$ 时，如图 2.6.8(b) 所示，把 $V_0 = 0$ 代入式 (2.6.22)，得

$$T = \sin^2 \left(\frac{\pi}{2V_\pi}V_m \sin \omega t \right) = \frac{1}{2}\left[1 - \cos\left(\frac{\pi}{2} + \frac{\pi}{V_\pi}V_m \sin \omega t \right) \right]$$

$$\approx \frac{1}{4}\left(\frac{\pi}{V_\pi}V_m \right)^2 \sin^2 \omega t \approx \frac{1}{8}\left(\frac{\pi V_m}{V_\pi} \right)^2 (1 - \cos 2\omega t)$$

即

$$T \propto \cos 2\omega t \tag{2.6.24}$$

从式 (2.6.24) 可以看出，输出信号的频率是调制信号频率的 2 倍，即产生"倍频"失真。若把 $V_0 = V_\pi$ 代入式 (2.6.22)，经过类似的推导，可得

$$T \approx 1 - \frac{1}{8}\left(\frac{\pi V_{\mathrm{m}}}{V_{\pi}}\right)^2 (1 - \cos 2\omega t) \tag{2.6.25}$$

即 $T \propto \cos 2\omega t$，输出信号仍是"倍频"失真的信号。

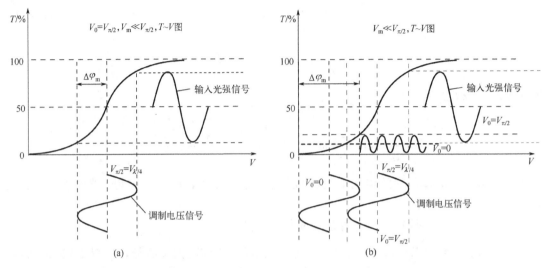

图 2.6.8　电压 V 与光的透过率 T 的关系

(3) 直流偏压 V_0 在 0V 附近或在 V_π 附近变化时，由于工作点不在线性工作区，输出波形将失真。

(4) 当 $V_0 = \dfrac{V_\pi}{2}$，$V_{\mathrm{m}} > V_\pi$ 时，调制器的工作点虽然选定在线性工作区的中心，但不满足小信号调制的要求，式(2.6.24)不能写成式(2.6.25)的形式。因此，工作点虽然选定在线性工作区，但是输出波形仍然是失真的。

4. 实验装置组成

电光调制实验系统由光路与电路两大单元组成，如图2.6.9所示。

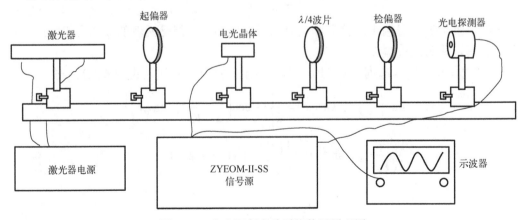

图 2.6.9　电光调制实验系统装置原理图

(1) 电光晶体铌酸锂 $(4 \times 60 \times 2.5)\,\mathrm{mm}^3$，透光波长为 $50 \sim 5000\mathrm{nm}$，电光系数：$\gamma_{33} = 30.8$，$\gamma_{13} = 8.6$，$\gamma_{22} = 6.6$，$\gamma_{51} = 28$，消光比：大于 250:1，透射率：大于 95%。

（2）激光光源：氦氖激光器 $\lambda = 632.8\text{nm}$，$P_{\text{out}} = 1.5\text{mW}$。

（3）晶体偏置电源电压：0～450V 连续可调。

（4）偏置电压显示精度：3.5 位数字显示。

（5）交流内调制信号：电压 0～80V_{PP} 连续可调，频率 50Hz～10kHz 连续可调。

（6）外调制信号：来源于 CD 机、随身听、MP3、计算机、收音机等带有标准音频接口的声音发生器。

（7）交流电源：AC（220±22）V，50Hz。

（8）仪器使用环境温度：0～40℃。

2.6.3　光学双稳态技术

如果一个光学系统在给定的输入光强下存在两种可能的光强输出状态,而且可以用光学方法实现两种状态间的开关转换, 则称此现象为光学双稳态（图 2.6.10）。

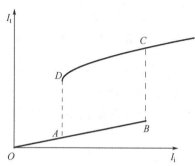

图 2.6.10　光学双稳态的特性曲线

由电光强度调制器组成的混合型光学双稳态器结构原理如图 2.6.11 所示。它由电光调制器、光电探测器和放大器组成。从透射光中取样的光信号通过探测器转变为电信号,经放大器放大后加在调制器上,构成光电混合反馈。

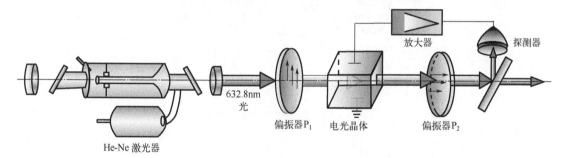

图 2.6.11　光电混合型双稳态器结构原理

由公式 $V_{\lambda/2} = (\lambda/2)\, n_0^3 \gamma_{63}$ 可知, 电光调制器的透过率 $T = \sin^2[\pi V/(2V_{\lambda/2})]$, 一般地说, T 与电压 V 有非线性关系,另外, 由于晶体上所加电压 V 是从输出光取样经光电变换及线性放大后再反馈到电光晶体上的, 故有 $V = KI_{\text{t}}$, 式中 K 为比例系数。将上式左右同除以 I_{i}, 整理后得

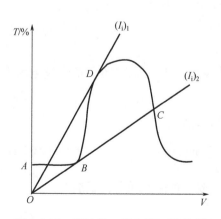

图 2.6.12　透过率 T 和电压 V 的关系

$$\frac{I_{\text{t}}}{I_{\text{i}}} = T = \frac{V}{KI_{\text{i}}} \qquad (2.6.26)$$

这说明透过率 T 与电压 V 呈线性关系,其斜率等于 $1/(KT)$,入射光越强,斜率越小。考虑到电光晶体剩余应力会引起附加电压以及光学不均匀性会引入消光因子,对于 $T = \sin^2[\pi V/(2V_{\lambda/2})]$ 曲线,$V = 0$ 时 $T \neq 0$,实验曲线如图 2.6.12 所示。

由于器件必须同时满足 $V_{\lambda/2}=\lambda/(2n_0^3\gamma_{63})$ 和 $T=V/(KI_i)$ 两式, 当入射光强从 $(I_i)_1$ 逐渐增大到 $(I_i)_2$ 时, 交点由 A 向 B 变化, 透过率 T 缓慢增大, 在 B 点, 状态是不稳定的, B 点是直线 $T=V/(KI_i)$ 与曲线 $T=\sin^2[\pi V/(2V_{\lambda/2})]$ 相切的点, 直线与曲线有另一交点 C, 因而在 B 点到达临界状态, I_i 再增长一些, 交点将位于曲线的右半部分。因而, 在 BC 处状态会发生跳变, 即产生从低态向高态的跃变; 反之, 若连续减弱输入光强 I, 则工作点将由 C 点移向 D 点, 并在 D 点跳变回 A 点, 产生由高态向低态的跃变。

2.6.4　泡克耳斯电光相位调制技术

图 2.6.13 为电光相位调制原理图。图中所用的电光晶体为纵向加压 KDP 晶体, 若使起偏器的起偏方向平行于 KDP 晶体的一个电感应主轴 x', 则外加电压将不改变输出光波的偏振状态, 仅改变输出光波的相位, 经过调制后, 被调制光波的相位变化值为

$$\delta_x'=\frac{2\pi}{\lambda}\Delta n_x'l \tag{2.6.27}$$

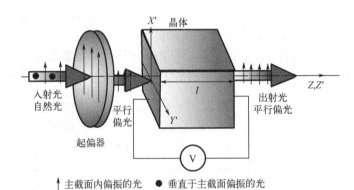

图 2.6.13　电光相位调制原理图

又因为

$$\Delta n_x'=n_0-n_x'=\frac{1}{2}n_0^3\gamma_{63}E_z \tag{2.6.28}$$

所以

$$\delta_x'=\frac{2\pi}{\lambda}\Delta n_x'l=\frac{\pi}{\lambda}n_0^3\gamma_{63}E_zl \tag{2.6.29}$$

式中, l 为晶体长度。设外加信号电压 $E_z=A_m\sin\omega_m t$, 并设晶体入射面 $Z=0$ 处的光波电场为

$$e_{in}=A_0\cos\omega_0 t \tag{2.6.30}$$

式中, ω_0 为激光圆频率, 此激光通过晶体后, 输出光波电场为

$$e_{out}=A_0\cos(\omega_0 t+\delta_x')=A_0\cos(\omega_0 t+\delta_m\sin\omega_m t) \tag{2.6.31}$$

式中, $\delta_m=\frac{\pi}{\lambda}n_0^3\gamma_{63}lA_m$ 称为相位调制指数。将式 (2.6.31) 按三角函数和角公式展开:

$$e_{out}=A_0[\cos\omega_0 t\cos(\delta_m\sin\omega_m t)-\sin\omega_0 t\sin(\delta_m\sin\omega_m t)] \tag{2.6.32}$$

当 $\delta_m \ll 1$ 时，有

$$\cos(\delta_m \sin \omega_m t) \approx 1$$

$$\sin(\delta_m \sin \omega_m t) \approx \delta_m \sin \omega_m t$$

所以，激光通过晶体后输出的光波电场可表示为

$$e_{\text{out}} = A_0 \cos \omega_0 t + \frac{A_0 \delta_m}{2} \cos\left\{(\omega_0 + \omega_m)t - \frac{A_0 \delta_m}{2} \cos[(\omega_0 - \omega_m)t]\right\} \tag{2.6.33}$$

可见，当 $\delta_m \ll 1$ 时，相位调制波的组成频谱为：载波频率为 ω_0，上下边频为 $\omega_0 \pm \omega_m$。与前面分析的相位调制结果完全一致。

当调制指数 δ_m 较大时，激光通过晶体后输出光波电场可表示为

$$e(t) = A_0 \sum_{n=-\infty}^{\infty} J_n(m) \cos[(\omega_0 + n\omega_m)t] \tag{2.6.34}$$

电光调制器的调制频率和频带宽度。对于电光调制器的技术要求，总是希望电光调制器所允许的调制频率高一些，其频带宽度也宽一些。这样两个参数集中反映在电光调制器对调制信号的等效电路上。下面从等效电路的分析中找出调制频率与频带宽度的参数关系。

一块电光晶体，在相互平行的一对界面上加平板电极，自身就构成一个电容，其电容 $C_0 = A\varepsilon/L$，其中 A 为平板电极电容面积，L 为电极间距，ε 为介电常数。另外，晶体介质还有一定的电阻值 R_0。若把调制信号源也加进去，则其等效电路如图 2.6.14 所示。图中 V_s 为调制信号电压，R_s 为信号源的电阻。可见，对调制信号源来说，调制器可看作电容性负载。

并联电路的阻抗 $Z_{//}$ 为

$$\frac{1}{Z_{//}} = \frac{1}{R_q} + \frac{1}{\dfrac{1}{j\omega C_0}} = \frac{1}{R_q} + j\omega C_0$$

$$Z_{//} = \frac{1}{\dfrac{1}{R_q} + j\omega C_0}$$

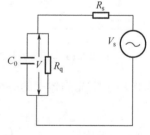

图 2.6.14　光调制等效电路图

电路的总阻抗 Z 为

$$Z = R_s + Z_{//}$$

作用于电光晶体上的有效电压为 V，由串联分压可得

$$V = V_s \frac{Z_{//}}{Z} = \frac{V_s R_q}{R_q + R_s + j\omega C_0 R_q R_s}$$

其模为

$$|V| = V_s \frac{R_q}{\sqrt{(R_s + R_q)^2 + (\omega C_0 R_s R_q)^2}} = K V_s \tag{2.6.35}$$

$$K = \frac{|V|}{V_s} = \frac{R_q}{\sqrt{(R_s + R_q)^2 + (\omega C_0 R_s R_q)^2}}$$

$$= \frac{1}{\sqrt{\left(1 + \dfrac{R_s}{R_q}\right)^2 + (\omega C_0 R_s)^2}} \tag{2.6.36}$$

一般情况下，$R_q \gg R_s$，则调制器的频率因子 K 可简化为

$$K = \frac{1}{\sqrt{1 + (\omega C_0 R_s)^2}} \tag{2.6.37}$$

其特性曲线如图 2.6.15 所示，可见，这样结构的电光位相调制器，当工作在低频调制时，效率较高；随着频率的增高，效率下降，一般不能超过几兆赫。

为了达到高频调制的要求，在电极两端并联一个电感 L_0，电光调制器的作用效果如一等效谐振回路(图 2.6.16)，并联电路的阻抗 $Z_{//}$ 成为

$$Z_{//} = \left[\frac{1}{R} + \frac{1}{j\omega L_0} + j\omega C_0\right]^{-1}$$

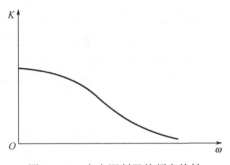

图 2.6.15　电光调制器的频率特性

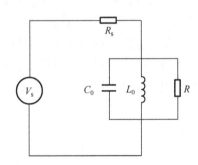

图 2.6.16　谐振回路等效电路

V 为作用于电光晶体上的有效电压，由串联分压可得

$$V = V_s \frac{Z_{//}}{R_s + Z_{//}}$$

式中，R 为 R_q 和 L_0 中电阻的等效值，当 $R \gg R_s$ 时，有

$$K' = \frac{|V|}{V_s} = \frac{1}{\sqrt{1 + R_s^2 \left(\omega L_0 - \dfrac{1}{\omega C_0}\right)^2 \dfrac{L_0}{C_0}}}$$

K' 的特性曲线如图 2.6.17 所示。当 $\omega = \omega_0$ 时，$K' = 1.0$，达到最大，调制中心频率 ω_0 为

$$\omega_0 = \frac{1}{\sqrt{L_0 C_0}} \tag{2.6.38}$$

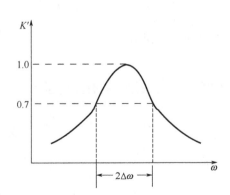

图 2.6.17　谐振回路频率特性

选择合适的电感 L_0，可提高调制器的调制频率，使调制的中心频率达到最大。然而，RL_0C_0 谐振回路的带宽为

$$2\Delta\omega = \frac{1}{RC_0} \tag{2.6.39}$$

当 R 为几十兆欧姆至几百兆欧姆，$C_0 = 10^{-12}\mathrm{F}$（皮法拉）量级时，频宽只有 $10^4\mathrm{Hz}$，所以这种结构提高了调制频率，却减小了带宽。当既要调制频率高，又要带宽很宽时，必须采用行波调制。

2.6.5　克尔电光调制技术

克尔电光调制已成功用于激光精密相位测距及某些光信息处理中。这种调制器有工作稳定可靠、装调方便、价格便宜等优点。

由晶体的电光效应可知，晶体折射率的变化值 Δn 与外电场 E 的平方成正比，即

$$\Delta n = bE^2 \tag{2.6.40}$$

此种效应即为克尔效应。能产生显著克尔效应的液体主要有硝基苯，晶体有 KTN 等。

克尔电光调制器由起偏器 P_1、克尔盒及检偏器 P_2 三者构成。克尔盒是一个带有两个电极引线的玻璃管，管中封装着两个浸在高纯硝基苯液体中的电极，其中 P_1、P_2 正交，它们都与克尔盒两极板间的电场方向成 45°（图 2.6.18）。

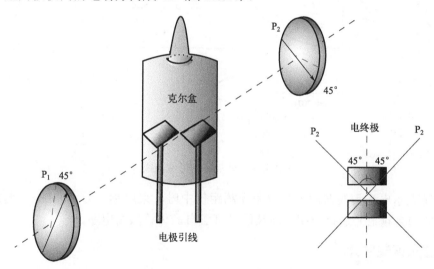

图 2.6.18　克尔电光调制器原理图

实际上克尔盒是一个以硝基苯为介质的电容器，当电容器极板间加有电压 V 时，处于极板电场中的硝基苯液体具有双折射性，它相当于一个单轴晶体，其光轴方向与所加电场方向一致，当通光方向与单轴晶体的光轴垂直时，将得到沿光轴方向振动的 e 光和垂直于光轴及通光方向的 o 光，而起偏器与检偏器方向均与 o 光、e 光呈 45°角，所以与 KDP 纵向加压电光效应的关系类似，不同的是 $\Delta n \propto V^2$。因此，若克尔盒中沿光线方向上的电极长度为 l 时，o 光、e 光间的相移 δ 与外加调制电场的关系为

$$\delta = \frac{2\pi}{\lambda}lK\frac{V^2}{d^2} \tag{2.6.41}$$

式中，K 为克尔电光系数，硝基苯的 K 值等于 $4\times10^{-5}\mathrm{cm/V^2}$；$d$ 为克尔盒内两电极间距离。

当两偏振器正交放置时，输出光强 I_t 与输入光强 I_i 之间也有与 KDP 泡克耳斯强度调制相同的形式：

$$T = \frac{I_\mathrm{t}}{I_\mathrm{i}} = \sin^2\frac{\delta}{2} = \sin^2\left(\frac{\pi KlV^2}{\lambda d^2}\right) = \sin^2\left[\frac{\pi}{2}\left(\frac{V}{V_\pi}\right)^2\right] \tag{2.6.42}$$

式中，$(V_\pi)^2 = d^2\lambda/(2Kl)$，由此可见输出光强取决于电压 V 的大小，而与电压的极性无关；输出光强与调制电压之间一般是非线性关系，为了使调制不失真，必须合理选择工作点，以使调制电压工作于曲线的直线部分(图 2.6.19)。一般地，选择工作点直流偏压值 $V_\mathrm{b}= 0.707V_\pi$，而选择最大信号幅值 $V_\mathrm{a}=0.25V_\pi$。

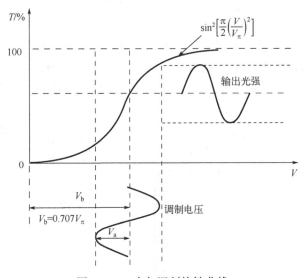

图 2.6.19　克尔调制特性曲线

当上述克尔电光调制器用于相位激光测距仪中时，采用频率为 30MHz、调制电压为 150～200V 的高频信号进行调制，高频信号可取自晶体管振荡电路。

2.6.6　磁光调制技术

磁光调制的原理是基于法拉第效应的，即当偏振光通过磁场作用下的某些介质时，其偏振面会发生旋转，转角的大小与外磁场的关系为

$$\Phi = KHd$$

式中，Φ 是偏振面的旋转角度；H 为磁场强度；d 为磁光介质厚度；K 为磁光系数。

由原子物理学中反常塞曼效应的原理可知，在磁场作用下，物质的吸收谱线会发生分裂，分裂出来的两条谱线对称分布于原谱线位置的附近，且这两条谱线的偏振面旋转方向相反。一条为左旋偏振光，另一条为右旋偏振光。而谱线位置的移动量 $\Delta\nu$ 是与磁场强度 H 成比例的。在物理学中定义介质的折射率随波长发生突变的区域为反常色散区，物质的反常色散区

是对称地分布于吸收谱线位置的。在磁场作用下,物质对左旋偏振光和右旋偏振光吸收谱线
位置不同,因而出现了物质反常色散区位置的不同偏移。图 2.6.20 夸大地表示了物质在磁场
作用下折射曲率变化的情况。曲线 1 表示左旋偏振光的折射率曲线,曲线 2 表示右旋偏振光
的折射率曲线。图 2.6.20 中实线表示在无磁场作用时物质的色散曲线。一束波长为 λ 的偏振
光,其振动面为 AA,如图 2.6.21(a)所示,可以把此偏振光看作对称于 AA 平面的两束左旋
及右旋偏振光的合成,假设此偏振光射入某一旋光物质,此旋光物质对称左旋偏振光和右旋
偏振光的折射率是不同的。在图 2.6.21(b)中,圆频率所对应的折射率分别为 n_R(右)与 n_L(左),
设平面偏振光在磁光介质中传播的距离为 d,则左、右旋偏振光的光程差 Δl 为

$$\Delta l = (n_L - n_R)d \tag{2.6.43}$$

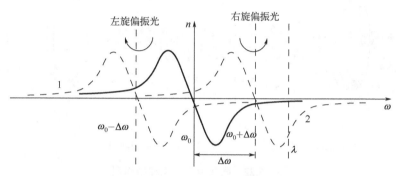

图 2.6.20　介质的色散效应

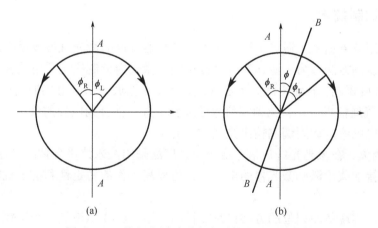

图 2.6.21　偏振光通过磁光介质时偏振面的旋转

而其相位差 $\Delta\Phi$ 应等于

$$\Delta\Phi = \frac{2\pi}{\lambda}\Delta l = \frac{2\pi}{\lambda}(n_L - n_R)d \tag{2.6.44}$$

由图 2.6.21(b)可以看出,偏振光 AA 通过磁光物质后其偏振面的转角 Φ 应为

$$\Phi = \frac{\Delta\Phi}{2} = \frac{\pi}{\lambda}\Delta l = \frac{\pi}{\lambda}(n_L - n_R)d \tag{2.6.45}$$

由图 2.6.21 可以看出,$(n_L - n_R)$ 近似地与谱线分裂的位移量 $\Delta\omega$ 成正比。而 $\Delta\omega$ 又与外磁场
强度 H 成正比,故有 $(n_L - n_R) = \alpha H$,这里 α 为比例系数,而 Φ 为

$$\Phi = \frac{\pi}{\lambda}\alpha Hd = KHd \tag{2.6.46}$$

式中，$K = \pi\alpha/\lambda$，对一定波长来说是一个比例常数。

图 2.6.22 为利用法拉第效应设计的磁光调制器原理结构图。磁光介质置于激光的传输光路中，环绕在磁光介质上的线圈中的电流 I 通常与调制信号电压成正比，根据法拉第效应可知，偏振面的转角 Φ 正比于调制信号。当在磁光介质两端设置起偏器和检偏器时，类似于电光调制器，就可以把调制信号变化的偏振面的旋转转化为光的强度调制。

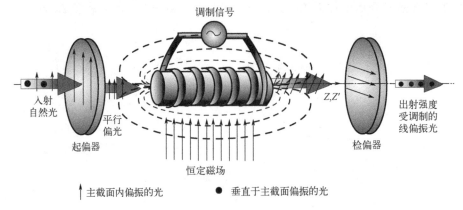

图 2.6.22　磁光调制器原理结构图

2.6.7　电源调制技术

直接将调制信号加载于激光电源，从而使激光器发射的激光强度或激光脉冲参数随调制信号变化的调制方法称为电源调制或直接调制。激光内调制广泛采用此种调制技术。

(1) 激光强度调制。若输出激光为连续波，则往往把调制信号直接加载于放电电源，如在 CO_2 激光大气通信机中，音响调制信号通过变压直接耦合到电源的负极，进而控制 CO_2 激光管内的放电电流，达到调制输出光强的目的。

(2) 脉冲调位。在激光光纤通信等应用中，广泛采用注入式半导体激光器作为发光源。调制信号则直接加载于激励激光器的电源上。为提高工作的稳定性和抗干扰能力，多采用脉冲调位。

在电学上，实现脉冲调位的方法也是多样的，图 2.6.23 示出了一种比较式脉冲调位方框图。图中由脉冲发生器产生一定幅度和宽度的脉冲去控制半导体激光器的泵浦电流密度。半导体激光器受脉冲调制后发射脉冲激光。脉冲发生器产生脉冲的时刻是由比较器来控制

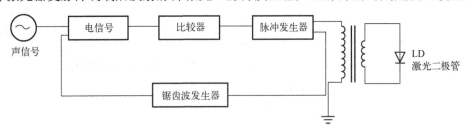

图 2.6.23　比较式脉冲调位方框图

的。比较器将锯齿波发生器发出的锯齿波与信号进行比较，在两者电平相同的每一瞬间产生一个脉冲，如图 2.6.24 所示。这样，产生脉冲的位置就受到信号的控制，从而实现了脉冲位置的调制。

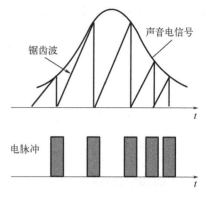

图 2.6.24　脉位调制原理图

2.6.8　声光调制技术

声光调制的物理基础是声光效应，当光波通过加有超声波的介质时，光-声相互作用的结果导致光的衍射。声光衍射为控制光束的强度、方向、频率提供了一个方便的手段。声光器件已广泛用于声光调制、调 Q、偏转、扫描和信息存储等技术中。

1. 声光调制器的组成

一般声光调制器的结构如图 2.6.25 所示。①高频振荡电源，其电参数受调制信号的控制。②电声换能器，可将高频振荡电能转换为超声波，通常由压电晶体制成。③声光介质，

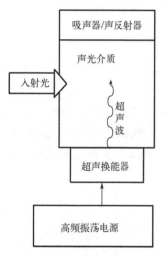

图 2.6.25　声光调制器结构图

是声光相互作用的场所，对于拉曼-奈斯(Raman-Nath)型声光衍射，入射光垂直通过表面，即 $\alpha = 90°$。对于布拉格声光衍射，通常使超声波面与通光表面之间构成一个 $90°-\theta_B$ 角，这样既满足了布拉格条件，又保证了光束垂直通光表面入射。④吸声器或声反射器。如果工作于行波状态，则必须用吸声器将传过来的超声波吸收掉，通常吸声介质表面与声波面构成一定的角度，以保证在超声波传播方向无反射回波。如果工作于驻波状态，就应该将吸声器换成声反射器，并使吸声介质表面与超声波传播方向垂直。

2. 声光调制的原理

作为声光调制器，无论是拉曼-奈斯型，还是布拉格声光衍射，主要采用两种工作方式，一种是将零级光作为输出；另一种是将一级衍射光作为输出。不需要的其他次级衍射光用光阑挡去。当超声波的功率随着调制信号改变时，衍射光的强度将随之变化，从而实现光的调制。现以广泛应用的布拉格声光调制为例来说明声光调制的一般过程和原理。

由公式 $I_1 = I_i \sin^2(V/2)$ 可知，在一级衍射方有

$$T = \frac{I_1}{I_i} = \sin^2\left(\frac{V}{2}\right) \tag{2.6.47}$$

比较式(2.6.47)和 $T = \sin^2(\delta/2)$，可以看出，声光调制与电光强度调制有着完全相同的函数关系和调制曲线关系。在调制信号较小和合适的工作点条件下，可以实现无失真的光强度调制。当调制信号较小时，式(2.4.47)还可近似表示成

$$T = \frac{I_1}{I_i} = \left(\frac{V}{2}\right)^2 \tag{2.6.48}$$

式中，$V = 2\pi\Delta L/\lambda$，是光通过声光介质时产生的相移，由公式：

$$\Delta n = -\frac{1}{2}n^3 P\sqrt{\frac{2P_s}{\rho V_s^3 LH}}$$

得

$$V = -\frac{\pi}{\lambda}n^3 LP\sqrt{\frac{2P_s}{\rho V_s^3 LH}} \tag{2.6.49}$$

综合上面几个公式，得

$$T = \frac{I_1}{I_i} \approx \frac{\pi^2 n^6}{4\lambda}\frac{L^2 P^2 2P_s}{\rho V_s^3 LH} \tag{2.6.50}$$

　　令

$$\frac{n^6 P^2}{\rho V_s^3} = M_2$$

式中，M_2 为声光介质的品质因数，则有

$$T = \frac{I_1}{I_i} = \frac{\pi^2 L}{2\lambda H}M_2 P_s \tag{2.6.51}$$

可见一级衍射与声功率 P_s 成正比，而 P_s 又正比于调制电源的功率 P_E，设 $P_s = \eta P_E$，η 为电声功率的转换效率，于是有 $I_1 = I_i KP_E$。这样，当使 P_s 按调制信号规律变化时，I_1 的光强将随调制信号的规律变化，例如，若调制信号为 $\alpha(t) = A_m\cos\omega_m t$，对高频振荡电源进行调幅，则可得载波电压振幅为

$$V_m(t) = A_0(1 + \cos\omega_m t)$$

式中，A_0 为载波振幅。高频振荡的瞬时功率为

$$P_E(t) = \frac{A_0^2}{R_H}(1 + 2m\cos\omega_m t)$$

式中，R_H 为负载电阻，对高频振荡电压进行幅度调制，相应的衍射光强 I_1 亦受到调制信号的调制。

　　声光调制已获得广泛应用，声光调 Q 便是声光调制的一种特例。如果对高频载波信号实行脉冲调幅，便可使布拉格声光衍射的零级或一级强脉冲发生变化，从而达到调 Q 的目的。常见的几种声光材料如表 2.6.3 所示。

表 2.6.3　常见的几种声光材料

材料名称	光波长 λ/nm	声波方向	密度 ρ/ (g/cm³)	声速 v_s /(10³m/s)	折射率	透明区 /μm	品质因数 $M_1 = n^7 p^2/\rho V_s$	$M_2 = n^6 p^2/PV_s^3$	$M_3 = n^7 p^2/\rho V_s^2$
钼酸铅(PbMoO₄)	632.8	纵[100]	6.95	3.66	2.39	0.4~5.5	15.3	23.7	24.9

续表

材料名称	光波长 λ/nm	声波方向	密度ρ/ (g/cm³)	声速 v_s /(10³m/s)	折射率	透明区 /μm	品质因数		
							$M_1 = n^7p^2/\rho V_s$	$M_2 = n^6p^2/PV_s^3$	$M_3 = n^7p^2/\rho V_s^2$
熔石英(SiO₂)	632.8	横	2.2	5.96	1.46	0.2~4.5	0.963	0.476	0.0256
铌酸锂(LiNbO₃)	632.8	纵[11$\bar{2}$0]	4.64	6.57	2.2	0.5~4.5	66.50	6.99	10.10
二氧化碲(TeO₂)	632.8		6	0.617	2.27	0.35~5	8.8	525	85
砷化镓(GaAs)	632.8	纵[110]	5.34	5.15	3.37	5~11	925.00	104.00	179.00
	1.15	纵[100]	5.34	3.32	3.37		155.00	46.30	49.20
水(H₂O)	632.8		1.0	1.55	1.33	0.2~0.9	6.10	106	24
三硫化二砷 (As₂S₃)	632.8	纵	3.2	2.60	2.61		762.00	433.00	293.00
	1.15	纵	3.2	2.60	2.46		619.00	347.00	236.00
二氧化钛(金红石 TiO₂)	632.8	纵[11$\bar{2}$0]	4.60	7.86	2.58		62.50	3.93	7.97
钇铝石榴石 (YAG)	632.8		4.2	8.53	1.83		0.16	0.012	0.019
亚磷酸镓(GaP)	632.8	纵[110]	4.13	6.32	3.31		590.00	44.60	93.50
	632.8	纵[100]	4.13	4.13	3.31		137.00	24.10	33.10
超重火石玻璃	632.8		6.3	3.1	1.92			2.71	

习　题

1. 按调制的性质划分，激光调制可分成哪些类型？

2. 已知调制信号为 $a(t) = A_n\cos\omega_n t$，试推导频率调制的已调波表达式。

3. 已知调制信号为 $a(t) = A_n\sin\omega_n t$，试推导相角调制的已调波表达式。

4. 脉冲调制有哪些类型？各自的特点是什么？脉冲调制有何优点？

5. 电光调制可分成哪些类型，横向电光调制与纵向电光调制比较有什么优点？

6. 以 KDP 晶体为例，推导泡克耳斯调制透过率的表达式？

7. 什么是光学双稳态？试说明其工作原理。

8. 什么是声光调制？说明声光调制器的结构和声光调制的原理。

第3章　激光偏转技术

激光偏转技术是使激光束相对于某确定位置做一定规律的偏转扫描的技术，是激光显示、激光雷达、激光印刷、激光电影、激光读取与检索等应用中的关键技术之一。

3.1　激光偏转技术分类及技术指标

1. 分类

按激光偏转过程的特点可以分为两种：一种是模拟式偏转，即光束的偏转角度连续变化，能描述光束的连续位移；另一种是数字式偏转，即在选定空间中的某些特定位置使光斑离散，不是连续的偏转。

2. 技术指标

激光偏转技术指标包括可分辨点数和扫描速度。

1) 可分辨点数

在激光偏转扫描的范围内，能够不重叠出现的光点的最大数目，称为激光偏转的可分辨点数。其定义式为

$$N = \frac{\Delta \theta}{\theta} \tag{3.1.1}$$

式中，$\Delta \theta$ 为激光偏转所能达到的最大偏转角度；θ 为激光束的发散角。对于普通的圆形光束和矩形光束，光束发散角分别为

$$\theta_C = R\frac{\lambda}{d} \tag{3.1.2}$$

$$\theta_R = R\frac{\lambda}{w} \tag{3.1.3}$$

式中，d 为光束直径(横截面的平均线度)；w 为矩形光束的宽度；R 为常数，它的取值与光束的性质和可分辨判据有关。对于均匀光束，$R = 1.22$ 为瑞利判据；基模激光束为高斯光束，由激光光束半径的定义可知，从基模光斑中心开始，到光强衰减为基模光斑中心光强的 $1/\mathrm{e}^2$ 时的位置，为光斑的半径。由高斯光束的传播可得

$$R = \frac{4\sqrt{2}}{\pi} \approx 1.8 \tag{3.1.4}$$

2) 扫描速度

扫描速度，即单位时间光束扫描过的总路径长度。不同的应用场合，对扫描速度的要求不同。对于扫描跟踪的装置，扫描速度要求较低，而对于显示、存储、读取的要求很高。

3.2　常见激光偏转技术

在激光偏转技术中，可根据偏转所使用的方法不同，分为机械偏转、电光偏转、声光偏转等。

3.2.1　激光机械偏转技术

利用多面镜反射镜鼓或棱镜在高速马达的带动下旋转或振动，从而改变被反射(折射)激光束的出射方向，使激光束在一定的位置附近进行来回往复偏转扫描的技术，称为激光机械偏转技术。激光机械偏转技术的优点是：扫描角度大(通常超过 30°)，可分辨点数多(通常为 $10^3 \sim 10^4$)，光学损耗小；缺点为：受马达转速的限制，机械偏转的扫描速率较低。

利用多面镜反射镜鼓的旋转实现激光偏转的原理装置如图 3.2.1 所示。

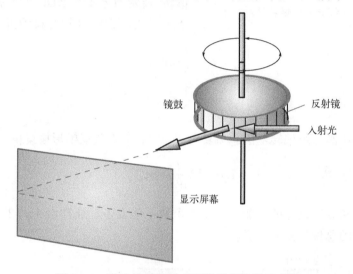

图 3.2.1　激光机械偏转多面镜反射镜鼓示意图

3.2.2　激光电光偏转技术

1.　电光连续扫描偏转

利用双折射晶体材料(如 KDP 晶体)制作两块光楔，将它们按图 3.2.2 放置，使其光轴 Z 相互平行，外电场沿 Z 轴方向，使晶体入射和出射端面分别与 KDP 的感应主轴 X' 和 Y' 平行，即与晶体 X 或 Y 轴呈 45°，使线偏振光正入射，且使其偏振方向沿下面晶体楔的 X' 轴，则光在下面晶体中的折射率为

$$n_{x'} = n_0 - \frac{1}{2} n_0^3 \gamma_{63} E_Z \tag{3.2.1}$$

而对上面的晶体，光沿 Y' 方向振动，相应折射率为

$$n_{y'} = n_0 + \frac{1}{2} n_0^3 \gamma_{63} E_Z \tag{3.2.2}$$

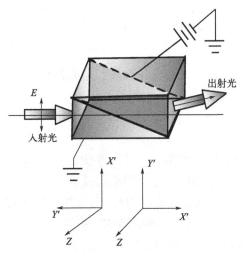

图 3.2.2　双棱镜 KDP 光束偏转器示意图

当光通过两晶体界面时，折射率将发生突变，$n_x' < n_y'$，光从光密介质到光疏介质，折射率的突变量为

$$\Delta n = n_{y'} - n_{x'} = n_0^3 \gamma_{63} E_Z \tag{3.2.3}$$

所以，光线将向折射面法线方向偏折 θ：

$$\theta \approx \frac{l}{d}\Delta n = \frac{l}{d}n_0^3 \gamma_{63} E_Z = \frac{l}{Wd}n_0^3 \gamma_{63} V_Z \tag{3.2.4}$$

式中，d 为光轴方向晶体厚度；l 为光通过光楔的长度；W 为光楔宽度；V_Z 为沿晶体光轴 Z 向所加电压。调节控制电压，可使光束连续扫描偏转。通常将若干个 KDP 光楔串接成如图 3.2.3 所示形式，图中 13 块光楔的折射率分别交替为

$$\begin{cases} n_{x'} = n_0 - \dfrac{1}{2}n_0^3 \gamma_{63} E_Z \\[2mm] n_{y'} = n_0 + \dfrac{1}{2}n_0^3 \gamma_{63} E_Z \end{cases} \tag{3.2.5}$$

因此，光束通过该晶体组偏转器的总偏转角 θ_t 为 12 个等效双楔形棱镜偏转角的总和：

$$\theta_t = 12\theta = 12\frac{l}{Wd}n_0^3 \gamma_{63} V_Z \tag{3.2.6}$$

受光束宽度和棱镜尺寸的限制，光楔的个数不能太多，通常由 5～12 个偏转器组成的多级棱镜偏转器的总偏转角 θ_t 为几分。

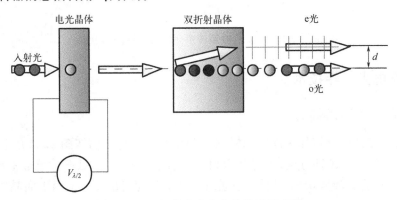

图 3.2.3　一级数字式电光偏转器原理图

2. 数字式电光扫描偏转

现代信息存储、读取与检索技术中，通常采用二进制的数字式偏转器。它由电光晶体开关和双折射晶体组成。设入射光偏振方向垂直于纸面，用点"·"表示，对于双折射晶体，对应为 o 光，当电光晶体上未加电压时，入射光将无偏折地通过晶体；若给电光晶体加一

半波电压，则入射光的偏振面通过电光晶体后，将旋转 90°而变成 e 光，而 e 光通过双折射晶体时，将相对于原入射光方向偏折角 α，从晶体出射的 e 光与 o 光分开，其相距为 d（图 3.2.3）。这就是说，由电光晶体开关和双折射晶体组合，构成了一个一级数字式电光偏转器，出射的偏振光随电光晶体上加和不加半波电压的不同而分别占据两个地址，若将 n 个数字式电光偏转器组合起来，就构成了 n 级数字式电光偏转器(图 3.2.4)。

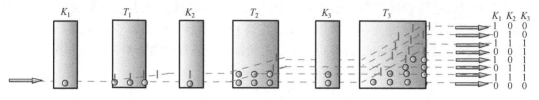

图 3.2.4　三级数字式电光偏转器原理图

3.2.3　声光偏转技术

当声光调制器满足布拉格(Bragg)条件，即光入射角等于 Bragg 衍射角

$$\theta_i = \theta_d = \theta_B \tag{3.2.7}$$

时，光通过声光调制器将出现衍射现象，光束的偏转角 θ 等于入射光与衍射光之间的夹角：

$$\theta = 2\theta_d = 2\theta_B = \frac{\lambda}{V_s} f_s \tag{3.2.8}$$

式中，V_s 为声速；λ 为光波长。当改变超声波的频率 f_s 时，衍射光束的偏转角将发生改变，超声波的频率 f_s 的变化引起衍射光束偏转角的关系式为

$$\Delta\theta = \frac{\lambda}{V_s} \Delta f_s \tag{3.2.9}$$

从而通过改变超声波的频率 f_s 来控制衍射光束的偏转角度，实现了使激光光束偏转扫描的目的。

习　　题

1．激光偏转的技术指标有哪些？
2．比较机械偏转和电光偏转的优缺点。
3．简述声光偏转的工作原理。

第4章　激光调Q技术

本章着重讨论调Q脉冲激光器的工作原理、过程以及特性。对几种典型的调Q脉冲激光器，如电光晶体调Q激光器、可饱和吸收式调Q激光器、声光调Q激光器、转镜调Q激光器和脉冲透射式调Q激光器等的工作过程和特性，进行较为详细的分析和探讨。

4.1　调Q方式

激光调Q技术又称为巨脉冲技术(giant pulse technique，GPT)。对于一个光脉冲，当脉冲能量一定时，宽度越窄，激光脉冲峰值功率越高。为此，欲使一个具有尖峰结构输出的激光器成为输出峰值功率达兆瓦级以上的巨脉冲激光器，就必须设法控制激光器，使分散在数百个小尖峰脉冲中辐射出来的能量集中在时间宽度极短的一个脉冲内释放出来。为了使光辐射能在时间上高度集中，以获得激光巨脉冲输出，通常有以下两个基本途径。

4.1.1　能量的储存及快速释放

先将能量以一定的形式储存起来，当能量储存到足够多时，使之快速释放，以获得激光巨脉冲输出。其基本原理利用了谐振腔Q值的突变过程。调Q脉冲激光器就是通过这种途径来获得巨脉冲激光输出。

根据能量储存的方式不同，可将调Q脉冲激光器分为以下两种。

(1)工作物质储能方式调Q。降低谐振腔的Q值，使能量以激活粒子的形式储存于工作物质中。当工作物质高能态上激活粒子积聚到最大值时，使之快速跃迁到下能级，将能量以光子的形式快速释放，辐射到谐振腔中，瞬间向腔外获得一个强激光脉冲。

(2)谐振腔储能方式调Q。提高谐振腔的Q值，使激励到工作物质高能态上的激活粒子快速跃迁到下能级，将能量以光子的形式释放，辐射到谐振腔中，能量以光子的形式储存在谐振腔中，当腔内光子积累到足够多时，突然降低谐振腔的Q值，使光能快速地释放到腔外，获得强激光脉冲输出。

4.1.2　能量在时间上的逐步叠加

能量在时间上的逐步叠加是使能量逐步叠加到一个时间宽度很窄的脉冲上，以获得激光巨脉冲。其可分别从时间和频率两个不同的途径加以实现。

(1)时间途径——选切脉冲叠加。在激光形成初期，在腔中选切出一个种子脉冲。使种子脉冲在腔内来回振荡不断得到放大，将能量逐步叠加到该种子脉冲上，从而获得激光巨脉冲。也可在激光形成之前，从噪声中选切出一个种子脉冲，且当种子脉冲在腔内来回振荡时，不断被周期地选切并得到放大，能量就可逐步叠加到一个很窄的脉冲上。

(2)频率途径——相位锁定叠加。使振荡光场频率不断扩展，相位逐步锁定，形成越来越窄的时间包络，使能量逐步叠加到时间包络上，从而获得激光巨脉冲。

4.2 调 Q 原 理

4.2.1 谐振腔的 Q 值

在激光技术中，采用品质因子 Q 来描述谐振腔的质量，其 Q 值定义为

$$Q = 2\pi \nu_0 \frac{\text{腔内储存的激光能量}}{\text{每秒损耗的激光能量}} \tag{4.2.1}$$

式中，ν_0 为激光的中心频率。显然，Q 值与谐振腔的损耗成反比，Q 值高，则光在谐振腔内传播时易形成激光振荡。用 E 表示腔内储存的能量，用 γ 表示光在腔内传播一个单程时的能量损耗率，设 L 为谐振腔的腔长、η 为腔内介质的折射率、c 为光速，则光在腔内传播一个单程所需的时间为

$$t = \eta \frac{L}{c} \tag{4.2.2}$$

而光在腔内每秒损耗的能量为 $\gamma E/t = c\gamma E/(\eta L)$，则 Q 值可表示为

$$Q = 2\pi \nu_0 \frac{E}{c\gamma E/(\eta L)} = \frac{2\pi \eta L}{\gamma \lambda_0} \tag{4.2.3}$$

式中，$2\pi \nu_0 = \omega_0$，$\lambda_0 = c/\nu_0$ 为在真空中的激光中心波长。

而 Q 值也可用光子在谐振腔内的寿命 t_c 表示：

$$Q = \omega_0 t_c \tag{4.2.4}$$

4.2.2 调 Q 的一般原理

1. 工作物质储能调 Q 原理

调 Q 脉冲激光器是通过一定的装置对激光器的 Q 值进行适当的控制，使分散在数百个小尖峰脉冲中辐射出来的能量在极短时间内集中于一个脉冲内释放出来的技术。

当激光器开始工作时，先让腔处于低 Q 值状态，激光器的激光振荡阈值很高，使工作物质的上能级不断积累粒子。工作物质的上能级有一定的寿命，经过一定的时间，当工作物质的上能级粒子数累积达到最大值时，谐振腔的 Q 值突然升高(即谐振腔的 Q 值从低到高有一个阶跃)，谐振腔内便会很快建立起极强的激光振荡。在短时间内激光上能级储存的大部分的粒子能量转化为腔内的光能量。此时，在部分反射镜的一端就有一个强的激光脉冲输出，从而实现了工作物质储能及快速释放的过程。

单程能量损耗率 γ 与谐振腔的 Q 值成反比，因此欲控制 Q 值由低到高的阶跃变化，只需控制 γ 值从高到低产生阶跃变化即可。图 4.2.1 表示了脉冲泵浦的调 Q 激光器产

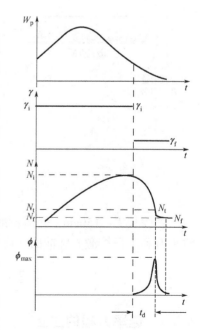

图 4.2.1 脉冲泵浦激光
调 Q 过程示意图

生激光巨脉冲的过程。图中 W_p 表示泵浦速率；N 表示粒子反转数；N_i 表示 Q 值阶跃时的粒子反转数，称为初始粒子反转数；N_t 为阈值粒子反转数(激光振荡阈值所对应的工作物质的粒子反转数)；N_f 为振荡终止时，工作物质残留的粒子反转数；ϕ 为激光光子数密度，t_d 为激光脉冲半宽度。

2. 谐振腔储能调 Q 原理

在工作物质储能调 Q 中，工作物质中残余粒子 N_f 的存在，使工作物质中这部分能量未能取出，影响了激光器的效率，谐振腔储能调 Q 正是为解决上述问题提出来的。如图 4.2.2 所示，若把谐振腔的部分反射镜改造成可控的全反射镜，便可达到谐振腔储能调 Q 的目的。在光泵浦、工作物质储能阶段，电光晶体上不加电压，不改变入射光的偏振方向，工作物质的自发辐射由偏振器 P_1 起偏后，将顺利通过偏振器 P_2，此时相当于反射镜的反射率为零，谐振腔的 Q 值处于极低的状态。当工作物质储能达到最大值时，电光晶体上加上半波电压，偏振器 P_2 把入射光反射到全反射镜 R_2，谐振腔的两反射镜均为全反射，使腔的阈值降得很低，腔内迅速形成激光振荡。由于激光在腔内来回振荡的寿命 t_c 很长，所以谐振腔的 Q 值很高。当工作物质中的储能转化成谐振腔内的光能，腔内光能密度达到最大时，迅速撤去晶体上的电压，可控反射镜又恢复为反射率等于零的状态，谐振腔内的光子瞬间"倾泻"而输出腔外，获得巨脉冲，这种运转方式又称为腔倒空技术。若近似认为 Q 是阶跃变化的，当输出可控反射镜反射率恢复为零的状态前的瞬间时刻，被反射回腔内的最后一批光子，在谐振腔内最多传播一个来回便逸出腔外，因而输出激光的脉冲持续时间为

$$\Delta\tau_p = \frac{2\eta L}{c} \tag{4.2.5}$$

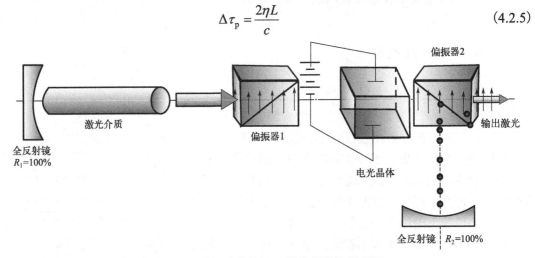

图 4.2.2　谐振腔储能调 Q 激光器结构原理图

若腔长 $L=150\text{cm}$，介质折射率 $\eta=1$，则 $\Delta\tau_p$ 可降为 1ns。显然，采用谐振腔储能调 Q 将更有利于压缩激光脉冲的宽度。

4.3　调 Q 激光器的速率方程

4.3.1　速率方程的建立

调 Q 激光器的速率方程是根据工作物质的增益和谐振腔的损耗之间的内在关系建立起

来的。在增益介质中，由于受激过程，腔内光子数密度 ϕ 随距离 Z 的增长率为

$$\frac{\mathrm{d}\phi}{\mathrm{d}Z} = \phi G \tag{4.3.1}$$

式中，G 为工作物质的增益系数。光子数密度随时间的增长率为

$$\frac{\mathrm{d}\phi}{\mathrm{d}t} = \frac{\mathrm{d}\phi}{\mathrm{d}Z} \cdot \frac{\mathrm{d}Z}{\mathrm{d}t} = \phi G \frac{c}{\eta} \tag{4.3.2}$$

式中，c 为真空中的光速；η 为工作物质的折射率。
而光子数密度的衰减率应为

$$\frac{\mathrm{d}\phi}{\mathrm{d}t} = \frac{-\phi\gamma}{t_1} = \frac{-c\gamma}{\eta L}\phi$$

式中，γ 为 Q 值阶跃后的单程能量损耗率；t_1 为光在腔内传播一个单程（腔长 L）所经历的时间（$t_1 = \eta L / c$）。与公式 $t_c = \dfrac{\eta L}{c\gamma}$ 对比，上式可写作

$$\frac{\mathrm{d}\phi}{\mathrm{d}t} = -\frac{\phi}{t_c} \tag{4.3.3}$$

式中，t_c 为 Q 值阶跃后光子在谐振腔中的寿命，对于一定的调 Q 器件，t_c 应该是个定值。
光子数密度的总变化率为

$$\frac{\mathrm{d}\phi}{\mathrm{d}t} = \phi\left(G\frac{c}{\eta} - \frac{1}{t_c}\right) \tag{4.3.4}$$

将式 (4.3.4) 两边同乘以谐振腔的体积 V，则腔内总光子数 Φ 的变化率为

$$\frac{\mathrm{d}\Phi}{\mathrm{d}t} = \Phi\left(G\frac{c}{\eta} - \frac{1}{t_c}\right) \tag{4.3.5}$$

当光在谐振腔中振荡时，如果增益大于损耗，则 $\dfrac{\mathrm{d}\Phi}{\mathrm{d}t} > 0$；反之，则 $\dfrac{\mathrm{d}\Phi}{\mathrm{d}t} < 0$，增益小于损耗；在谐振腔的增益恰好等于损耗阈值的条件下，$\dfrac{\mathrm{d}\phi}{\mathrm{d}t} = 0$，据此，可由式 (4.3.5) 解得阈值增益系数 G_t 为

$$G_t = \frac{\eta}{ct_c} \tag{4.3.6}$$

令 $\tau = t / t_c$，则由式 (4.3.5) 可得

$$\frac{\mathrm{d}\Phi}{\mathrm{d}\tau} = \Phi\left(\frac{t_c Gc}{\eta} - 1\right) = \Phi\left(\frac{G}{G_t} - 1\right) \tag{4.3.7}$$

因为增益系数和上能级、下能级之间的粒子反转数 N 成正比，故式 (4.3.7) 可改写为

$$\frac{\mathrm{d}\Phi}{\mathrm{d}\tau} = \Phi\left(\frac{N}{N_t} - 1\right) \tag{4.3.8}$$

式中，N_t 为阈值反转粒子数。另外，设 $\mathrm{d}\tau$ 时间内反转粒子数的变化量为 $\mathrm{d}N$，考虑到由受

激跃迁而产生的光子数变化率 $\dfrac{\mathrm{d}\Phi}{\mathrm{d}\tau}$ 应为 $\Phi\dfrac{N}{N_{\mathrm{t}}}$。另外，对于三能级系统，每产生一个光子，相应地激光上能级的粒子数减少一个，而下能级的粒子数将增加一个，所以粒子反转数 N 应减少两个，故

$$\frac{\mathrm{d}N}{\mathrm{d}\tau} = -2\Phi\frac{N}{N_{\mathrm{t}}} \tag{4.3.9}$$

式 (4.3.8) 与式 (4.3.9) 即是调 Q 脉冲激光器的典型速率方程。

4.3.2　速率方程的解

由速率方程的解，可以求得有关激光巨脉冲的性能和参数。

1. 谐振腔内的光子数

式 (4.3.8) 除以式 (4.3.9)，得

$$\frac{\mathrm{d}\Phi}{\mathrm{d}N} = \frac{1}{2}\left(\frac{N_{\mathrm{t}}}{N} - 1\right) \tag{4.3.10}$$

分离并积分得

$$\int_{\Phi_{\mathrm{i}}}^{\Phi}\mathrm{d}\Phi = \int_{N_{\mathrm{i}}}^{N}\frac{1}{2}\left(\frac{N_{\mathrm{t}}}{N} - 1\right)\mathrm{d}N$$

式中，Φ_{i} 为腔内初始光子数；Φ 为腔内任意时间 t 时的光子数；N_{i} 为工作物质内初始粒子数；N 为工作物质内任意时间 t 时的粒子数，积分得

$$\Phi - \Phi_{\mathrm{i}} = \frac{1}{2}(N_{\mathrm{t}}\ln N - N)\Big|_{N_{\mathrm{i}}}^{N} = \frac{1}{2}\left[N_{\mathrm{t}}\ln\frac{N}{N_{\mathrm{i}}} - (N - N_{\mathrm{i}})\right]$$

由于 Q 值阶跃刚开始时 $\Phi_{\mathrm{i}} = 0$，所以腔内光子数为

$$\Phi = \frac{1}{2}\left(N_{\mathrm{t}}\ln\frac{N}{N_{\mathrm{i}}} + N_{\mathrm{i}} - N\right) \tag{4.3.11}$$

即腔内光子数 Φ 随工作物质的粒子反转数 N 而变化，当 $N = N_{\mathrm{t}}$ 时，腔内光子数达到最大值 $\Phi_{\max}$：

$$\Phi_{\max} = \frac{1}{2}\left(N_{\mathrm{t}}\ln\frac{N_{\mathrm{t}}}{N_{\mathrm{i}}} + N_{\mathrm{i}} - N_{\mathrm{t}}\right) \tag{4.3.12}$$

利用 $x \geqslant 1/2$ 时，$\ln x = \dfrac{x-1}{x} + \dfrac{1}{2}\left(\dfrac{x-1}{x}\right)^2 + \dfrac{1}{3}\left(\dfrac{x-1}{x}\right)^3 + \cdots$，将 $\ln\dfrac{N_{\mathrm{t}}}{N_{\mathrm{i}}}$ 在 $N = N_{\mathrm{t}}$ 附近展开并取二级近似得

$$\ln\frac{N}{N_{\mathrm{i}}}\Big|_{N=N_{\mathrm{t}}} \approx 1 - \frac{N_{\mathrm{i}}}{N_{\mathrm{t}}} + \frac{1}{2}\left(1 - \frac{N_{\mathrm{i}}}{N_{\mathrm{t}}}\right)^2$$

$$\Phi_{\max} = \frac{1}{2}\left(N_{\mathrm{t}}\ln\frac{N_{\mathrm{t}}}{N_{\mathrm{i}}} + N_{\mathrm{i}} - N_{\mathrm{t}}\right) \approx \frac{N_{\mathrm{t}}}{4}\left(\frac{N_{\mathrm{i}}}{N_{\mathrm{t}}} - 1\right)^2 \tag{4.3.13}$$

可见，Φ_{max} 与 N_i/N_t 近似存在二次方关系。因此，提高初始粒子反转数 N_i 与谐振腔的阈值粒子反转数 N_t 的比值有利于提高 Φ_{max}。

2. 最大输出功率 P_{max}

$$P_{max} = h\nu\Phi_{max}\delta$$

式中，δ 为输出镜单位时间内光能的输出率。

设激光器输出镜的透过率为 T，另一镜为全反射镜，光在腔内的传输速率为 υ，腔内光子数密度为 ϕ_{max}，则

$$P_{max} = h\nu\phi_{max}\upsilon sT$$
$$= h\nu\phi_{max}\frac{\upsilon}{L}T$$

式中，L 为谐振腔的腔长。将式(4.3.13)代入上式得

$$P_{max} \approx \frac{1}{4}h\nu\frac{\upsilon}{L}TN_t\left(\frac{N_i}{N_t}-1\right)^2 \tag{4.3.14}$$

3. 单脉冲的能量利用率

设脉冲终止时工作物质的粒子反转数为 N_f，而此时 $\Phi = \Phi_f = 0$，由式(4.3.11)得

$$\Phi = \Phi_f = \frac{1}{2}\left[N_t\ln\frac{N_f}{N_i}-(N_f-N_i)\right] = 0$$

解之得

$$\frac{N_f}{N_i} = \exp\frac{N_f-N_i}{N_t} = \exp\left[\frac{N_i}{N_t}\left(\frac{N_f}{N_i}-1\right)\right]$$
$$= \exp\left[-\frac{N_i}{N_t}\left(\frac{N_i-N_f}{N_i}\right)\right]$$
$$\eta = \frac{N_i-N_f}{N_i}$$

并称为单脉冲能量利用率，则上式可写为

$$\frac{N_f}{N_i} = \exp\left(-\frac{N_i}{N_t}\eta\right) \tag{4.3.15}$$

图 4.3.1 画出了 N_i/N_t 与 η 及 N_f/N_i 的关系。由图可见，如果 N_i/N_t 增加，η 增加，N_f/N_i 下降，当 N_i/N_t > 3 时，$N_f/N_i \approx 0.05$，即表明已约有 95% 的能量被一个脉冲利用。当 $N_i/N_t = 1.5$ 时，能量的利用率 η < 60%，工作物质内残留的反转粒子数 N_f > 0.4 N_i。可见，对于调 Q 激光器，应尽量使 Q 值的阶跃变化量要大，并达到 N_i/N_t > 3，才能确保激光器件有较高的工作效率。

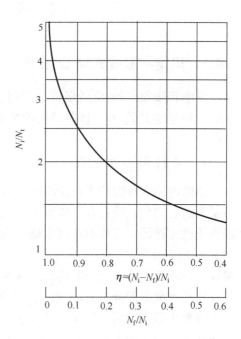

图 4.3.1　η、N_f/N_i 与 N_i/N_t 的关系

4. 调 Q 激光器输出的能量 E

从调 Q 激光器工作物质中取出的总粒子反转数为 $N_{\mathrm{tot}} = N_{\mathrm{i}} - N_{\mathrm{f}}$，对于三能级系统，每增加一个光子，粒子反转数要减少两个，故

$$\begin{cases} \Phi = \dfrac{1}{2}(N_{\mathrm{i}} - N_{\mathrm{f}}) \\ E = \dfrac{1}{2}(N_{\mathrm{i}} - N_{\mathrm{f}})h\nu \end{cases} \tag{4.3.16}$$

5. 巨脉冲的时间特性

当 $N_{\mathrm{i}} / N_{\mathrm{t}}$ 值增大时，激光脉冲的上升时间迅速缩短，而下降时间主要取决于光子在谐振腔中的自由衰减寿命 t_{c}，因此各脉冲波形的下降时间变化不大。粒子反转数 N、光子数密度 ϕ 随时间 t 的变化如图 4.3.2 所示。

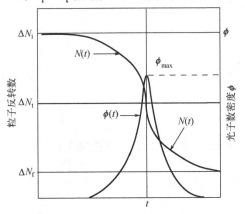

图 4.3.2　光子数密度 ϕ 和粒子反转数 N 的关系

综上可知，$N_{\mathrm{i}} / N_{\mathrm{t}}$ 是描述激光巨脉冲的一个极为重要的参量，它不仅直接影响着器件的能量转换效率，而且脉冲宽度与之密切相关。为此，在设计调 Q 激光器时，应尽可能地提高光泵的抽运速率；选择 Q 值阶跃变换量大的 Q 开关；选用高效率的工作物质及降低腔的损耗等。

4.4　典型调 Q 脉冲激光器

4.4.1　可饱和吸收式调 Q 激光器

可饱和吸收式调 Q 是根据某些物质对入射光强具有强烈的非线性吸收效应原理而制成的一种被动式调 Q。目前应用的可饱和吸收物质有两类：可饱和吸收染料和可饱和吸收晶体。

1. 染料调 Q 激光器

当腔内插入可饱和吸收染料时，染料的损耗与腔中光强有强烈的非线性关系。工作物质受泵浦的初期，腔内自发辐射光强较弱，染料的吸收率较高，即谐振腔损耗大，所以不能形成激光振荡，工作物质处于储能阶段。设此时激光振荡所对应的阈值粒子反转数密度为 n_{t1}；当工作物质的粒子反转数密度超过 n_{t1} 约 10%（即达到 n_{max}）时，如图 4.4.1 所示，谐振腔内的激光振荡可使染料迅速达到饱和，腔内吸收损耗跃减为 $1 - T_{\mathrm{st}}$。激光振荡的阈值粒子反转数密度立即降为 n_{t2}，而 n_{max} 成为这个低振荡阈值条件下的初始粒子反转数密度 n_{i}。在形成激光巨脉冲后，如果泵浦灯继续抽运，则有可能形成第二个激光脉冲，以至第三个激光脉冲，……如果想得到激光单脉冲，则泵浦光的持续时间必须很短且强度不能太高。

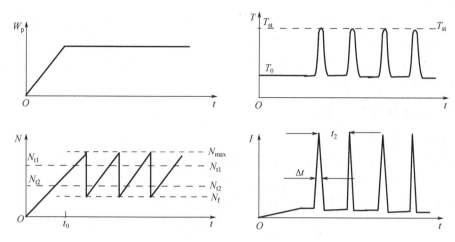

图 4.4.1　可饱和吸收调 Q 激光过程原理图

2. LiF:F_2^-晶体调 Q 激光器

提高器件重复频率的根本途径是采用导热性十分好的晶体作为饱和吸收材料,经研究,氟化锂 LiF:F_2^-(F_2 负心)的可饱和吸收特性为佳。本节以此为典型介绍晶体饱和吸收调 Q。LiF 晶体是优质的光学材料,其光学质量完全可以和 $LiNbO_3$ 等晶体相媲美。更重要的是,LiF 晶体有高的导热率(0.104W/(cm·℃))和高的破坏阈值。所以,这种晶体被动式调 Q 特别适合于高重复频率、高功率激光系统中使用。此外,LiF 晶体还有不易潮解、加工制造简单等优点。

一块透明的 LiF 晶体如经高能射线(60℃发射的 1～3MeV γ 射线)照射一定时间,晶体变成黑色,这是晶体内形成色心所致。从色心物理学可知,每种色心都对应着特定的吸收峰和发射峰,它是一个四能级系统。LiF 晶体中的 F_2^-色心吸收峰在 0.96μm,带宽为 0.2eV,它和 Nd^{3+}粒子发射的激光波长重叠,在强光作用下具有可饱和吸收性质。因而,像可饱和吸收的 BDN 等染料一样,可以用作 YAG 或钕玻璃激光器的 Q 开关。图 4.4.2 表示了 F_2^-色心的结构和吸收光谱。

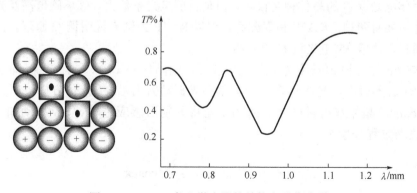

图 4.4.2　LiF:F_2^-色心激光器的结构和吸收光谱

4.4.2　电光调 Q 激光器

利用晶体的电光效应制成的 Q 开关,开关速度快,所能获得的激光巨脉冲宽度窄、器件的效率高、产生激光的时刻可以进行精确控制，因此激光与其他联动的仪器之间可以获得高精度的同步；电光调 Q 激光器还有破坏阈值高、重复频率高以及系统工作较稳定等突出优点。它是一种已获得广泛应用的 Q 开关。已经有多种形式的电光调 Q 器件，下面主要介绍三种各具特色的典型器件。

1. 电光调 Q 原理及器件

1)晶体的电光效应

若沿晶体某一方向施加电场，则在强电场的作用下，在晶体内传播的光波的双折射情况将发生变化，这种变化不仅表现在折射率大小的变化，而且振动方向互相垂直的两偏振光的偏振方向也会有相应的旋转，这就是晶体的电光效应：

$$n = n_0 + aE + bE^2 + cE^3 + \cdots \tag{4.4.1}$$

如果 Δn 与外加电场 E 成正比，则称其为线性电光效应，或称为泡克耳斯效应。如果 Δn 与 E^2 成正比，则称此种电光效应为克尔效应。由于晶体的线性光电效应比克尔效应强得多，所以电光调 Q 开关一般利用晶体的线性电光效应。

2)加压式带偏振器的泡克耳斯电光调 Q 激光器

图 4.4.3 给出了这种激光器的结构原理图。

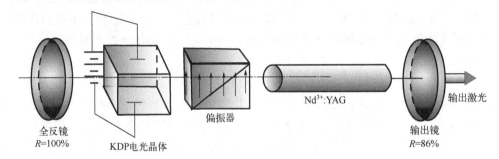

全反镜
R=100%　　KDP电光晶体　　偏振器　　Nd³⁺:YAG　　输出镜　　输出激光
R=86%

图 4.4.3　加压式带偏振器的泡克耳斯电光调 Q 激光器结构原理图

适于用作电光调 Q 的晶体种类很多，但是目前电光系数大、破坏阈值高及光学质量高的优质晶体主要有两种：KD*P 和铌酸锂。现以 KD*P 为例来说明调 Q 原理。而铌酸锂的应用实例将在单块双 45° 电光调 Q 中介绍。

设沿 KD*P 的光轴 z(长度为 l)加上电压 V，则晶体的 x 轴、y 轴将绕 z 轴旋转 45°而成为 x'、y'。若入射在电光晶体表面上的偏振光振动方向沿 x(或 y)方向，则其振动方程为 $E = A\cos\omega t$。晶体双折射产生的两偏振光将分别沿感应主轴 x'、y'振动如图 4.4.4(a)所示，其振动方程分别为

$$\begin{cases} E_{x'} = A\cos 45° \cos\omega t = \dfrac{\sqrt{2}}{2} A\cos\omega t \\ E_{y'} = A\cos 45° \cos\omega t = \dfrac{\sqrt{2}}{2} A\cos\omega t \end{cases} \tag{4.4.2}$$

由公式

$$\begin{cases} n_{x'} = n_0 - \dfrac{1}{2}n_0^3 \gamma_{63} E \\[3mm] n_{y'} = n_0 + \dfrac{1}{2}n_0^3 \gamma_{63} E \end{cases} \tag{4.4.3}$$

可知，$n_{x'} < n_{y'}$，故两偏振光在晶体内的传播速度 $\upsilon_{x'} > \upsilon_{y'}$。在出射表面处，两偏振光有着不同的初相位：

$$E_{x'} = \frac{\sqrt{2}}{2} A \cos\left(\omega t - \frac{2\pi}{\lambda}n_{x'}l\right) \tag{4.4.4}$$

$$E_{y'} = \frac{\sqrt{2}}{2} A \cos\left(\omega t - \frac{2\pi}{\lambda}n_{y'}l\right) \tag{4.4.5}$$

出射时，合振动的偏振状态将由两光的相位差决定。因此，对式(4.4.4)和式(4.4.5)同时加减一个初相位，对相位差并无影响。若均加初相位 $\dfrac{2\pi}{\lambda}n_{x'}l$，则式(4.4.2)可改写成

$$\begin{cases} E_{x'} = \dfrac{\sqrt{2}}{2} A \cos\omega t \\[3mm] E_{y'} = \dfrac{\sqrt{2}}{2} A \cos(\omega t + \delta) \end{cases} \tag{4.4.6}$$

式中，$\delta = \dfrac{2\pi}{\lambda}n_{x'}l - \dfrac{2\pi}{\lambda}n_{y'}l$，展开式(4.4.6)的第二式，得

$$E_{y'} = \frac{\sqrt{2}}{2} A(\cos\omega t \cos\delta - \sin\omega t \sin\delta) \tag{4.4.7}$$

由式(4.4.6)第一式有

$$\cos\omega t = \frac{2}{\sqrt{2}A} E_{x'} = \frac{\sqrt{2}}{A} E_{x'} \tag{4.4.8}$$

将式(4.4.8)代入式(4.4.7)，得

$$\sin\omega t = \frac{\dfrac{\sqrt{2}}{2} A E_{x'} \cos\delta - E_{y'} \dfrac{\sqrt{2}}{2} A}{\left(\dfrac{\sqrt{2}}{2}A\right)^2 \sin\delta} \tag{4.4.9}$$

将式(4.4.8)和式(4.4.9)分别平方后相加，并进行通分和整理，得

$$\frac{E_{x'}^2}{\dfrac{A^2}{2}} + \frac{E_{y'}^2}{\dfrac{A^2}{2}} - \frac{4}{A^2} E_{x'} E_{y'} \cos\delta = \sin^2\delta \tag{4.4.10}$$

显然，当 $\delta = \dfrac{\pi}{2}$ 时，式(4.4.10)转化为

$$\frac{E_{x'}^2}{\dfrac{A^2}{2}} + \frac{E_{y'}^2}{\dfrac{A^2}{2}} = 1 \tag{4.4.11}$$

合振动为圆，故此偏振光为圆偏振光，如图 4.4.4(b)所示。

KD*P 纵向加压的位相差 δ 由式 $\delta = \dfrac{2\pi}{\lambda} n_0 \gamma_{63} V$ 给出，若要求 $\delta = \dfrac{\pi}{2}$，则对 KD*P 应施加的电压 $V_{\lambda/4}$ 为

$$V_{\lambda/4} = \frac{\lambda}{4n_0^3 \gamma_{63}}$$

由图 4.4.3 可见，若圆偏振光在全反射镜处折回，当再次通过加有电压 $V_{\pi/2}$ 的 KD*P 晶体时，又会使 $E_{x'}$ 和 $E_{y'}$ 间产生新的 $\dfrac{\pi}{2}$ 位相差。从晶体再次出射时，总位相差 $\delta = \pi$，将 $\delta = \pi$ 代入式(4.4.10)得

$$\frac{E_{x'}^2}{A^2/2} + \frac{E_{y'}^2}{A^2/2} + \frac{2}{A^2/2} E_{x'} E_{y'} = 0 \qquad (4.4.12)$$

$$\left(\frac{E_{x'}}{A/\sqrt{2}} + \frac{E_{y'}}{A/\sqrt{2}} \right)^2 = 0 \qquad (4.4.13)$$

所以

$$E_{x'} = -E_{y'} \qquad (4.4.14)$$

由图 4.4.4(c)可见，此时，合振动仍为线偏振光，但与原起偏方向互相垂直。此时，偏振器将起检偏器作用而使返回光波受到阻隔。由以上分析可知，只要给 KD*P 晶体加以 $V = V_{\lambda/4}$ 电压，谐振腔的 Q 值便会很低，此时工作物质储能。在电压撤去瞬间，由于沿 KD*P 光轴传播不会发生双折射，谐振腔 Q 值阶跃升高，工作物质储能便会迅速释放，结果形成了激光巨脉冲。

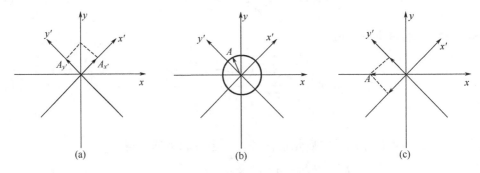

图 4.4.4　偏振光的振动方向

3) KD*P 退压式电光调 Q 激光器

图 4.4.5 为 KD*P 退压式电光调 Q 激光器结构原理图，器件由激光工作物质 Nd^{3+}:YAG (Nd^{3+}:YVO₄)、偏振器 P、KD*P 晶体、R_1、R_2 谐振腔等四部分组成。

当晶体上未加电压时，调节 KD*P 晶体使晶体的主轴 x(或 y)与偏振器的通光方向一致，当晶体上加 1/4 波长电压时，光每通过 KD*P 晶体一次，偏转面将旋转 45°，由于光两次通过 KD*P 晶体偏转面旋转了 90°而不能通过偏振器，激光器处于低 Q 储能状态，当工作物

质内反转粒子密度达极大值时，突然退去 KD*P 晶体上所加电压，激光器处于高 Q 振荡状态，瞬间形成激光巨脉冲输出。

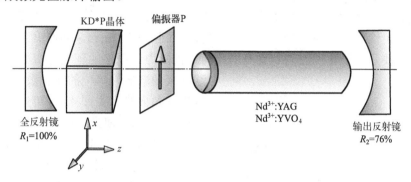

图 4.4.5　KD*P 退压式电光调 Q 激光器结构原理图

4) KD*P 退压式电光调 Q 激光器的调整

(1) 调整激光工作物质、谐振腔、偏振器及电光晶体严格同轴。

(2) 静态关闭实验：给晶体上加 1/4 波长电压后，开始采用脉冲式泵浦激励激光器，利用功率计检测激光器的输出功率，同时绕 z 轴（通光方向）不断旋转晶体，直至激光器输出最小，这时，偏振器的通光方向即和晶体的主轴 x（或 y）一致；

(3) 动态器件 Q 开关延迟时间的调整：依据所选激光工作物质，以激光上能级的粒子平均寿命理论值为参考，激光器泵浦激发后调整撤去晶体上的电压时间，利用功率计检测激光器输出功率，直至激光器输出功率达最大为止，此时即为激励开始到撤去晶体上电压的最佳延迟时间（也是该器件的激光工作物质激光上能级的粒子实际平均寿命）。

2. 交叉直角棱镜谐振腔电光调 Q 激光器

1) 交叉直角棱镜谐振腔电光调 Q 激光器的结构

交叉直角棱镜谐振腔电光调 Q 激光器以其特有的高机械稳定性和角向选模能力，在机载激光测距仪的激光目标指示器等有较大振动的场合获得了广泛应用。这种激光器的基本组成如图 4.4.6 所示。与带偏振器的电光调 Q 激光器相比，其结构上主要是用两块交叉放置（直角棱镜 P_1 与棱镜 P_2 互相垂直放置）的等腰直角棱镜（以下简称直角棱镜）代替两块反射镜。

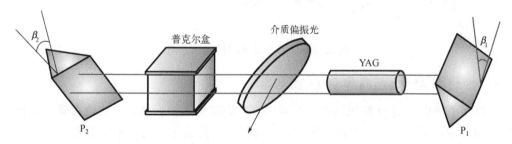

图 4.4.6　交叉直角棱镜谐振腔电光调 Q 激光器基本组成

为了获得最佳耦合输出，棱镜 P_2 的直角棱线应与介质偏振片的起偏方向成 45°。Q 开关的最佳工作条件则要求棱镜 P_2 的棱线与起偏方向成 45°。

2) 交叉直角棱镜谐振腔电光调 Q 激光器的发散角

实验测定，交叉直角棱镜谐振腔电光调 Q 激光器输出激光的发散角要比平行平面腔电光调 Q 激光器的发散角小 50%。例如，当腔长 $L = 600mm$ 时，包含 90% 能量的光束全角：对于交叉直角棱镜谐振腔为 1.5mrad，而对平行平面腔为 3.1mrad。其输出光束的发散角之所以较小，主要是由于这种腔有着优良的角向选模能力。严格的理论分析指出，当两直角棱线的夹角取 π 为单位的无理数时，谐振腔内只存在零次角向模。由图 4.4.7 可知，光束在谐振腔内传播时，P_1 使光束在水平方向产生位移，P_2 使光束在垂直方向产生位移，结果光束在腔内是上下左右兜着圈子走。当棱镜交叉角取以 π 为单位的无理数时，所兜的圈子是不封闭的。这种效应将使工作物质的光学不均匀性得到补偿。谐振腔的角向选模能力也大为提高，因此严格地说，P_1、P_2 的交叉角应该是 90° 附近的一个无理数。

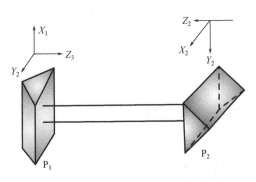

图 4.4.7　交叉棱镜的位置关系示意图

欲使这种激光器的发散角更小，一种办法是增加激光器腔长，如图 4.4.8 所示；另一种办法是把其改为非稳腔。

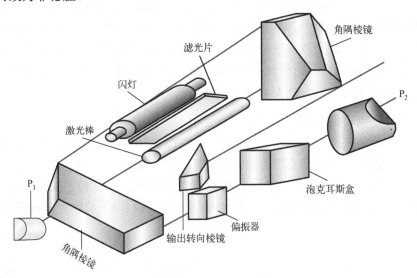

图 4.4.8　折叠腔激光器结构示意图

3. 单块双 45° 电光晶体调 Q 激光器

在以上两种电光调 Q 激光器中，在谐振腔内均要插入偏振器，虽然偏振器能起到起偏和检偏的双重作用，然而它的存在增加了腔内损耗，提高了激光器的质量和器件的腔长。如果能把偏振器省掉，则电光调 Q 开关就能变得更为简单。单块双 45° 电光晶体调 Q 激光器就是基于这种思想发展起来的。它的原理结构如图 4.4.9 所示，电光调 Q 开关系统仅用一块斜方棱镜，这块斜方棱镜有两个角均为 45°(另一对角均为 135°)，故取名单块双 45° 电光晶体调 Q 激光器。

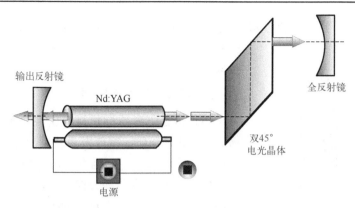

图 4.4.9　单块双 45°电光晶体调 Q 激光器结构原理图

4. 双折射偏离法电光调 Q 激光器

在带偏振器的电光调 Q 激光器中，由于起偏器的制作工艺比较烦琐，且插入损耗较大，所以又出现了另一类电光调 Q 开关。它利用方解石(或硝酸钠)晶体的双折射效应来取代起偏器。此类激光器除 Q 开关部分外，其余部分的工作情况均与带偏振器的电光调 Q 激光器相同。此类 Q 开关的光学原理如下。

当无规偏振光束射入方解石晶体时，由于方解石的各向异性，将产生双折射效应，光束在晶体内被分解为 o 光和 e 光。当它们射出方解石时，成为两束分离的但沿同一方向传播的偏振光，如图 4.4.10(a)所示，若未对光晶体加电场，则 o 光和 e 光通过电光晶体时其偏振状态不会发生任何变化，故被全反射镜反射后，将按原来路径通过电光晶体和方解石，并在射出方解石时重新合成为一束无规偏振光，如图 4.4.10(b)所示。这时谐振腔的损耗很小，Q 值很高，开关处于"打开"状态，可以形成激光振荡。若电光晶体加上 $V_{\lambda/2}$ 电压，从方解石出来的 o 光和 e 光第一次通过电光晶体后，其偏振面各旋转了 45°。当全反射镜反射回的光束再次经过电光晶体时，偏振面又各自旋转了 45°，即往返一次偏振面各自旋转了 90°。这样，原来的 o 光变成了 e′光，原来的 e 光变成了 o′光。显然，这两束光经过方解石时不会再沿原来路径传播，射出方解石时，将是两束分离的并对称于原来入射光轴的偏振光，如图 4.4.10(c)所示。此时，激光棒中不存在返回波，激光振荡不再进行，这就是低 Q 值状态，也即 Q 开关的"关闭"状态。

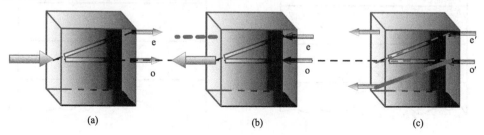

图 4.4.10　光在双折射晶体中的传播

4.4.3　声光调 Q 激光器

声光调 Q 是利用激光通过介质中的超声场，由衍射造成光的偏折来控制激光器 Q 值

的一种调 Q 方法。它具有重复频率高(可达几千赫兹)、脉冲宽度较宽(100ns 左右)和输出稳定等特点，适用于要求中等功率、高重复频率激光脉冲的激光加工等应用场合。

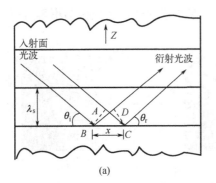

图 4.4.11　超声行波示意图

1. 布拉格超声衍射

超声波是一种纵向机械疏密波，超声波在介质内传播时，将引起介质的密度发生正(余)弦变化。如图 4.4.11 超声行波示意图所示，当有一波长为 λ_s 的超声波在均匀介质内传播时，令传播方向为 Z，由超声波引起介质内的密度变化，导致介质对光的折射率发生变化。声波可以是行波或驻波，调 Q 技术所用为超声行波。设声波的行波方程为

$$a(z \cdot t) = A\cos(\omega_s t - K_s z) \tag{4.4.15}$$

式中，$a(z \cdot t)$ 为传声介质质点的瞬间位移；A 为介质质点位移的幅度；ω_s 为声波频率；$K_s = 2\pi/\lambda_s$ 为声波的波矢量。在一级近似下，可以认为声光介质折射率的变化 Δn 正比于介质质点沿 Z 轴位移的变化率 da/dz。将式(4.4.15)对 z 进行微分，得

$$\Delta n(z \cdot t) = \Delta n_0 \sin\left(\omega_s t - \frac{2\pi z}{\lambda_s}\right) \tag{4.4.16}$$

如果有一平面光波与 Z 轴成 $(\pi/2 - \theta_i)$ 角入射，如图 4.4.12 所示，则其通过介质后将发生衍射。可以将声波通过的介质近似看作由一系列相距为 λ_s 的部分反射镜面构成的"缝"(或光栅)，这些镜面将以 $V_s = (\omega_s\lambda_s)/(2\pi)$ 的速度沿 Z 轴方向行进。但因超声波的振动频率远小于光波频率，所以对入射平面波而言，超声场可以近似看作静止的。在 θ_r 方向的衍射波产生衍射极大值的第一个条件是：镜面上所有点的衍射波在该方向上的位相相同，对图 4.4.12 中的 B、C 两点来说，这一要求就是必须使光程差 $AC - BD$ 为光波长的整数倍，即要求

$$X(\cos\theta_i - \cos\theta_r) = m\lambda \tag{4.4.17}$$

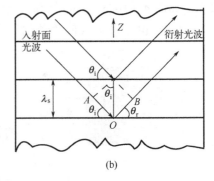

图 4.4.12　布拉格衍射示意图

式中，m 为整数，欲使式(4.4.17)在 $m = 0$ 时对所有的 X 值均成立，则有 $\theta_i = \theta_r$。第二个条件是：从各镜面衍射的光波之间位相要相同，即要求图 4.4.12(b) 中的距离 $AO + OB = \lambda$，即

$$2\lambda_s \sin\theta_B = \lambda \tag{4.4.18}$$

式中，$\theta_B = \theta_i = \theta_r$。

根据以上两式可知：只有入射角 θ_i 满足式(4.4.19)的入射光波，才能在 $\theta_r = \theta_i$ 方向得到衍射极大值。通常称式(4.4.19)为布拉格条件，满足此条件的衍射称为布拉格衍射，而对应的 θ_B 角称为布拉格衍射角。

实际应用于 YAG 激光器中声光调 Q 器件的布拉格衍射角 θ_B 是很小的。如超声波的振荡频率为 40MHz，则它在超声介质(石英)中传播时，由于超声在熔融石英中的传播速度为 $V_s = 5.96 \times 10^3\,\text{m/s}$，可算得超声波长 $\lambda_s = 1.49 \times 10^{-4}\,\text{m}$。因 YAG 激光波长 $\lambda = 1.06\mu\text{m}$，所以布拉格衍射角为

$$\theta_B = \arcsin\left(\frac{\lambda_0/\eta}{2\lambda_s}\right) = 0.14\ (\text{mrad}) \tag{4.4.19}$$

式中，η 为石英对激光波长的折射率。

2. 声光调 Q 激光器原理

为使调整方便和减少反射损耗，声光介质的端面法线和平行于其侧面(与换能器相衔接的面)的直线间构成布拉格衍射角。这样，当声光介质的通光面与谐振腔光轴垂直时，声光器件在激光器中已按布拉格条件设置好。当加上超声波时，光束按布拉格条件决定的衍射方向发生偏折，此衍射光投射到反射镜上，与镜面法线构成 θ_B 角，因而在谐振腔内来回反射时很快逸出腔外，此时腔的损耗严重，Q 值很低，不能形成激光振荡。当撤去超声场时，光束顺利通过光学均匀的声光介质，Q 值升高，形成激光振荡，激光器便输出一个强激光脉冲(图 4.4.13)。

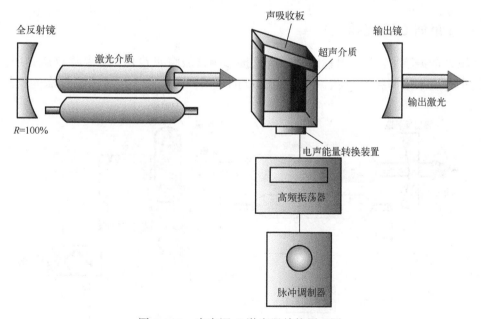

图 4.4.13　声光调 Q 激光器结构原理图

声光调 Q 激光器输出激光的另一个特点是脉冲宽度比上述电光、可饱和吸收式调 Q 激光器要宽十几倍。其主要原因是连续氪灯的泵浦速率要比脉冲氙灯的抽运速率低 2～3 个数量级。因此，初始粒子反转数与阈值粒子反转数之比 N_i/N_t 较低，由调 Q 速率方程解的分

析可知，N_i/N_t 较小时，激光脉冲较宽。其次，声光调 Q 开关的 Q 值跃变速度较慢(Q 值的变化并非阶跃式)。对声光调 Q 开关来说，开关的接通和断开都包括两部分时间，其一是高频电路的开关时间，约为 1μs；其二是超声波通过光束需要的时间，大约为 0.5μs。因此，声光调 Q 输出脉冲较宽。图 4.4.14 表示出声光调 $Q(f = 1\text{kHz})$ 输出激光脉冲的峰值功率 P_{max}、脉冲宽度 Δt 和输入功率 P_{in} 关系的典型实验结果。

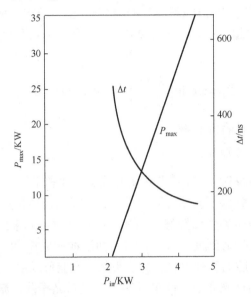

图 4.4.14　激光输出脉冲峰值功率 P_{max}、脉宽 Δt 与输入功率 P_{in} 的关系

4.4.4　转镜调 Q 激光器

在激光谐振腔中，两反射镜的平行度直接影响谐振腔的 Q 值。转镜调 Q 就是用改变反射镜的平行度来控制腔的 Q 值，以达到调 Q 的目的。图 4.4.15 是转镜调 Q 激光器结构原

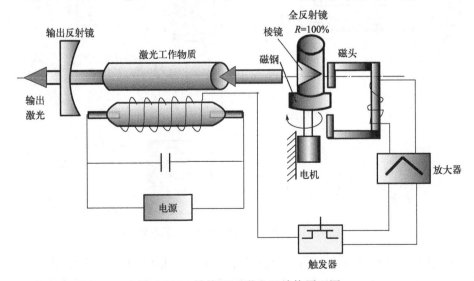

图 4.4.15　转镜调 Q 激光器结构原理图

理图。谐振腔的全反射镜用直角棱镜代替，这个棱镜被安装在一个高速旋转(数万转/分)的电机轴上，棱镜绕轴做周而复始的旋转，构成了一个 Q 值做周期性变化的谐振腔。谐振腔 Q 值的变化是由其损耗率 γ 引起的。

在棱镜架上装有一块小磁钢，而在谐振腔的固定支架上装有磁头，棱镜每旋转一周通过磁头一次，磁头给出的脉冲信号与棱镜所在位置相对应。如图 4.4.16 所示，若磁钢与磁头的位置重合时，棱镜转到位置 1，设位置 2 是成腔位置(相当于谐振腔两反射镜相互平行的位置)，位置 1 与位置 2 之间的夹角设为 φ，则棱镜从位置 1 转到位置 2 所需的时间为

$$t = \frac{\varphi}{\omega} \tag{4.4.20}$$

式中，ω 为电机带动棱镜转动的角速度，如果此时间恰好等于脉冲氙灯从开始发光至泵浦 YAG 到达粒子反转数极值的时间，则表示磁头信号触发氙灯的时间是正确的，否则就需移动磁头的位置，通过实验总可以找到最佳的 φ 角。通常称 φ 为延迟角，t 为延迟时间。在棱镜转至成腔位置时，谐振腔的 Q 值达到极值，而激光脉冲就在成腔位置附近形成。

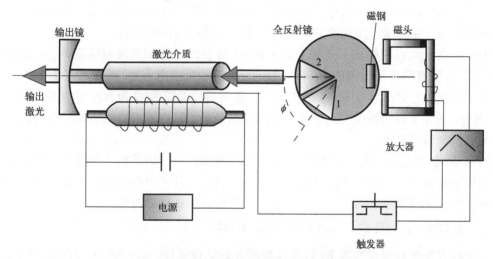

图 4.4.16　转镜调 Q 激光器延迟角示意图

由几何光学方法可以证明，当棱镜面法线与腔轴呈 β 角时，引起的光的单程损耗 γ(β) 为

$$\gamma(\beta) = \sqrt{L\frac{\beta}{2}d}$$

用 γ(0) 表示腔的两反射镜平行时的单程损耗率，则腔的总损耗率 γ 为

$$\gamma = \gamma(0) + \gamma(\beta)$$

令 β_c 为开关角(在该转角下，谐振腔已达到激光振荡的阈值条件)，由激光振荡的阈值条件可知

$$\exp[2(gl - \gamma)] = 1$$

单程增益系数 $g = N_i\sigma l$，其中 l、σ 分别为工作物质的长度和受激发射截面。所以

$$N_\mathrm{i} = \left[\gamma(0) + \sqrt{L \frac{\beta_\mathrm{c}}{2} d} \right] \Big/ (\sigma l)$$

又由于 $\beta = \beta_\mathrm{c} - \omega \cdot t$（其中 ω 为转镜的转速），所以 t 时刻的损耗率为

$$\gamma(t) = \gamma(0) + \sqrt{\frac{L}{2} d} \sqrt{|\beta_\mathrm{c} - \omega t|}$$

t 时刻的阈值粒子反转数为

$$N_\mathrm{t}(t) = \left[\gamma(0) + \sqrt{\frac{L}{2} d} \sqrt{|\beta_\mathrm{c} - \omega t|} \right] \Big/ (\sigma l)$$

4.4.5　脉冲透射式调 Q 激光器

以上所介绍的可饱和吸收、电光、转镜等调 Q 激光器均属于工作物质储能调 Q 激光器。对其输出方式而言，是谐振腔在形成激光脉冲的过程中，一边形成一边输出的。也就是在振荡过程的任一时刻 t，输出光波的强度与腔内光场强度成比例。这种作用是通过谐振腔的输出反射镜向腔内反馈一部分光强，同时向腔外透射一部分光强的方式来实现的。这种靠输出反射镜来完成输出激光脉冲的调 Q 方式，又称为 PRM 调 Q。

谐振腔储能调 Q 的输出方式是有别于 PRM 调 Q 的。对于谐振腔储能调 Q，在输出激光的时候，是没有输出反射镜的，或者说输出反射镜的反射率为零，即在透过率为 $T = 100\%$ 的条件下实现激光输出。与 PRM 法相对照，称谐振腔储能调 Q 为脉冲透射式调 Q，简称 PTM 调 Q，通常又称为腔倒空式调 Q。它形象地说明了这种输出方式犹如将腔内振荡的激光顷刻之间全部倒出来。

PTM 调 Q 也是多样的，针对其调 Q 的物理性质，可分为机械式和电光式等，针对工作物质的泵浦方式，可分为脉冲泵浦及连续泵浦两种；针对每秒输出激光脉冲的个数，可分为单次的、低重复频率的（一般在 5 次/s 以下）及高重复频率的等。

1. 受抑全内反调 Q 激光技术（简称 FTIR）

用这种方法调 Q 可以实现 Kr 灯连续泵浦高重复频率（80～10000 次/s）的激光巨脉冲输出。这是一种机械式调 Q。图 4.4.17 示出了受抑全内反调 Q 激光器原理示意图。

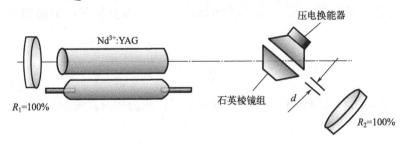

图 4.4.17　受抑全内反调 Q 激光器原理示意图

它是由高质量的熔融石晶制成的全内反射棱镜和受抑棱镜构成棱镜对，两棱镜间留有一个波长（λ）的空气间隙（d），在受抑棱镜上装有压电换能器，谐振腔反射镜是两块全反射平面镜。其工作过程为：脉冲发生器的电脉冲控制压电换能器，用以推动受抑棱镜，从而

改变空气间隙 d，当 $d=\lambda$ 时，由 R_1 反射的振荡光波石英棱镜组被完全反射到 R_2 镜上，经 R_2 镜反射再次通过石英棱镜组完全反射到 R_1。因此，R_1、R_2 和棱镜对一起构成谐振腔系统，振荡光波在腔内来回往复振荡而不逸出腔外，能量以光子的形式储存于谐振腔中。当 $d=0$ 时，振荡光波 100% 透过棱镜对输出到谐振腔外，形成巨脉冲激光输出。

2. 单块双 45°电光晶体 PTM 调 Q 激光器

前面介绍的双 45° $LiNbO_3$（铌酸锂）电光晶体调 Q 不仅可以用作 PRM 调 Q，也可用作 PTM 调 Q，只要在光路上做一些变动即可。它的 PTM 工作方式原理如图 4.4.18 所示。设脉冲光泵开始泵浦时，已调成最佳工作状态的铌酸锂电光晶体上的电压 $V_x=0$，电光晶体处于直通状态。全反射镜已从光轴中心移至两侧，因而在直通时损失很大，谐振腔内不能形成激光振荡，当工作物质的粒子反转数积累至最大值时，晶体上加上 $V_{\lambda/2}$ 电压，形成电斜通工作状态。由于 $R_1=R_2=R_3=100\%$，在谐振腔内迅速形成激光振荡，腔内激光振荡达到峰值时立即撤去电压，由于谐振腔恢复到直通状态时，透过率 $T=100\%$，从而腔内激光被倾倒至谐振腔外。若 $V_{\lambda/2}$ 脉冲电压的后沿是阶跃的，则所得激光脉冲宽度近似为 $\Delta t=2\eta L/c$，其中 L 为腔长，c 为光速，η 为腔内光学元件在腔长上的等效折射率。

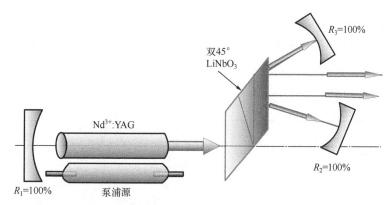

图 4.4.18　单块双 45°调 Q 激光器原理示意图

3. 带偏振器的电光 PTM 调 Q 红宝石激光器

1）带偏振器的电光 PTM 调 Q 红宝石激光器结构原理图

典型的实验装置如图 4.4.19 所示。图中红宝石尺寸为 $\phi8\times100$。偏振器为改进型格兰-

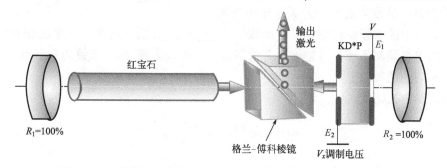

图 4.4.19　带偏振器的电光 PTM 调 Q 红宝石激光器结构原理图

傅科(Gian-Foucauit)棱镜。电光晶体 KD*P 的一个电极 E_1 上加有固定的 $V_{\lambda/2}$ 电压(约为 2000V)。另一个电极 E_2 上的电压则根据 PTM 要求按 0-$V_{\lambda/2}$-0 的规律变化。

2)PTM 运转程序

PTM 的运转程序如下所述。

(1)当氙灯点燃时，KD*P 的 E_1 电极电压为 $V_{\lambda/2}$，E_2 电极电压 $V_x = 0$。谐振腔处于低 Q 值状态，此即工作物质储能阶段。

(2)当红宝石储能达峰值(粒子反转是最大值)时，$V_x = V_{\lambda/4}$，KD*P 所加电压为零。谐振腔处于高 Q 值状态。由于 Q 值产生了第一个突变，且谐振腔两反射镜反射率 $R_1 = R_2 = 100\%$，故谐振腔振荡的阈值粒子反转数 N_t 很小，初始粒子反转数 N_i 与 N_t 的比值 N_i/N_t 很高，谐振腔内迅速建立起激光振荡。

(3)当腔内激光振荡强度达到峰值时，腔内光子数达极大值。V_x 迅速由 $V_{\lambda/4}$ 跃变为零，则 KD*P 上所加电压跃变为 $V_{\lambda/4}$。腔内已形成的激光振荡两次通过 KD*P，偏振面旋转 90°，激光由偏振器侧面反射至腔外。上述过程可用图 4.4.20 来表示。

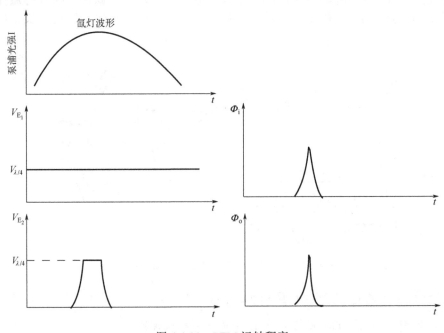

图 4.4.20　PTM 运转程序

3)调 Q 脉冲宽度与腔长和开关速度的关系

图 4.4.19 中的偏振器和电光晶体组成一个 Q 开关，在倒空阶段是一个起偏方向与检偏方向垂直的电光调制系统。可把这个开关等效为一个反射镜 M，该镜的反射率 $R(t)$ 随 V_x 变化，是时间的函数。

检偏器输出 $R(t)$ 为

$$R(t) = \sin^2 2\alpha \cdot \sin^2 \frac{\delta}{2} \tag{4.4.21}$$

式中，电光晶体纵向加压的相位延迟角 δ 为

$$\delta = 2\pi n_0^3 \gamma_{63} \frac{V}{\lambda}$$

$$R(t) = \sin^2 2\alpha \cdot \sin^2 \left(n_0^3 \gamma_{63} \frac{V}{\lambda} \right)$$

式中，$\alpha = 45°$，而电压 V 与时间的关系由 V_x 的波形决定。

在 V_x 下降时，$R(t)$ 可近似成 t 的线性函数(图 4.4.21)，即

$$R(t) = \begin{cases} t/\tau, & 0 \le t < \tau_E \\ 1, & t \ge \tau_E \end{cases} \tag{4.4.22}$$

式中，τ_E 表示 V_x 的下降时间。

假设在腔倒空过程中，光在腔内往返一次的增益与损耗相等。则输出激光强度 I 的时间特性主要可分以下两种情况来讨论。

(1) $\tau_E < \tau_L$，输出激光功率 $P(t)$ 可表示为

$$P(t) = \begin{cases} P_0 t / \tau_E, & t < \tau_E \\ P_0, & \tau_E \le t \le \tau_L \\ P_0[1 - (t - \tau_L)/\tau_E], & \tau_L < t \le \tau_E + \tau_L \end{cases} \tag{4.4.23}$$

由于在 τ_E 时间内，$R(t)$ 与 t 呈线性关系，一部分光功率输出，一部分则反馈入腔内。当 $V_x = V_{\lambda/2}$ 时，$R(t) = 1.0$。由于在 τ_L 时间间隔内，单位时间到达等效反射镜 M 处的腔内光子数是相等的，设此时光功率为 P_0，当 $t > \tau_L$ 时，在 $t < \tau_E$ 时间内反馈入腔内的光子又将在 $V_x = V_{\lambda/4}$ 条件下逐一被反射镜 M 全部输出。由图 4.4.22 看出，脉冲宽度为 $\tau_E + \tau_L$，而激光脉冲半功率间宽度则为 τ_L。

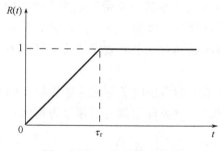

图 4.4.21 $R(t)$ 函数变化图

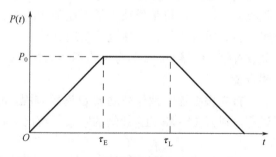

图 4.4.22 $\tau_E < \tau_L$ 时激光器输出功率 $P(t)$ 的波形

(2) $2\tau_L > \tau_E \ge \tau_L$，输出激光功率 $P(t)$ 可表示为

$$P(t) = \begin{cases} P_0 \dfrac{t}{\tau_E}, & 0 \le t \le \tau_L \\[2mm] P_0 \left(1 - \dfrac{t - \tau_L}{\tau_L}\right) \dfrac{t}{\tau_E}, & \tau_L < t \le \tau_E \\[2mm] P_0 \left(1 - \dfrac{t - \tau_L}{\tau_E}\right), & \tau_E < t \le \tau_L \\[2mm] P_0 \left(1 - \dfrac{t - 2\tau_L}{\tau_E}\right)\left(1 - \dfrac{t - \tau_L}{\tau_E}\right), & 2\tau_L < t \le \tau_E + \tau_L \end{cases} \tag{4.4.24}$$

式中，t/τ_E 表示在 τ_E 时间间隔内，等效反射镜 M 在时刻 t 时的反射率；$P_0[1-(t-\tau_L)/\tau_E]$ 表示光在腔内传播的第二个来回中入射到 M 上的光功率。由图 4.4.23 可以看出，在 $\tau_L < t \leqslant \tau_E$ 内 $P(t)$ 有极值，对 $P(t)$ 求导，可得

$$P(t) = \frac{P_0(\tau_L + \tau_E - 2t)}{\tau_E^2}$$

令 $P'(t)=0$，得

$$t_{max} = \left(\frac{\tau_L + \tau_E}{2}\right)\Big/2$$

则

$$P(t_{max}) = P_0\left(\frac{\tau_L + \tau_E}{2\tau_E}\right)^2$$

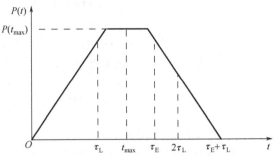

图 4.4.23　$2\tau_L > \tau_E \geqslant \tau_L$ 时激光输出功率 $P(t)$ 的波形

显然，当 $t = \tau_L + \tau_E$ 时，$P(t) = 0$。$P(t)$ 的波形为近似三角形。激光输出脉冲的全宽度为 $\Delta t = \tau_L + \tau_E$，脉冲的半宽度为 $(\tau_L + \tau_E)/2$。

由以上可以看出，PTM 调 Q 的脉冲宽度与腔长及倒空开关的速度有关。为获得激光窄脉冲，不仅应尽量缩短腔长，而且必须使 V_x 电脉冲波形的上升与下降尽可能陡峭，最好是方波。

4.4.6　GaAs 被动调 Q 激光器

高纯 GaAs 晶体在生长过程中，由于碳的化学污染而在价带与价带间产生了深能级 EL_2 和 EL_2^+，正是由于深能级 EL_2 和 EL_2^+ 的存在，在 1064nm 激光辐照下，EL_2^+ 能级上的粒子吸收光子，并从价带俘获电子跃迁到 EL_2 能级，在价带上形成一个带正电的空穴，EL_2 能级上也将吸收光子，并使电子跃迁到导带，从而跃迁到 EL_2^+ 能级，这一过程类似于双光子吸收过程，使得 GaAs 具有可饱和体的特性，同时 GaAs 薄片的 F-P 效应使其又可作为输出耦合镜。

首先根据连续抽运被动调 Q 速率方程，考虑导带上的自由电子与 EL_2^+ 能级粒子的复合过程，以及 EL_2 和 EL_2^+ 能级的吸收，给出 GaAs 被动调 Q 兼输出耦合的速率方程组：

$$\frac{\mathrm{d}\phi}{\mathrm{d}t} = \left\{2\sigma nl - 2[\sigma_e(n_0 - n^+) + \sigma_h n^+]d - \ln\left(\frac{1}{R}\right) - \delta\right\}\frac{\phi}{\tau} \tag{4.4.25}$$

$$\frac{\mathrm{d}n}{\mathrm{d}t} = p\left(1 - \frac{n}{N_{tot}}\right) - \gamma\sigma c\phi N - \frac{n}{\tau_a} \tag{4.4.26}$$

$$\frac{\mathrm{d}n^+}{\mathrm{d}t} = \frac{(n_0 - n^+)}{t^+} - \sigma_h cn^+\phi \tag{4.4.27}$$

式中，ϕ 为腔内光子数密度；τ 为光子在腔内往返一周的时间；τ_a 为增益介质的上能级寿命($50\mu s$)；τ^+ 为导带上的自由电子与 EL_2^+ 能级粒子的复合时间($38ns$)；σ 为激光介质的受激发射截面($2.5\times10^{-18}cm^2$)、n 为反转粒子数密度和 l 为长度($1mm$)；σ_e、σ_h 分别为 GaAs EL_2 能级和 EL_2^+ 能级的初始粒子数密度($1.2\times10^{16}cm^{-3}$ 和 $1.4\times10^{15}cm^{-3}$)；d 为 GaAs 的厚度

(360μm)；N_{tot} 为增益介质的粒子浓度($2.75\times10^{20}\text{cm}^{-3}$)；$p$ 为抽运速率($\text{cm}^{-3}\cdot\text{s}$)；$\delta$ 为激光器的耗散性损耗(0.02)；R 为 GaAs 作为 F-P 腔表面菲涅耳(Fresnel)反射率(0.3)；γ 为反转因子(四能级系统为1)。

利用变步长龙格-库塔法对式(4.4.25)~式(4.4.27)进行数值求解,得到激光介质上能级反转粒子数的变化、GaAs 两个能级间粒子数的转移过程以及调 Q 脉冲波形(图 4.4.24),随着腔内的光强增大,GaAs 饱和吸收作用导致腔内损耗减少,激光工作介质上能级大量粒子数迅速跃迁到下能级,开始产生调 Q 脉冲,此时饱和吸收体 EL_2 能级上的粒子也快速向 EL_2^+ 能级转移,进一步加速调 Q 脉冲的产生。调 Q 脉冲形成后,EL_2 能级上的粒子几乎全部转移到 EL_2^+ 能级上,激光介质上能级反转粒子数也降到最小值。

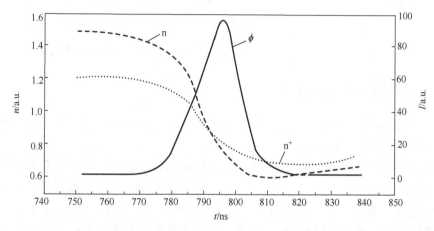

图 4.4.24 GaAs 两个能级间粒子数的转移过程以及调 Q 脉冲波形

另外,通过对方程的求解,获得抽运速率及腔长对调 Q 激光的脉冲宽度、重复频率、脉冲峰值功率和平均输出功率的影响。分析图 4.4.25 可知,随着抽运速率的增加或者腔长

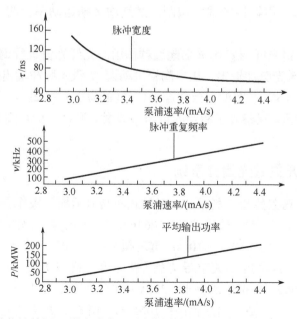

图 4.4.25 数值计算调 Q 激光脉宽、重复频率和平均输出功率随泵浦速率的变化

变短，调 Q 激光的脉冲宽度变窄，重复频率增加，平均功率增大。这与其他可饱和吸收体的被动调 Q 特性类似。Q 突变前后腔的损耗不变，使得调 Q 单脉冲的能量保持不变，抽运功率的增加只会导致重复频率增加，平均功率增大。

LD 光纤耦合端面抽运 Nd^{3+}:YVO_4/GaAs 被动调 Q 激光器如图 4.4.26 所示。

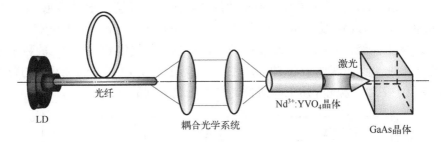

图 4.4.26　LD 光纤耦合端面抽运 Nd^{3+}:YVO_4/GaAs 被动调 Q 激光器

4.4.7　全光纤波长可调谐调 Q 激光器

光纤激光器是激光领域人们关注的热点之一，特别是应用到光纤通信窗口的 4.5μm 波长的光纤激光器发展更加迅猛。

原理：光纤激光器自调 Q 的机理是根据 Haus 的锁模理论，只有当激光工作物质的上能级寿命与光子的腔内寿命 τ_c 的比值较大时，才能形成自调 Q 自锁模现象。掺铒光纤的上能级寿命 τ 为 1~10ms，光子在掺铒光纤激光腔内的寿命 τ_c 为 10~100ns，$\tau/\tau_c = 10^5$，符合 Haus 的锁模理论，可以产生自调 Q 脉冲。粒子反转数随时间的变化率方程和光子数随时间的变化率方程互相关联，使反转粒子数和光子数之间相互约制和影响，产生了尖峰脉冲序列，形成了弛豫振荡。

另外，按 Masataka 的理论，当抽运功率足够强时，腔内将同时存在两个以上的纵模，纵模之间相互作用形成周期性的强度调制，继续增大抽运功率，将导致窄脉冲输出，得到自锁模。

利用悬臂梁对掺铒光纤调 Q 激光器起选频作用的光纤光栅进行调谐，得到波长调谐范围为 5.7nm 的调 Q 激光脉冲输出。压电陶瓷主动调 Q 激光脉冲输出的最高峰值功率可达 2.6W，平均功率为 1mW，半宽度在微秒量级(典型值为 3.6~4.2μs)，并且展宽的脉冲包络中含有近似自锁模现象。观察到了稳定的自调 Q 现象，通过分析得到自调 Q 脉冲周期与弛豫振荡周期相符。

4.4.8　双波长 Q 开关激光治疗系统

两套激光腔体，内置能量检测系统，轻触式液晶显示屏，操作界面友好，内置压缩机制冷系统，技术参数如下所述。输出波长：1064nm、532nm；最大输出能量：基频为 500mJ、倍频为 250mJ；两波长输出脉宽：<10ns；重复频率：1~5Hz；指示灯：5mW 半导体红色激光；导光方式：三自由度七关节导光臂(也可用光纤导光)；装置体积：(450×720×1100)mm^3；质量：80kg；外接电源要求：220V±10%，50Hz，≥16A；工作环境温度：10~30℃，相对湿度：≤70%；适用治疗范围：1064nm。调 Q 激光穿透能力较强，可达皮肤深

层，适用于真皮层的黑色素细胞或黑/蓝色染色颗粒治疗，如太田痣等真皮层色素病变和祛除深色文身、文眉、文眼线等。532nm 激光能更强烈地被黑色素吸收，该波长激光穿透较浅，主要用于表皮色素治疗，如胎记、咖啡斑、雀斑、老年斑及各种色素沉着，532nm 激光能被血红蛋白强烈吸收，因此可用于治疗鲜红斑痣和毛细血管扩张等血管性病变，还可有效祛除红色文身/文唇。

习　　题

1. 推导调 Q 速率方程，求激光腔内的最大光子数表达式。

2. 什么是 PRM 调 Q? 什么是 PTM 调 Q?

3. 分析说明 PRM 调 Q 的过程中，有关量的变化过程。

4. 设计一台被动式调 Q 激光器。要求：

(1) 画出结构原理图，表示各元件的符号和指标参数；

(2) 说明其工作原理；

(3) 说明设计和使用该器件时的注意事项。

5. 有一台 PTM 调 Q 激光器，腔长 $L = 1.5\text{m}$，工作物质折射率为 1.5（设介质充满激光腔，在室温下，对于波长为 1.06μm 激光，其线宽 $\Delta \nu_F = 6.5\text{cm}^{-1}$），长为 0.10m，输出单个脉冲的能量为 50mJ，重复频率为 100 次/秒。求该激光器：

(1) 输出的最小脉冲宽度；

(2) 单个脉冲输出的峰值功率；

(3) 振荡的最大纵模数，纵模频率的间隔。

第5章　激光超短脉冲技术

5.1　激光超短脉冲技术概述

激光超短脉冲技术是指与皮秒($1ps = 10^{-12}s$)、飞秒($1fs = 10^{-15}s$)或阿秒($1as = 10^{-18}s$)量级激光脉冲的产生、测量、放大等有关的技术。激光超短脉冲技术的发展与激光脉冲的发展息息相关，在激光出现以前，人们所能测量的基本时间间隔还不到$10ns$($1ns = 10^{-9}s$)，激光出现后，光脉冲产生，以及测量技术产生了一个大的飞跃。现今，产生和测量阿秒脉冲已是很容易的事。

激光超短脉冲技术的历史脚印。其起步于激光锁模技术，锁模是通过适当方法，让激光器中发生振荡的各个纵模之间建立稳定的相位关系，发生相位"干涉"，形成脉冲宽度极窄、功率极高的脉冲激光输出技术。激光锁模技术是从 1964 年发展起来的，人们通过各种激光锁模技术，如被动锁模、主动锁模、同步锁模等，把激光脉冲的脉宽压缩到皮秒，并开始将其应用于物理、化学等领域。到了 20 世纪 80 年代，激光碰撞锁模技术的开拓，又把激光脉冲的宽度压缩到了 6fs，如今已达到阿秒量级。这就是说，在这个脉冲时间里，光子在空间只运行了亚微米的距离。由此，人类被带进了一个崭新的时空世界。同时，脉冲的压缩与放大必然导致峰值功率的大幅度提高，以至能够获得峰值功率密度达 $10^{18} \sim$ $10^{20} W/cm^2$ 量级的光脉冲，其相应强度已达到并大于原子内的库仑场强。这样，一系列新现象、新效应、新规律、新机制以及新理论、新方法、新应用等便随之如雨后春笋般迅速涌现。光孤子的形成与传输，啁啾光脉冲的压缩、展宽与放大等，一个个重要课题不断地吸引人们去研究和应用。光子学是研究作为信息和能量载体的光子行为及其应用的科学。广义地讲，光子学是关于光子及其应用的科学。在理论上，它主要研究光子的量子特性及其在与物质(包括与分子、原子、电子及光子自身)相互作用时出现的各类效应及其规律；在应用方面，它的研究内容主要包括光子的产生、光子的纠缠……于是，超快光子学也随之不断得以发展和丰富。由于它能使激光脉冲的持续时间非常短，达到飞秒乃至阿秒量级，所以又称为超短脉冲技术(ultrashort pulse technology)。由于激光输出脉宽变窄，所以峰值功率可以很高。目前，脉冲宽度已经压缩到43as，峰值功率达到$10^{15}W$(全世界电网的平均功率仅为 $10^{12}W$)。这种窄脉宽、高峰值功率的激光应用非常广泛。在受控核聚变、等离子体物理学、遥测技术、化学及物理动力学、生物学、高速摄影、光通信、光雷达、光谱学、全息学及非线性光学等许多领域都有着重要的应用，它对于研究超高速现象及探索微观世界的规律性具有极其重要的意义。

激光超短脉冲技术，固体激光器直接产生的脉冲宽度已缩小到5fs，经压缩的最短脉冲为 4fs；出现了用半导体激光器(LD)泵浦的全固态的飞秒激光器，使飞秒激光器体积更小、工作更稳定、寿命更长、使用更方便；开发了多种激光介质和放大介质，如 $Ti:Al_2O_3$ (sapphire，蓝宝石)、$Cr^{3+}:LiSAF$、$Cr^{3+}:LiCaF$、$Cr^{4+}:YAG$ 和 $Nd^{3+}:YVO_4$ 等；发展了宽调谐的飞秒激光系参量振荡(OPO)及参量放大(OPA)，拓宽了飞秒激光的波长可调谐范围。OPO 的频率可覆盖 178mm～20μm，而 OPA 则可做到 6.3fs、5J、波长 550～700nm，以及 4fs、1J、波长 900～1300nm；出现了全光纤的超短脉冲激光器；发展了单次或重复频率 10Hz 的桌面型太瓦级固体飞秒激光器。这类系统的峰值功率已达 100TW(1TW = 10^{12}W)以上，可以提供 10^{20}W/cm^2 的功率密度，为开展强场物理创造了条件。目前已利用 25fs 的高功率激光脉冲在氦气中实现了 221 次的高次谐波，从而获得了相干可调谐的已进入水窗范围的 X 射线。

　　贝尔实验室的 Knox 教授说：普通激光不能干的工作，飞秒脉冲激光可以做；普通激光可以干的工作，飞秒激光能够做得更好。飞秒激光器已经获得了人类在实验室中所能获得的世界上最短的脉冲、最高的峰值功率、最强的电磁场、最锋利的光刀、最亮的光源、最精准的时标和长度尺、最快的摄影光源……，它的最直接应用是作为光源，形成多种时间分辨光谱技术和泵浦、探测技术。它的发展直接带动了物理、化学、生物、材料与信息科学的研究进入微观超快过程领域，并开创了一些全新的研究领域，如飞秒化学、量子控制化学、半导体相干光谱、高强度及超高强度科学与技术等。飞秒脉冲激光与纳米显微术的结合，使人们可以研究半导体的纳米结构(量子线、量子点和纳米晶体)中的载流子动力学。在生物学方面，人们正在利用飞秒激光技术所提供的差异吸收光谱、泵浦/探测技术，研究光合作用反应中的传能、转能与电荷分离过程，绿色植物的光合作用过程、细胞的分裂过程、电子围绕原子运动的过程等。超短脉冲激光还将应用于信息的传输、处理与存储方面。飞秒激光具有更高的峰值功率、更宽的光谱带宽以及更强的时间分辨能力，在前沿科学研究如 X 射线产生、激发太赫兹辐射、中红外飞秒激光产生以及激光精密微纳加工等领域中发挥着重要的作用。

　　时间和长度是最基本的物理量，1fs 的时间光在真空中传播的距离约为 $3×10^{14}$μm/s $×10^{-15}$s = 0.3μm，100fs 的时间，光在真空中通过的距离为 30μm，仅相当于穿过人的毛发的直径(毛发的直径为 10～100μm)。激光超短脉冲的获得提高了人类的时间和空间的分辨能力。在激光超短脉冲出现以前，人们对物理瞬变过程的认识往往只能采用统计平均的方法实现，不能了解过程的细节。激光脉冲除了持续时间短、空间尺寸小外，它的峰值功率高，经放大可达 10^{15}W 以上。超短脉冲的产生打开了研究物理、化学和生物学等超快现象的大门，开创了飞秒化学、瞬态光谱学、超高速光电子学等新的学科领域。飞秒激光脉冲如同一个飞秒尺寸的探针，可以跟踪反应过程中原子或分子的运动和变化。分子的指纹实验是在分子束条件下用泵浦和探测(pump and probe)方法实现的。一个飞秒泵浦激光脉冲先把分子激发到较高的能态，然后用另一个选定波长的飞秒激光脉冲探测这个已被激发的分子。泵浦激光脉冲同时也是反应的启动信号，探测激光脉冲作为探针考察分子的变化。改变两束激光脉冲的时间间隔，就可以看到原来被激发的分子的演化，包括通过一个或几个过渡态，所记录的光谱就是演化分子的指纹。就好像用一台超高速摄像机把化学反应中分子的运动以卡通图像的形式拍摄下来，用光路延迟可以实现飞秒级的时间间隔控制，100fs 的时间延迟相当于镜子移动 30μm。光谱指纹随时间的演化需要与理论模拟进行比较才能对反应体系的演化过程有更好的了解，比如，利用超短光脉冲研究分子的弛豫过程、生物细胞的新陈代谢过程、化学反应过程及热核反应过程等。化学反应是物质运动和变化的主要形式之一。人类对化学反应的认识经历了从宏观到微观的漫长过程。直到 20 世纪

30 年代，人们才在单个分子反应行为的基础上，提出了化学反应的过渡态理论，把化学动力学的研究深入微观过程。这里的过渡态只是一个理论的假设，反应物越过这个过渡态形成了产物。飞越过渡态的时间尺度是分子振动周期的量级，曾被认为是不可能通过实验来研究的。因此，在化学反应的路径上，过渡态就成了一个打不开的暗箱，破不了的"谜"。1980 年飞秒激光器研制成功，为过渡态的研究带来了希望。飞秒激光器可以产生几十至几百飞秒宽度的激光脉冲，这正是化学反应经历过渡态的时间尺度。美国加州理工学院的泽维尔(Ahmed H .Zewail)教授及其小组率先应用飞秒光谱研究化学反应过渡态的探测，他们用飞秒激光泵浦和探测方法，研究了若干不同类型的反应体系。他们用飞秒超快摄像机把反应的动态过程拍摄下来，终于在艾林和波拉尼提出过渡态理论半个世纪之后，看到了这个曾经是假想的过渡态，打破了过渡态实验上不可能观测的预言。随着反应过渡态这个暗箱的门被打开，从反应物经过中间的过渡态到产物的全过程的图画展现出来，过渡态不再是看不见的"谜"，化学反应的机理也就显而易见。泽维尔教授及其小组取得了世人瞩目的成就，获得了 1999 年诺贝尔化学奖，从而开创了一门飞秒化学新学科。用飞秒光谱研究化学反应正在世界范围蓬勃发展，并已经形成物理化学的一个新领域——飞秒化学。目前，飞秒化学已经应用到化学的各个领域和邻近学科，不只是利用分子束研究气相反应，已经扩展到表面(了解和改善催化剂)、液相(了解物质的溶解和在溶液中的反应机理)和聚合物(发展新的电子材料)的化学过程，乃至当今世界最活跃的领域——生命科学(光合作用、药物合成以及生物电子器件)。

在激光超短脉冲技术上发展起来的具有大能量、高峰值功率的超短超强光脉冲技术可以给物理学的发展提供许多极端条件：利用目前 $10^{21}W/cm^2$ 的可聚焦光强度，人们能实现 $10^{14}V/m$ 的电场强度、$10^{10}J/cm^3$ 的能量密度、10^9Gs 的超强磁场、$10^{21}g$ 的加速度、10keV 的黑体辐射、$10^{11}bar(1bar = 10^5Pa)$ 的光压及具有相对论效应的电子振荡能量，这些条件的提供，使物理学的发展面临前所未有的机遇。

飞秒激光器提供了非常短的时间间隔内相当高能量的脉冲，因此较其他技术，任何由热弥散引起的效应以及相关的损伤能被降低到最低程度。实际上，超快速激光器能够穿过普通炸药被压挤的小球进行切割。超快速激光器能在钢上或其他微机械的材料上钻小孔而不会产生附加的损伤。例如，为生物试验和光学信息处理已经试制出带有微米量级的运动部件的微机械样品。但超快速微加工仍然是一个相当新的领域，刚走出实验室，期待着人们的进一步开发。

作为一种研究工具，超快激光技术已经广泛应用于解决许多问题，尤其是分子层次超快过程的研究。究其原因应归结于：第一，有待研究的许多宏观现象直接发生于分子层次；第二，物质宏观特性基于微观分子特性；第三，诸如机械、蚀刻等工业的小型化持续要求。

再者，恰恰是对微观世界中基本过程的研究又极大地推动了超快激光技术的拓展。1981 年，染料激光器中碰撞锁模技术的提出，使对超快现象的研究进入了飞秒领域。进一步，应用啁啾脉冲压缩概念，Fork 提出了 20fs 直至 6fs 的光脉冲产生。1991 年，Sibbett 实现了掺钛蓝宝石自锁模激光运转，这标志着飞秒激光进入了固体阶段。利用这种自锁模技术，Xu 与 Baltuska 分别实现了 10fs 的脉冲输出。然而，正如激光调 Q 的理论极限，使其最小输出脉冲宽度只能达到 $10^{-9}s$，锁模原理的理论极限为 $10^{-15}s$。因此，人们开始探索新的途径，非线性光学高次谐波产生效应为亚飞秒光脉冲的产生提供了一种新的途径。2004 年，通过高阶谐波频率已经获得 130as 的激光脉冲，并用其观察电子的绕核运动(电子绕质子旋转一周的时间约为 150as)，这使得人们的研究工作进一步向原子领域迈进。

超快光子学得到了迅速发展，目前主要的研究领域如下所述。

1. 超快光子学器件的研究

1) 飞秒激光脉冲产生的四类器件

目前已有四类激光器可用于产生飞秒激光脉冲。

(1) 飞秒脉冲染料激光器，可借助碰撞锁模方式获得飞秒超短激光脉冲。目前，在可见光波长范围很有竞争力。

(2) 掺钛蓝宝石、镁橄榄石、Cr:LiSAF 等固体介质的飞秒脉冲激光器，可通过稳定的激光自锁模获得飞秒激光脉冲，简单、实用、可靠，并有十分宽的调谐范围。

(3) 飞秒半导体激光器。多量子阱半导体激光器的成功是产生飞秒激光脉冲的关键。多量子阱半导体具有高增益、宽谱带、低色散，以及强的非线性增益饱和与非常快的恢复时间等优异特性，因此能轻易获得高重复频率的飞秒激光脉冲，并集碰撞锁模、吸收与增益饱和、色散补偿等于一身，使器件小巧实用。

(4) 飞秒光纤激光器。近年来，以掺稀土元素的 SiO_2 光纤基质为增益介质已研制出各种光纤激光器，再进一步通过主动锁模、被动锁模或借助光纤所具有的独特的孤子效应，即可使之处于脉冲运转状态，产生飞秒激光器。这种飞秒激光器的特点是全光纤结构，小巧、高效，与传输光纤兼容，因此有重要的实用价值。

上述四种飞秒激光波长已基本覆盖了从紫外到中红外的光谱范围，飞秒激光脉冲宽度可达 7fs。

2) 太瓦飞秒激光系统

飞秒激光器输出的单个脉冲能量一般为 0.1～10nJ，对应的峰值功率为 $10^3 \sim 10^5$W。为了提高峰值功率，发展了飞秒激光放大技术。按重复频率划分，有两类放大技术：一类是低重复频率(1～10Hz)，另一类是高重复频率(1～10kHz)；放大后单个脉冲的能量分别可达 10mJ～1J 和 10μJ～1mJ；峰值功率分别为 $10^{10} \sim 10^{13}$W 和 $10^7 \sim 10^{10}$W。近年来，发展了啁啾放大技术，在钛宝石激光器中已获得峰值功率达 10^{13}W 的结果。经聚焦后，峰值功率密度可达 $10^{18} \sim 10^{20}$W/cm^2，即达到并超过原子的库仑场强。

2. 超快光子学中的超快过程与超快激光技术

飞秒激光的发展与超快过程的探测息息相关，提供了一种时间分辨率高达 10^{-15}s 的光探针，使我们有可能了解原子、分子的结构及其超快运动过程。通常的规律是：能探测运动过程的速度越高，对微观世界在空间上的认识越细微。因此可以说，获得的激光脉冲宽度越窄，能促使我们研究物质微观世界的层次也就越深。这样，用超快激光技术研究超快过程成为超快光子学的主要任务之一。

目前，对超快过程的研究表现最为活跃的方面如下。

(1) 飞秒半导体物理。利用飞秒激光脉冲的泵浦-探测技术，测量半导体材料中的载流子寿命、弛豫时间等物理参数以及各种动力学过程，一直是超快光子学的主要应用课题之一。

(2) 飞秒化学中分子动力学过程。化学领域超快过程的研究受益于超快激光技术不断取得新成果。近年来，发展起来的超连续飞秒激光与平台光谱超连续飞秒激光，被认为是进行飞秒化学研究最有力的工具。

(3) 生物光合作用的超快过程。生物以光合作用的形式，通过光循环，反复将光能转化为生物功能所需的生物化学能。在这种循环中，一些环节是超快过程。超快激光技术为研究生物光合作用提供了有力工具。

(4) 飞秒光电子技术。由飞秒激光引发的超短光脉冲和光电导可以产生飞秒量级的电脉冲，它比用常规电子技术产生的电脉冲在宽度上要短数个量级。这种光电子脉冲很快被用于超快逻辑电路、超快光电子计算、超高速超高频电子器件等，并由此形成了一门新的学科——超快光电子学。

(5) 飞秒光谱全息技术。不同于常规的全息技术，这种飞秒光谱全息技术是在时域中实现光脉冲信号的记录、处理和再现。利用这种新颖的飞秒光谱全息技术首次实现了飞秒脉冲信号的时间反演、相关、卷积与合成处理等。这一成果将对光学信息处理及全息技术产生重大影响。

(6) 光层析(OCT)及光子成像技术。对埋藏在高度散射介质中的物体的光学成像研究是一个颇具意义并富有挑战性的课题，原因在于它潜在的生物学及医学方面的重要应用前景。近年来，以超短光脉冲技术为核心的时间分辨方法，被证明是一种实现高散射介质中物体成像的有效途径。它通过提取带有信息的弹道光子和蛇形光子进行相干选通，实现成像脉冲的测定。时间分辨率取决于入射脉冲的宽度，当采用飞秒激光脉冲时，其时间分辨率将达到 10^{-15}s 量级。

3. 超快、超强激光物理

目前，太瓦级飞秒激光脉冲经聚焦后产生高达 10^{14}V/m 以上的场强，这相当于 100 倍氢原子对其基态电子的库仑场强。如此高的场强足以在几十到几百飞秒时间里，将原子的几乎所有电子剥离，使其处于高剥离态。如此高的场强又足以在一个光学周期(约 2fs)内将剥离的电子加速到相对论速度。在这样的极端条件下，电子、原子、离子、等离子体的结构状态等表现出许多奇特的物理现象与新的运动规律，而且在其后还将孕育诸多重大科学技术的新突破。

(1) 太瓦飞秒激光在传输介质中的 SC(self-channel，自信道)效应。当具有足够高峰值功率的飞秒激光在介质中传输时，由介质非线性产生的自聚焦效应与等离子体的自散焦效应相平衡时，使得飞秒脉冲激光在介质中传输相当长的距离后仍不发散，即出现一种 SC 效应。这一效应在物理、化学、大气放电等方面有极为重要的应用。

(2) 高次谐波及飞秒软 X 射线的产生。当足够强的飞秒激光作用于介质时，可以产生高次谐波。例如，已获得 165 次谐波，对应的波长短至 4~5nm，即相当于软 X 射线波段。这样产生的 X 射线有两个特点：一是其辐射持续时间为飞秒量级；二是具有相干性。因此，高次谐波效应为实现飞秒 X 波段的相干辐射提供了一个新的途径。

(3) 汤姆孙(Thomson)散射与飞秒硬 X 射线产生。飞秒激光脉冲在通过电子束时可产生汤姆孙散射，从中得到硬 X 射线波段的同步辐射。它具有很小的尺寸和飞秒的持续时间，因此为凝聚态结构动力学等方面的研究提供了快速时间分辨手段，并将大大推动医学、生物学、物理学和材料科学的发展。

(4)飞秒等离子体与里德伯(Rydberg)X 射线激光。飞秒强激光经聚焦作用于介质时，其场强如此之高，以至于多光子和隧道电离效应等，促使介质在极短时间内成为密度高达 $10^{23}\sim10^{24}\mathrm{cm}^{-3}$ 的等离子体。

(5)等离子体波与等离子体加速器。利用飞秒强激光产生的等离子体波对粒子加速，被加速的粒子可能达到的场强，从理论上讲，要比现有加速器的场强高出 $10^3\sim10^4$ 倍。如若获得 $10^{12}\mathrm{eV}$ 量级的粒子，只要几十米的加速距离即可。因此，利用飞秒强激光产生的等离子体波来实现高能、超小型的新一代粒子加速器，已成为得到人们关注的热门研究课题。当前，有两种技术途径可以实现等离子体波的粒子加速：一种是尾流场法；另一种是拍频波动法。

4. 超快光子学近期的研究重点

(1)半导体量子阱材料作为可饱和吸收体、半导体啁啾镜作为色散补偿的 LD 泵浦的飞秒固体激光器的研究。

(2)利用光谱增宽、高阶色散补偿及无像差光学系统实现 10～30fs、太瓦激光系统的研究。

(3)短于 30fs 的太瓦激光脉冲与物质相互作用的研究，如利用高阶谐波产生水窗 X 射线飞秒激光、利用汤姆孙散射产生硬 X 射线飞秒激光，以及飞秒太瓦激光脉冲在介质中传输的自诱捕(self-trapping)效应的研究等。

目前，激光超短脉冲技术的发展趋势是：向更短的脉宽迈进，例如，试图获得 $\mathrm{Ti:Al_2O_3}$ 的 3fs 的极限脉宽；寻求新的介质、机理和技术，向阿秒时域迈进；发展半导体激光器(LD)泵浦的全固态飞秒激光器，包括飞秒光纤激光器和高功率的系统。研制端面发射的飞秒 LD 阵列器件，完善分布式反馈(DFB)激光器；发展桌面型数十太瓦可调谐飞秒激光系统，为在普通实验室开展强场物理及惯性约束快点火创造条件；扩展飞秒激光的波长范围。利用各种方法，包括变换激光介质，使用多种频率变换技术，把飞秒激光的波长向软 X 射线及中红外、远外方向扩展，以适应多种学科的使用要求。超短脉冲激光是指脉宽在皮秒到飞秒范围的激光。超快现象就是用这样的光脉冲与物质相互作用产生的内在的瞬态现象。飞秒脉冲激光的产生为激光在各个领域中的应用产生时域上的飞跃，它将为物理、化学、生物、材料科学等各个领域的物质内部微观动力学的研究提供优异的工具，主要发展方向如下。

(1)超短脉冲产生的机制与技术研究。

(2)飞秒脉冲放大研究。

(3)超短脉冲的非线性光学。

(4)超快速光电子学。

(5)超快诊断技术。

(6)超短脉冲在光纤中传输的非线性效应，孤子激光器。

(7)超短脉冲与物质相互作用。

目前，超短激光脉冲的产生有很多方法和技术，从原理上来看都是由锁模和弥散补偿、高次谐波等得到的。锁模可分为锁纵模和锁横模。纵锁模又分为主动锁模、被动锁模、主被动混合锁模、同步锁模、碰撞锁模等。通常采用锁模原理产生皮秒光脉冲，要获得飞秒光脉冲，必须在谐振腔内进行自相位调制(SPM)和群速弥散(GVD)补偿，这样才有可能直接利用锁模激光器产生飞秒脉冲。若要产生阿秒脉冲，则需要通过高阶谐波频率。

下面将对锁模的原理、分类、特点及实现方法进行详细讨论。

5.2　锁　模　原　理

5.2.1　多模自由振荡激光器的输出特性

假定激光器同时发生振荡的纵模有 $2N+1$ 个，则锁模后得到的光脉冲宽度将压窄为自由振荡时的 $1/(2N+1)$，而激光功率提高了 $2N+1$ 倍，对于钕玻璃激光器，变化的倍数可达 10^4 倍。所以自从第一台激光器研制成功后，人们就注意到使振荡模之间的相位关系稳定，以提高激光的功率。

使各个振荡模相位关系稳定一致的基本做法是：在谐振腔内放置像信号发生器那样的"主动"外激励调制器(现在常用的有电光调制器、声光调制器)，或者放置可饱和吸收染料这样的"被动"调制器。一般将前一种称为主动锁模，后一种称为被动锁模。

光学腔长为 L 的未经锁模的多纵模自由运转激光器，其任意相邻纵模 q 与 $q–1$ 的频率间隔为

$$\Delta v_q = v_{q-1} - v_q = \frac{c}{2L} \tag{5.2.1}$$

式中，v_q、v_{q-1} 分别为第 q 和 $q-1$ 纵模对应的纵模频率；c 为真空中光速。

自由运转激光器的输出一般包含若干个超过阈值的纵模，这些纵模的振幅及相位都不固定。激光输出随时间的变化是这些纵模无规则叠加的结果，是一种时间平均的统计值。

在激光多纵模振荡时，如果使振荡模的频率间隔保持一定，并且使各纵模之间具有确定的相位关系，则该激光器的输出是一系列周期性脉冲，这种激光器称为锁模或锁相激光器，相应的技术即称为锁模技术或锁相技术。

假设在激光工作物质的净增益线宽内包含 $2N+1$ 个纵模，则激光器输出的光波电场是 $2N+1$ 个纵模电场的和：

$$E(t) = \sum_{q=0}^{2N} E_q \cos(\omega_q t + \varphi_q) \tag{5.2.2}$$

式中，$q = 0, 1, 2, \cdots, N$，注意这里的 q 是激光器内 $2N + 1$ 个振荡模中第 q 个纵模的序数；ω_q 及 φ_q 分别是纵模序数为 q 的模的角频率及初相位；E_q 是纵模序数为 q 的模的场强。在一般情况下，这 $2N+1$ 个纵模的相位 φ_q 之间无关，即它们之间在时间上相互无联系，是完全独立的、随机的，即 $\varphi_{q+1}-\varphi_q \neq$ 常数。另一方面，各纵模的相位本身受到激光工作物质及腔体的热效应、泵浦能量的变动等各种不规则扰动的影响，还会产生各自的漂移、变化，它们各自的相位在时间轴上也是不稳定的，φ_q 本身并非常数。这就破坏了波列间相干的条件，所以激光器的输出是互不相干的波列的叠加。

当利用探测器来探测非锁模激光器输出的光功率时，探测器的测量时间 t 远远大于纵模振荡周期 $T = 2\pi / \omega_q$，所以实际测得的光强是全部纵模在时间内的平均值。而激光输出光强为

$$I(t) = E(t)E^*(t)$$

$$= \sum_{q=0}^{2N} E_q^2 \cos^2(\omega_q t + \varphi_q) + 2\sum_{q \neq q'} E_q E_q' \cos(\omega_q t + \varphi_q)\cos(\omega_q' t + \varphi_q') \tag{5.2.3}$$

平均光强为

$$\overline{I}(t) \propto \overline{E}^2(t) = \frac{1}{t_1}\sum_q \int_0^{t_1} E^2(t)\mathrm{d}t = \sum_{q=0}^{2N} \frac{E_q^2}{2} \approx (2N+1)\frac{E_0^2}{2} \tag{5.2.4}$$

对于 $2N+1$ 个纵模的振幅，若取其近似相等，则总平均光强为

$$\overline{I}(t) = \sum_{q=-N}^{M} I_q \approx (2N+1)I_q \tag{5.2.5}$$

由此可见，自由振荡的多模激光器的输出行为特征是：

(1)频率谱线是由间隔均为 $c/(2L)$ (L 为光学腔长)的分立谱线组成的；

(2)各纵模的初相位 φ_q 在 $-\pi \sim \pi$ 随机分布，在时间域内，各纵模的振幅分布具有噪声的特点；

(3)总光强为各个纵模光强的简单代数叠加。

若要使这些各自独立振荡的纵模在时间上同步，就需要把它们的相位相互关联起来，使其相互之间有确定的相位关系，即 $\varphi_{q+1} - \varphi_q =$ 常数，则该激光器各模的相位是按照 $\varphi_{q+1} - \varphi_q =$ 常数的关系被锁定的。

5.2.2　激光多纵模相位锁定

1. 光的干涉——空间域内能量的集中

1)双光束干涉

当几束无固定相位关系的光束在空间相遇时，总光强为所有光束在其相遇空间中所具有的光强的简单代数和。但若几束具有固定相位关系的相干光束在空间相遇，则在其相遇的空间，光强将出现稳定的明暗相间的空间周期性强弱变化的分布现象，称为光的干涉，即光在空间的分布由混沌无序的平均状态变成稳定而有序的强弱周期性变化的分布。例如，双光束干涉光强可表示为

$$I = 4A^2 \cos^2\frac{\delta}{2} = 4I_0 \cos^2\frac{\delta}{2} = \begin{cases} 2^2 I_0 = 2(2I_0), & \delta = 2k\pi \\ 0, & \delta = (2k+1)\pi \end{cases}$$

最大光强为两光束非相干叠加时的 2 倍。

2)多光束干涉

对于多光束干涉，设有 N 束光在空间发生干涉，则在相干空间光强的分布为

$$I = A_0^2 \frac{\sin^2\left(\dfrac{N\delta}{2}\right)}{\sin^2\left(\dfrac{\delta}{2}\right)} = I_0 \frac{\sin^2\left(\dfrac{N\delta}{2}\right)}{\sin^2\left(\dfrac{\delta}{2}\right)} = \begin{cases} N^2 I_0 = N(NI_0), & \delta = \pm 2k\pi \\ 0, & \delta = \pm\dfrac{2k'\pi}{N} \end{cases}$$

$$k' \neq mN, \qquad m = 1, 2, 3, \cdots$$

由上式可见，当 $\delta = \pm 2k\pi$ 时，N 束光相干叠加光强为

$$I = I_{max} = N(NI_0)$$

是非相干光在空间简单叠加的 N 倍。

当 $\delta = \pm 2k'\pi/N$ $(k' \neq N, 2N, 3N, \cdots)$ 时，N 束光相干叠加光强为

$$I = I_{min} = 0$$

由此可见，光在空间的干涉结果，是光能在空间重新分布的结果，整体光能量并未增加，在极大处光能实现 N 倍增长效应，是光能量在空间域分布集中的特征体现。

2. 激光多纵模相位锁定原理与输出特点

1) 激光多纵模相位锁定原理

下面以主动锁模为例，说明锁模的工作原理。

对放在共振腔内的主动调制器用频率 f_i 驱动工作，同时让最靠近增益峰值频率 ν_m 的模开始激光振荡。受调制器的作用，这个模的电磁场通过调制器之后将形成频率分别为 $\nu_m + f_i$ 和 $\nu_m - f_i$ 的边带。如果驱动频率 f_i 等于两个纵模的频率间隔(数值等于 $c/(2l)$，c 为光速，l 为共振腔腔长)，那么 ν_m 将通过两个边带的"搭桥"与和它相邻的两个模发生耦合，三者建立了振荡相位关系。当频率 $\nu_m \pm f_i$ 的边带通过调制器时，又产生频率 $\nu_m \pm 2f_i$ 的新边带，它们又把 ν_m 与和它相隔频率 $2f_i$ 的模耦合起来，建立激光振荡相位关系。辐射在腔内来回通过调制器传播，与 ν_m 建立振荡相位关系的模越来越多，最后使在激光增益线宽范围内全部的纵模都耦合起来。这时，振荡模已被锁定，激光器进入锁模状态。

为了便于理解锁模的原理，下面用图 5.2.1(a)简要表示光波相锁定的情况。

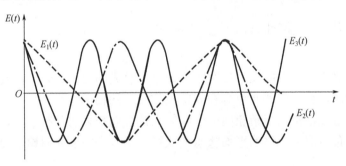

(a) 相位锁定时三个光波叠加的情况

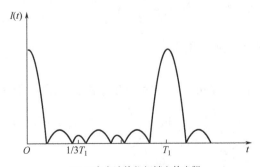

(b) 三个光波的位相锁定的光强

图 5.2.1　相位锁定时三个光波的叠加和光强

假设有三个光波，频率分别为 ν_1、ν_2、ν_3。而 $\nu_2 = 2\nu_1$、$\nu_3 = 3\nu_1$，且假定三个光波的振幅都相等。如果三个光波的相位 φ_1、φ_2、φ_3 间无固定的关系，则三个光波叠加后的总光强是时间的随机函数，总功率正比于 $3E_0^2$（该情况图中未示出）。如果三个光波在某一时刻（$t = 0$）有固定的相位关系，如有相同的相位，此时场强出现极大值 $3E_0$。

随着时间的推移，三者位相出现差异，叠加所得的场强逐渐减小，在 $t = T_1/3$ 时，三个光波间的位相差都是 $2\pi/3$，所以叠加后的合成场强为零，随后在 $t = 2T_1/3$ 时出现极小值，$t = T_1$ 时出现极大值。这样就会出现一系列周期性脉冲。图 5.2.1(b) 为相位锁定时三个光波叠加的情况。

同样在激光谐振腔中，若三个纵模间有固定的位相关系，也可得到周期性的脉冲，推广到多个纵模的情况完全类似。

下面利用数学的形式定量地分析激光输出与相位锁定的关系。若多模激光器的所有振荡模均具有相等的振幅 E_0，超过阈值的纵模数共 $2N+1$ 个，各相邻纵模的相位差都是 α，并设在介质增益曲线中心的模（$q = 0$），其角频率为 ω_0，相位为 0，即以中心模为参考相位。该 $2N+1$ 个纵模的频率及相位列于表 5.2.1。

表 5.2.1 $2N+1$ 个纵模的频率及相位

q	$-N$	$-(N-1)$	$-(N-2)$	$\cdots$	-2	-1
ω_q	$\omega_0 - N\Delta\omega_q$	$\omega_0 - (N-1)\Delta\omega_q$	$\omega_0 - (N-2)\Delta\omega_q$	$\cdots$	$\omega_0 - 2\Delta\omega_q$	$\omega_0 - \Delta\omega_q$
α_q	$-N\alpha$	$-(N-1)\alpha$	$-(N-2)\alpha$	$\cdots$	-2α	$-\alpha$
q	0	1	2	$\cdots$	$N-1$	N
ω_q	ω_0	$\omega_0 + \Delta\omega_q$	$\omega_0 + 2\Delta\omega_q$	$\cdots$	$\omega_0 + (N-1)\Delta\omega_q$	$\omega_0 + N\Delta\omega_q$
α_q	0	α	2α	$\cdots$	$(N-1)\alpha$	$N\alpha$

对于腔长为 L 的平行平面腔，忽略腔的非线性色散效应，则两相邻纵模的频率间隔相等，由式 (5.2.1) 得

$$\Delta\omega_q = 2\pi\Delta\nu_q = \frac{\pi}{L}c$$

总场强为

$$E(t) = \sum_{q=-N}^{N} E_q = \sum_{q=-N}^{N} E_0 \cos[(\omega_0 + q\Delta\omega_q)t + q\alpha]$$

$$= E_0 \frac{\sin\left(\frac{2N+1}{2}\delta\right)}{\sin\left(\frac{\delta}{2}\right)} \cos\omega_0 t$$

式中，$\delta = \Delta\omega t$。

在纵模锁定过程中，人们通常采取一定的措施使 $\alpha = 0$，即使 $\varphi_q = \varphi_{q+1} = \varphi_0 = 0$，则锁模后的总场强为

$$E(t) = E_0 \frac{\sin\left[\dfrac{1}{2}(2N+1)\Delta\omega t\right]}{\sin\left(\dfrac{1}{2}\Delta\omega t\right)}\cos\omega_0 t = A(t)\cos\omega_0 t \qquad (5.2.6)$$

2) 激光多纵模锁定结果讨论

(1) 激光多纵模锁定结果使腔内的总光场成为一个相当于振幅受到调制的振荡频率为 ω_0 的单色余弦平面波。其表示式为

$$E(t) = A(t)\cos\omega_0 t$$

式中，$A(t)$ 为它的包络，是随时间变化的函数，总的输出脉冲光强正比于场强振幅的平方 $A^2(t)$。设 $\alpha = 0$ 或 π，图 5.2.2 给出了有 $2N+1 = 7$ 个振荡模的 $A(t)$、$A^2(t)$ 及 $E(t)$ 曲线。

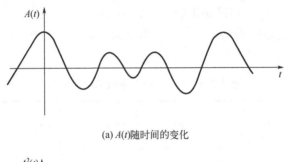

(a) $A(t)$随时间的变化

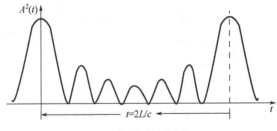

(b) $A^2(t)$随时间的变化

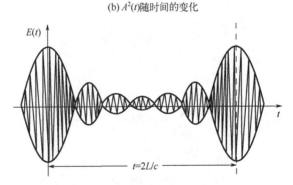

(c) $E(t)$随时间的变化

图 5.2.2　7 个振荡模的 $A(t)$、$A^2(t)$ 及 $E(t)$ 曲线

由图可见，$A(t)$ 是一个随时间缓慢变化的周期函数，$E(t)$ 是一个振幅受到调制的函数，其载波是中心模频率为 ω_0 的正弦函数，$A(t)$ 为它的包络，而光强的包络为 $A^2(t)$。因此，多纵模锁相的结果使场强及光强都受到调制。

(2)调幅波的幅度极值出现的时间间隔 $\Delta t = 2L/c$。

求 $A(t)$ 的极值，即求

$$\frac{\mathrm{d}A(t)}{\mathrm{d}t} = 0$$

可得

$$(2N+1)\tan\left(\frac{1}{2}\Delta\omega t\right) = \tan\left[(2N+1)\frac{1}{2}\Delta\omega t\right]$$

上式要成立，必须使两边同时等于零，所以

$$\frac{1}{2}\Delta\omega t = k\pi, \quad k = 0,1,2,3,\cdots$$

而

$$\Delta\omega = 2\pi\Delta\nu = \frac{2\pi c}{2L} = \frac{\pi c}{L}$$

故得

$$t = \frac{2k\pi}{\Delta\omega} = \frac{2kL}{c}$$

$$\Delta t = t_{k+1} - t_k = \frac{2L}{c} \tag{5.2.7}$$

Δt 恰好为一个光脉冲在腔内往返一次所用时间。所以，锁模振荡也可理解为只有一个脉冲在腔内来回传播，激光器的输出是，一个输出脉冲到下一个输出脉冲的时间间隔是 $\Delta t = 2L/c$ 的周期性脉冲序列。

(3)激光锁模的极值频率。

锁模后激光器输出极值的周期为 $\Delta t = 2L/c$，所以出现极值的频率

$$f = \frac{1}{\Delta t} = \frac{c}{2L} \tag{5.2.8}$$

恰好是谐振腔的纵模间隔。因此，锁模的结果相当于一个单色余弦波受到频率为纵模间隔的调制信号的幅度调制。也就是说，要想实现激光锁模，只需对谐振腔内振荡的纵模按 $f = c/(2L)$ 的频率进行幅度调制即可。

(4)振幅极大值。

把 $t = 2k\pi/\Delta\omega$ 代入振幅 $A(t)$ 中得

$$A = \lim_{t \to \frac{2k\pi}{\Delta\omega}} E_0 \frac{\sin\left[\frac{1}{2}(2N+1)\Delta\omega t\right]}{\sin\left(\frac{1}{2}\Delta\omega t\right)} = (2N+1)E_0 = A_{\max}$$

这说明，在 $t = 2k\pi/\Delta\omega$ 的时刻，所有纵模的振幅同时达到极大值。

同时，还可求出主脉冲振幅极大值为 $A(t)_{\max} = E_0(2N+1)$，而在两个主脉冲之间有 $2N$ 个零点，$2N-1$ 个次极大值。次极大值出现的时刻为 $t = [k/(2N+1)](1/\Delta\nu_q)$，这里 $k = 1, 2, 3, \cdots, 2N-1$。这些小脉冲在 $2N+1$ 数值很大时，幅度远小于主脉冲，故可不予考虑。

(5) 输出脉冲的峰值光强

$$I_{\max} \propto \left| A_{\max} \right|^2 = (2N+1)^2 E_0^2 = 2(2N+1)\left[(2N+1)\frac{E_0^2}{2}\right] \quad (5.2.9)$$

与未锁模时激光器输出的平均光强

$$I = (2N+1)\frac{E_0^2}{2}$$

比较可见，锁模后激光脉冲的峰值功率是未锁模的 $2(2N+1)$ 倍。例如，固体激光器的纵模一般有 $10^3 \sim 10^4$ 个，而染料激光器纵模更多，这样，激光纵模锁模后将使输出功率提高 $3 \sim 4$ 个数量级。

(6) 锁模激光器的输出脉冲宽度。

每个脉冲的宽度可由脉冲峰值与紧靠峰值的场强为 0 的时间间隔 $\Delta \tau$ 来求出。$A^2(t)$ 的半功率点间的宽度近似为 $\Delta \tau$。经运算可得

$$\Delta \tau = \frac{2\pi}{(2N+1)\Delta \omega} = \frac{1}{(2N+1)\Delta v_q} \approx \frac{1}{\Delta v_F} \quad (5.2.10)$$

式中，Δv_F 为激光工作物质的荧光线宽。每个脉冲的宽度近似等于振荡线宽的倒数。因为振荡线宽不会超过激光器净增益线宽(损耗等于增益最大值的一半时的荧光线宽)，所以在极限情况下，$\Delta \tau = 1/\Delta v_F$。可见增益线宽越宽，可能得到的锁模脉宽越窄，如钕玻璃激光器，$\Delta v_F = 3$，所以用它进行锁模可以得到 $10^{-13} \sim 10^{-12}$ s 量级窄的脉冲。而在调 Q 激光器中不能获得比 1ns 更窄的脉冲，输出脉宽最窄只有 $\Delta t_{\min} = 1/\Delta v_q$，因此锁模脉宽是调 Q 脉宽还缩的 $1/(2N+1)$。

(7) 多模 $(\omega_0+q\Delta \omega_q)$ 激光器相位锁定的结果，即实现 $\varphi_{q+1}-\varphi_q =$ 常数，导致其输出成为一个单频脉冲型调幅振荡 $(A(t)_{\max} = E_0(2N+1))$。因此，多模激光器锁模后，各振荡模发生功率耦合而不再独立，每个脉冲的功率应是所有振荡模提供的结果。

5.3 纵向锁模技术

激光锁模有横向锁模、纵向锁模以及纵横锁模，这里只介绍纵向锁模。纵向锁模按照工作机理可划分为：被动锁模、主动锁模、主动加被动同时锁模、同步锁模、碰撞锁模以及自锁模等多种形式。下面重点介绍被动锁模和主动锁模技术。

5.3.1 被动锁模——饱和吸收染料锁模技术

在一台染料调 Q 激光器中，当可饱和染料的激发态寿命短于光子在腔内往返一次的时间 $2L/c$ 时，在该激光器的输出中会出现某种锁模振荡脉冲。如果激光器制作精良，则其输出便会出现锁模脉冲序列(图 5.3.1(a))，其包迹便是一个调 Q 脉冲(图 5.3.1(b))。

染料锁模的工作原理可用克脱勒(Ketler)再生式电脉冲振荡器进行类比，图 5.3.2(a)是其原理框图。其中，展宽器为非线性元件，损耗随入射波强度的增加而减小。此系统产生的电脉冲间隔等于通过系统一周的延迟时间，最小脉宽约为滤波器带宽的倒数。

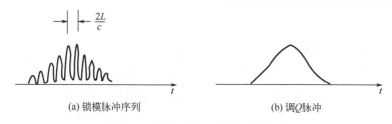

(a) 锁模脉冲序列　　　　　　　　　(b) 调 Q 脉冲

图 5.3.1　锁模与调 Q 激光器的比较

同样，图 5.3.2(b) 中，染料盒为非线性元件，起展宽作用，而光在谐振腔中往返一次的时间即为系统的延迟时间。非线性元件有使脉冲变窄的效应，直到脉宽由激活介质的带宽所限制。

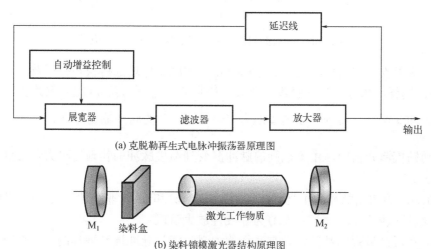

(a) 克脱勒再生式电脉冲振荡器原理图

(b) 染料锁模激光器结构原理图

图 5.3.2　染料锁模激光器原理模型

再结合染料的性质分析。可饱和染料的吸收系数随光强的增加而下降，故高增益的激光器所产生的高强度激光足以使染料吸收饱和。图 5.3.3 给出了激光通过染料的透过率 T 随光强 I 的变化。当弱信号激光通过染料时，染料表现出强烈的吸收特性，透过率低；当强信号激光通过染料时，染料出现了透明的特性，透过率高，称此现象为漂白，即出现了吸收饱和效应，只有小部分被染料吸收。强、弱信号大致以饱和光强 I_0 划分。

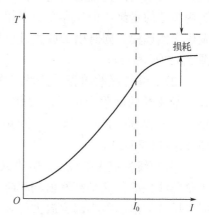

图 5.3.3　可饱和染料的吸收特性

在未发生锁模作用前，设腔内光子分布是基本均匀的，但有一些小的起伏。如图 5.3.4(a) 中强度起伏为 M_1。由于染料的饱和吸收特性，弱信号透过率低，降低得多；强信号降低得少，且绝对值的降低可由工作物质的放大得到补偿。所以，经过几次吸收和放大后，强度的起伏，即极大值与极小值之差，由 M_1 增加到 M_2；再吸收、放大几次，又增到 M_3。这样，脉冲前沿不断削掉，尖峰部分有效通过，脉冲变窄，对比加大。图 5.3.4(b) 是其相应的频谱，开始仅包含 ν_0 和两个较弱的边频信号 $\nu_0 \pm \Delta \nu_q$。

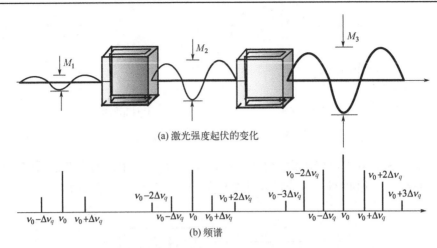

(a) 激光强度起伏的变化

(b) 频谱

图 5.3.4　多次通过染料时激光强度起伏的变化及相应频谱

经过几次吸收、放大后，边频信号 $\nu_0 \pm \Delta \nu_q$ 的强度比 ν_0 增加得快，并激发了新的边频信号 $\nu_0 \pm 2\Delta \nu_q$。同样，再经过几次吸收与放大，边频信号 $\nu_0 \pm \Delta \nu_q$ 及 $\nu_0 \pm 2\Delta \nu_q$ 又增大，又激发了新的边频。如此继续，得到一系列周期为 $T = \dfrac{1}{\Delta \nu_q} = \dfrac{2L}{c}$ 的脉冲输出序列。

在被动锁模激光器中，由不规则的脉冲演变到锁模脉冲的物理过程大致可分为三个阶段，见图 5.3.5。

图 5.3.5(a) 为初始脉冲的不规则起伏，图 5.3.5(b) 和 (c) 为非线性放大阶段，图 5.3.5(d) 和 (e) 为非线性吸收阶段，图 5.3.5(f) 为非线性放大阶段

过程的实质是最强的脉冲得到有选择的加强，背景脉冲逐渐被抑制，三个阶段可简述如下。

(1) 非线性放大阶段。初始的激光脉冲具有大致等于荧光带宽的光谱含量，并且具有随机相位关系的激光模之间的随机干涉作用，导致光强度的起伏。脉冲总量很大，大致具有腔内模数的量级，但也存在少量超过平均强度的峰值，见图 5.3.5(a)。在线性放大期间，发生自然选模，同时由于放大过程使频谱变窄，被放大后信号的起伏得到平滑和加宽，见图 5.3.5(b) 和 (c)。

(2) 非线性吸收阶段。虽然工作物质的增益是线性的，但此时腔内光强已超过饱和光强，故染料的吸收变成了非线性。其结果是较强的脉冲漂白了染料，脉冲强度得到很快增长；而大量的较小脉冲受到染料较大的吸收而被有效抑制，使发射脉冲变窄，见图 5.3.5(d) 和 (e)。

(3) 非线性放大阶段。在吸收跃迁完全饱和时，光强度已足够高，激光经激活介质的放大是非线性的，这是高峰值功率阶段，见图 5.3.5(f)。在此阶段，当强脉冲经过激活介质时，脉冲前沿和中心部位放大得多，导致介质中反转粒子数的较大消耗，使增益下降，致使脉冲后沿放大下降，甚至不放大，结果使前沿变陡，脉冲变窄，其余背景小脉冲则几乎完全被抑制，输出的是一个高强度的脉冲序列。最终粒子数反转被倒空，脉冲逐渐衰减。非线性放大加宽了谱线，而在时间域内压窄了单个脉冲宽度。

在实际的被动锁模激光器中，情况要更复杂。利用被动锁模可以产生很窄的光脉冲，

但这种方法也有一些缺点，例如，为了产生稳态区，必须非常严格地校正泵浦参数和共振腔参数，被动锁模激光器稳定性差，能实现锁模的激发概率最好达 60%～70%，最差为10%～20%，这对于不少应用是不适宜的。但该方法装置简单，容易实现。可调谐性还受可饱和吸收体的限制。采用较多的方案是在被动锁模的基础上加入一个主动调制器，从而大大提高了锁模的稳定性。

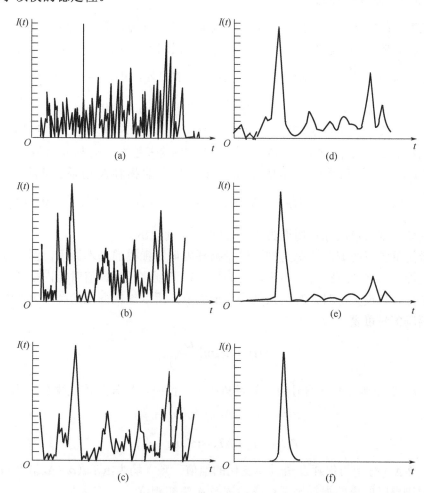

图 5.3.5　可饱和染料被动锁模脉冲形成的三个物理阶段

主动锁模能获得稳定性和重复性比较好的激光脉冲，而且适用的激光频率范围比较宽，但一般来说能够得到的脉冲宽度不如被动锁模方法得到的窄。将被动锁模和主动锁模相结合，就可以获得稳定性好且脉冲宽度窄的激光脉冲。例如，采用铌酸锂电光调制器作为主动锁模器的红宝石激光器，在共振腔内放入隐花青①盒（被动锁模用的饱和吸收体），激光脉冲宽度由原先的 100ps 压缩到 5ps。

5.3.2　主动锁模——内调制锁模

内调制锁模是在激光腔内插入一个调制器进行模式锁定的技术。调制器的调制频率应

---

① 隐花青(cryptocyanin)是一种化学物质，化学式为 $C_{25}H_{25}IN_2$，分子量为 480.38，PSA 为 8.81000，Log$P$ 为 1.90080。

精确地等于纵模间隔，这样可得到脉冲重复频率 $f = c/(2L)$ 的锁模脉冲序列。它是目前实现稳定锁模的主要方法。

根据调制的原理可分为相位内调制锁模(PM)及损耗内调制锁模(或称振幅调制，AM)。

1. 损耗调制锁模原理

设损耗调制的频率为 $c/(2L)$，即调制的周期正好是脉冲在腔内往返一次所需时间。如将调制器放在腔的一端，设在某时刻 t_1，通过损耗调制器的光信号受到的损耗为 $\alpha(t_1)$，则在脉冲往返一次 $\left(t_1 + \dfrac{2L}{c}\right)$ 时，这个光信号受到同样的损耗，$a\left(t_1 + \dfrac{2L}{c}\right) \equiv \alpha(t_1)$，若 $\alpha(t_1) \neq 0$，则这部分信号在谐振腔内每往返一次就遭受一次损耗 $\alpha(t_1)$，若损耗大于腔内的增益，则这部分信号最后消失了。如果 $\alpha(t_1) = 0$，则这部分信号每次都能无损耗地通过调制器，且该信号在腔内往返通过工作物质不断被放大，振幅将越来越大。而与此信号有任意相位差 $(\neq 0, n\pi)$ 的其他信号都遭受一定的损耗。如果腔内的损耗及增益控制得适当，使得 $\alpha\left(t_1 + \dfrac{2L}{c}\right) \equiv \alpha(t_1) = 0$ 的脉冲增益大于损耗，而与此信号有任意相位差 $(\neq 0, n\pi)$ 的其他信号增益小于损耗，则将形成脉宽周期为 $2L/c$ 的脉冲序列输出。

现以最简单的正弦调制情况为例，讨论损耗内调制锁模的基本原理。图 5.3.6(a) 为调制信号的波形，图 5.3.6(b) 为腔内损耗的波形，在调制信号为零值时腔内损耗最小，而调制信号等于正、负最大值时，腔内损耗均为最大值，所以损耗变化的频率为调制信号频率的 2 倍。调制信号可表示为

$$\alpha(t) = A_0 \sin\left(\frac{\omega_m}{2}\right)i$$

式中，A_0、$\omega_m/2$ 分别为调制信号的幅值及角频率。此时，损耗及透过率分别为

$$\alpha(t) = (\alpha_0 - \Delta\alpha_0)\sin(\omega_m t + \phi_1) \tag{5.3.1}$$

$$T(t) = (T_0 + \Delta T_0)\sin(\omega_m t + \phi_2) \tag{5.3.2}$$

式中，$\Delta\alpha_0$ 及 ΔT_0 分别为损耗及透过率变化的幅值，频率均为 ω_m；$(\alpha_0 - \Delta\alpha_0)$ 及 $(T_0 + \Delta T_0)$ 分别为插入调制器时的原始损耗及透过率；ϕ_1 及 ϕ_2 为初相位。

设未调制前光波电场为

$$E(t) = E_0 \sin(\omega_c t + \phi_c)$$

加入调制器后光波电场按透过率变化规律调幅，可表示为

$$e(t) = A(t)\sin(\omega_c t + \phi_c) \tag{5.3.3}$$

式中，$A(t)$ 为光波振荡的包络：

$$A(t) = A_c[1 + m\sin(\omega_m t + \phi_m)] \tag{5.3.4}$$

式中，$A_c = E_0 T_0$；$m = \dfrac{\Delta E_m}{A_c}$，而 ΔE_m 是包络线变化的幅度，$\Delta E_m = E_0 \Delta T_0$，$m$ 为调制度。

经调制后光波振荡的瞬时值为

$$e(t) = A_{c}[1 + m\sin(\omega_{m}t + \phi_{2})]\sin(\omega_{c}t + \phi_{c}) \tag{5.3.5}$$

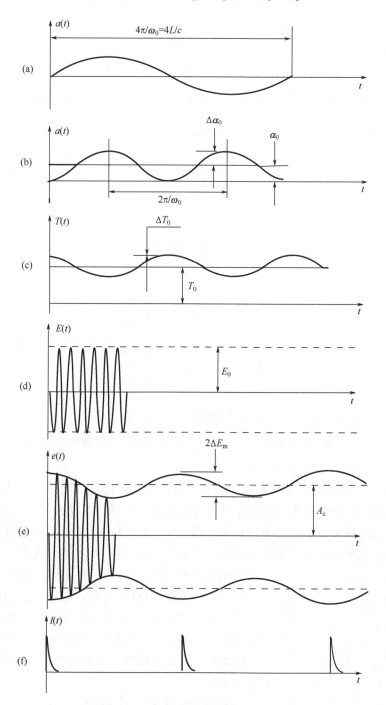

图 5.3.6　损耗内调制锁模原理示意

　　为保证无失真调制，取 $m \leqslant 1$。具体的 m 要根据腔内增益、损耗及所需脉宽及输出功率等来确定。由式 (5.3.5) 可得

$$e(t) = A_{c}[\sin(\omega_{c}t + \phi_{c}) + m\sin(\omega_{m}t + \phi_{m})\sin(\omega_{c}t + \phi_{c})]$$

$$e(t) = A_c \sin(\omega_c t + \phi_c) - \frac{A_c m}{2}\cos[(\omega_c + \omega_m)t + (\phi_c + \phi_m)]$$

$$+ \frac{A_c m}{2}\cos[(\omega_c - \omega_m)t + (\phi_c - \phi_m)] \tag{5.3.6}$$

式中，第一项为含频率 ω_c 的未调制载波振荡；第二、三项为含上、下边频($\omega_c + \omega_m$)、($\omega_c - \omega_m$)的项，其振幅相等，都为 $\frac{A_c m}{2}$，振荡的频谱宽度是调制频率的 2 倍，即 $2\omega_m$。

如果 $A(t)$ 是一个任意的周期为 T 的函数，那么由傅里叶级数可知

$$A(t) = \frac{a_0}{2} + \sum_{n=1}^{\infty}\left[a_n \cos\left(n\frac{2\pi}{T}t\right) + b_n \sin\left(n\frac{2\pi}{T}t\right)\right] \tag{5.3.7}$$

式中，

$$a_0 = \frac{2}{T}\int_{-\frac{T}{2}}^{\frac{T}{2}} A(t)\mathrm{d}t$$

$$a_n = \frac{2}{T}\int_{-\frac{T}{2}}^{\frac{T}{2}} A(t)\cos\left(n\frac{2\pi}{T}t\right)\mathrm{d}t$$

$$b_n = \frac{2}{T}\int A(t)\sin\left(n\frac{2\pi}{T}t\right)$$

令 $\frac{2\pi}{T} = \omega_m = \frac{c}{2L} = \Delta\nu_q$，将式(5.3.7)的展开式代入式(5.3.3)，运算后 $e(t)$ 中含频率为 $\omega_q \pm n\omega_m(n = 0, 1, 2, \cdots)$ 的谐波成分，其中 ω_q 为谐振腔第 q 个纵模的角频率，而 ($\omega_q \pm n\omega_m$) 正好是谐振腔第 $q+n$ 个纵模的角频率。

由此可见，由于损耗是以频率 $f_m = 2\pi\omega_m = \Delta\nu_q$ 变化的结果，第 q 个纵模的振荡内出现了其他纵模的振荡。损耗调制的结果是把各个纵模联系起来。其过程如下：设具有频率 $\nu_0 = \omega_0/(2\pi)$ 的纵模(它最靠近激光增益曲线的峰值)首先开始振荡。若内腔损耗调制器的频率为 $f = \Delta\nu_q$，则载波频率 ν_0 将具有两个边频($\nu_0 \pm \Delta\nu_q$)。这样与中心频率对应的纵模，以及与它相邻的两个纵模($\nu_0 - \Delta\nu_q$)、($\nu_0 + \Delta\nu_q$)就被耦合了，它们具有确定的振幅和相位关系。而后($\nu_0 - \Delta\nu_q$)及($\nu_0 + \Delta\nu_q$)经增益介质被放大，并通过调制器得到调制，其边频又得到耦合，($\nu_0 + 2\Delta\nu_q$)模又加入到上述三个模中，此过程继续进行，直到落在激光线宽内的所有纵模被耦合为止，见图 5.3.7。

现讨论损耗调制时各纵模间的相位关系。在模式锁定的情况下，谐振腔原先的某一振荡谱线可写成整个谱线的形式：

$$E_q(t) = \sum_q E_q \cos(\omega_q t + \varphi_q) \tag{5.3.8}$$

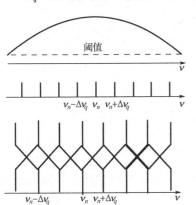

图 5.3.7 损耗锁模纵模耦合示意图

这与未调制时的频谱有本质的区别。由于损耗调制的作用，当 $t=0$ 时，$E_q=E_{\max}$，显然 φ_q $=0$ 或 π。推广到当 $t=0,\dfrac{1}{\Delta v_q},\dfrac{2}{\Delta v_q},\cdots,\dfrac{n}{\Delta v_q}$ 时，只有各纵模间的相位差为 0 或 π，才能使各频率的振幅都达到极大值，而在其他时刻，各频率叠加的结果是使振幅减小。因此，一些不同频率的振幅叠加的结果便出现了重复频率为 $f=\Delta v_q=\dfrac{c}{2L}$ 的一系列超短脉冲。

2. 相位调制锁模原理

如果以折射率受外加电压而周期性地改变的介质代替损耗调制元件，则在不同时间内通过介质时，便有不同的光程及相位延迟。以铌酸锂相位调制器为例说明此种现象。

设光传播方向是 X 方向，调制场加在 Z 方向，则有

$$E_z=\frac{V_0}{d}\cos\omega_m t$$

式中，d 为晶体在 Z 方向的长度；V_0 为外加电压振幅；ω_m 为调制频率。我们知道，沿 Z 轴或 Y 轴的偏振光通过晶体时所得到的折射率变化分别为

$$\Delta n_z(t)=\frac{1}{2}\gamma_{33}n_e^3E_z=\frac{1}{2}\gamma_{33}n_e^3\frac{V_0}{d}\cos\omega_m t \tag{5.3.9}$$

$$\Delta n_y(t)=\frac{1}{2}\gamma_{13}n_o^3\frac{V_0}{d}\cos\omega_m t \tag{5.3.10}$$

由于 $\gamma_{33}>\gamma_{13}$，所以 Z 方向的偏振光可以得到最大的相位延迟。若晶体在 X 方向的长度为 α 则光线通过晶体的总相位延迟为

$$\delta(t)=\frac{2\pi}{\lambda_0}\alpha\Delta n_z(t)=\frac{\pi\alpha}{\lambda_0 d}\gamma_{33}n_e^3V_0\cos\omega_m t \tag{5.3.11}$$

相应的频率变化为

$$\delta\omega(t)=\frac{d\delta(t)}{dt}=-\frac{\alpha\pi}{\lambda_0 d}\gamma_{33}n_e^3V_0\omega_m\sin\omega_m t \tag{5.3.12}$$

以上 $\Delta n_z(t)$、$\delta(t)$ 及 $\delta\omega(t)$ 示于图 5.3.8 中。

相位调制器的作用可理解为：一种频移使光波的频率发生向大的或小的一个方向不断移动。对于频移 $\delta\omega(t)\neq 0$ 激光脉冲，每经过调制器一次，就发生一次频移，最后就移到增益曲线以外了，类似损耗调制器，这部分信号就从腔内消失掉。只有那些在相位变化的极值处（极大值或极小值）通过调制器的光信号，通过调制器 $\delta\omega(t)=0$ 将不发生频移在腔内保存下来，从而形成稳定的振荡。

每周期内存在两个相位极值，增加了锁模脉冲位置的相位不稳定性。又由于两种可能情况间相位差为 π，故可称为 180° 自发相位开关。锁模激光器在不采取必要措施时，其输出脉冲可从一个脉冲序列自发跳变为另一脉冲序列，如图 5.3.8 中实线及虚线所示。

上述铌酸锂调制器的调制深度为

$$m = \frac{\pi \alpha}{\lambda_0 d} \gamma_{33} n_0^3 V_0$$

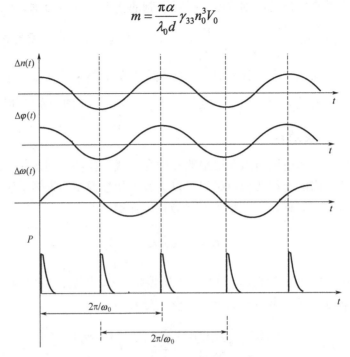

图 5.3.8　激光相位锁模原理示意图

从频谱看，当 $m \ll 1$ 时，调相频谱和调幅振荡的频谱相同，由载频 ω_c 与两边频 $\omega_c + \omega_m$ 和 $\omega_c - \omega_m$ 组成。当 m 较大时，有

$$\begin{aligned}
E(t) = E_0 \{ &J_0(m) \sin \omega_m t + J_1(m)[\sin(\omega_c + \omega_m)t - \sin(\omega_c - \omega_m)t] \\
&+ J_2(m)[\sin(\omega_c + 2\omega_m)t - \sin(\omega_c - 2\omega_m)t] \\
&+ J_3(m)[\sin(\omega_c + 3\omega_m)t - \sin(\omega_c - 3\omega_m)t] + \cdots \}
\end{aligned} \tag{5.3.13}$$

式中，$J_n(m)$ 是以 m 为模的 n 阶第一类贝塞尔函数。由此可知，调相振荡的频谱系由无限多个包含 $v_q = n f_m (n = 0, 1, 2, 3, \cdots)$ 频率成分的边频构成，类似损耗调制，其结果可得到周期为 $T_m = \dfrac{1}{f_m} = \dfrac{2L}{c}$ 的超短脉冲输出。

5.4　激光的同步泵浦锁模和对撞锁模

1. 激光的同步泵浦锁模

激光同步泵浦锁模就是采用一台锁模激光器输出的连续脉冲序列作为泵浦源，泵浦另一台激光器，若使被泵浦的激光器谐振腔长度与泵浦激光器的谐振腔长度几乎相等或者是它的整数倍，则在一定条件下，等效于在腔内放置调制器，因而可以获得短脉冲激光输出，其脉冲宽度在最佳条件下比泵浦光脉冲宽度小 2～3 个数量级。染料激光器、色心激光器、半导体激光器都可以采用这种锁模方法，进一步压缩激光脉冲宽度。

2. 激光的对撞锁模

对撞锁模又称碰撞锁模（简称 CPM），它是 20 世纪 80 年代发展起来的，对撞锁模使激光脉宽步入了飞秒领域，达到 6fs。它不仅实现了脉宽压缩上的突破，同时也提高了锁模脉冲的输出功率和工作稳定性。碰撞锁模是让两个光脉冲在谐振腔内相向传播，当它们在腔内的可饱和吸收体中重叠时，建立起对光束的调制作用，使激光器进入锁模状态。利用这个办法获得了脉冲宽度为飞秒量级的激光脉冲。因此，对撞锁模激光器腔内必须有激光工作物质和可饱和吸收染料。对撞锁模谐振腔结构有环形腔、非谐振环形腔和平面平行腔等多种腔型。

环形腔结构是 CPM 的较理想腔型，如图 5.4.1 所示。图中，激光工作物质可以是 Nd^{3+}:YAG、Nd^{3+}玻璃、Cr^{3+}:Al_2O_3（红宝石）或 Ti^{3+}:Al_2O_3（掺钛蓝宝石）等。在泵浦激励后，在环形腔中产生向两边相反方向传播的两列行波，它们在可饱和吸收染料处对撞，M_3、M_4 构成离轴共焦腔。由腔的对称结构保证了两反向传播脉冲强度相等，每环行一周均能在可饱和吸收染料盒中心处碰撞。染料罗丹明 6G 等增益谱线宽，是实现锁模的理想介质。染料盒应处于 M_3、M_4 组成的共焦腔焦点上，吸收体和激光物质中心间距离应等于 1/4 环行腔腔长。

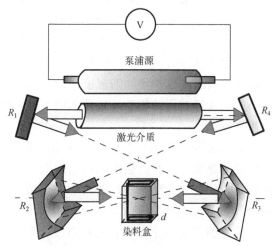

图 5.4.1　对撞锁模激光装置结构原理图

脉冲碰撞双锁模激光器是由天津大学发明的。它是将脉冲碰撞锁模技术与腔内同步泵浦技术相结合的一种可在两个波长锁模同时运转的激光系统。与氩离子锁模激光同步泵浦染料激光系统相比，其具有结构简单、稳定性高、脉冲宽度窄、转换效率高以及成本低等特点。该发明可用于激光光谱学、非线性光学、微微秒光电子学和光导纤维的研究。

5.5　自　锁　模

自锁模是指当激光介质本身的非线性效应促使各纵模之间维持相等的模间隔，而且彼此之间有确定的相位关系时，出现的锁模现象。过去人们一直认为自锁模是一种有害的现象，容易损坏激光介质，并无实际应用价值，直到 1991 年 Sibbett 等在掺钛蓝宝石晶体（Ti^{3+}:Al_2O_3）上首次实现自锁模，得到 60fs 的光脉冲，才使人们认识到自锁模的价值。

1991 年，Spence 首次报道了自锁模运转的钛宝石激光器。这种激光器是在连续钛宝石激光谐振腔中只加一对或二对色散棱镜，而不需要任何主被动锁模器件，即可实现锁模运转，获得飞秒量级的超短激光脉冲。这种自锁模激光器结构简单、造价低，因此它一经实现，就迅速在世界范围内形成热点。研究最深入的是掺钛宝石激光器的自启动问题。由此提出了诸如声光调制器再生启动、可饱和吸收体启动、量子阱反射器耦合腔启动、振镜外腔及振动镜谐振腔启动等方法，这些方法能够有效地启动并维持钛宝石激光器的自锁模运转，使其向实用化方向发展。

掺钛蓝宝石激光器是最具有实用价值和理论意义的研究课题。自锁模相对于其他锁模方法可以得到很窄的锁模脉冲，因为其锁模方法(如主动锁模)需要在腔中加入各种锁模元件，这无疑会限制激光器的光谱宽度，从而限制其输出脉冲宽度。另外，一旦自锁模脉冲序列得以维持，其噪声远低于其他锁模激光器，具有更好的稳定性。人们对掺钛蓝宝石激光器自锁模的机理和启动方法进行了大量的研究工作。天津大学宁继平等的研究表明，掺钛蓝宝石激光器中产生自锁模的主要因素是由增益介质非线性克尔效应引起的自振幅调制、自相位调制和时域的色散。下面以克尔介质自锁模理论模型为基础，介绍上述三种因素对锁模激光器中锁模脉冲形成的不同阶段所起的作用。

要缩短脉冲时间，就需要增加它的光谱带宽。使用一种非线性光学现象——克尔效应，即材料的折射率取决于光的强度。激光脉冲这种依赖时间的强度，导致对折射率的调制，从而产生依赖时间的相移，最后的结果是在脉冲的前沿部分产生红移，而在其后沿部分产生蓝移。

克尔透镜锁模(KLM)固体激光器中的自锁模是由于在激光晶体中存在非线性效应，当光束通过该类晶体时，会出现自聚焦效应，光束的空间分布被改变，中心处的非线性相位延迟最大，在强光脉冲下，使得增益介质类似于一种透镜——克尔透镜；该效应和腔内光阑(硬光阑)或晶体自聚焦效应本身所形成的光阑(软光阑)构成对光脉冲的非线性幅度调制，腔内的高功率光束有着更高的透过率，低功率光束受到更大的损耗，这一效应等效于可饱和吸收体，对脉冲的前后沿都有压缩作用，从而导致锁模脉冲的产生。自锁模具有与波长无关、超快速响应和无任何附加色散等优点。利用克尔透镜锁模，人们在掺钛宝石激光器上获得的超快短脉冲迅速向极限(2.7fs)发展。在掺钛宝石激光器上，1993 年，Aaki 等获得 11fs 的激光脉冲；1995 年，维也纳技术大学的 Stingl 等获得 8fs 的光脉冲；1996 年，中国学者许琳在维也纳技术大学使用啁啾经补偿腔内色散的方法获得了 7.5fs 的光脉冲，1997 年，Keller 等利用啁啾镜从钛宝石激光器中直接输出 6.5fs 的激光脉冲，同年，A.Baltuaka 和 Nisoli 等相继提出了钛宝石激光器的脉冲经放大、压缩而获得小于 5fs 的新纪录；1999 年，Morgner 等获得 5.4fs 的短脉冲；2003 年，维也纳理工大学的 Krausz 小组通过高阶谐波频率产生只比 1fs 稍长些的超短 X 射线脉冲。2004 年，科学家通过控制超快电子的动力学显著提高了高次谐波的同步性，得到了 130as 的脉冲输出。

激活介质的非线性效应能够维持各个纵模频率的等间隔分布，并有确定的初始相位关系，从而实现纵模锁定的方式称为自锁模。由 He-Ne 气体激光 632.8nm 输出能够得到宽度约为 1ms 的自锁脉冲序列。

对少数几个模的自锁机理可用组合频率概念来解释。设有三个频率分别为 ν_1、ν_2、ν_3 的纵模振荡，如图 5.5.1 中实线所示。由于增益介质的非线性特性，这些模在频率上就不能精确地保持相等的间隔，即在非线性增益介质中会发生如下频率的辐射：$2\nu_2-\nu_3$，$\nu_1+\nu_3-\nu_2$，$2\nu_2-\nu_1$，由色散，即线性极化引起 $\nu_3-\nu_2\neq\nu_2-\nu_1$。但在考虑了三次非线性

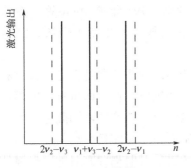

图 5.5.1　自锁模

极化后，这种极化对模式起着同步的作用。同步的结果是 $\nu_1 \to 2\nu_2 - \nu_3$ 或 $\nu_3 - \nu_2 \to \nu_2 - \nu_1$，即以上频率总是倾向于牵引激光振荡模的频率，并使之具有相等的频率间隔。故自锁的实质就是各个纵模被相应的组合频率的高次极化同步，同步的结果均趋向于锁定。用这种方法分析多于三个模式的锁定是很复杂的。

自锁的实验用 He-Ne、红宝石、氩离子、钕玻璃及 CO_2 等激光器来实现。这种多脉冲自锁的条件是：①振荡必须限定在单横模内；②辐射在腔内往返一次的时间必须等于或大于原子的寿命（衰变时间）；③激光应运转在略高于阈值的水平上，否则会激发多个横模。

1. 理论模型

掺钛蓝宝石激光器自锁模属于被动锁模。从时域角度看，任何带有被动性质的锁模激光器腔内都存在这样的元件，它们首先从噪声中选取强度较大的脉冲作为脉冲序列的种子，然后利用锁模器件的非线性效应使脉冲前后沿的增益小于 1，而使脉冲中部的增益大于 1，脉冲在腔内往返过程中，不断被整形放大，脉冲宽度被压缩，直到稳定锁模。

在研究克尔透镜介质激光器初始脉冲的形成过程中，大量的实验证明，初始脉冲来自谐振腔中最强的涨落，但是必须有足够强的自振幅调制（self amplitude modulate，SAM），才能从涨落脉冲中筛选出起伏最大的涨落形成初始脉冲。在这个初始脉冲形成后，由于在钛宝石棒内激光脉冲具有很高的峰值功率，而且作为增益介质的钛宝石棒很长（相对于 CPM 染料激光器中的喷膜厚度而言），激光脉冲在介质中行走的距离较长，所以激光脉冲由于介质的克尔效应，将会产生很强的自相位调制（self phase modulate，SPM）效应以及正的二阶群速度色散（GVD），只有当自相位调制效应和正的二阶群速度色散与腔内存在的负群速度色散相平衡时，才能导致脉冲的窄化，形成稳定的自锁模窄脉冲。按照被动锁模脉冲的形成过程，在掺钛蓝宝石自锁模脉冲的形成机理中，增益介质克尔效应引起的自振幅调制、自相位调制及群速度色散起主要作用。设任意一个初始脉冲的脉冲函数为 $V_0(t)$，它在谐振腔内每循环一次，相当于各要素依次对该脉冲作用一次，用 $\hat{T}$ 表示循环传递算符，则这种作用表达成算符形式为

$$V_{n+1}(t) = \hat{T}V_n(t) \tag{5.5.1}$$

$$\hat{T} = e^{\hat{A} + \hat{D} + \hat{N}} \tag{5.5.2}$$

式中，$\hat{A}$ 为振幅调制的算符；$\hat{D}$ 为色散；$V_{n+1}(t)$、$V_n(t)$ 分别为激光脉冲在腔内经过 $n+1$ 次、n 次循环后的脉冲函数。

锁模脉冲的形成分为初始脉冲和稳定锁模脉冲两个阶段。

1）初始脉冲的形成

理论分析和大量的实验证明，连续运转的掺钛蓝宝石激光器中的噪声脉冲由于达不到锁模的启动阈值，故该激光器的自锁模不能自启动，必须首先在腔内引入一个瞬间扰动，例如，振动其腔镜，使谐振腔突然间失谐；腔内插入调制器，造成高损耗。当腔镜复位时，腔中的光强产生强烈的涨落脉冲。当它们通过增益介质时，由于增益介质的非线性效应产生的自聚焦作用，并与腔内的光阑的结合等于可饱和吸收体，这样强脉冲及脉冲中间部分强度大，比弱的脉冲及脉冲的边缘部分损耗小，通常损耗与强度成反比，这就是克尔效应导致的自振幅调制作用。而且增益介质为线性放大，因此强脉冲越来越强，并被保存下来，

而弱脉冲越来越弱，直至消失。对于保存下来的脉冲，脉冲中间部分增益大、损耗小，脉冲边缘部分损耗大、增益小，得到了初步的压缩，这就是锁模的初始脉冲。在这个阶段增益介质的自振幅调制和增益线性放大起主要作用，在计算过程中设初始脉冲是一个无啁啾的高斯脉冲，这时脉冲复振幅中虚部为零，而脉冲经过自相位调制和色散后其复振幅不再为零。设循环到某一时刻其复振幅为

$$V_n(t) = a_n(t) + \mathrm{i}b_n(t) \tag{5.5.3}$$

式中，$a_n(t)$ 和 $b_n(t)$ 均为实数。其振幅调制由为

$$\hat{A} = g - (1 - K|V_n|^2) \tag{5.5.4}$$

$$g = g_0 / (1 + |V_n|^2 / |V_s|^2) \tag{5.5.5}$$

式中，g_0 为小信号增益；$|V_s|^2$ 为饱和光强；$|V_n|^2$ 为光脉冲的光强；K 为与光强有关的增益（正）或损耗（负）系数。

由式(5.5.6)即可求出经过振幅调制后的脉冲复振幅：

$$V_{n1}(t) = a_{n1}(t) + \mathrm{i}b_{n1}(t) = \mathrm{e}^{\hat{A}}V_n(t) \tag{5.5.6}$$

2）稳定锁模脉冲的形成

腔内初始锁模脉冲形成以后，它的峰值功率较大，在增益介质中由于克尔效应，脉冲产生自相位调制，严重改变了脉冲的相位，其非线性折射率变为

$$\Delta n = n_2 \langle |V_n|^2 \rangle \tag{5.5.7}$$

$$\hat{V} = -\mathrm{i}\Phi|V_n|^2 \tag{5.5.8}$$

式中，n_2 为激光介质的非线性折射率系数；Φ 为光脉冲在腔内往返一次单位功率引起的非线性相位移：

$$\Phi = \frac{2\pi}{\lambda}\Delta nL$$

式中，L 为激活介质长度。而

$$\mathrm{e}^{\hat{N}}V_n(t) = V_{n2}(t) = a_{n2}(t) + \mathrm{i}b_{n2}(t) \tag{5.5.9}$$

由式(5.5.9)即求出经过自相位调制后的脉冲复振幅 $V_{n2}(t)$，自相位调制效应使脉冲的光谱展宽使脉冲变成啁啾脉冲。

当激光脉冲通过钛宝石棒时，引起了二阶正群速度色散和三阶色散量。色散的存在使脉冲的窄化受到了限制。在计算中只考虑二阶色散效应，则

$$\hat{D} = \mathrm{i}\frac{D}{2}\frac{\partial^2}{\partial t^2} \tag{5.5.10}$$

式中，D 为腔内往返一次的群速度色散量。

$$V_{n3}(t) = a_{n3}(t) + \mathrm{i}b_{n3}(t) = V_n(t)\mathrm{e}^{\mathrm{i}\frac{D\partial^2}{2\partial t^2}} \tag{5.5.11}$$

由式(5.5.11)即可计算出经过二阶群速度色散后的脉冲复振幅。

在这一阶段中激光脉冲在钛宝石棒中的自振幅调制和增益放大仍起主要作用。只是由于脉冲功率的增大，不可避免地产生了自相位调制和正群速度色散，不利于进一步压缩脉宽，必须在腔内引入负群速度色散来补偿自相位调制和二阶正群速度色散，以便于压缩腔内脉冲宽度，当自振幅调制、自相位调制、正群速度色散及负群速度色散效应达到平衡时，在腔内就会形成稳定的锁模窄脉冲。

图 5.5.2 为利用式(5.5.3)～式(5.5.11)进行模拟计算所得的脉冲波形。图5.5.2(a)表示了自锁模的第一阶段，即初始脉冲的形成阶段。图5.5.2(a)为被选中的瞬间扰动脉冲，由于掺钛蓝宝石增益介质的线性放大及腔内自振幅调制作用，在腔内经过若干次往返振荡后，形成了如图5.5.2(b)所示的波形，脉宽得到了初始压缩，在此期间，计算表明自相位调制对脉冲形成的影响微不足道。主要原因是脉冲不强，自相位调制太弱。图5.5.2(c)表示了自锁模的第二阶段。由于脉冲的峰值功率较大，脉冲通过增益介质时产生了较强的自相位调制及正群速度色散，必须采用负群速度色散来补偿。图5.5.2比较了有、无负群速度色散补偿对脉宽压缩的影响，有负群速度色散补偿的脉冲更窄一些，可见在此阶段，自相位调制及正群速度色散阻碍了脉宽的窄化过程。

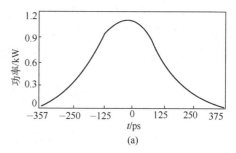

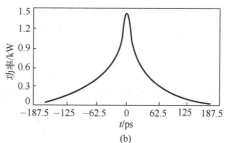

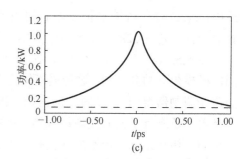

图 5.5.2　模拟计算自锁模的脉冲波形

2. 讨论

从上述理论模型中可以看出，掺钛蓝宝石激光器中自锁模的关键是在引入外界启动机制的情况下，增益介质克尔效应引起自振幅调制、自相位调制和腔内的群速度色散。这些参数的作用及相互制约与平衡，才能达到稳定的锁模运转。但是如果有些参数选择不合理，也会导致锁模状态不稳定，当放大介质具有自聚焦的非线性特征时，光场通过介质所引起的相位变化 Φ 与光强 I 有关，即

$$\Phi = \frac{2\pi}{\lambda}\Delta nL = \frac{2\pi}{\lambda}n_2 L\left\langle |V_n|^2 \right\rangle = \eta I \tag{5.5.12}$$

式中，η 为非线性系数，$\eta = \frac{2\pi}{\lambda}n_2 L$。

由于腔中非线性放大介质的存在，由式(5.5.12)可知，高斯光束的光强在横向空间分布上的变化，将转化为相位的差异。在衍射效应的作用下，这种相位差异最终又将进一步影响强度的分布，从而可能改变腔中光场的分布或引起时空的不稳定。腔中光场分布的不稳定性在时空域上表现出无规律的行为，所以应合理地选择参数 η 使腔中光场分布处于稳定状态。另外，由于增益介质的非线性效应引起的自振幅调制，等于在激光腔内加上一个弱

周期振荡的增益调制，调制参数的变化可以使光场强度经过倍周期分叉进入混沌过程，同时光场具有周期或非周期脉冲时间结构。

从数值计算中可知，当初始脉冲涨落比较弱时(如光强为 I)，脉宽压缩速度极其缓慢，这说明只有启动时产生较强的扰动，从而使被选中的涨落脉冲足够强(计算时选 300)，才能使脉宽压缩速度增快，形成极窄的锁模脉冲，否则，激光器难以进入锁模状态。

5.6　横模锁定及纵横模同时锁定

考察一列纵模数(q)相同而横模数(m, n)不同的横模锁定。类似纵模锁定，例如，固定一组振荡模的频率间隔和相互的相位，分析指出，如果一组激光模以相等的频率间隔和零相位差被锁定，则光波场振幅按

$$|A_n|^2 = \frac{1}{n!}(\bar{n})^n \mathrm{e}^{-\bar{n}}$$

分布。参量 $\bar{n}$ 决定了被锁定横模的个数，故总的激光输出强度为

$$I(\xi, t) = \frac{1}{\sqrt{\pi}} \exp[-(\xi - \xi_0 \cos \Omega t)^2] \tag{5.6.1}$$

式中，$I(\xi, t)$ 为一个在腔面上左右扫描的光斑；ξ 为相对于原点的 y 方向归一化横坐标，即腔面坐标；$\xi_0 = \sqrt{2\bar{n}}$；Ω 为横模的频率间隔。

图 5.6.1(a)表示出了 Ωt 由 0 到 2π 时，光斑的运动位置，(b)表示振幅的平方 $|A_n|^2$ 随不同的横模数 n 的分布图。这种横模锁定已在 632.8nm 的 He-Ne 激光器上使用一个倾斜反射的声光调制器得到实现，同时也在 CO_2 和 Nd^{3+}:YAG 等激光系统中实现。在 632.8nm 的 He-Ne 激光器上还进行了同时实现纵模锁定及横模锁定的实验。用 Ne 作为饱和吸收，观察到其具有同一横模指标，但不同纵模指标的各个模式锁定成一个脉冲。不同横模指标的脉冲在时间上是不重合的，在腔内有许多来回振荡的脉冲，每一个对应于一个横模指标，但有不同纵模指标的各个纵模的锁模。同时还有另一种耦合，即相同纵模指标，但不同横模指标的各个横模锁定成一扫描光束。对应于不同纵模指标的各个扫描光束，由于锁成一光点，所以这个光点在腔内来回走"之"字路径。

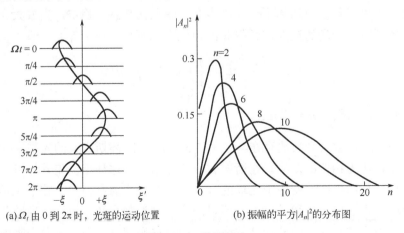

(a) Ω_t 由 0 到 2π 时，光斑的运动位置　　　　(b) 振幅的平方 $|A_n|^2$ 的分布图

图 5.6.1　横模锁定

5.7　激光锁模的理论极限与高次谐波理论

5.7.1　激光锁模的理论极限

　　超短脉冲激光技术一直为瞬态光学、强场物理等领域的研究提供着重要的技术保证。人们在不断追求更短、更强的激光脉冲，激光调 Q 技术的理论极限为 10^{-9}s，要获得时间宽度小于 10^{-9}s 的光脉冲，必须探索新的理论，激光锁模应运而生。从皮秒到亚皮秒再到飞秒的每一次突破，都是基于新锁模方法或机理的发现而取得的。然而，理论和实践都证明，在特定物理条件下对光脉冲的时间压缩并不是无止境的。在克尔透镜自锁模以及利用啁啾镜色散补偿技术实现了飞秒激光输出后，锁模激光器的技术出现了近十年的停滞。人们在加深对锁模激光系统自身局限性认识的同时，也激发了对获取超短脉冲新途径的探索，很快就发现非线性光学高次谐波产生效应为亚飞秒脉冲的制造提供了一种可能性。这里以钛宝石飞秒激光器为例，分析锁模激光系统输出脉冲时间宽度的理论极限，介绍高次谐波产生阿秒脉冲的理论和实验研究。

　　若在激光工作物质荧光带宽 $\Delta\nu_F$ 以内的纵模数为 N，则锁模光脉冲的光强随时间变化的函数为

$$I(t)=\frac{E_0^2\sin^2\left[\frac{1}{2}N(\Delta\omega t+\Delta\varphi_0)\right]}{\sin^2\left[\frac{1}{2}(\Delta\omega t+\Delta\varphi_0)\right]} \qquad (5.7.1)$$

式中，$\Delta\omega$ 为各相邻纵模的角频率之差；$\Delta\varphi_0$ 为相邻纵模恒定的初相位差，即锁模。由式(5.7.1)可得，相邻脉冲峰值之间的时间间隔 $T_0=2\pi/\Delta\omega$，以及脉冲峰值与第一个光强为零的值之间的时间间隔也近似等于脉冲宽度 $\tau=2\pi/(N\Delta\omega)$，此时可得表达式为

$$\tau=T_0/N \qquad (5.7.2)$$

　　考虑到 $T_0=2L/v$，即 T_0 也等于光在激光谐振腔内往返一次所需的时间，综合 $N=2\Delta\nu_F L/v$，式(5.7.2)变为

$$\tau=1/\Delta\nu_F \qquad (5.7.3)$$

式(5.7.3)近似给出了锁模激光器脉冲时间宽度理论极限。它表明锁模激光脉冲的时间宽度被光谱宽度限制，尽量采用谱线宽的工作物质是压缩脉冲的有效途径。20 世纪 80 年代以来，钛宝石以它 $600\sim1200\text{nm}$ 荧光带宽和易实现克尔透镜自锁模，成为一种优质的锁模激光工作物质。然而，即便是钛宝石工作在它的全谱带宽内，根据式(5.7.3)估算它的脉冲宽度也不可能小于 4fs。更严格的理论分析需要考虑脉冲的波形，此时式(5.7.3)变为 $\tau=C_B/\Delta\nu_F$，C_B 是与波形有关的常数。对于常见的高斯波形，$C_B=0.441$，此时脉冲宽度的极限约为 2fs。

5.7.2　高次谐波产生

1. 超短脉冲激光和绝对相位控制

若被多个光纤放大的激光频率以一定的间隔偏移，会发生什么现象呢？将具有两种频率的激光重叠会产生拍频。而重叠多个频率成分，则会产生傅里叶合成的脉冲。实际上，产生超短脉冲的锁模激光器以相当于谐振器往复时间的频率间隔，使多种模式的相位同步而产生超短脉冲，甚至可产生更短的脉冲。通过叠加多个相异激光振荡器产生激光脉冲，已不仅仅是梦想。Krausz 等用 6fs 激光脉冲产生了高次谐波，再用该高次谐波产生 X 射线。对 800nm 激光来说，6fs 仅够让电场振动两次。

此时，即使是相同的 6fs 激光，若改变脉冲内的电场相位，则当相位组合到脉冲中心时，产生单脉冲的 X 射线；若相位偏移 $\pi/2$，则产生 2 个弱脉冲。这种脉冲内电场相位偏移是由物质内的相位速度与群速度的差异引起的，即使是连续变化的脉冲序列，相位也会持续变化。为使超短脉冲稳定，电场绝对相位的控制是必须解决的问题。产生 6fs 激光必须要有超宽波段的光谱宽度。若取具有倍频以上光谱宽度的超短脉冲激光的二次谐波，则基波的短波段和二次谐波间的拍频可以测试脉冲包络线与相位间的偏移量。

利用电、光方式控制谐振器内插入的光楔和激励脉冲相位，使脉冲内电场的振动可以小于 1/10 的相位精度重现。光学补偿发生器的研究包括脉冲相位控制，目前已实现超短脉冲激光的相位控制，即能控制以独立的锁模激光激励的超短脉冲相互之间的相位，通过脉冲与脉冲间的相关叠加可达到控制该电场的振动。这样，光脉冲的控制能够达到与电脉冲相同的水平。它将成为 21 世纪激光技术发展的起点。

高强度的激光场与某些物质相互作用，产生频率为入射激光频率整数倍的谐波光场，这些谐波可能达到很高的阶数。这些谐波光场的叠加可能为超短脉冲提供足够宽的带宽。

$$E(t) = E_0 \sin[\omega t + \varphi(t)] \tag{5.7.4}$$

高次谐波光场：

$$E(t) = E_q \sin[q\omega t + \varphi(t)] \tag{5.7.5}$$

高次谐波叠加光场：

$$E(t) = \sum_q E_q \sin[q\omega t + \varphi(t)] \tag{5.7.6}$$

根据 1992 年 MACLIN 小组的实验结果，他们用 125fs 钛宝石激光照射氖原子气体，获得了直至 111 次的谐波，这样的叠加光场所具有的光谱带宽可粗略估算为 $\Delta \nu = q\nu$（q 取最高次谐波的阶数），钛宝石激光的峰值波长约为 800nm，由此算得的带宽可支持的脉冲宽度小于 30as。要使叠加光脉冲的宽度满足式 (5.7.3) 以获得傅里叶变换极限脉冲，还要求各高次谐波光场同相位叠加，既要求式 (5.7.6) 中的 $\varphi(t)$ 与时间无关，仅作为 q 的函数，此时，各阶高次谐波同步发射，可获得阿秒脉冲。

综合以上分析，利用高次谐波获得亚飞秒光脉冲，要解决以下两个问题：第一，有足够数量的高次谐波具有大致相同的转换效率；第二，各次谐波的位相可加以控制。在典型的以惰性气体为非线性介质的谐波实验中，通常有一个包含若干连续阶数谐波的区域——平台区，在该区域内各次谐波的转换效率相当接近。全面地理解谐波的位相需要引入高次谐波半经典理论，该理论认为高次谐波初位相与基频光场和气体介质电离过程中电子积累的位相密切相关。当基频光场强度上升到气体的电离光强时，会提高各次谐波的位相同步性。

2. 高次谐波产生的半经典理论

半经典理论认为原子气体中的电子与外加光场的相互作用是高次谐波产生的物理机制。"三步"模型定性描述了电子如何获得电离所需的能量，接着返回母离子，从而发射高频光子的过程。第一步，在时刻 t_1 电子获得能量从束缚态跃迁到连续态——电离；第二步，电子在激光场中振荡，获得动能；第三步，在时刻 t_2 电子返回与母离子再联合，动能转化为高能光子。有三种不同的机制与第一步的电离过程有关，当外光场较弱时，电子通过多光子电离获得能量，在较高的外光场作用下，电子可能仍未获得足够的能量，此时它通过"隧道效应"越过势垒，发生电离；当有足够强的外光场时，它能够压低势垒而使电子电离。第二步的持续时间 $t_e = t_2 - t_1$ 是电子积累位相的过程，也可理解为电子电离后到发出高次谐波的弛豫时间，它反映了各次谐波发射的同步性质。以建立在费曼路径积分形式上的量子力学为基础，可以很好地理解阿秒脉冲的产生。它揭示了一个半经典图像：给定的谐波发射至少与两个量子轨道相关，它们是根据长或短的返回时间 $t_r - t_1$ 标定的复数电子轨迹。它们再联合时间的实部决定了 t_e 的值。由半经典计算得知，在一个大的光谱范围内，t_e 随 q 准线性变化(线性啁啾)，对应于短轨迹有正斜率分支(意味着，较高阶谐波的发射晚于较低阶谐波的发射)和长轨迹有负斜率分支。这种同步性的缺陷是电子波包时间展宽的直接结果，可以用两连续谐波发射的时间移动来衡量。q 和 $q+2$ 的谐波：$\Delta t = t_e[(q+2)\nu] - t_e(q\nu)$，此时间移动对阿秒脉冲的时间宽度有决定性的影响，以致选择更完整的可用宽光谱也不能提供最短的脉冲。此时间移动值就决定了最小脉冲宽度。对于具有线性啁啾的高斯脉冲，分析显示 $\tau = \sqrt{\Delta t}$，所以实际上无法得到傅里叶变换极限脉冲。尽量减小时间移动量 Δt 成为获得最短脉冲的关键，因为长轨迹和短轨迹分支对应不同的啁啾符号，将谐波发射限定在单一的轨迹分支上可以提高谐波发射的同步性，这种轨迹的宏观选择可通过恰当的相位匹配来实现；另外提高基频光场的强度，也可减小 Δt；由于 Δt 与 ν^3 成正比，采用中红外激光作为基频光是理想的选择。

3. 实验结果

由奥地利和德国的科学家组成的研究小组把一束 750nm、7fs 脉宽、峰值功率 9×10^{14} W/cm^2 的激光束照射到长 3mm、压强 200mbar 的氖气中，产生了包括紫外线到软 X 射线波段(波长约为 14nm)的高次谐波，这些叠加的谐波最终得到(650±150)as 的脉冲。实验小组发现如果用氩气作为产生气体，会提高谐波同步性，但使用氖气谐波转换效率更高。

叠加高次谐波的方法为超短脉冲技术和超快科学开辟了新的领域。这一研究正进一步深入，在理论方面，半经典理论无法给出谐波光子能量 $qh\nu$ 与基波光子能量 $h\nu$ 之间的整数倍关系形成的机制，这有待全量子理论能有所突破。在实验方面，提高谐波转换效率和谐波发射同步性将是努力的方向。

5.8 飞秒激光器脉宽的测量

通常采用自相关仪来测量飞秒脉冲宽度。传统的自相关仪一般采用单向位移扫描方式，即采用电动机带动反射镜在一维方向移动；也有采用往返振动扫描方式，即用扬声器带动反射镜在一维方向发生振动来提供时延。随着自相关测量方法的不断改进，目前多数采用旋转位移扫描方式，即采用电动机带动石英块转动，根据光束在石英块中传播的路径不等，给两臂光束提供时延。采用这种方式克服了单向位移扫描的间断测量问题，也避免了往返振动扫描的非线性时延，能够周而复始地线性实时读出显示，并具有良好的稳定性。

利用自相关仪测量激光的脉冲宽度，整套系统应包括光学系统以及用于控制和显示的计算机系统。强度自相关仪的光学系统类似于迈克耳孙干涉仪的结构，共线型相关测量法，入射光脉冲经分束镜分为两束光，然后分别经两棱镜反射后再次共轴输出。非共线相关测量法，通过调节棱镜的位置可以改变两束光的光程，选择倍频晶体的方向使两束光都偏离相位匹配方向，从而在单独入射时不产生二次谐波。当两束光同时入射时，因合成波矢量满足相位匹配条件而产生倍频，倍频光信号 $S(\tau)$ 仅与两束光信号的乘积项有关，即 $S(\tau) \propto E_2(t) E_2(t-\tau) \mathrm{d}t$，产生二次谐波。连续改变棱镜的位置就可以形成一个脉冲序列对另一脉冲序列的扫描。形成相关函数的波形，由光电倍增管接收并记录。非共线相关测量法因能消除背景光而具有较高的测量精度。

相关函数 $S(\tau)$ 波形的半宽度的时间间隔即为脉冲宽度。根据激光脉冲宽度的定义，如果将自相关仪接入示波器，在屏幕上显示出自相关曲线的波形，按设定的示波器时间基 α，可以读出其半宽度值 X，而其实际值必须考虑定标因子 $T/t\,(\mathrm{ps/ms})$，即 $X \cdot (T/t)$。这里 T 为延迟时间，t 为扫描时间。T/t 对于不同类型的仪器是不同的，具体参见仪器的说明书。最后，实际的脉冲宽度还要考虑激光脉冲的波形系数：高斯型、双曲线正割型、单边指数型，其变换系数分别为 0.707、0.648、0.5。也就是说，如果是高斯型脉冲，则其实际脉冲宽度为 $0.707XT/ta$。上述测试控制和计算完全可以由计算机系统实现。

目前，有多种型号的自相关仪可用于飞秒激光脉冲宽度的测量。这些自相关仪有国内生产的产品，也有国外进口的产品。对于较好的自相关仪，其测试脉冲宽度的分辨率可达 1fs，波长为 410～2000nm，扫描范围从几十皮秒到上百皮秒，一般要求有垂直的输入偏振方向，其外形尺寸约为普通示波器的 1/2。

习 题

1. 简述激光锁模原理。
2. 说明锁模激光器的输出特性。
3. 激光锁模有哪些类型？
4. 设计一台主动式锁模激光器。要求：
(1)画出结构原理图，表示各元件的符号和指标参数；
(2)说明其工作原理:

(3) 说明设计和使用该器件时的注意事项。

5. 一台锁模 Ar^+ 激光器，腔长 $L = 1.0\text{m}$，多普勒线宽为 6000MHz，未锁模时的平均输出功率为 3W。试估算该锁模激光器输出参数的理论值：

(1) 该激光器振荡的最大纵模数；

(2) 输出脉冲的峰值功率；

(3) 脉冲宽度；

(4) 相邻脉冲的间隔时间。

第 6 章　激光放大技术

6.1　激光放大技术概述

利用调 Q 或锁模技术可以获得脉宽很窄、峰值功率很高的输出激光脉冲,但是仅靠这样的激光振荡器所获得的输出激光束,往往不能满足许多不同的激光应用的要求。例如,激光加工、中远程地面目标激光测距、卫星和月球等遥远目标测距系统、激光核聚变、激光射束武器、激光医用手术刀及激光分离同位素等,不仅要求激光器输出的光束质量高,而且要求激光器输出的功率(或能量)足够大,即要求激光器能输出一束方向性好且有足够高功率的激光光束,激光放大则应运而生。这是因为在许多情况下,激光器的输出能量由于各种原因必然受到限制,如下所述。

(1)对于调 Q 激光振荡器,若输入泵浦能量太高,则光束发散角变大(光束方向性变差),或者出现激光多脉冲。对于锁模激光器,从输出的脉冲序列中选出的单一脉冲能量是很小的。为了获得高的光束质量,若在振荡器中加入选模等控制元件,必将导致很大的插入损耗。激光器的输出能量受到限制。

(2)为了保证激光振荡器工作稳定可靠,激光振荡器的泵浦能量不允许超过阈值泵浦能量太多。这也必然限制了激光振荡器的输出能量。

(3)对于调 Q 或锁模激光器,工作物质的体积是有一定限度的。工作物质太长,容易发生自振,还易发生自聚焦而破坏工作物质。激光束多次通过工作物质,而且腔内光强比腔外高,因此工作物质容易受腔内高功率激光束的破坏。工作物质的长度受到限制,工作物质的孔径往往受到晶体尺寸的限制和热畸变的影响。

采用一个由振荡器+放大器组成的系统,可由振荡器获得单模、波形好的光脉冲;而由放大器来放大激光束的能量。这样,既可得到优良的激光特性,又能极大地提高其输出光束的功率。对于单程放大,激光束是一次通过放大器的工作物质,因此其破坏阈值得以大大提高,即在相同的输出功率密度下,放大器的工作物质不易被破坏。再者,放大器可以多级串联,逐级扩大激光束的孔径,每级的工作物质可以缩短,甚至做成圆盘形,这样有利于防止超辐射和自聚焦的影响。

激光放大和激光振荡均是基于受激辐射的光放大原理。当工作物质在光泵激励下,处于粒子数反转分布状态,当外来的同频率同相位的光信号通过它时,激发态上的粒子在外来光信号的作用下产生强烈的受激辐射,这种辐射叠加到外来光信号上使之放大。激光放大器也要求工作物质具有足够的粒子数反转,以保证激光信号通过时得到的增益远大于放大器内部的各种损耗。另外,还要求放大器工作物质具有与信号相匹配的能级结构和与信号光束相匹配的孔径。激光放大器已经有多种形式,其类型大体可归结如图 6.1.1 所示。

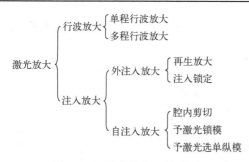

图 6.1.1　激光放大器的类型

6.2　激光放大器

6.2.1　行波放大器

图 6.2.1 是典型的单程行波放大器示意图。激光放大器与振荡器相比，在结构上是简单的，它仅由泵浦系统和工作物质组成。激光振荡器与放大器连接，振荡器腔内的光波是驻波，输出腔外的激光则是行波，行波通过放大器的工作物质时，受到光放大作用，故称此形式的放大器为行波放大器。在技术上应该使激光振荡器输出的激光进入放大器时，放大器激活介质恰好使激励的粒子反转数密度处于最大状态。为此，振荡器与放大器的泵浦相对触发时间应协调配合，由于放大器的泵浦能量高于振荡器，一般放大器的泵灯应比振荡器的泵灯提前触发一段时间。但对于 YAG、钕玻璃等单级放大器，为简单起见，一般使两泵灯同时触发。

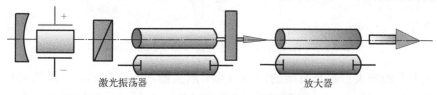

激光振荡器　　　　　　　　　　放大器

图 6.2.1　典型的单程行波放大器示意图

为获得基横模（TEM_{00}）工作，在激光谐振腔内常需加入小孔光阑等选模元件，这将必然导致模体积减小，工作物质利用不充分，激光器件因效率降低而输出功率下降。因此，若能使行波放大器与振荡器共用工作物质，则既可获得高功率，又可获得单横模的激光输出。偏振抽取腔就是适应这个要求发展起来的。如图 6.2.2 所示，由全反射镜 M_1 和 $\lambda/4$ 波片的未镀增透膜的一个表面（反射率为 4%）构成谐振腔，腔内插入小孔光阑和电光 Q 开关。在谐振腔后加一级行波放大器。振荡器输出的偏振光经 $\lambda/4$ 波片变为圆偏振光，经两折叠反射镜反射后入射到凸全反射镜 M_2 上，M_2 相当于一个发散透镜，因此光束被 M_2 反射回工作物质时，可使光斑充满工作物质，从而能将位于小孔以外的工作物质储能利用起来产生受激放大。由于光束在反向传播过程中又通过 $\lambda/4$ 波片一次，偏振方向旋转 90°，故放大的光束被格兰棱镜抽出腔外，最后经透镜准直而输出。显然，该系统利用一根工作物质，使它既做振荡又做放大。整个激光器既保证了基模工作，又获得了大的横体积。对于图 6.2.2 所示激光器，由于在选模小孔范围内工作物质的大部分储能已被振荡级抽空，所以当光束返回放大介质时，中心部分增益降低，偏振抽取的光斑近似为中空，即该激光器输出的是非理想的高斯光斑。而图 6.2.3 所示的结构，可以在很大程度上解决这一弊端。

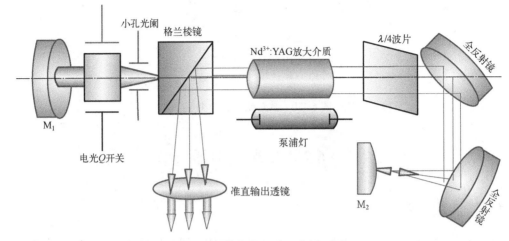

图 6.2.2　偏振抽取腔工作原理图

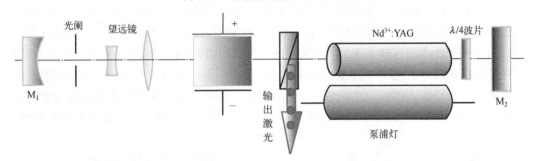

图 6.2.3　含望远镜的改进型偏振抽取腔工作原理图

　　一个放大器的放大倍数是有限的，如 YAG 放大器，一般来说，一级放大系统仅能使脉冲能量放大 3～6 倍。因此，当要求放大倍数更高时，必须采用多级放大系统。对于 YAG 放大，由于晶体尺寸限制，一般不能设置更多级的放大器，但钕玻璃不存在这一问题。因此，在多级放大系统中，一般采用钕玻璃放大器。

　　为了充分利用放大工作物质的储能，发展了多程放大技术。激光束多次通过同一放大器的工作方式称为多程(或多通)放大，它可以通过多块反射镜的组合实现，如图 6.2.4 所示。

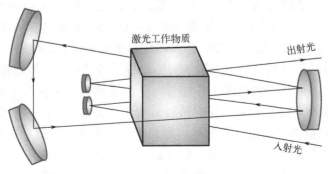

图 6.2.4　多程激光放大器

6.2.2　注入激光放大器

1.　外注入激光放大器

随着激光技术的不断发展，出现了注入放大技术。其将振荡器的微弱信号注入另一个具有一定储能的振荡器中，这种振荡器具有自己的谐振腔。注入的光信号作为一个种子，使激光振荡在这个种子的基础上而不是从噪声中发展起来，待子光束充分放大以后再输出到腔外。通常称这种放大技术为外注入放大技术，其工作原理如图 6.2.5 所示。工作开始时，Q 开关处于关闭状态，工作物质受泵浦而储能，当储能达到最大值时，外来的种子脉冲通过 R_1 注入谐振腔。恰在此时 Q 开关打开，种子脉冲在腔内来回振荡，待振荡达到最强时，在腔倒空开关(CD)上加上 $\lambda/4$ 电压，二次经过 CD 开关后，偏振面旋转 90°，从而由介质偏振片输出腔外。在外注入放大技术中，由于放大器也有自己的谐振腔，原振荡器的本征模不一定是放大器的本征模。因此，放大器可能存在两种工作状态：①再生放大。当放大器的增益较低时，注入信号较强，且与放大器本征模失谐较小，此时放大器将跟随注入信号，最后输出的模式特性仍由外来的种子脉冲决定，称再生放大。②注入锁定。若注入信号较弱，放大器增益较大，则注入信号和腔内噪声一起增长。失谐的注入信号经历快速的相移后，使其频率移向与其最接近的放大器的某个纵模，从而使这个纵模在与其他噪声的竞争中占优势地位，很快达到使介质增益饱和的状态，抑制了其他模式的增长，这样最终输出的模式特性将由放大器而不是振荡器决定。这种外注入放大称为注入锁定，已利用它有效地获得了高功率单纵激光模出。

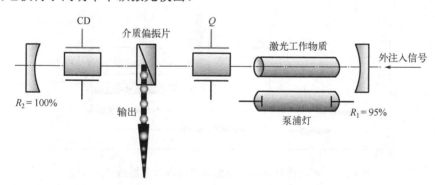

图 6.2.5　外注入激光放大器结构原理图

2.　自注入激光放大器

外注入放大器的缺点是结构较为复杂，故进一步发展了自注入放大技术，即放大器与振荡器合二为一，放大器注入的高质量光束并不是由另外一个振荡器产生，而是由放大器自己产生的。这样就可以达到缩小体积和充分利用工作物质的目的。如图 6.2.6 所示，就是用腔内剪切获得种子脉冲的一种自注入放大方法。放大器腔内有两个泡克耳斯盒，当泵浦激励时，PC_1 上加以 $V_{\lambda/4}$ 电压，PC_2 上未加电压，即使 PC_2 打开，光两次通过 PC_1 偏振面发生 90° 旋转，被偏振器输出激光腔外损耗掉，激光器处于工作物质储能阶段。当工作物质储能达到最大值时，将 PC_1 的电压瞬间降为零，腔内迅速建立起光波场，当腔内光强达到一定值时，使 PC_2 迅速加 $V_{\lambda/2}$ 电压，则在 PC_2 与 R_1 之间的光波将由偏振器输出到激光器腔外，也即被剪去，在 PC_2 与 R_2 之间的光波将作为种子留在腔内，而这部分光波因为两次通过加有 $V_{\lambda/2}$ 电压的泡克耳斯盒 PC_2，偏振面旋转了 180°而顺利通过偏振器在腔内往返振荡而得到不断放大，当光强不断增强时，增益饱和效应越来越严重，直到增益等于损耗时，腔内光强达到最大，瞬间把 PC_2 上的电压变为 $V_{\lambda/4}$，将腔内光波通过偏振器输出。对于 PC_2 的降压的起始时间进行适当选择，可使腔内光波全部输出。腔内剪切注入放大器输出的能量与调 Q 器件相当，但是，该器件的输出脉冲宽度和模式有明显的改善。其脉宽一般为 1～8ns。当在腔内加入可饱和吸收染料盒时，脉冲可进一步压缩 4～5 倍。

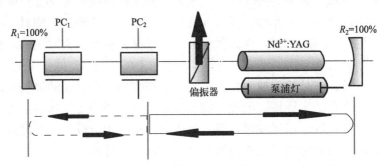

图 6.2.6　腔内剪切自注入放大器结构原理图

单泡克耳斯盒腔内剪切自注入放大器结构原理图如图 6.2.7 所示。它由一个泡克耳斯盒、一个偏振器(格兰棱镜或偏振片)、YAG 工作物质和两个全反射镜组成。泡克耳斯盒上所加电压变化及腔内光波电场、输出时序图如图 6.2.8 所示。

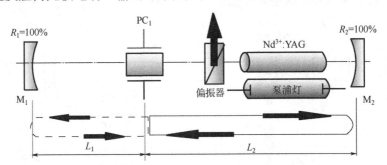

图 6.2.7　单泡克耳斯盒腔内剪切自注入放大器结构原理图

当 $0 \leqslant t < t_1$ 时 $(t_1 \approx 100\mu s)$，为泵浦储能阶段。加在泡克耳斯盒上的电压 $V(t) = V_{\lambda/4}$，偏振光两次通过泡克耳斯盒而偏振面发生了 90°旋转，由偏振器抽出激光腔外，腔的 Q 值很低，激光器处于泵浦储能阶段。

当 $t_1 \leqslant t < t_2$ 时 $(\Delta t_1 \approx 100 \sim 500ns)$，泡克耳斯盒上的电压 $V(t) = 0$，激光腔 Q 值极大，腔内光波电场强度按指数规律增长。

当 $t_2 \leqslant t < t_3$ 时 $(\Delta t_2 \approx 2ns)$，泡克耳斯盒上的电压 $V(t) = V_{\lambda/2}$，在泡克耳斯盒与 M_1 之间的光波场在 Δt_2 时间内仅通过泡克耳斯盒一次，而被剪切抽出腔外，在泡克耳斯盒与 M_2 之间的光波场因两次通过泡克耳斯盒而偏振面旋转了 180°，可顺利通过偏振器，被留于腔内。腔内光波场被剪断，光脉冲的持续时间 $\tau = 2L_2/c$，这里 L_2 为 PC 与 M_2 之间的光学长度。可见，比调 Q 的腔倒空技术脉宽 $\tau = 2L/c$ 要小 $(L = L_1 + L_2 > L_2)$。

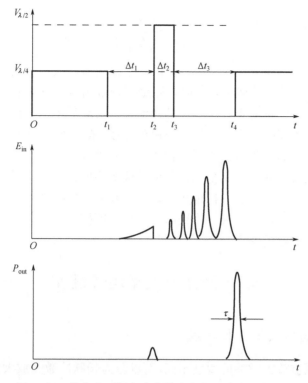

图 6.2.8　单泡克耳斯盒腔内剪切自注入放大器时序图

在 $t_3 \leqslant t < t_4$ 时间内，$\Delta t_3 = 10 \sim 50\mathrm{ns}$，泡克耳斯盒上的电压 $V(t) = 0$，种子脉冲在腔内得到放大，腔内光学元件的非线性吸收使种子脉宽进一步压窄。

t_4 时刻种子光脉冲被放大到最大功率，给泡克耳斯盒上再加电压 $V(t) = V_{\lambda/4}$，并使时间持续约 $1\mu\mathrm{s}$，则光脉冲被偏振器全部输出腔外。这种系统工作非常稳定，如再加染料盒于腔内，则脉冲宽度可压缩至皮秒量级。

20 世纪 70 年代发展起来的予激光 Q 开关技术是自注入放大的另一种形式，由于在 Q 开关完全打开之前，腔内已建立了振荡，故这种技术又称为予激光锁模技术，结构原理图如图 6.2.9 所示。

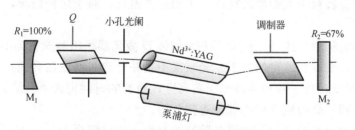

图 6.2.9　予激光锁模器件结构原理图

这种技术的特点是：Q 开关分两步打开，在光振荡刚开始时，仅使 Q 开关部分打开，激光器处于较高损耗状态下缓慢形成激光，由于光在腔内有上千次的往返，从而有很强的累积选择纵模和锁模的能力。对于一个自由振荡激光器，当光束在谐振腔内往返 q 次时，第 n 个纵模与第 $n-1$ 个纵模间的功率比为

$$\frac{P_n(q)}{P_{n-1}(q)} = \left(\frac{G_n}{G_{n-1}}\right)^q \tag{6.2.1}$$

由此可见，随着 q 的增大，相邻纵模间的功率差距将增大，有利于选出单纵模。在选出单纵模后，该种子脉冲还比较弱，此时，完全打开 Q 开关，从而获得注入放大。采取适当的反馈补偿激光器工作时的有效腔长 L 的热漂移，可获得单纵模巨脉冲振荡输出。

如图 6.2.9 所示，为获得稳定的高质量的锁模脉冲，激光器腔内除了设置锁模调制器外，同时有 Q 开关和小孔光阑，脉冲振荡起始阶段，Q 开关仅部分打开，光波在腔内经过上千次振荡，调制器在这段时间内可充裕地使各个纵模实现位相同步，以获得高质量的微弱锁模振荡脉冲。当单纵模的种子脉冲稳定建立时，Q 开关完成打开，产生注入放大，进一步将激光工作物质中的储能抽空，最终将输出高功率的锁模脉冲序列。这种予激光锁模技术可克服单脉冲锁模不稳定的缺点。

6.3　激光放大器运转机理

6.3.1　激光放大器放大的工作机理

激光放大器按照被放大脉冲的宽度不同，可以分为长脉冲激光放大器(含连续激光放大器)、短脉冲激光放大器和超短脉冲激光放大器三种。

对于激光放大器，其工作物质激发态的粒子都有一定的能级寿命(弛豫时间) T_1，通常称 T_1 为纵向弛豫时间，T_1 值随放大介质的不同而有差异，如固体工作物质，粒子亚稳态寿命 T_1 为 $10^{-4} \sim 10^{-3}$s 量级。对于气体和半导体，T_1 由允许的跃迁能级寿命决定，为 $10^{-6} \sim 10^{-9}$s 量级。由于光是电磁波，它通过激活介质时，在电场 $E(t)$ 的作用下感生出电极化强度 $P(t)$，而 $P(t)$ 的产生过程不是瞬时的，要比 $E(t)$ 滞后一个时间 T_2，一般称 T_2 为横向弛豫时间，对于固体工作物质，T_2 约为 10^{-10}s 量级。

当入射脉冲的宽度 $\tau \gg T_1$ 时，如一般的自由运转脉冲激光器，因其脉宽可达数百微秒。由于光信号脉冲变化缓慢，放大介质受激辐射所消耗的反转粒子数可以很快由放大器泵浦源补充，从而使反转粒子数密度维持在一个稳定值附近。对于这种情况，可以用稳态方法来研究放大过程。

当入射信号的脉宽 $\tau(T_2 < \tau < T_1)$ 较窄时，如调 Q 激光器输出脉宽仅为纳秒量级，它远小于激光器的荧光寿命，在这种情况下，光泵来不及补充放大器激活介质在放大过程中消耗的反转粒子数，即反转粒子数和腔内光子数密度在短暂的时间内来不及达到稳定平衡状态。对于这种放大过程，必须用非稳态理论进行分析。

对于超短脉冲激光的放大，锁模光脉冲的宽度一般可短至 $10^{-11} \sim 10^{-15}$s 量级，即关系式 $\tau < T_2$ 成立。此时光信号与放大器激活介质的相互作用是一种相干的放大作用，与以上两种非相干的放大关系不同。对于相干放大，必须考虑场的相位关系的影响，应采用半经典理论来研究它的放大机理。

由于工程技术中目前应用最广泛的是调 Q 脉冲的激光放大器，所以重点讨论脉冲激光器的非稳态放大理论及其工程应用。

6.3.2　激光脉冲放大器的速率方程

本节研究脉冲行波放大器非稳态放大过程中反转粒子数和光子数的变化情况。设放大器工作物质的长度为 l，光信号沿着它的轴线 x 方向传播，如图 6.3.1 所示。由于光信号在行进过程中不断被放大，反转粒子数就不断被消耗，所以放大介质内光子数密度 φ 和反转粒子数密度 Δn 都是空间坐标和时间坐标的函数，即

$$\varphi = \varphi(x,t), \quad \Delta n = \Delta n(x,t)$$

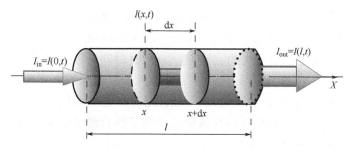

图 6.3.1　光信号通过放大介质

为了简化所研究的问题，做如下假设：

(1) 在放大介质的横截面内，反转粒子数是均匀分布的，这样就简化了所研究问题的空间坐标，用一维坐标 x 就可描述有关问题；

(2) 由于输入的光脉冲宽度为纳秒量级，所以可以忽略泵浦和自发辐射对反转粒子数的影响，也可以忽略光泵的继续抽运作用。

(3) 忽略工作物质的损耗，待问题的有关本质研究清楚后再来考虑损耗可能造成的影响。理论和实验指出，当考虑工作物质的损耗时，所得结论总体上将与忽略损耗时相同。

这样，粒子反转数密度可表示为

$$\Delta n'(x,t) = n_2(x,t) - n_1(x,t) \tag{6.3.1}$$

式中，n_2、n_1 分别为激光上、下能级的粒子数密度。于是，反转粒子数密度的变化率为

$$\frac{\partial \Delta n(x,t)}{\partial t} = \frac{\partial n_2(x,t)}{\partial t} - \frac{\partial n_1(x,t)}{\partial t} \tag{6.3.2}$$

令单位时间内流过单位横截面的光子数为光子流密度，记为 $I(x,t)$，则 $I(x,t) = c\varphi(x,t)$，其中 c 为光在放大介质内的传播速度。增益系数可写为受激辐射截面 σ 与粒子反转数密度乘积的关系，因此有

$$\frac{\partial n_2(x,t)}{\partial t} = -\sigma \Delta n I(x,t) \tag{6.3.3}$$

$$\frac{\partial n_1(x,t)}{\partial t} = -\sigma \Delta n I(x,t) \tag{6.3.4}$$

式中，负号表示减少。于是，对于三能级系统，有

$$\frac{\partial \Delta n(x,t)}{\partial t} = -2\sigma \Delta n(x,t) I(x,t) \tag{6.3.5}$$

$$\frac{\partial \Delta n(x,t)}{\partial t} \Big/ \Delta n(x,t) = -2\sigma I(x,t)$$

式中，$2\sigma I(x,t)$ 为反转粒子数密度随时间的相对变化率。

对于四能级系统，如果激光下能级的弛豫时间极短，认为该下能级始终是空的，那么近似看作 $\partial n_1(x,t)/\partial t = 0$，于是有

$$\frac{\partial n_2(x,t)}{\partial t} = -\sigma n_2(x,t)I(x,t) \tag{6.3.6}$$

下面讨论放大介质内光子数的变化情况。对于行波放大器，必然有光子流出放大器，在考虑速率方程时，可以把它视作损耗。本节考察工作物质中具有单位截面的体积元中光子数的变化情况。引起光子数变化的因素有：①在 dt 时间内，由受激辐射产生的光子数为 $\sigma c \varphi(x,t) \Delta n(x,t) dx dt$；②在 dt 时间内，在 x 处流入单位截面的光子数为 $c\varphi(x,t)dt$。而在 $x+dx$ 处流出单位截面的光子数为 $c\varphi(x+dx,t)dt$。因而，在 dt 时间内流出体积元的净光子数为 $[\varphi(x+dx,t)-\varphi(x,t)]cdt$，在 dt 时间内体积元中光子数的增量应为受激辐射产生的光子数和净流出体积元的光子数的代数和，即

$$\frac{\partial \varphi(x,t)}{\partial t} dx dt = -[\varphi(x+dx,t)-\varphi(x,t)]cdt + \sigma c\varphi(x,t)\Delta n(x,t) dx dt \tag{6.3.7}$$

光子数密度变化的速率可用偏微分方程表示（$[\varphi(x+dx,t)-\varphi(x,t)] = \partial\varphi(x,t)$）为

$$\frac{\partial \varphi(x,t)}{\partial t} + c\frac{\partial \varphi(x,t)}{\partial x} = \sigma c\varphi(x,t)\Delta n(x,t) \tag{6.3.8}$$

由于 $I(x,t) = c\varphi(x,t)$，故描述光子流强度变化的速率方程为

$$\frac{1}{c}\frac{\partial I(x,t)}{\partial t} + \frac{\partial I(x,t)}{\partial x} = \sigma \Delta n(x,t)I(x,t) \tag{6.3.9}$$

目前广泛应用的是三能级系统，因为虽然 YAG 等工作物质属于四能级系统，然而其激光下能级弛豫时间(约 30ns)比光脉冲宽度小，对于非稳态的工作情况，可视为准三能级系统。因此，得到一组有用的非线性偏微分方程如下：

$$\begin{cases} \dfrac{\partial \Delta n(x,t)}{\partial t} = -2\sigma \Delta n(x,t)I(x,t) \\ \dfrac{1}{c}\dfrac{\partial I(x,t)}{\partial t} + \dfrac{\partial I(x,t)}{\partial x} = \sigma \Delta n(x,t)I(x,t) \end{cases} \tag{6.3.10}$$

如果再考虑放大介质中杂质吸收和散射等损耗，则在有关光子流强度的速率方程中只需再添加一项 $-rl$，即方程(6.3.10)变为

$$\begin{cases} \dfrac{\partial \Delta n(x,t)}{\partial t} = -2\sigma \Delta n(x,t)I(x,t) \\ \dfrac{1}{c}\dfrac{\partial I(x,t)}{\partial t} + \dfrac{\partial I(x,t)}{\partial x} = \sigma \Delta n(x,t)I(x,t) - rl \end{cases}$$

式中，r 为放大介质的损耗系数。速率方程(6.3.10)是研究放大机理的最基本的关系式，下面以此方程为基础来研究速率方程的解。

6.3.3　激光脉冲放大器速率方程的非稳态解

对于式(6.3.10)，可以采用变量分离法进行求解。先给出边界条件，设入射信号的光子流强度为 $I_i(t)$，在 $t = 0$ 时刻，$x = 0$ 处，以 $I_i(t) = I(0, 0) = I_0(t)$，进入工作物质，信号入射前工作物质中初始粒子反转数设为 Δn_0，则得式(6.3.10)的初始条件如下：

$$\Delta n(x, t < 0) = \Delta n_0, \quad 0 \leqslant x \leqslant l \tag{6.3.11}$$

$$I(0, t) = I_0(t) \tag{6.3.12}$$

为了书写方便，在求解的过程中把 $I(x, t)$ 简写为 I，把 $\Delta n(x, t)$ 简写为 Δn。式(6.3.10)的第二个方程可变为下列形式：

$$\Delta n = \frac{1}{c\sigma}\left(\frac{1}{I}\frac{\partial I}{\partial t} + \frac{c}{I}\frac{\partial I}{\partial x}\right) \tag{6.3.13}$$

将式(6.3.13)代入式(6.3.10)中的第一个方程，得

$$\frac{\partial}{\partial t}\left(\frac{1}{I}\frac{\partial I}{\partial t} + \frac{c}{I}\frac{\partial I}{\partial x}\right) = -2\sigma\left(\frac{\partial I}{\partial t} + c\frac{\partial I}{\partial x}\right) \tag{6.3.14}$$

做参量变换，令

$$\xi = \frac{x}{c}, \quad \psi = t - \frac{x}{c}$$

于是函数 $I(x, t)$ 变为复合函数：

$$I[\xi(x), \psi(x, t)]$$

根据复合函数的微分规则，可知

$$\frac{\partial I}{\partial t} = \frac{\partial I}{\partial \psi}, \quad \frac{\partial I}{\partial t} = \frac{1}{c}\frac{\partial I}{\partial \xi} - \frac{1}{c}\frac{\partial I}{\partial \psi}$$

将以上结果代入式(6.3.14)，化简后得

$$\frac{\partial}{\partial \psi}\left(\frac{1}{I}\frac{\partial I}{\partial \xi}\right) = -2\sigma\frac{\partial I}{\partial \xi} \tag{6.3.15}$$

又因为

$$\partial(\ln I) = \frac{\partial I}{I}$$

式(6.3.15)可改写为

$$\frac{\partial}{\partial \psi \partial \xi}[\partial(\ln I)] + 2\sigma\frac{\partial I}{\partial \xi} = 0$$

$$\frac{\partial}{\partial \xi}\left[\frac{\partial(\ln I)}{\partial \psi} + 2\sigma I\right] = 0 \tag{6.3.16}$$

对式(6.3.16)进行积分，其积分常数仅是 ψ 的函数，设为 $c_1(\psi)$，得

$$\frac{\partial \ln I}{\partial \psi} + 2\sigma I = c_1(\psi)$$

即

$$\frac{1}{I}\frac{\partial I}{\partial \psi} + 2\sigma I = c_1(\psi) \tag{6.3.17}$$

令 $\rho = \dfrac{1}{I}$，可得

$$\frac{\partial \rho}{\partial \psi} + c_1(\psi)\rho = 2\sigma \tag{6.3.18}$$

这是线性非齐次方程，由一次型的通解公式可得

$$\rho = \exp\left[-\int c_1(\psi)\mathrm{d}\psi\right]\left\{2\sigma \exp\left[\int c_1(\psi)\mathrm{d}\psi + c_2(\xi)\right]\right\} \tag{6.3.19}$$

式中，积分常数 $c_2(\xi)$ 是 ξ 的函数(因光子流强度 I 是与 x(也即 ψ)有关的)。再设

$$g'(\psi) = \frac{\mathrm{d}g(\psi)}{\mathrm{d}\psi} = \exp\left[\int c_1(\psi)\mathrm{d}\psi\right]$$

将其代入式(6.3.19)，可得

$$\rho = \frac{2\sigma g(\psi) + c_2(\xi)}{g'(\psi)} \tag{6.3.20}$$

将 ρ、ψ 及 ξ 均代回原变量，可得

$$I(x,t) = \frac{\dfrac{\mathrm{d}}{\mathrm{d}t}g\left(t-\dfrac{x}{c}\right)}{2\sigma g\left(t-\dfrac{x}{c}\right) + c_2\dfrac{x}{c}} = \frac{1}{2\sigma}\frac{\mathrm{d}}{\mathrm{d}t}\left\{\ln\left[2\sigma g\left(t-\frac{x}{c}\right) + c_2\frac{x}{c}\right]\right\} \tag{6.3.21}$$

利用初始条件式(6.3.12)，有

$$I_0(t) = \frac{1}{2\sigma}\frac{\mathrm{d}}{\mathrm{d}t}\{\ln[2\sigma g(t) + c_2(o)]\} \tag{6.3.22}$$

由于初始光子流强度是已知函数，对式(6.3.22)求积分，并整理得

$$g(t) = c_3 \exp\left[2\sigma \int_{-\infty}^{t} I_o(t')\mathrm{d}t'\right] - \frac{c_2(0)}{2\sigma} \tag{6.3.23}$$

式中，c_3 为任意积分常数；t' 为积分的虚设变量。将式(6.3.23)代入式(6.3.21)，可得

$$I(x,t) = \frac{I_0\left(t-\dfrac{x}{c}\right)}{1 + \eta(x)\exp\left[-2\sigma \displaystyle\int_{-\infty}^{t-x/c} I_0(t')\mathrm{d}t'\right]} \tag{6.3.24}$$

式中，参量 $\eta(x)$ 为

$$\eta(x) = \frac{c_2\left(\dfrac{x}{c} - c_2(0)\right)}{2\sigma c_3} \tag{6.3.25}$$

将式 (6.3.24) 代入式 (6.3.13)，可得

$$\Delta n(x,t) = -\frac{1}{\sigma}\frac{\dfrac{\partial \eta(x)}{\partial x}}{\eta(x) + \exp\left[2\sigma\displaystyle\int_{-\infty}^{t-\frac{x}{c}} I_0(t')\mathrm{d}t'\right]} \tag{6.3.26}$$

将式 (6.3.26) 代入式 (6.3.11)，可得

$$\Delta n_0 = -\frac{1}{\sigma}\frac{\partial \eta(x)/\partial x}{\eta(x)+1} = -\frac{1}{\sigma}\frac{\partial}{\partial x}\{\ln[\eta(x)+1]\} \tag{6.3.27}$$

对式 (6.3.27) 求积分，可得

$$\eta(x) = c_4\exp[-\sigma\Delta n_0 x] - 1, \quad 0 \leqslant x \leqslant l$$

由式 (6.3.25) 可知，$\eta(0) = 0$，代入上式可知 $c_4 = 1$，再将上式代入式 (6.3.24) 和式 (6.3.26)，即可求得无损耗三能级系统速率方程式 (6.3.10) 的非稳态解为

$$I(x,t) = \frac{I_0\left(t - \dfrac{x}{c}\right)}{1 + [\exp(-\sigma\Delta n_0 x) - 1]\exp\left[-2\sigma\displaystyle\int_{-\infty}^{t-\frac{x}{c}} I_0(t')\mathrm{d}t'\right]} \tag{6.3.28}$$

$$\Delta n(x,t) = \frac{\Delta n_0\exp(-\sigma\Delta n_0 x)}{\exp\left[2\sigma\displaystyle\int_{-\infty}^{t-\frac{x}{c}} I_0(t')\mathrm{d}t'\right] + \exp(-\sigma\Delta n_0 x) - 1} \tag{6.3.29}$$

对于四能级系统，同理可求得不考虑损耗时速率方程的非稳态解为

$$I(x,t) = \frac{I_0\left(t - \dfrac{x}{c}\right)}{1 + [\exp(-\sigma\Delta n_0 x) - 1]\exp\left[-\sigma\displaystyle\int_{-\infty}^{t-\frac{x}{c}} I_0(t')\mathrm{d}t'\right]} \tag{6.3.30}$$

$$\Delta n(x,t) = \frac{\Delta n_0\exp(-\sigma\Delta n_0 x)}{\exp\left[\sigma\displaystyle\int_{-\infty}^{t-\frac{x}{c}} I_0(t')\mathrm{d}t'\right] + \exp(-\sigma\Delta n_0 x) - 1} \tag{6.3.31}$$

6.3.4　激光脉冲放大器对矩形脉冲信号的放大

为使讨论的问题简单和明确，本节讨论一种理想化的矩形脉冲信号的放大。

1. 矩形脉冲信号的放大

设入射信号是幅度为 I_0、宽度为 τ 的矩形脉冲，如图 6.3.2 所示。

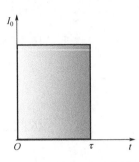

图 6.3.2 矩形脉冲信号

$$I = \begin{cases} I_0, & 0 < t \leqslant \tau \\ 0, & t < 0, t > \tau \end{cases}$$

将 I 代入式 (6.3.28)，可得在 $0 < t - \dfrac{x}{c} < \tau$ 的时间间隔内，光子流强度的表达式为

$$I(x,t) = \frac{I_0}{1 + [\exp(-\sigma\Delta n_0 x) - 1]\exp[-2\sigma I_0(t - x/c)]} \quad (6.3.32)$$

那么，在放大器输出端 $(x = l)$ 处的光子流强度为

$$I(l,t) = \frac{I_0}{1 + [\exp(-\sigma\Delta n_0 l) - 1]\exp[-2\sigma I_0(t - l/c)]} \quad (6.3.33)$$

2. 功率增益和能量增益

定义：输出光子流强度 $I(l,t)$ 与输入信号光子流强度 I_0 之比为单程功率增益 G_p，即

$$G_p = \frac{I(l_1,t)}{I_0} = \frac{1}{1 + [\exp(-\sigma\Delta n_0 l) - 1]\exp[-2\sigma I_0(t - l/c)]} \quad (6.3.34)$$

而能量是功率对时间的积分，故放大器输出能量与输入能量之比为

$$G_E = \frac{\displaystyle\int_{-\infty}^{\infty} I(l,t)\mathrm{d}t}{\displaystyle\int_{-\infty}^{\infty} I_0(o,t)\mathrm{d}t} = \frac{1}{I_0\tau}\int_{-\infty}^{\infty} I(l,t)\mathrm{d}t \quad (6.3.35)$$

将式 (6.3.33) 代入，并化简为

$$
\begin{aligned}
G_E &= \frac{1}{\tau}\int_{-\infty}^{\infty} \frac{1}{1 + \left(\dfrac{1 - \mathrm{e}^{\sigma\Delta n_0 l}}{\mathrm{e}^{\sigma\Delta n_0 l}}\right)\dfrac{1}{\mathrm{e}^{2\sigma I_0(t - l/c)}}}\,\mathrm{d}t \\
&= \frac{1}{\tau}\int_{-\infty}^{\infty} \frac{\mathrm{e}^{2\sigma I_0(t - l/c)}\mathrm{e}^{\sigma\Delta n_0 l}}{1 + [\mathrm{e}^{2\sigma I_0(t - l/c)} - 1]\mathrm{e}^{\sigma\Delta n_0 l}}\,\mathrm{d}t \\
&= \frac{1}{2\sigma I_0\tau}\ln[1 + (\mathrm{e}^{2\sigma I_0\tau} - 1)\mathrm{e}^{\sigma\Delta n_0 l}] \\
&= \frac{1}{2\sigma I_0\tau}\ln\{1 + [\exp(2\sigma I_0\tau) - 1]\exp(\sigma\Delta n_0 l)\}
\end{aligned} \quad (6.3.36)
$$

从 G_p 和 G_E 的表达式中可以看出，放大器的增益和初始反转粒子数 Δn_0、放大介质长度 l、入射信号的幅度 I_0、脉冲宽度 τ 及运输时间 t 都有关系。下面讨论两种情况下的增益。

3. 小信号情况

在信号前沿经放大介质放大后，出射时 $t = l/c$，由式 (6.3.34) 可以看出，因为 $t - \dfrac{l}{c} = 0$

$$G_p = \mathrm{e}^{\sigma\Delta n_0 l} \quad (6.3.37)$$

脉冲后沿经放大介质放大后，出射时 $t = l/c + \tau$，所以

$$G_p = \frac{1}{1+[\exp(\sigma\Delta n_0 l)-1]\exp(-2\sigma\Delta n_0 l)} \tag{6.3.38}$$

当信号足够小时，若满足 $2\sigma I_0\tau \ll 1$，则

$$G_p \approx e^{\sigma\Delta n_0 l} \tag{6.3.39}$$

而能量增益

$$\begin{aligned}
G_E &\approx \frac{1}{2\sigma I_0\tau}\ln[1+2\sigma I_0\tau\exp(\sigma\Delta n_0 l)] \\
&\approx \frac{1}{2\sigma I_0\tau}2\sigma I_0\tau\exp(\sigma\Delta n_0 l) \\
&\approx \exp(\sigma\Delta n_0 l)
\end{aligned} \tag{6.3.40}$$

至此，可以得出小信号放大的特点。

(1)在小信号(I_0很小)或者脉宽极窄的信号(τ很小)时，放大器的功率增益 G_p 在整个脉冲持续期间是相同的，能量增益 G_E 亦是如此；增益 G_p、G_E 和信号强度无关，随放大介质长度和 Δn_0 的增加量呈指数关系增长。

(2)在小信号放大时，放大介质的反转粒子数一直未被耗尽，从式(6.3.37)和式(6.3.39)可以看出，脉冲前、后沿均有相同的功率增益，所以整个脉冲基本上得到均匀放大，输出信号与输入信号相似，激光放大不会产生失真。

4. 大信号情况

当输入信号不满足 $2\sigma I_0\tau \ll 1$ 的条件时，与小信号指数放大的规律不同，脉冲各不同部位将会有不同的功率放大倍数。由式(6.3.34)可见，对脉冲前沿，其单程功率增益 G_p 为

$$G_p = \frac{1}{1+[\exp(-\sigma\Delta n_0 l)-1]} = e^{\sigma\Delta n_0 l} \tag{6.3.41}$$

对脉冲后沿，其 G_p 值为

$$\begin{aligned}
G_p &= \frac{1}{1+[\exp(-\sigma\Delta n_0 l)-1]\exp(-2\sigma I_0\tau)} \\
&= \frac{e^{\sigma\Delta n_0 l}}{e^{\sigma\Delta n_0 l}-(e^{\sigma\Delta n_0 l}-1)e^{-2\sigma\tau I_0}}
\end{aligned} \tag{6.3.42}$$

由式(6.3.32)可得，矩形脉冲任意部位的 G_p 为

$$\begin{aligned}
G_p &= \frac{I(l,t)}{I_0} = \frac{1}{1+[\exp(-\sigma\Delta n_0 l)-1]\exp\left[-2\sigma I_0\left(t-\dfrac{l}{c}\right)\right]} \\
&= \frac{e^{\sigma\Delta n_0 l}}{e^{\sigma\Delta n_0 l}-(e^{\sigma\Delta n_0 l}-1)e^{-2\sigma\left(t-\frac{l}{c}\right)I_0}}
\end{aligned} \tag{6.3.43}$$

式中，$\dfrac{l}{c} < t < \dfrac{l}{c}+\tau$。

由此可知，矩形脉冲通过放大器时，脉冲各部位所能获得的增益各不相同。脉冲前沿

具有最大的增益，而脉冲后沿一些部位的增益随$(t-l/c)$的增加而减小，脉冲后沿 $t-l/c = \tau$ 处的增益最小。图 6.3.3 为矩形脉冲不同部位的功率增益与$\sigma\Delta n_0 l$ 的关系曲线，该图是在 $2\sigma I_0 \tau = 1$ 的条件下给出的。图中 A 为脉冲前沿部分，B 为脉冲宽度的 10%部位，C 为脉冲宽度的 22%部位，D 为脉冲宽度的 70%部位，E 为脉冲后沿部位。由图可见，矩形脉冲前沿部位单程增益$(\sigma\Delta n_0 l)$呈指数规律增长，而其后沿的增益趋向饱和。这是因为当脉冲前沿进入放大介质时，反转粒子数密度最大，故可以得到很高的增益，但轮到脉冲的后沿部分进入放大介质时，上能级粒子数几乎被抽光，因而只能得到很小的增益。

光子流强度 $I = G_p I_0$，将以上不同部位的 G_p 代入，可求得 I 与时间 t 的关系，设脉冲前沿经放大后出射时的时间 $t = 0$，后沿出射时的时间为 τ，则各不同时刻的放大光子流强度 I 如图 6.3.4 所示。图中标号 1 表示入射的矩形脉冲；2 表示在$\sigma\Delta n_0 l = 1$条件下所得的输出脉冲；3 表示$\sigma\Delta n_0 l = 2$的输出脉冲。

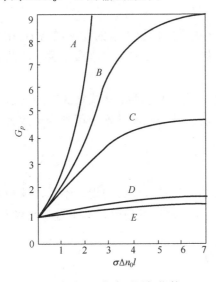

图 6.3.3　矩形脉冲不同部位的 G_p

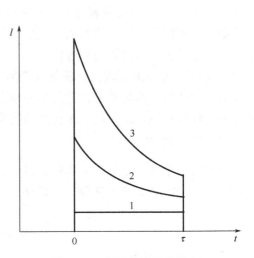

图 6.3.4　矩形脉冲信号放大

如定义脉冲的宽度 τ_0 为最大光子流强度 1/2 的时间间隔，则当 $t = 0$ 时，所得脉冲前沿输出光子流强度为

$$I\left(l, \frac{l}{c}\right) = I_0 e^{\sigma\Delta n_0 l}$$

设

$$\frac{I(l, \tau_0 + l/c)}{I(l, l/c)} = \frac{1}{2}$$

则 τ_0 为输出脉冲的宽度，根据式(6.3.43)可得

$$\frac{\tau_0}{\tau} = \frac{1}{2\sigma I_0 \tau} \ln \frac{e^{\sigma\Delta n_0 l} - 1}{e^{\sigma\Delta n_0 l} - 2} \tag{6.3.44}$$

如果单程增益$\sigma\Delta n_0 l \gg 1$，对式(6.3.44)做简化的近似计算，可得

$$\frac{\tau_0}{\tau} \approx \frac{1}{2\sigma I_0 \tau} e^{-\sigma\Delta n_0 l} \tag{6.3.45}$$

式 (6.3.45) 表明，入射光脉冲强，初始反转粒子数密度 Δn_0 越大，放大器越长，则其饱和作用越严重，因而脉宽变窄的现象越显著。

下面再来分析一下大信号时的能量增益 G_E。由式 (6.3.36) 可以看出，若 $2\sigma I_0\tau \gg 1$ 则 $\exp(2\sigma I_0\tau) \gg 1$，可得近似式：

$$
\begin{aligned}
G_E &\approx \frac{1}{2\sigma I_0\tau}\ln[1+\exp(2\sigma I_0\tau+\sigma\Delta n_0 l)] \\
&\approx \frac{1}{2\sigma I_0\tau}\ln\exp(2\sigma I_0\tau+\sigma\Delta n_0 l) \\
&= 1+\frac{\Delta n_0 l}{2 I_0\tau}
\end{aligned}
\tag{6.3.46}
$$

由此可见，当 $2\sigma I_0\tau$ 很小时，G_E 随 $\sigma\Delta n_0 l$ 指数增加，$2\sigma I_0\tau$ 较大时，能量增益 G_E 与 $\sigma\Delta n_0 l$ 呈线性关系。图 6.3.5 就揭示了这种变化规律。图中曲线 A 的条件是 $\sigma\Delta n_0 l=1$，曲线 B 为 $\sigma\Delta n_0 l=2$，曲线 C 为 $\sigma\Delta n_0 l=3$。由图 6.3.5 曲线 A、B、C 三者可得增益 G_E 与 $2\sigma I_0\tau$ 的关系。当 $2\sigma I_0\tau < 1$，曲线 A、B、C 三者 G_E 相差甚大，而当 $2\sigma I_0\tau > 1$ 以后，三者的 G_E 差值减小。

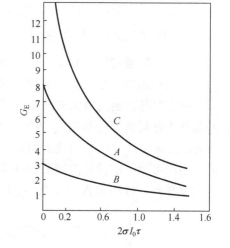

图 6.3.5　G_E 与 $2\sigma I_0\tau$ 的关系

在非线性放大的情况下，脉冲能量 E 随放大介质长度的变化关系还可写为

$$
\frac{\mathrm{d}E}{\mathrm{d}x}=\frac{g_0}{1+\dfrac{E}{E_s}}E-rE
\tag{6.3.47}
$$

式中，E_s 为放大介质的能量饱和参数，也称为饱和能量；g_0 为小信号增益系数；r 为损耗系数。

当入射脉冲的能量 $E \ll E_s$ 时，有

$$
2\sigma I_0\tau\frac{\mathrm{d}E}{\mathrm{d}x}=g_0 E-rE
\tag{6.3.48}
$$

$$
E=E_0\mathrm{e}^{(g_0-r)x}
\tag{6.3.49}
$$

脉冲能量 E 随放大介质长度的变化呈指数关系。

当 $E \gg E_s$ 时，$E/E_s \gg 1$，则有

$$
\frac{\mathrm{d}E}{\mathrm{d}x}=g_0 E_s-rE
\tag{6.3.50}
$$

$$
E=g_0 E_s x+E_0\mathrm{e}^{-rx}
\tag{6.3.51}
$$

脉冲能量 E 随放大介质长度线性增加，损耗 r 引起的衰减与放大介质的长度呈指数关系。

当 E 继续增大时，可以设想脉冲通过放大介质得到的增强与介质损耗引起的衰减相等，

当脉冲通过放大器时，其能量随放大介质长度的变化为零，即 $dE/dx = 0$，以 E_{st} 表示此极限能量，由式(6.3.50)可得

$$E_{st} = \frac{g_0}{r} E_s \tag{6.3.52}$$

这就是说，通过放大器的脉冲能量只有在 $E < E_{st}$ 的情况下才有放大作用。

6.3.5 激光脉冲放大器对高斯型、指数型等脉冲信号的放大特性

根据脉冲激光放大器的速率方程，可以求解各种信号波形的放大特性，只是求解过程中的数学运算比矩形脉冲的更为烦琐而已。由于复杂系统的近似理论分析一般仅能给出系统物理过程的变化规律，严格的定量关系往往还要求助于实验。为此，对于非矩形脉冲信号的研究，本书不再做详细的数学推导，而只引用已知的理论和实验结果。

放大器对高斯型、指数型等脉冲信号的放大，可以从下列几方面来研究。

1. 脉冲波形的放大特性

激光脉冲通过放大介质后，其脉冲形状的变化与入射脉冲的前沿随时间的变化规律有关，其前沿越陡，放大后脉宽就可压得越窄。

指数型脉冲通过放大介质后，其形状和脉冲宽度都变化不大，如图 6.3.6 所示。图中 g_0 为放大介质的增益系数，γ 为放大介质的损耗系数，E_s 为饱和能量，l 为放大介质的长度，τ_0 为脉冲半宽度。图中曲线旁附注的数字表示 l_{g0} 值，这组曲线是在 $g_0/\gamma = 6$ 的条件下求得的。由图可见，脉冲前沿较后沿的增益大些，脉冲峰值随脉冲穿过放大介质长度 l 的增加而向前移动，位移量 $\Delta\tau = \tau_0(g_0-\gamma)l$。

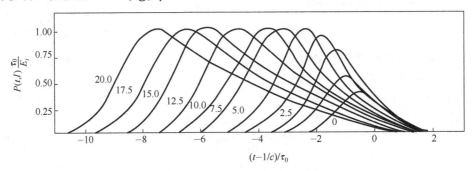

图 6.3.6 指数型脉冲放大后的波形

如果输入光脉冲的脉冲前沿比指数上升还快，则经放大后脉宽可以得到压缩，调 Q 脉冲和锁模脉冲的形状较多为高斯型，光强 I 的表达式为

$$I = I_0 \exp(-t^2 / \tau_0^2)$$

图 6.3.7 说明了高斯型脉冲理论变化情况。增益越大、放大介质越长，经放大后，脉冲前沿越陡，脉冲峰值向前的移动量越大。但由于增益饱和等多种因素综合影响，实验得到的经放大后的脉宽往往不一定比振荡级的窄，有时还略有加宽。

如输入脉冲信号的前沿慢于指数函数上升时，则通过非线性放大以后，脉冲宽度反而会变宽。所以，为了获得高功率、窄脉宽的激光脉冲，在信号进入放大器之前，往往采用

削波技术切去脉冲的缓慢上升部分，即通过脉冲整形，使其前沿变陡，以达到通过激光放大压窄脉宽的目的。

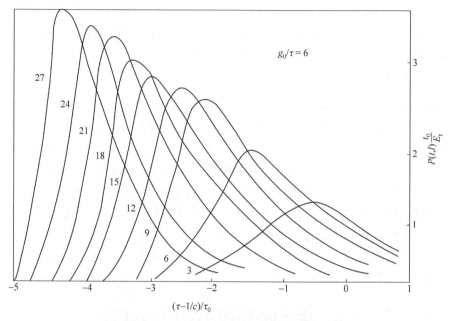

图 6.3.7　高斯型脉冲经非线性放大后的波形

2. 光束发散角的变化情况

激光束通过放大介质后，在通常激光束的发散角会有所增大，其原因如下所述。

(1)通常，放大介质截面内各处的增益是不同的，若截面的中心增益最大，在脉冲信号不很强时，激光束通过放大介质后，中心部分能量增益 G_E 大于边缘的能量增益，使输入的基模高斯光斑的束腰半径 ω_0 在输出时变小为 ω_0'（E_0/e 和 E_0 间的光斑半径为 ω_0，E_0 是高斯光斑中心的电场强度），根据分析有

$$\omega_0' = \frac{\omega_0}{(g_0 l_n)^{\frac{1}{2}}} \tag{6.3.53}$$

式中，g_0 为放大介质的增益系数；l_n 为未饱和放大的长度。光束发散角 θ 为

$$\theta = \frac{\lambda}{\pi \omega} \tag{6.3.54}$$

式中，λ 为激光波长；ω 为多模光斑束腰半径，对于这种情况，光束发散角将增大 $(g_0 l_n)^{\frac{1}{2}}$ 倍。

(2)输入信号是横向单模(TEM$_{00}$)，单模光束通过放大介质时，若介质：①横截面内各处折射率不均匀；②放大介质在重复工作时存在热透镜效应；③放大介质截面内增益分布不均匀；④强光作用下介质折射率发生不同程度的变化等因素，则可能导致光斑内光强不再按高斯基横模分布，由于多模光束的发散角比单模的大，所以以上诸因素的存在均可能导致发散角有所增大。

但是激光束通过放大介质后也有可能使发散角减小，如果激光束中心部分因能量大(光

强高)处于饱和放大(也称非线性放大)状态，而边缘部分还处于非饱和放大状态，则边缘部分比中心部分有更大的增益，因而激光束的光斑尺寸 ω_0' 比 ω_0 增大，由式(6.3.54)可知，激光发散角将减小。

总之，放大前后有关发散角变化的影响因素是复杂的，定量计算就更困难。发散角的变化一般不是很大，必要时可通过定性分析和实验确定。

3. 激光光谱宽度的变化情况

激光脉冲通过放大介质放大后，其光谱线的宽度往往增大，这是因为介质的折射率与其内部激活粒子数的多少有关。因此，在非线性放大的情况下，脉冲前沿通过放大介质时，由于粒子反转数多，介质折射率将与脉冲后沿通过介质时(此时激活粒子数少)不同。

一个光脉冲可视为由许多不同频率的单色正弦波组成。既然放大介质的折射率随脉冲的前、后沿有所变化，我们便可设想光脉冲中所包含的每一单色正弦波列的不同部位(时间的函数)将具有不同的传播速度。因此，正弦波列将变为相位随时间变化的调相波列。它除包含原来的频率外，还将包含许多边频。

因此，通过放大后，激光束的相干性常容易变坏，关于这一点，在激光全息照相等要求相干性好的应用中是必须要注意的。

6.4　激光放大中的若干技术问题

激光放大器与激光振荡器虽基于同一物理过程，且所用的光源、电源基本相同，但是激光放大器还有其自身的一些技术问题，这在激光放大器设计和制作时是必须要考虑的。

6.4.1　放大器激活介质的工作参数

(1)激活介质(工作物质)的材料应该选择与产生输入信号激光的材料有相同的能级结构。

(2)对于 TEM_{00} 模激光束，放大器的入射口径、出射孔径，应根据高斯光束的传播规律进行计算，在传播方向离信号光束束腰 ω_0 为 z 点处，高斯光束的光斑半径 $\omega(z)$ 为

$$\omega(z) = \omega_0 \sqrt{1 + \left(\frac{\lambda z}{\pi \omega_0^2}\right)^2} \qquad (6.4.1)$$

式中，λ 为激光波长，算得入射及出射处的束腰半径之后，便可确定所需激活介质的名义直径。

如果入射信号是多横模的激光束，则根据入射激光束的发散角(全角) θ，可近似估算所需的激活介质孔径：

$$d = \theta z \qquad (6.4.2)$$

(3)在选择放大介质的长度时，应注意几点：①应不致使放大器产生自激振荡；②不致因增益和长度过大使介质内功率密度超过破坏阈值；③要考虑经济效益，所要求的放大介质的尺寸能否买到，经济上是否合算；④应考率在额定放大倍数时的储能要求是否合理。

(4)对于单程行波放大，为充分利用工作物质的储能，设计时应使其工作在饱和放大状态，设饱和放大抽取出的能量密度为 E_{ex}，由式(6.3.51)可近似得

$$E_{ex} = E_{in}g \tag{6.4.3}$$

式中，E_{in} 为单位面积入射光信号能量；g 为激活介质的增益系数：

$$g = \Delta n\sigma \tag{6.4.4}$$

式中，Δn 为激活介质的粒子反转数密度；σ 为受激辐射截面。激活介质的储能密度为 $\Delta nh\nu$，这里 h 为普朗克常量，ν 为激光振荡的频率。在理想状态下，从放大器抽取出来的能量密度等于激活介质的储能密度，即

$$E_{ex} = \Delta nh\nu \tag{6.4.5}$$

将式(6.4.3)和式(6.4.4)代入式(6.4.5)，可得

$$E_{in} = \frac{h\nu}{\sigma} \tag{6.4.6}$$

若已知工作物质及其激波波长，便可求得对放大器所需的输入信号能量。例如，对 Nd^{3+}:YAG，可算得 $E_{in} = 0.21 J/cm^2$。

由已知放大器激活介质的孔径 d，便可计算得到所需的入射信号能量 W。

如果设计的放大器的能量放大倍数为 K，由此可算得所需的储能为

$$W_{in} = KW = \Delta nh\nu V \tag{6.4.7}$$

式中，V 为工作物质的体积，由式 $N_2 = \frac{(E_{in}/V_R)\eta_L\eta_c\eta_{ab}}{h\nu_p}\eta_1$ 可知，放大器光泵输入电能 W_E 为

$$W_E = \frac{h\nu_p\Delta nV}{\nu\eta_L\eta_c\eta_{ab}\eta_1} \tag{6.4.8}$$

式中，η_1 为处于吸收高能级上的粒子无辐射跃迁到激光上能级时的量子效率。

将式(6.4.7)代入式(6.4.8)，可得

$$W_E = \frac{\nu_p KEW}{\nu\eta_L\eta_c\eta_{ab}\eta} \tag{6.4.9}$$

式中，ν_p 为激活介质吸收光子的频率；η_L 为泵灯的有效电光转换效率；η_c 为聚光器的聚光效率；η_{ab} 为激活介质的吸收系数。

若已知充电电源的电容量为 C，则充电电压 V 为

$$V = \sqrt{\frac{2W_E}{C}} \tag{6.4.10}$$

6.4.2　级间耦合放大介质自激的消除方法

放大介质在激发状态下的自发辐射，由于放大器级间耦合或放大介质本身界面的耦合而形成自激振荡，这会导致放大介质内所储存的能量受到损耗。这不仅破坏了放大的效果，而且往往造成放大介质的损伤，所以应当采取措施消除反馈，采用的方法通常有以下几种。

(1)采用隔离器消除级间耦合。通常采用的隔离器有如下三种。①可饱和吸收染料隔离器，在多级放大器的前几级往往采用染料盒作为隔离器，利用它的可饱和吸收性质，可以消除放大器在泵浦期间级间的反馈和耦合;并且对信号光脉冲也有一定的甄别和整形作用,

即由于它能对脉冲前沿的上升缓慢部分或干扰小脉冲有强烈的吸收作用而起到削波和滤波的作用。通过染料的非线性吸收作用，信号光脉冲的上升沿变陡。但当器件的超辐射很强时，染料盒会失去隔离作用。②电光开关隔离器。这种开关的工作原理与电光调 Q 原理相同，它的优点是既能实现隔离，又能起到削波作用，即适当调节电光开关时间可以使脉冲前沿的缓慢上升部分削去而达到压缩脉宽的目的。但因不易获得大尺寸的优质电光晶体，以及考虑到晶体内电场的均匀性及高压电源复杂等问题，它仅用于前几级放大器的隔离。③法拉第光学隔离器。法拉第光学隔离器的突出优点是不仅能在较强的光场中起隔离作用，而且由于其具有单向通行的性质，在光脉冲通过隔离器的瞬间，仍可起到隔离级间的反馈作用。法拉第光学隔离器的原理构造如图 6.4.1 所示，它是根据法拉第磁光效应制成的光束偏振方向法拉第旋转器。在图中 P 和 A 为偏振器，两偏振面间夹角为 45°。当然，如果激光输出的是偏振光，那么应将偏振器 P 的偏振方向调整到与激光器输出的偏振光的偏振方向相同。法拉第旋转器由磁场线圈和位于其中的磁光介质构成，磁场方向沿通光方向。由式 (6.4.7) 可知，偏振光通过磁光介质后，偏转面的转角 φ 为

$$\varphi = KHd$$

式中，H 为磁场强度；d 为平面偏振光在磁光介质中传播的距离；K 为比例常数(称为范德华常数)。在磁光材料和距离 d 确定后，可以选取适当的磁场强度 H，使偏振光通过磁光介质后按给定磁场方向顺时针旋转 45°。这样，它就可以无阻挡地通过偏振器 A。相反，光信号从放大器后一级向前一级反馈时，由于法拉第磁光效应与光传播方向无关，所以经偏振器 A 及旋转器之后，其偏振面将顺时针再旋转 45°，而与偏振器 P 的偏振方向垂直，不能通过 P，这就起到了只允许光束单向通过的作用。

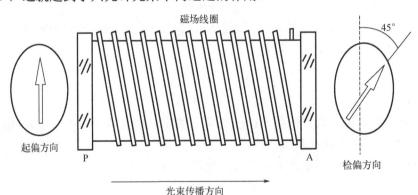

图 6.4.1　法拉第光学隔离器

　　(2) 人为地调整振荡器与放大器光轴之间的角度，一般为 1°～3°，通常根据实验来确定这个角度。对仅有 1～2 级的行波放大器是常用的隔离方法。因为在此场合，超辐射不是很强，另外，如果省去隔离器，则有利于简化系统和减小光学损耗。当然，当采用这种隔离方法时，放大介质端面必须很好地镀增透膜。

　　(3) 使输入光信号以布儒斯特角入射放大介质，如图 6.4.2 所示。若使入射角 i_0 满足 $\tan i_0 = n_0$，这里 n_0 为放大介质对激光波长的折射率，便可使光波电场的 P 分量透过界面得到放大。采用此隔离办法可有效消除级间耦合及放大介质本身的反馈耦合。无疑，这种隔离方法对输出偏振光的振荡器的光放大是极为有效的。缺点是放大介质的端面与光轴不垂

直，给器件的调整带来一些困难。为消除放大介质本身产生的自激振荡和达到级间解耦的目的，还可以采用使放大介质端面磨偏一个小角度的简单方法。

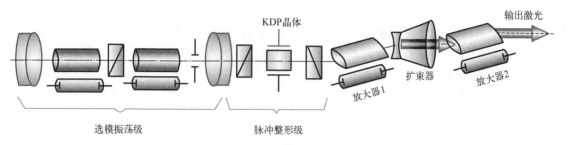

图 6.4.2　布儒斯特角棱镜隔离器

另外，由于超辐射的发散角很大，各放大级间相互距离越远，级间耦合的影响就越小。

6.4.3　级间孔径和光泵点燃时间的匹配

1. 级间孔位的匹配

在多级放大器中，各级的输出能量依次增大，为了使各级放大介质的能量密度都能处在破坏阈值之下，各放大介质的截面尺寸应后一级比前一级大一些。因此，为了充分利用放大介质的截面积，必须设法使各级光束孔径相匹配。实现级间孔径匹配的常用方法是在两级之间加入扩束望远镜，为了避免强激光束聚焦造成空气击穿，一般采用伽利略望远镜。该望远镜各透镜表面均需镀增透膜，以减小表面反射。采用伽利略望远镜扩束带来的附加好处是可以改善激光束的方向性，安装时，伽利略望远镜目镜对着前级放大器，物镜对着后一级放大器。适当调节望远镜物镜与目镜焦点间距离(使望远镜产生一定的失调量)还可以补偿放大器各级所造成的光波面畸变，有利于压缩放大系统输出激光束的发散角。

2. 光泵点燃时间的匹配

多级脉冲放大器各级泵浦电能总是一级比一级强，为了获得最佳增益，希望激光振荡器和各级放大器同时达到最大粒子反转数密度。这就需要匹配各级泵灯的触发时间。

由于脉冲放大器的泵浦电能与充电电容 C 及充电电压 V 的大小有关(充电电能 $W = \frac{1}{2}CV^2$)，所以技术上增大放大级泵浦能量的方法有以下几种：

(1)采取与前几级相同的储能电容，增加泵浦电源电压；

(2)采用多灯泵浦，每一泵灯的储能电容与前一级相同。

为了减小电源的质量和体积，一般总是希望尽量减少电容，而将电压充至接近储能电容的击穿电压，所以当要进一步增加泵浦电能时，往往只能增加电容。由于增加储能电容将改变泵灯放电回路参数，由 $T_L = (0.5 \sim 0.7)R_{eq}C$ 和 $R_{eq} = K_0/\sqrt{i_m} = K_0^2/V_c$ 可知，纯电容放电时，脉冲闪光时间 T_L 为

$$T_L = (0.5 \sim 0.7)K_0^2 C/V$$

即 T_L 与充电电容的电容量 C 成正比，与充电电压 V 成反比，这里 K_0 为比例常数。

图 6.4.3 为振荡级与放大级同时触发点燃时氙灯放电波形，曲线 A 表示振荡级采用

ϕ23mm×500mm，气压为150Torr(托，1Torr = 133Pa)的直管氙灯、输入 12kJ 能量，放电时间为 1ms 时的放电波形。曲线 B 表示放大级的放电波形，它的直管氙灯的尺寸为 ϕ23mm×800mm，气压为 150Torr，输入 24kJ 能量，其放电时间约为 2ms。由于两者的放电时间不同，振荡级的光强先于放大级达到极大值。为了达到振荡器和放大器在泵浦时间上的匹配，应该采用延时电路，使振荡级的氙灯点燃时间相对于放大级的点燃时间略有延迟，经延迟后的振荡级和放大级的放电波形见图 6.4.4。两级间相对延迟时间 Δt 的最佳值一般通过实验确定，在最佳延迟情况下，两级可同时达到最大粒子反转数状态，于是便可得到最佳的放大增益。

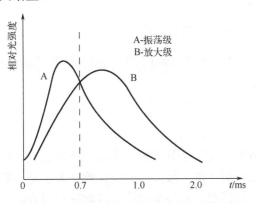 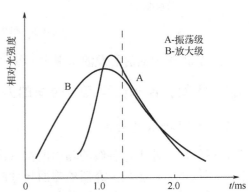

图 6.4.3　振荡级与放大级同时触发点燃时　　　　图 6.4.4　延迟后振荡级和放大级的放电波形
　　　　　氙灯放电波形

仅有一级的行波放大器，往往并不需要在振荡级和放大级之间设置放电触发延迟装置。对于长脉冲能量放大器，可不必考虑各级间的时间匹配问题，各级泵灯可同时触发。

6.5　典型激光放大器

本节介绍几种具有代表性的激光放大器的工作机理和实验结果，以供激光放大器设计时参考。

6.5.1　红宝石长脉冲激光放大器

如果脉冲激光振荡器是不调 Q 的，则其放大器称为长脉冲放大器件(或静态放大器件)。此时，由于输入放大器的激光脉冲较宽(10^{-3}s 量级)，所以应考虑自发辐射和光泵继续泵浦的影响。但此时可忽略激光光强和反转粒子数随时间的变化(即求静态解)。放大器的速率方程可近似写为

$$\frac{\mathrm{d}I}{\mathrm{d}x} = \sigma I(n_2 - n_1) \tag{6.5.1}$$

$$\frac{\mathrm{d}n_2}{\mathrm{d}t} = -\sigma I(n_2 - n_1) - n_2\omega_2 + n_1\omega_\mathrm{p} \tag{6.5.2}$$

$$n_0 = n_2 + n_1 \tag{6.5.3}$$

由于有 $n_2 - n_1 = \Delta n$，所以

$$n_2 = \frac{1}{2}(n_0 + \Delta n) \tag{6.5.4}$$

$$n_1 = \frac{1}{2}(n_0 - \Delta n) \tag{6.5.5}$$

式中，n_2 和 n_1 为激光上、下能级上的粒子数密度；n_0 为总的激活粒子数密度；ω_s 为自发辐射跃迁概率；ω_p 为泵浦概率；I 为光强；σ 为受激辐射截面。

考虑到近似稳态下有 $\mathrm{d}n_2/\mathrm{d}t = 0$，式 (6.5.2) 可简化为

$$\sigma I n = \omega_p n_1 - \omega_s n_2 \tag{6.5.6}$$

将式 (6.5.4) 和式 (6.5.5) 代入式 (6.5.6)，可得粒子反转数为

$$\Delta n = \frac{n_0(\omega_p - \omega_s)}{2\sigma I + (\omega_p + \omega_s)} \tag{6.5.7}$$

将式 (6.5.7) 代入式 (6.5.1)，可得

$$\frac{\mathrm{d}I}{\mathrm{d}x} = \frac{\sigma I n_0(\omega_p - \omega_s)}{2\sigma I + (\omega_p + \omega_s)} \tag{6.5.8}$$

式 (6.5.8) 可改写成

$$\frac{\mathrm{d}I}{I} \frac{\omega_p + \omega_s}{n_0 \sigma(\omega_p - \omega_s)} + \frac{2\mathrm{d}I}{n_0(\omega_p - \omega_s)} = \mathrm{d}x \tag{6.5.9}$$

对式 (6.5.9) 积分，可得

$$\ln \frac{I_{\text{out}}}{I_{\text{in}}} = -\frac{2\sigma}{\omega_p + \omega_s}(I_{\text{out}} - I_{\text{in}}) + \frac{\sigma n_0 l(\omega_p - \omega_s)}{\omega_p + \omega_s} \tag{6.5.10}$$

式中，l 为放大介质的长度。

若已知铬离子浓度 n_0（约 $1.6 \times 10^{19} \text{cm}^{-3}$），红宝石棒长 l，红宝石的受激辐射截面约为 $2.5 \times 10^{-20} \text{cm}^2$，并设 ω_s 和 ω_p 为常数，则 $I_{\text{out}} - I_{\text{in}}$ 与 $\ln(I_{\text{out}}/I_{\text{in}})$ 呈线性关系。图 6.5.1 是按式 (6.5.10) 计算结果与实验结果的比较。图中符号*表示实验值。当振荡级输出能量为 7.5～9.5J 时，经放大后，输出能量为 20～30J，即放大了 3 倍左右（放大级光泵输入能量为 23000J）。

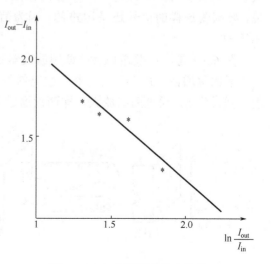

图 6.5.1　红宝石静态放大特性

6.5.2　单级 YAG 激光放大器

图 6.5.2 是一种 YAG 调 Q 脉冲激光振荡器和单级行波放大器组合的，单腔激光放大

器结构原理示意图。为适应航空机载激光器的小型化要求，该振荡器和放大器的工作物质
(YAG 棒)都安装在同一聚光腔内，用一只脉冲氪灯同时泵浦振荡器和放大器的两根 YAG
棒，即在结构上使氪灯置于椭圆柱聚光器的公共焦线上，另两焦线分别放置振荡器和放大
器的 YAG 棒。

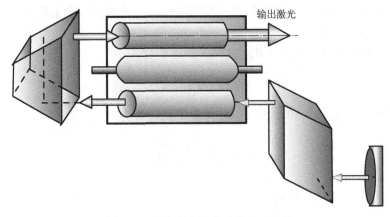

图 6.5.2　单腔激光放大器结构示意图

　　振荡器是一个双 45°铌酸锂电光调 Q 激光器，折叠棱镜兼作振荡级的输出反射镜。
实验得到当输入泵浦电能为 25～30J 时，放大器输出每个脉冲的能量为 200mJ 左右，单
级放大倍数为 3～5 倍。器件的重复频率为 10 次/s。器件尺寸为 260mm×60mm×70mm，
质量约 1kg，所以此器件在体积小、质量轻的前提下，输出峰值功率达到 20MW 的较高
功率要求。

6.5.3　甄别放大器

　　光学甄别放大器用于提高超短脉冲的信噪比。对于一个脉冲宽度为 $\Delta t = 10\text{ps}$，脉冲
间距为 $t_L = 10\text{ns}$ 的锁模脉冲序列，往往在两个信号脉冲之间夹杂有上千个噪声脉冲，
假设信噪比为 10^{-3}，即每个噪声脉冲强度仅为信号脉冲的千分之一。但是对某些应用来
说，要探测这样的信号还是困难的，因为信号脉冲的能量和 T 噪声脉冲的总能量是近似
相等的。

　　图 6.5.3 是一台双通(双程)甄别放大器示意图。以 g 表示放大器的增益，g_{tot} 表示双通
放大器的总增益，T_0 表示可饱和吸收染料的小信号透过率。入射激光脉冲通过格兰棱镜后
的光强设为 I_i，通过两级放大，即两次通过 $\lambda/4$ 波片，偏振面旋转 90°，最后由格兰棱镜侧

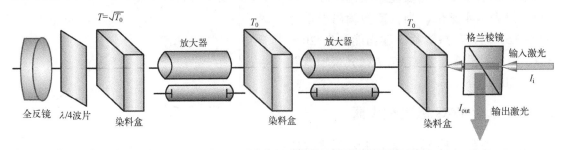

图 6.5.3　双通(双程)甄别放大器示意图

向输出腔外，输出光强 $I_{out} = g_{tot}I_i$。三个染料盒的非线性吸收作用，一方面可起到放大级间的隔离作用，另一方面可以把入射的噪声脉冲吸收掉，从而大大提高了脉冲序列的信噪比。定义选择率 S 为

$$S = \frac{输出光束的信噪比}{输入光束的信噪比}$$

则测得选择率 S 和 I_i/I_s 的关系如图 6.5.4 所示。图中 I_s 表示可饱和吸收染料的饱和光强，SNR_i 表示入射光脉冲序列的信噪比。已经测到 S 可达 800，当然，如果进一步提高 S，可以使放大器从两级双通发展到多级双通或多通放大。但是这些系统的工作往往是不够稳定的。

图 6.5.5 画出了不同 T_0 条件下双通甄别放大器的总增益因子 g_{tot} 在与 I_i/I_s 的关系。这是在每级 Nd^{3+}:YAG 放大器的增益为 $g = 2.33$ 条件下获得的。

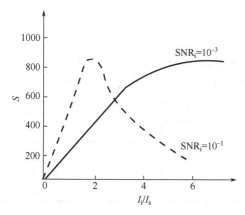

图 6.5.4　选择率 S 和 I_i/I_s 的关系

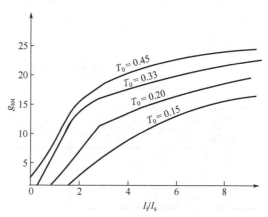

图 6.5.5　总增益因子 g_{tot} 与 I_i/I_s 的关系

6.5.4　多级钕玻璃放大器

对于钕玻璃放大器，已经用上述理论进行了深入分析和实验研究，得到了如下一些主要结果。

(1) 当放大调 Q 的激光脉冲时，脉宽一般不能压缩。只有使输入脉冲的前沿变陡，经放大后才能使脉冲前沿变得更陡。图 6.5.6 给出了这种结果。图 6.5.6(a) 表示一般调 Q 脉冲的放大情况，图 6.5.6(b) 表示削波后的放大情况。

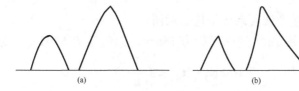

图 6.5.6　放大后脉冲波形的变化

(2) 当输入的激光功率增加时，出现增益饱和。实验所得结果为：实验用的钕玻璃中 Nd$_2$O$_3$ 成分占 5%，尺寸为 $\phi23mm \times 250mm$，吸收系数 $\alpha_i \approx 2dB$，调 Q 脉冲宽度 $\Delta t = 30mm$。对于典型的器件，前置放大器的能量放大系数较高(7~8 倍)。但当输入功率进一步提高时，放大倍数则逐步降低，末级的放大倍数仅为 3 倍左右。

(3)实验证明，对于前几级放大，用简单的可饱和吸收染料作隔离器，末级的隔离器要用图 6.5.7 所示的法拉第隔离器或电光隔离器。

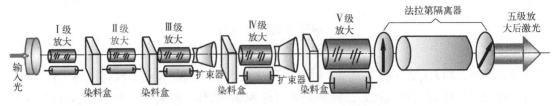

图 6.5.7　钕玻璃五级放大系统结构示意图

钕玻璃五级放大系统。其入射光脉冲的宽度为数纳秒，峰值功率为 10MW，经 I 级放大后功率达到 70MW，II 级放大后功率增至 350MW，III 级后为 1575MW，IV 级后是 6300MW，经 V 级放大后，输出激光的峰值功率可高达 2×10^4MW。各级放大的性能列于表 6.5.1 中。

表 6.5.1　钕玻璃五级放大系统实验结果

五级放大器	I	II	III	IV	V
棒尺寸/mm	$\phi 20 \times 320$	$\phi 20 \times 320$	$\phi 20 \times 320$	$\phi 30 \times 320$	$\phi 40 \times 320$
Nd_2O_3 浓度/%	3.5	3.5	3.5	3.5	3.5
氙灯数/个	4	4	6	6	10
光源能量/kJ	9	9	13.5	13.5	60
放大倍数/倍	7	5	4.5	4	3.5

6.5.5　纳秒 CO_2 脉冲激光放大器

对于纳秒 CO_2 脉冲激光放大器，它的末能级寿命也为纳秒级，因此可用三能级系统的速率方程来求它的非稳态解。

它的振荡器是一个锁模 CO_2 激光器，锁模用的调制器是锗声光调制器，声光介质是多晶锗，换能器是 $LiNdO_3$。振荡器在 $10.6\mu m$ 频带的 $p(20)$ 支跃迁上产生锁模的脉冲序列。用 GaAs 电光开关来选择单脉冲。开关是由 5mm×5mm×50mm 的 GaAs 放在锗片起偏器和检偏器之间构成的。在 GaAs 上加上幅度为 6kV，脉宽为 5ns 的脉冲电压(由火花隙产生)。

图 6.5.8 是纳秒 CO_2 激光放大系统结构示意图。

I、II 两级放大器各长 1m，通光面积为 $15cm^2$，总气压为 580Torr，分压比为

$$He : N_2 : CO_2 = 3 : \frac{1}{4} : 1$$

小信号增益为 $(0.0050 \pm 0.001)\,cm^{-1}$。

III 级放大器长 1m，通光面积为 $40cm^2$，总气压为 1800Torr。分压比与 I、II 级的相同。小信号增益为 $(0.048 \pm 0.001)\,cm^{-1}$。

在 II、III 级之间设有凹、凸反射镜组成的扩束器，望远镜的放大率约为 1.7 倍。主要实验结果如下所述。

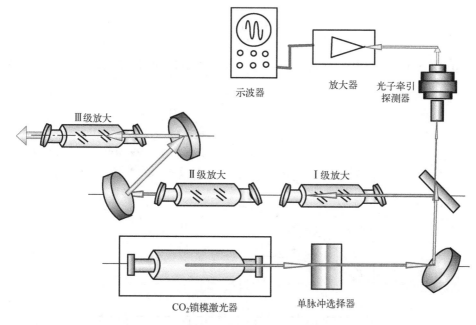

图 6.5.8 纳秒 CO_2 激光放大系统结构示意图

(1)纳秒激光波形。振荡级脉冲的波形和经 Ⅰ、Ⅱ、Ⅲ 级放大后的脉冲波形见图 6.5.9，由此可知，放大前后激光脉冲宽度变化很小。

(2)光束的能量分布。振荡器输出光束横截面内的光能分布是高斯型的，经放大后，测出其分布仍近似为高斯型，发散角约 0.2mrad。

(3)放大器输出能量与输入能量的关系。从图 6.5.10 可见，随输入能量的增加，由于器件增益饱和的关系，放大倍数将降低。输入 1.2mJ，Ⅰ 级放大的输出为 0.1J，Ⅱ 级放大的输出约为 2J，Ⅲ 级放大的输出为 20J。放大倍数分别为 83 倍、20 倍和 10 倍。

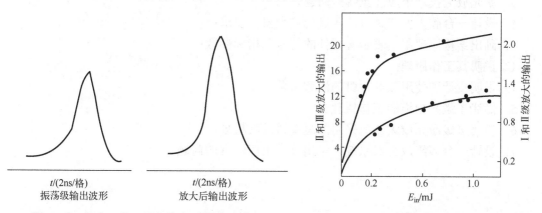

图 6.5.9 经 Ⅰ、Ⅱ、Ⅲ 级放大后的脉冲波形　　图 6.5.10 放大器输出能量与输入能量的关系

(4)输入脉冲信号脉宽的影响。用 Ⅲ 级放大装置，实验测量了脉宽分别为 70ns、20ns 和 5ns 三种不同情况的放大，结果见图 6.5.11。由图可见，脉宽越窄，放大倍数越低，CO_2 转动能级的弛豫时间为

$$\tau_{转} \approx 0.16 \times 10^{-9} \times \frac{760}{p} \text{s}$$

式中，p 是 CO_2 充气总气压，脉冲宽度越宽，类似于窄脉冲的多通放大，可得到的输出能量越高。

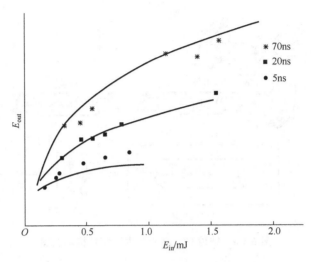

图 6.5.11　输入信号脉宽与放大倍数的关系

习　题

1. 简述激光放大原理。
2. 列举常见的激光放大的类型。
3. 激光放大技术中应注意哪些问题？
4. 设计一台腔内剪切式自注入激光放大器。要求：
(1)画出结构原理图，表示各元件的符号和指标参数；
(2)说明其工作原理；
(3)说明设计和使用该器件时的注意事项。
5. 简述予激光锁模的工作原理。
6. 说明多级激光放大器所采用的隔离器及其机理。
7. 设计一台多级放大器系统，给出技术上应注意的问题。

第7章 激光横模选取技术

选模技术可分为两大类：一类主要是压缩振荡光束的发散角，从而改善其方向性，使光能量在空间的分布更加集中的横模选取技术；另一类是压窄输出线宽，改善单色性，它是通过利用一定的装置，限制激光振荡纵模频率数的选纵模技术。

7.1 激光横模选取原理

激光器的输出光束，不一定都是基模(TEM_{00})输出，可能是高阶横模，或者同时有几种模式。由于高阶横模的光束强度分布不均匀，光束发散角较大，所以对很多应用不适宜。基模的强度分布比较均匀，光束的发散角小是比较理想的光束。所以要进行横模的选取，选模就是从谐振腔可能产生的许多模式中，选出在横向空间光能量最集中的模式最低阶——基模(TEM_{00})的光束，抑制其他模式，使其不能产生激光振荡，从而在横向空间将能量都集中于唯一一个振荡模——基模。

不同模式的激光有不同的谐振频率和衍射损耗，只有当某一模式的激光在腔内得到的增益能克服包括它的衍射损耗在内的损耗时，这个模式的激光才能振荡。衍射损耗是随腔结构(即菲涅耳数 N)和模式的阶数而变化的，即任意横模 TEM_{mn} 的激光单程损耗为 δ_{mn}，基模 TEM_{00} 的损耗 δ_{00} 最小。基于此，可以使基模满足阈值条件而产生振荡，而使高阶模的衍射损耗足够大，使它们不能产生振荡，或在模式竞争中不占优势。

评价一种腔或某种措施选模性能的优劣，不但要看各个横模衍射损耗的绝对值大小，而且要看基模与邻近模衍射损耗的相对差异，如 TEM_{10} 模与 TEM_{00} 模单程损耗的比值 $\alpha=\delta_{10}/\delta_{00}$ 的大小，比值 α 越大，腔的横模鉴别力越高。图 7.1.1 和图 7.1.2 分别示出了对称稳定球面镜腔和半对称稳定球面镜腔 δ_{10}/δ_{00} 的值。谐振腔稳定因子 $g_1=1-(L/R_1)$，$g_2=1-(L/R_2)$，共焦腔 $g_1g_2=0$，从两图可看出共焦腔和半共焦腔的 δ_{10}/δ_{00} 值最大，平面腔 $g_1g_2=1$，半共焦腔 $g_1g_2=-1$，平面腔和半共焦腔的 δ_{10}/δ_{00} 值却最小。另一方面，当 N 不太小

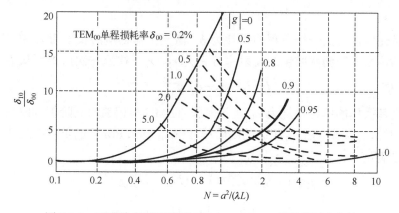

图 7.1.1 对称稳定球面镜腔 TEM_{00}、TEM_{10} 单程损耗率之比

时，共焦腔和半共焦腔各横模的衍射损耗一般非常低，与腔内其他非选择损耗相比，往往可以忽略，因而无法利用它的横模鉴别来实现选模，共心腔和平行平面腔虽然模式鉴别力低(即 δ_{10}/δ_{00} 小)，但衍射损耗的绝对值较大，因而它们之间的差别实际上很容易被用来实行横模选择，而且它们的模体积较大，一旦实现单模振荡，其输出功率可能较高。这类腔结构通常用于高增益激光器中。

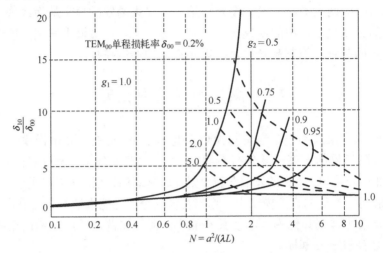

图 7.1.2　半对称稳定球面镜腔 TEM_{00}、TEM_{10} 单程损耗率之比

从这两个图还可以看出，比值 δ_{10}/δ_{00} 不但与腔型有关，而且与菲涅耳数 N 有关。N 越大，每一种腔的比值 δ_{10}/δ_{00} 也越大。不同腔的模式鉴别力之间差异也较大，当 N 很小时，各种稳定腔以及平行平面腔和共心腔的模式鉴别力之间的差异消失。

横模选取的实质是，通过控制激光谐振腔内各阶横模的振荡阈值，使激光器的运转状态仅有振荡基模处于阈值以上，其他振荡横模均处于阈值以下，从而抑制了腔内高阶模振荡，使激光器处于单横模的状态运转。

$$\begin{cases} \nu_q = \dfrac{c}{2\eta L}q \\[2mm] \nu_0 - \dfrac{\Delta\nu_F}{2} < \nu_q < \nu_0 + \dfrac{\Delta\nu_F}{2} \\[2mm] G > \alpha \end{cases}$$

设光在激光腔内传播一个单程的损耗为 δ，激光工作物质的长度为 l，传播单位长度的增益系数为 G，激光腔的两腔镜的反射率分别为 r_1、r_2，往返一次后光强从 I_0 变为 I：

$$I = I_0 r_1 r_2 (1-\delta)^2 e^{2Gl} \tag{7.1.1}$$

如果激光基横模的单程损耗为 δ_{00}，设基模 TEM_{00} 与相邻的高阶模 TEM_{01}(或 TEM_{10})的增益系数相等，与基模 TEM_{00} 相邻的高阶模 TEM_{01}(或 TEM_{10})的单程损耗为 δ_{01}，$\delta_{01} > \delta_{00}$，采取措施使之满足

$$r_1 r_2 (1-\delta_{00})^2 e^{2Gl} \geqslant 1, \quad (I)_{00} \geqslant (I_0)_{00} \tag{7.1.2}$$

$$r_1 r_2 (1-\delta_{01})^2 e^{2Gl} < 1, \quad (I)_{01} < (I_0)_{01} \tag{7.1.3}$$

则式(7.1.2)对应光放大的运转状态，式(7.1.3)对应光衰减的运转状态。由于一般横模阶数越高，对应的 δ 越大，所以激光腔内的基模将被不断放大，而包含 TEM_{01} 在内的高阶模将不断衰减而被抑制。

在激光腔内，一般存在三种不同性质的损耗，δ_i 为激光工作物质、腔内元件等引起的内部损耗，δ_t 为腔镜的透射损耗，δ_d 为衍射引起的损耗，即

$$\delta = \delta_i + \delta_t + \delta_d$$

在基模和高阶模的损耗中，δ_i、δ_t 基本相同，而 δ_d 则如上所述，因模式的不同而差异较大，模的阶数越高，δ_d 越大。因此，可利用各阶横模衍射损耗的差异抑制高阶横模的振荡。

为了对横模实行有效的选取，应该做到如下两点。

(1)尽量增大高阶横模与基模的衍射损耗的差距。

(2)尽量减少 δ_i、δ_t 在总损耗 δ 中所占比例大小，以便使基模和高阶模间的单程损耗的差距能被有效拉开，方可确保激光谐振腔内只有基横模能够满足超过阈值的振荡条件，其他横模均因小于阈值而被抑制。

7.2　激光横模选取方法

激光横模的选取大体可分为两大类，稳定腔选横模和非稳腔选横模。稳定腔选横模的方法通常有小孔光阑横模选取方法(又称为猫眼技术)；腔内插入望远镜横模选取方法；改变谐振腔参数 (g,N) 横模选取方法；谐振腔微调倾斜横模选取方法。

下面介绍几种简单的横模选取方法。

1. 腔内加光阑选横模

在固体激光器中，往往采用损耗很大的谐振腔，如平行平面腔和共心腔。共心腔的选模方法是在光束半径的最小处，即共心腔中心处放一选模光阑，在腔中心处高阶横模的光斑大于基模。如果光阑孔径选择适当，使它对高阶模造成的衍射损耗大于激光介质的增益，则这些高阶模不能产生振荡，而只允许基模振荡。等价共心腔选模的实验装置如图 7.2.1 所

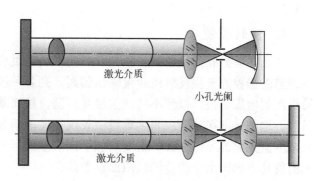

图 7.2.1　等价共心腔选模的实验装置

示，对菲涅耳数 $N=2.5\sim20$ 的共心腔，限模孔的半径应满足 $ra/(L\lambda)=0.28\sim0.36$，其中 r 为光阑孔的半径，a 为反射镜半径。

2. 腔内插入望远镜横模选取方法

由于激光为高亮度的光，望远镜目镜的焦距很短，开普勒望远镜选横模时，目镜对于高斯光束有强烈的聚焦作用，将会损坏光学元件，所以腔内插入望远镜选横模时，均采用目镜为负透镜的伽利略望远镜进行横模选取。设插入腔内的望远镜的放大倍率为

M ($M=f_2/f_1$，这里 M 为望远镜的角放大率，f_2 为物镜焦距，f_1 为目镜焦距)，则从目镜进入望远镜的光束，当从物镜射出时，光束的截面将扩大为 M^2 倍。当基模截面 $S_{00}=S$ 工作物质截面时，所有高阶横模的横截面必将大于工作物质截面，不能被工作物质放大，导致损耗大于增益而被抑制，激光腔内只剩下基横模的光束振荡。图 7.2.2 为望远镜选模结构原理图。

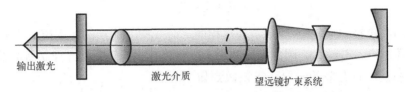

图 7.2.2　望远镜选模结构原理图

3. 减少腔的菲涅耳数 N

当菲涅耳数 N 减少时，衍射损耗增加，这一规律适用于平面腔、共心腔或各种稳定腔。所以，为得到基模光束，就需增加高阶模的衍射损耗，一种有效的办法是减少腔的菲涅耳数。为了达到这一目的，可以减小反射镜的有效半径，即在气体激光器中减小放电管半径；在腔内靠近反射镜的地方安置光阑，适当地选择光阑的孔径，使高阶模的损耗比较大，因而高阶模光束不能产生振荡。基模的衍射损耗小，则可在激光器内产生振荡，应用这种方法进行选模比较方便。

另一种方法是，增加反射镜间的距离 L，也可减少腔的菲涅耳数，增加反射镜的间距，使激光器内的光斑尺寸增加，从而使谐振腔的衍射损耗增加，这就有可能使高阶模不能引起振荡。若基模的衍射损耗较小，则可维持振荡。但必须注意，把腔拉长对选纵模来说是不利的。

4. 倾斜腔镜法

当光学谐振腔的反射镜与激光介质的轴线均重合时，各种模式的衍射损耗都最小。如果调整谐振腔的一块反射镜而使轴线偏离，则各种模式的衍射损耗都相应增加，而高阶模的损耗则增加更快，以致不能产生激光振荡，然而基模的损耗比较小，仍然可以产生激光振荡。这种情况在球面腔和半球腔中表现得尤为明显。这种方法实际上是通过腔镜的倾斜来减少谐振腔的菲涅耳数，从而增加了高阶模的衍射损耗，具有一定的选模特性。但是激光的总功率输出由于腔镜的倾斜而显著降低。

5. 正确选择腔的结构形式

大多数气体激光器的增益比较小，因而可以选择适当的谐振腔结构达到选模的目的。例如，在氦氖激光器和小型 CO_2 激光器中，往往用近半球腔和平面-大曲率半径腔(或对称大曲率半径)来选模。对于大功率和大能量的器件，可选用非稳腔的结构进行横模选取。

图 7.1.1 和图 7.1.2 给出了基模与邻近横模衍射损耗比值 α 与腔的结构形式 g 以及菲涅耳数的关系。可适当选择腔的结构 $g=1-L/R$，使 δ 的比值增大，以提高横模鉴别力，从而达到选择基模的目的。

习　题

1. 简述激光横模选取原理。
2. 列举常见的稳定腔横模选取方法。
3. 举例说明不同激光器件横模选取原则。

第 8 章　激光纵模选取技术

8.1　激光器的振荡频率范围和频谱

激光器的振荡频率范围主要由工作物质增益曲线的频率宽度来决定。在激励水平不太低的条件下工作时,激光振荡发生在工作物质特定自发辐射荧光谱线宽度内,它们具有相同或相近量级的频率范围。

通常物质的粒子数反转发生在一对能级之间或几对能级之间。与此相应地,可能发生的激光振荡频率大致由上述一对能级间的自发辐射光谱线宽度决定,或在几条以上光谱线的位置处发生,而在这些波长位置处激光振荡的频率范围分别由相应荧光谱线的宽度限定。在某些特殊情况下,工作物质的粒子数反转是发生在大量相互连接起来的能级之间或者两条能带之间,此时,激光振荡将发生在比较宽广的频率范围内,并且由相应荧光谱带的宽度限定。

表 8.1.1 列出了几种典型激光器的光谱或频率特征,其中包括能产生激光作用的工作物质荧光谱线的条数、荧光谱线中心波长、荧光辐射线宽,以及实际能够产生激光振荡的频率或波长范围。表 8.1.1 还列出了按腔长 $L=1\text{m}$, $\Delta v_q = c/(2\eta L) = 1500\text{MHz}$ 计算求得的各类激光器系统可能产生振荡的最大纵模(轴向模式)数目。

表 8.1.1　几种典型激光器的光谱或频率特征

工作物质	工作物质荧光谱线条数	主要工作物质荧光谱线中心波长	荧光谱线	激光振荡频率或波长范围	$(L=1\text{m})$纵波模数	运转温度
红宝石(晶体)	单条(R_1线)	694.3nm	0.3~0.5nm	0.02~0.05nm	约 10^2	300K
Nd^{3+}YAG	单条	1.06μm	0.7~1nm	0.03~0.06nm	约 10^2	300K
钕玻璃	单条	1.06μm	20~30nm	5~13nm	约 10^4	300K
氦氖(原子气体)	单条或多条	632.8nm, 1.15μm	1000~2000MHz	1000MHz	约 6	
Ar^+(离子气体)	多条	448.0nm, 514.5nm	5000~6000MHz	4000MHz	约 25	
CO_2(分子气体)	多条	10.57μm, 10.59μm 10.61μm, 10.63μm	5.2×10^4MHz			
罗丹明 6G (有机染料液体)	单谱带	565nm		5~10nm	约 10^4	
GaAs (PN 结二极管)	单谱带	840nm	17.5nm	3nm	约 10	77K, $L\approx0.1\text{cm}$

8.2　激光纵模选取

在某些激光应用中,如精密测长、大面积全息照相、多普勒测风雷达、引力波测量、钠导星探测等它们不仅要求激光是横向单模(TEM_{00}),同时还要求光束仅存在一个振荡频率(纵向单模),即激光模式为 TEM_{001}。以保证在各种干涉长度下,获得清晰的干涉条纹,保证达到应用目标。在天文观测中，发射具有特定精细谱线结构的 589nm 激光，激发距地面 80~110km 的高空钠层原子，产生共振荧光的后向散射回光作为导引星，可为地面自适应光学系统提供较为理想的大气波前畸变信息，有利于提高大口径望远镜的深空观测能力。钠导星探测属于光子级微光探测，其后向共振荧光散射强度与大气传输效率、地磁场，以及泵浦激光参数（波长、线宽、偏振、功率）等诸多因素密切相关。因此，提高钠导星回光亮度以获得高信噪比的激光导星波前成像点阵，是钠导星应用研究中特别关注的问题。

它们不仅要求激光是横向单模（TEM_{00}），同时还要求光束仅存在一个振荡频率（即纵向单模 TEM_{001}），以保证在各种干涉长度下，获得清晰的干涉条纹。由此可知道，所谓纵模选取，就是通过采取一定的技术装置，使激光振荡器只存在一种频率振荡，而其余的频率均被抑制的激光技术。下面介绍几种常见的选纵模技术。

1. 缩短腔长法

发光原子或分子的谱线都有一定的宽度，既增益线宽。为获得单纵模（单频）输出，最简单的办法是使谐振腔的纵模间隔 $\Delta \nu_q = C/(2\eta L)$ 大于激活介质的增益线宽，使线宽内只有一个纵模振荡。但是，一般情况下，振荡纵模中，荧光线宽中的中心频率纵模首先振荡，所以只要纵模间隔 $\Delta \nu = 1/2\Delta \nu_q = C/(4\eta L)$，将在荧光线宽中只有中心频率一个频率振荡，其他均将移出荧光线宽以外。

例如，氦氖激光器波长 6328Å 的增益线宽（多普勒加宽）为 1500MHz，我们选择腔长 $L \leqslant 10cm$，使在增益线宽内只有一个纵模，如图 8.2.1 所示，且满足阈值条件。这种方法是经常使用的，对于具有宽的荧光线宽的激光器，这种方法实际上是不可能实现的。

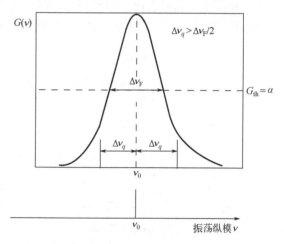

图 8.2.1　缩短谐振腔长度选择纵模

2. 腔内插入法布里-珀罗（Fabry-Perot，F-P）标准具选纵模

腔内插入 F-P 标准具选纵模器件结构图如图 8.2.2 所示，该装置是在激光腔内插入透过率很高的材料，如石英制成的平行板，它起着平面 F-P 标准具的作用，两个界面镀上反射率较低的反射膜（反射率一般小于 20%或 30%）。标准具插入腔内，激光器振荡频率发生很大的变化。这是因为产生振荡的频率不仅要符合谐振腔的共振条件，还要对标准具有最大的透过率。

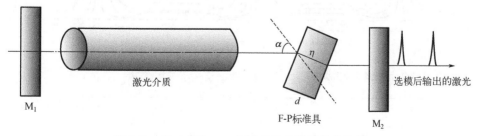

图 8.2.2　腔内插入 F-P 标准具选纵模器件结构图

入射角 α 的平行光束，由于干涉效应所决定的平行板组合透过率为入射光波长（频率）的函数，故有

$$\bar{T} = \frac{(1-R)^2}{(1-R)^2 + 4R\sin^2(\delta/2)} \tag{8.2.1}$$

式中，δ 为平行板内参与多光束干涉效应的相邻两条出射光线的相位差，表示为

$$\delta(\nu) = \frac{2\pi\nu}{c} 2\eta d \cos\left(\frac{\alpha}{\eta}\right) \tag{8.2.2}$$

式中，η 为平行板材料的折射率；d 为平行板的厚度，图 8.2.3(b) 表示当反射率取不同值时，平行板的透过率变化曲线，两相邻透过率极大值之间的频率（亦称自由光谱区）为

$$\Delta\nu_m = \frac{c}{2\eta d\cos(\alpha/\eta)} \approx \frac{c}{2\eta d} \tag{8.2.3}$$

由图 8.2.3(b) 看出，由于透过率峰值曲线宽度随平行板反射率 R 的增大而变窄，所以适当选择 R 和平行板的厚度 d，可使增益线宽内只含有一个透过率极大值，且只含有一个

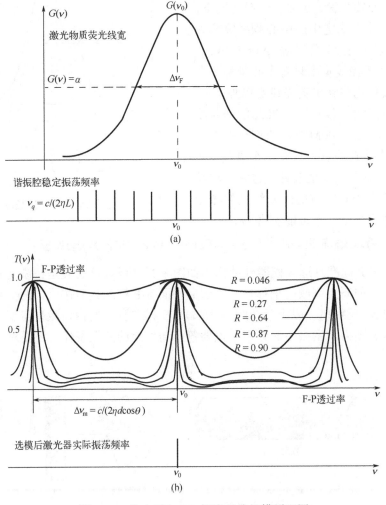

图 8.2.3　腔内插入 F-P 标准具选纵模原理图

谐振频率,这样就有可能实现单频(既单纵模)振荡。这种方法已成功地用于氦氖激光器、氩离子激光器,以及红宝石、掺钕钇铝石榴石(Nd^{3+}:YAG)、钕玻璃激光器的单频运转,只不过有时需在腔内同时采用多个厚度不同的平行板以加强纵模限制的效果。

应用 F-P 标准具选纵模必须注意:

(1)选择合适的标准具光学长度 ηd,使标准具的自由光谱范围 $\Delta \nu$ 与激光器的增益线宽 $\Delta \nu_G$ 相当,从而在 $\Delta \nu_G$ 范围内,避免存在两个以上标准具的透过峰。

(2)选择合适的标准具界面反射率 R,使得被选纵模的相邻纵模由于透过率低、损耗大而被抑制。

通常使用斜置的 F-P 标准具选纵模,且 F-P 标准具的波长透过峰基本和增益线宽的峰重合,以获得最佳选纵模效果。此时,可通过改变倾角 α 或采用温度调节 F-P 标准具的光学长度 ηd 方法,在实验中仔细调整获得。如果要求有稳定的选模效果,则要对 F-P 标准具采用恒温措施,或采用温度膨胀系数较小的石英、蓝宝石等材料制作 F-P 标准具平行板或隔环。再者,为了避免子腔振荡,F-P 标准具必须根据增益的大小以及腔的实际情况,仔细调整倾斜角 α。倾斜安置在腔内的 F-P 标准具,由于光在 F-P 平行板内的多次反射,产生横向位移,这对有限孔径振荡的谐振腔造成了插入损耗。如果不考虑吸收、散射损耗、仅由 α 角引入的单程损耗为

$$\delta_\alpha = \frac{2R}{(1-R)^2}\left(\frac{2d\alpha}{\eta D}\right)^2 \tag{8.2.4}$$

式中,D 为光束的光斑直径。式(8.2.4)说明,在 TEM_{00} 运转的谐振腔内斜置高反射率的厚 F-P 标准具,存在相当大的插入损耗。

利用 F-P 标准具原理选择纵模的另一种途径是用标准具取代输出反射镜。此时,F-P 标准具起到一个对波长选择性反射的输出反射镜的作用,称为谐振反射器。其选模原理基本上类似腔内斜置 F-P 标准具,前者利用了 F-P 标准具对波长的选择性反射,抑制多余纵模振荡。后者利用 F-P 标准具对波长的选择性透过率,对不需要的纵模引入大的损耗。谐振反射器可以是两界面(即一块 F-P 平行板的两个界面),也可以是三界面或四界面。这种谐振反射器已成功应用于红宝石激光器和 Nd^{3+}:YAG 激光器中。

3. 组合干涉腔法选纵模

组合干涉腔法选纵模的原理为用一个干涉系统来代替腔的一个端面反射镜。干涉效应的结果,使得干涉仪对腔内光束组合的反射率表现为入射光波长(频率)的函数。图 8.2.4

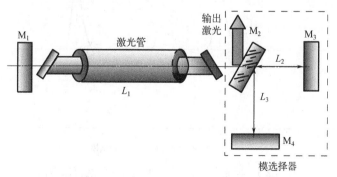

图 8.2.4　福克斯-史密斯干涉仪选纵模器件结构图

为福克斯-史密斯干涉仪选纵模器件结构图。它是在原来激光器中加入两块镜子，其中一块为半反射镜 M_2，反射率为 50%，镜面与激光安装器的光轴成 45° 角；另一块为全反射镜 M_4。这种激光器由两个谐振腔组成，一个是 M_1 和 M_3 镜面所组成，另一个为 M_4-M_2-M_3 镜面所组成。因此，激光器的谐振频率应满足以下条件：

$$\begin{cases} \nu = q\dfrac{c}{2(L_1 + L_2)} \\ \nu = q'\dfrac{c}{2(L_2 + L_3)} \end{cases} \tag{8.2.5}$$

式中，q 和 q' 均为整数。如果某些频率仅满足式(8.2.5)中的一个，则这些频率的激光在谐振腔内损耗很大，不能产生激光。只有同时满足式(8.2.5)中的两个方程，才能形成振荡。

图 8.2.5 为福克斯-史密斯干涉仪组合腔选纵模原理图，表明了谐振腔 M_1 和 M_3 谐振频率及 M_4-M_2-M_3 谐振腔光学损耗与激光谐振频率之间的关系。由图可见，只有当激光器的谐振频率同时满足上述两个谐振条件，同时 M_4-M_2-M_3 谐振腔的相邻两个纵模间隔 $\Delta\nu_{q'} = c/[2(L_2 + L_3)]$ 又大于激光器增益曲线的宽度时，激光器才实现单频运转。所以，在实验时要仔细调整 L_1 和 L_3 的长度，使某一频率既同时满足两个谐振腔的谐振条件式(8.2.5)，又落在增益曲线的极大值附近。采用这种组合干涉仪既可不引入附加的腔内无用损耗，又可通过改变干涉仪的光路长度 L_2 和 L_3 来实现可调单频振荡。这种方法的缺点是结构复杂、调整困难，主要适用于窄荧光谱线的气体激光器系统。

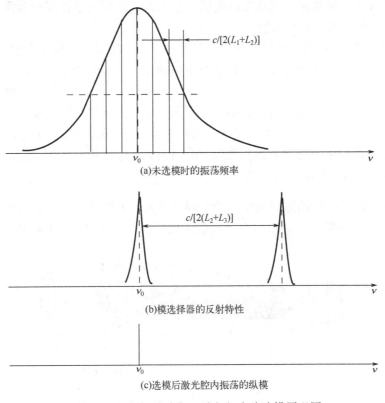

(a)未选模时的振荡频率

(b)模选择器的反射特性

(c)选模后激光腔内振荡的纵模

图 8.2.5　福克斯-史密斯干涉仪组合腔选模原理图

习　题

1．纵模选取方法有哪些？简述短腔法激光纵模选取原理。

2．简述行波腔法激光纵模选取原理。

3．简述选择性损耗法激光纵模选取原理。

4．有一台纵向激励的 CO_2 激光器，已知其谐振腔结构为共焦腔，腔长 $L=1.50$m，荧光线宽 $\Delta \nu_F=150$MHz，两腔镜的反射率分别为 $r_1=1.0$、$r_2=0.80$，试求：

(1) 该器件振荡的最多纵模数；

(2) 实现单纵模运转时的腔长；

(3) 实现单横模运转的条件；

(4) 若采用小孔选模，腔的参数如题所给，小孔光阑放在腔的中心，求光阑小孔的直径。

第 9 章　激光稳频技术

9.1　激光稳频技术概述

在精密计量和测量中，计量和测量仪器自身的基准精度非常重要。激光的精密干涉计量和测量，是以激光的波长(或频率)为标准尺子(或时标)，利用光的干涉原理来计量和测定各种物理量，如长度、角度、位移、速度、面形变化等。所以，激光波长(频率)的准确度将会直接影响到计量和测量的精度。为此，不但要求激光器要实现单纵模的振荡输出，而且要求单频激光器的振荡输出的频率稳定。因此，激光频率稳定技术就成为现代精密计量和测量应用技术中不可缺少的一个环节。国际计量委员会(CIPM)自2019年5月20日起，将米的定义更新为：当真空中光速 c 以 m/s 作为单位表达时，选取固定数值 299792458 来定义米。其中，秒是由铯(Cs)原子的振荡频率 v 来定义的，即

$$1\mathrm{m} = c \times \frac{1}{299792458}\mathrm{s}$$

式中，c 为光在真空中传播的速度。1m 的标准长度为光在 1/299792458s 的时间内，在真空中所传播的距离。这是个绝对的定义。这个绝对定义之所以能形成，是因为从激光的研究中认识清楚了这是自然界的一个常数。用激光的波长作为长度测量的基准，而且这个基准的再现度可达 $10^{-12} \sim 10^{-11}$。现在的长度基准以在某种条件下产生的单纯的激光谱线为工作基准。10^{-10} 的含义相当于 1m 长的尺度，两头多(或少)一层原子。而现在的再现度和精确度可以在此尺度上深入到一个原子尺寸的 1/100～1/10。时间和长度是最基本的物理量，1fs 的时间光在真空中传播的距离约为 $3 \times 10^{14} \mu\mathrm{m/s} \times 10^{-15}\mathrm{s} = 0.3\mu\mathrm{m}$，100fs 的时间，光在空间通过的距离为 $30\mu\mathrm{m}$，仅相当于穿过人的毛发的直径(毛发的直径为 10～100μm)。超短脉冲的获得提高了人类时间和空间的分辨能力。在超短脉冲出现以前，人们对物理瞬变过程的认识往往只能采用统计平均的方法实现，不能了解过程的细节。激光脉冲除了持续时间短、空间尺寸小外，它的峰值功率高，经放大可达 $10^{15}\mathrm{W}$ 以上。超短脉冲的产生打开了研究物理、化学和生物学等超快现象的大门，开创了飞秒化学、瞬态光谱学、超高速光电子学等新的学科领域。飞秒激光脉冲如同一个飞秒尺寸的探针，可以跟踪反应过程中原子或分子的运动和变化。因此，更加提高了在科学定义上的确切性。飞秒激光的发展与超快过程的探测息息相关，它提供了一种时间分辨率高达 $10^{-15}\mathrm{s}$ 的光探针。过去大地测量靠经纬仪三角法，现在从小型工程到大地测量都用激光进行测量。今天通过空间的测量(人造卫星测量)，可以更好地了解地球的重力等势面的形状，大大完善了地球重力场模型，激光测量技术使全球范围的定位精度大为提高。

532nm 全固化激光器是 20 世纪 90 年代出现的新型光源。在此波段内具有丰富的碘吸收谱线，可以将激光器频率稳定在碘的吸收谱线上，作为激光频率或波长标准使用。在国际米定义咨询委员会(CCDM)于 1997 年 9 月召开的会议上，讨论了推荐 532nm 碘吸收谱

线作为复现米定义的光频标准。由于碘的饱和吸收谱线的宽度约为 1MHz，频率稳定度和复现性可达 $10^{-11} \sim 10^{-12}$，所以对激光器及实验中各方面条件均有较高要求。而在长度精密测量中的稳频激光器，如果具有输出功率大于 1mW，频率稳定度达 10^{-11} 量级，频率复现性优于 $10^{-9} \sim 2 \times 10^{-9}$ 的技术指标，就可满足测量中对稳频光源的要求。

光尺(optical ruler)是用于提供时间、频率和长度标准的装置。四台光尺在美国国家标准与技术研究所(National Institute of Standards and Technology，NIST)进行了比对研究。其中，两台由美国国家标准与技术研究所研制，一台由国际计量局(Bureau International des Poids et Measures，BIPM)研制，一台由中国华东师范大学(East China Normal University，ECNU)研制。美国国家标准与技术研究所对这四台光尺的评价是"世界上用于测量时间和频率最好的光尺"。这项实验结果证实：四台光尺在光频域的一致性达到 10^{-19} 量级水平。《科学》期刊于 2004 年 3 月 19 日报道的这项研究结果是朝着研制基于光频的新一代原子钟的重要一步。这种光钟可望比目前最好的授时系统的精度提高 100 倍。这个装置称为光学频率梳，因为它发出的电磁波谐振的频谱分布如同梳头发的梳子的齿。这些频率梳输出可作为测量时间、频率和长度的超高精度的尺。例如，一个光学频率梳可将一小时重新分割为 10^{19} 个相同的时间段。

这个装置的功能也如同一个光学齿轮。目前，世界上最好的原子钟(如激光冷却铯喷泉钟)都基于原子的微波振动，其振动频率约为 9×10^9 次/s。尽管这是非常快的振动，电子系统能够准确地记录，但现在还没有电子系统能够直接记录原子及分子 5×10^{14} 次/s 的光学振动。光学频率梳能够把将来光钟非常快的振动分到较低的频率，使其能与微波频率标准相连接。这个实验检验了光学齿轮箱的精确度。其中一个重要的应用是：光钟(optical clock)将比目前最好的原子喷泉钟精度高得多，这项实验为研制新一代原子钟——光钟铺平了道路。

这个装置也可以用作光学频率综合发生器，它能实现不同光学频率标准间以及光学频率标准与微波频率标准间超高精度的连接。它将有助于对一些研究问题做出解答，例如，对许多科学研究领域做出的应用计算至关重要的基本物理常数是否在数十亿年间发生了非常微小的变化。进一步的研究将有助于建立对自然界基本定律更深入的认识。随着光学频率标准和飞秒频率综合发生器或光频率梳的发展，将有可能在这些精度水平上建造一种功能光学原子钟。这一进展无疑将导致新发现与新见识。

光钟研究是 2002 年以来国际计量科学发展的一个新热点，也是国际激光战略高技术研究领域一个新的制高点。时间频率作为一个重要基本物理量在国民经济、国防建设和基础科学研究中起着重要的作用。其主要特点如下：第一，它是目前最准确的基本物理量，准确度已达到 10^{-15} 量级，许多其他物理量，如长度的米，都可由时间频率导出，它是基础物理学研究的一个重要方面。近年来的诺贝尔物理奖有三个和时间频率标准有关，即 1989 年 Dehmelt 与 Paul 的离子阱和 Ramsey 的分离场技术，1993 年 Taylor 的脉冲星稳定周期，1997 年朱棣文、Cohen-Tannoudji 和 Phillips 的激光冷却与捕陷原子。第二，时间频率有良好的传递性，可用电波传播而保持很高的准确度，是当代导航技术的基础；时间频率技术是 GPS 系统的关键技术基础之一。第三，它和人类社会的日常生活密切相关，试问，在当今世界上谁能离开准确的时间？正是由于时间频率如此重要，一些发达国家纷纷投入巨资支持研发相关的高新技术，以求保持或抢占在该重要领域的领先地位。

　　20世纪80年代，人们已认识到可以利用激光冷原子/离子存储技术锁定超窄线宽的激光，获得极为稳定的光学频率。2001年，美国国家标准与技术研究所研制成功了光学传动装置，这种新式的"钟"比铯原子钟的精确度要高3个量级(即1000倍)。但是，不同光波之间和某一光波与铯微波频标之间的频差测量都是极其庞大复杂、价格昂贵的大科学工程。1999年，德国的马克斯·普朗克(Max Planck)研究所首次报道了"飞秒激光光学频率梳"。飞秒光梳的研制成功和迅速推广应用，使冷原子/离子存储稳频的光频标与飞秒光梳结合组成光钟，使得光学频率标准的实际应用变成现实。目前，国内外计量界和一些著名科学家认为，光钟将成为国际新一代时间频率的基准。美国《科学》期刊在2001年末预测值得关注的六大热门科技领域时评述说"光钟以高频不可见光波而非微波辐射为基础，因此光钟比此前的仪器更精确。这一测量手段的进一步研究将促使更精确的全球定位系统诞生，并引发新一轮实验来验证物理上的基本常数"。国际计量局的专家认为"具有极高精度的光钟研发，将导致现有体系的进步与精化，甚至开创物理学和科技的新领域"。

　　激光稳频技术可分为被动稳频技术和主动稳频技术两类。被动稳频技术主要通过温度控制、隔振、器件制作材料选择及器件结构改进等方法实现稳频。其方法简单易行，然而保障激光器长期稳定度和频率再现有限。主动稳频技术则是选取一个稳定的频率参考源，通过激光和参考源的外差干涉所产生反映激光漂移的拍频光信号，再将拍频光信号转换为频差电信号进行主动补偿控制激光器，进而将激光器的频率稳定在选定的参考源上。主动稳频技术中传统的参考频率基准有原子分子的跃迁谱线中心频率或饱和吸收线、光学谐振腔的共振频率等。它们作为参考源频率都比较稳定，但原子和分子的跃迁和吸收谱线存在频率展宽效应，而光学谐振腔需要精密的控温隔振系统来抑制外界环境因素的影响，因此这两种参考源也都存在频率波动的现象，保持长期稳定需要复杂的结构设计，增加了稳频系统的复杂程度和成本。光学频率梳在时域上由等间距的窄脉宽脉冲序列组成，在频域上表现为等频率间隔分布的梳齿，具有窄脉宽、宽光谱的特性，而且光学频率梳的重复频率(f_{rep})和偏置频率(f_{ceo})均可锁定在原子钟上，使其梳齿具有长期高稳定度，可以为波长位于光梳光谱范围内的单频激光提供参考频率基准。目前，国内外都已有研究机构实现了将单频激光锁定在光学频率梳上。意大利米兰理工大学Sala等以掺铒光纤光学频率梳作为参考源，采用了前置反馈锁定技术，利用声光移频器对激光器频率进行快速校正补偿，将1.55μm的连续激光线宽缩小至10kHz。哈尔滨工业大学的Yang等提出了一种数字反馈与声光移频器前馈控制相结合的复合稳频方法，成功将连续激光锁定在光学频率梳上，相对稳定性达到±3.62×10^{-14}。

　　对于激光振荡输出的频率稳定性衡量的技术指标有两个：频率稳定度和频率再现性。中国在20世纪80年代已经成功研制碘饱和吸收稳频氦氖激光器，频率稳定度为

$$\frac{\Delta\nu}{\nu}=6\times10^{-12}$$

取样时间为10s，频率再现性可达4×10^{-11}，已作为我国的波长标准得到应用。本章主要介绍激光稳频原理、技术指标和激光稳频技术。

9.2　激光稳频原理

9.2.1　频率稳定度

一台激光器的纵模振荡频率可表示为

$$\nu_q = \frac{c}{2\eta L}q, \quad q=1,2,3,\cdots \tag{9.2.1}$$

在各种因素的影响下，腔长 L 及折射率 η 将发生 ΔL、$\Delta \eta$ 变化，因此频率 ν_q 也在 $\Delta \nu$ 范围内漂移。$\Delta \nu$ 可表示为

$$\Delta \nu = \frac{\partial \nu_q}{\partial \eta}\Delta \eta + \frac{\partial \nu_q}{\partial L}\Delta L = -\nu_q\left(\frac{\Delta \eta}{\eta} + \frac{\Delta L}{L}\right) \tag{9.2.2}$$

$$\frac{\Delta \nu}{\nu} = -\left(\frac{\Delta \eta}{\eta} + \frac{\Delta L}{L}\right) \tag{9.2.3}$$

影响激光器频率稳定度的因素很多，通常有以下三个方面。

1. 温度的变化

环境温度的起伏或激光管发热等原因，均可使激光管的材料发生伸长或缩短，在温度变化范围很小时，由温度引起的线膨胀为

$$\frac{\Delta L}{L} = \alpha \Delta T \tag{9.2.4}$$

式中，ΔT 为温度变化量；α 为材料的线膨胀系数。例如，线膨胀系数很小的殷钢，$\alpha = 9.0 \times 10^{-7}$，当温度变化 1℃时，对于 632.8nm 的频率的影响为

$$\left|\frac{\Delta \nu}{\nu}\right| = 9.0 \times 10^{-7}$$

$$\Delta \nu \approx 4.23 \times 10^8 \text{Hz}$$

若频率稳定度达到 10^{-8}，可计算得温度的漂移应小于 10^{-2}。

2. 机械振动、声波的影响

机械振动、声波等将导致谐振腔片固定支架的振动，从而引起激光腔长的变化，也会引起频率的漂移。设机械振动的振幅为 0.4nm，激光腔长为 0.1m，则

$$\frac{\Delta \nu}{\nu} = -\frac{\Delta L}{L} = 4 \times 10^{-9}$$

所以，通常对于频率稳定度要求高的器件，要固定在防振台上。

3. 大气介质折射率的变化

通常稳频氦氖激光器多采用外腔管或半外腔管，设其腔长为 L，放电管长为 l，则暴露在空气中的长度为 $L-l$，而大气的温度、湿度、气压等的变化，均会引起空气折射的变化，从而引起激光等效腔长的变化，导致激光振荡频率的变化。计算频率稳定度的经验公式可表示为

$$\left|\frac{\Delta\nu}{\nu}\right|=(3.6\times10^{-7}\Delta p-9.3\times10^{-7}\Delta T-6\times10^{-8}\Delta H)\frac{L-l}{L} \tag{9.2.5}$$

式中，Δp 为大气压强的变化量；ΔH 为空气中的水蒸气压的变化量，mmHg。

通常定义频率稳定度$|\Delta\nu|/\bar{\nu}$来描述激光器的频率不稳定性。它表示在某一测量时间间隔内频率的漂移量$\Delta\nu$与频率的平均值$\bar{\nu}$之比。一个管壁材料为硬玻璃的氦氖内腔式激光器，当温度漂移±1℃时，由腔长变化引起的频率漂移已超出增益曲线范围。因此，在不加任何稳频措施时，单纵模氦氖激光器的频率非稳定度为

$$\left|\frac{\Delta\nu}{\nu}\right|=\frac{\Delta\nu_D}{\nu_D}\approx\frac{1500\times10^6}{4.7\times10^{14}}\approx3\times10^{-6}$$

式中，$\Delta\nu_D$ 稳频氦氖激光器多普勒线宽，$\bar{\nu}_D$ 稳频氦氖激光器多普勒谱线平均频率。因此，在计量技术应用中，必须采用稳频技术以提高激光器的频率稳定度。

4. 磁场对激光振荡频率的影响

当一个发光的原子系统置于一定强度的磁场中时，由于磁场的作用，其原子谱线将发生分裂，这就是原子谱线的塞曼效应(Zeeman effect)。

殷钢的热胀冷缩系数很小，为了降低温度的影响，激光谐振腔间隔离器多采用殷钢制作。但是，当存在环境磁场的影响时，殷钢的磁致伸缩效应将会导致激光器谐振腔长的改变。例如，氦氖激光 1.15μm 波长的激光谱线，仅地磁场效应的影响就可产生 0.14MHz 的频移。因此，地磁场和激光器周围的电子仪器产生的磁场对高稳定激光器的影响不可忽视。

9.2.2　频率再现性

通常所说的频率稳定性包含频率稳定度及频率再现性两个问题。频率稳定度描述激光频率在参考标准频率ν附近的漂移，而频率再现性则是指参考标准频率ν本身的变化，也就是说，频率稳定点的重复程度。它描述的是激光器输出信号的频率在不同时间、地点或温度等条件下，输出信号的频率重复或再现的精度，即同一台激光器这一工作期间和另一工作期间参考标准频率及频率精度的变化。设参考标准频率ν的最大偏移量为$\nu_{S'}-\nu_S$，则频率再现性为$|\nu_{S'}-\nu_S|/\nu_S$。当激光器应用于计量标准时，频率再现性也是影响精度的重要参量。频率再现性 R 可表示为

$$R=\frac{\delta\nu}{\bar{\nu}} \tag{9.2.6}$$

为了改善频率稳定度，通常采用电子伺服控制稳频技术，当激光频率偏离标准频率时，鉴频器给出误差信号控制腔长，使激光频率自动回到标准频率上。下面将介绍兰姆凹陷法、饱和吸收法(反兰姆凹陷稳频)及塞曼稳频法三种电子伺服控制稳频方法的原理。

9.3　常见激光稳频技术

9.3.1　兰姆凹陷法稳频

兰姆凹陷法是一种发展最早且已在精密测量中获得广泛应用的稳频方法。它的稳频度可达 $10^{-10}\sim10^{-9}$(取样时间分别为 1s 和 10s)，但频率再现性仅可达 1×10^{-7}。即使对于同一

台稳频激光器，在一天的使用时间内也很难保持其频率再现性优于 $1×10^{-8}$。

(1) 兰姆凹陷。在激光原理中已经介绍了非均匀加宽线型增益曲线的烧孔（或称烧洞）效应。在多普勒效应产生的非均匀加宽线型中，一个振荡频率在其增益曲线上烧两个孔，这两个孔对称于中心振荡频率 ν_0。孔的半宽度 $\Delta\nu_H$ 大致与线型中均匀加宽的宽度 $\Delta\nu_0$ 相等，一般情况下，$\Delta\nu_0$ 是自然加宽的宽度。而孔的深度等于该频率处的小信号增益减去损耗。单频激光器的输出功率与两孔的面积之和成正比。

因此，当微调谐振腔腔长使谐振频率向中心频率靠近时，两个孔的间隔减小；中心频率的增益最高，而对不同频率的损耗基本相同，所以孔的深度增加，在孔的半宽度 $\Delta\nu_0$ 基本不变的条件下，孔的面积增大，从而使激光输出功率增加，如图 9.3.1(a) 和 (b) 所示。但当振荡频率恰好等中心频率时，两个孔就合并成一个孔，虽然该孔的深度最大，但此时发光的粒子数减少了 50%（仅对应 $\nu=0$ 的粒子），因此输出功率反而下降，如图 9.3.1(c) 所示。

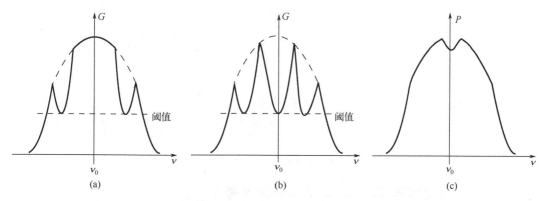

图 9.3.1　气体激光器的烧孔效应

总而言之，微调腔长，逐渐改变激光振荡频率时，远离中心频率的输出光强很弱（因孔的深度小，烧孔面积小，故对应的反转粒子数少），当振荡频率逐渐向中心频率靠近时，输出光强增加，并达到极大值（因两个孔的深度增大，烧孔面积增大，故对应的反转粒子数也增加）；振荡频率再继续靠近中心频率，则输出光强又减弱，在中心频率处，光强达到极小。这种输出功率在中心频率处出现下凹的现象，是兰姆等在 1963 年首先观察到的，称为兰姆凹陷。

(2) 兰姆凹陷稳频原理。单频 He-Ne 激光器的输出光强 I 与频率 ν 的关系曲线如图 9.3.2 所示。图中凹陷的最低点对应于增益曲线的中心频率 ν_0，利用兰姆凹陷进行稳频，将使激光振荡的频率稳定在 ν_0。为了检验激光振荡频率是否恰好在 ν_0 上，在谐振腔加一个圆筒形的压电陶瓷，其一端与一块反射镜的背面牢固地胶合在一起，另一端固定在谐振腔的支架上，如图 9.3.3 所示。把音频振荡器输出的交流电压（频率约 1kHz）加到压电陶瓷上，压电陶瓷将随音频振荡器输出的交流电压产生电致伸缩，即压电陶瓷的长度以同样频率产生伸长和缩短。设激光器的振荡频率原来在 ν 处，压电陶瓷的伸缩，使腔长发生周期性的变化。振荡频率也就在 ν 处附近发生周期性的微小变化，其变化幅度设为 $\delta\nu$。与之相对应的激光器的输出功率则以幅度为 δI 做周期性变化。在频率 ν'（ν 和 ν' 对称地分布在 ν_0 两侧）处，激光功率变化的幅度也是 δI，但两者变化的相位恰好差 $180°$。用相敏检波器可以检验光强变化的相位，从而可判断出激光器的振荡频率在中心频率 ν_0 的哪一侧。从相敏检波器取出信号，经积分放大器放大后再加到压电陶瓷上，使之调节腔长，迫使激光器的振荡频率趋向于 ν_0。由图 9.3.2 可见，δI 与兰姆凹陷两侧的斜率(一阶导数)成正比，当振荡频率在 ν_0 处时，曲线的斜率为零，这时便没有交变的光强信号入射到光电接收器上，因此由积分放大器反馈回压电陶瓷的直流电压为零。腔长不再改变，这样就把激光频率稳定在兰姆凹陷的中心频率附近。

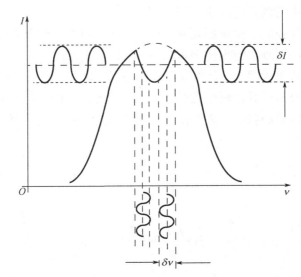

图 9.3.2　兰姆凹陷稳频原理示意图

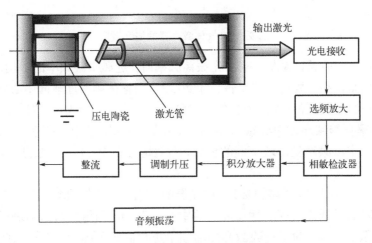

图 9.3.3　兰姆凹陷稳频激光器的方框图

9.3.2　饱和吸收法稳频

饱和吸收法是 1967～1973 年发展起来的一种高精度稳频方法。例如，由甲烷(CH_4)吸收稳定的 3.39μm He-Ne 激光器输出的稳频激光器，它的频率稳定度和频率再现性分别可达 $10^{-15}/t^{1/2}$ 和 3×10^{-12}，其中 t 为观察取样时间。为此，1973 年 6 月国际米定义咨询委员会就推荐了甲烷和碘(I_2)饱和吸收稳定激光的波长值，并明确规定甲烷和碘稳定激光的波长可作为长度副基准使用，以后又被推荐作为复现米定义的激光波长。饱和吸收稳频之所以有很高的稳频精度，是由于它利用外界参考频率标准对激光进行稳频，其简单原理如下。

1. 饱和吸收稳频原理及 He-Ne 激光器甲烷饱和吸收稳频

一般 He-Ne 激光器工作气压较高(几托)，其原子跃迁的中心频率 ν_0 容易受到放电条件的影响而发生变化。在兰姆凹陷法稳频中用以鉴别频率漂移的激光输出功率曲线也很容易受到等离子体不稳定的干扰，所以用原子跃迁中心频率 ν_0 来稳频，再现性就不可能很高。饱和吸收法稳频是用一个外腔管，在腔内再设置一个吸收管，如图 9.3.4 所示。吸收管内充的气体(如 I_2、CH_4 等分子气体)在激光振荡频率处有一个锐的强吸收峰。吸收管内气压很低，通常只有 $10^{-5} \sim 10^{-2}$Torr。这种低气压气体的吸收峰对应的频率是十分稳定的，所以稳频精度很高。

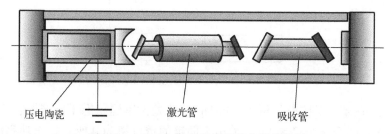

压电陶瓷　　　　　激光管　　　　　吸收管

图 9.3.4　He-Ne 激光器饱和吸收稳频装置

在吸收管中气体吸收谱线的中心频率 ν_0 处有一吸收系数的下陷。这个吸收下陷产生的原因与兰姆凹陷很类似，对于主要由非均匀展宽的谱线，只有沿激光管轴(Z)方向速度为零 $(\nu_z=0)$ 的一群原子吸收频率为 ν_0 的光子；而对于不在中心频率 ν_0，则有 $\nu_z=\pm(\nu-\nu_0)c/\nu_0$ 的两群原子吸收频率为 ν 的光子。所以，在 ν_0 处吸收小而容易达到饱和，出现了吸收下陷。

合理地选择放电管的放电条件及吸收管的工作条件，在吸收管内的吸收介质与放电管增益介质联合作用下，激光增益曲线对称中心 ν_0 处出现一个小峰(图 9.3.5)，称这种峰为反转的兰姆凹陷。

若吸收峰与增益曲线中心频率不重合，吸收峰将叠加在倾斜的功率曲线背景上，这将使稳频激光器的再现性变差。因此，在饱和吸收稳频中采用三次谐波锁定技术来消除背景倾斜的影响。

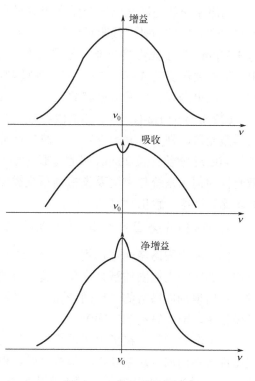

图 9.3.5　饱和吸收效应

3.39μm 的 He-Ne 甲烷饱和吸收稳频激光器的工作原理图如图 9.3.6 所示。其典型实验装置的结构参数为：He-Ne 激光器的毛细管长 300mm，内径 3mm ，放电电流约 5mA，管

内充以 ^{3}He:^{20}Ne=24:1 的混合气体。为了使 ^{3}He:^{20}Ne 激光谱线中心与甲烷吸收中心重合，通常在 He-Ne 管中充以高压(5Torr 左右)，通过压力位移使它与甲烷吸收线中心一致。

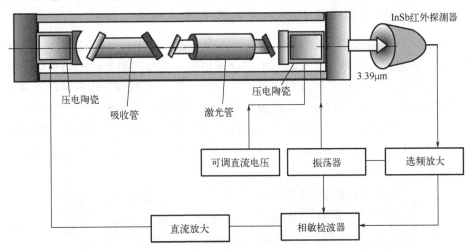

图 9.3.6　3.39μm 的 He-Ne 甲烷饱和吸收稳频激光器的工作原理图

吸收管长 300mm，甲烷充气压为 10mTorr，并处于室温状态下，谐振腔长 820mm，为平凹形长半径腔。凹面镜半径为 2m，输出平面镜的透过率为 42%，输出功率约为 0.5mW，吸收峰高度是输出功率的 2%左右，吸收峰宽度约为 1.1MHz。

伺服系统能使激光频率锁定在甲烷吸收线上。先用可调直流电压驱动压电陶瓷，使谐振腔调谐到甲烷的吸收线附近。然后接通光电反馈系统，由振荡器调制腔长，因输出激光为 3.39μm，所以光电接收器一般采用 InSb 红外探测器，并用液氮制冷。电信号经放大后，由相敏检波器变换成有不同极性(反映调制信号的相位)的直流信号，再经直流放大后去控制另一压电陶瓷，微调谐振腔腔长，以使激光输出频率稳定在甲烷的吸收线上。

632.8nm 的 He-Ne 碘饱和吸收稳频激光器是一种研究最深入、应用最广泛的饱和吸收稳频激光器，许多研究所将它作为波长标准或用于高分辨率光谱学研究。其典型参数是：腔长 40cm；增益管长 20cm，吸收室长 10cm，工作温度 15°；吸收峰高 0.002，峰宽 2.5MHz。激光器的伺服系统与甲烷吸收稳频系统类似。饱和吸收稳频激光器系统较复杂，工作条件要求比较严格、输出功率低。

2. 532nm 全固态激光器碘吸收频率稳定原理及装置

532nm 全固态激光器选用 Nd^{3+}:YAG 和 Nd^{3+}:YVO$_4$ 晶体作为激光工作物质。它们都是以均匀加宽为主的固体激光介质，其增益的饱和效应具有自选模趋势，但抽运光功率增大时，将出现轴向增益的"空间烧孔"，使不同纵模可以使用不同空间的激活粒子而产生多纵模振荡，形成纵模的空间竞争。

对于激光稳频，在横模为单模的基础上，需要单纵模运转，才能获得单频输出。可以采用许多不同的方法来获得单纵模运转，例如，缩短腔长，使其小于 1mm；腔内插入 1/4 波片，使激光晶体内轴向基频不产生驻波，以消除增益的空间烧孔。这两种方法在获得 1064nm 的基频光单纵模时是非常有效的，但不能用于腔内倍频。环形腔选纵模也是一种有效的方法，能够获得较大的单频输出功率，但采用分离部件时，结构比较复杂。采用单块晶体的非平面腔时具有很好的稳定性，但在工艺上需要较长时间的探索。为了尽快实现测量和研究工作的需求，可选用下述两种方法：双折射滤波法和短程吸收法。

在激光腔内放置对基频光的布儒斯特窗片，使基频光束变成部分线偏振光，作为倍频用的 KTP 晶体，兼作双折射波片。调整 KTP 晶体的位置，可使入射基频光的偏振方向与波片中两个本征模相互垂直的偏振方向均成 45°，即通过波片时被分解为强度相等且偏振方向相互垂直的两束线偏振光，一束为 s 光（慢光），另一束为 f 光（快光）。这两束光的相位差为 δ，δ 与 KTP 晶体的厚度有关。当光束经过反射镜返回 KTP 晶体时，若其偏振方向与原来偏振方向相同，腔损耗最小，此时的 δ 应为 π 的整数倍。满足上述条件的频率为获得振荡的单纵模频率，其他纵模均被抑制，此时的倍频输出也是单纵模。

图 9.3.7 给出了 Nd^{3+}:YAG 激光腔的结构，其优点是激光晶体一端呈布儒斯特角，另一端为激光端镜，这种结构减少了腔内元件及通光面。激光器的几何腔长约 20mm，相应的光学腔长约 30mm，其中 Nd^{3+}:YAG 晶体为 3mm×3mm×5mm；KTP 晶体为 3mm×3mm×5mm，腔内纵模间隔约为 5GHz。在不加任何选模措施时，存在近十个纵模同时振荡；引入双折射滤波片的附加损耗后，X 方向的偏振光被抑制，Y 方向偏振的基频光中，不同纵模对应于不同的 δ。调整 KTP 晶体的温度，可使某一纵模对应的 δ 为 π 的整数倍，而成为唯一保持振荡的单纵横，其他纵模均因损耗过大（损耗大于增益）而被抑制。当基频光以单纵模运转时，倍频光也为单纵模。

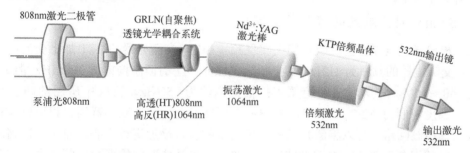

图 9.3.7　激光二极管端面泵浦腔内 KTP 倍频 Nd^{3+}:YAG 单频激光器结构原理图

当激光二极管（LD）输入的抽运功率达到 500mW 时，Nd^{3+}:YAG 倍频的 532nm 单频输出功率大于 3mW。镀膜的实际参数尚不理想，在绿光输出的同时，还得到了 1064nm 单频约 50mW 的输出功率，这表明单频绿光还有提高的潜力。

由于 Nd^{3+}:YVO_4 晶体在 1064nm 处具有较大的受激发射截面，约为 Nd^{3+}:YAG 晶体的 4 倍，在 809nm 附近的吸收带宽约为 20nm，是 Nd^{3+}:YAG 晶体吸收带宽的 2 倍，因此用它作为 1064nm 的激光介质，具有高增益、宽吸收带及低激光阈值等优点，但其缺点是热导率约是 Nd^{3+}:YAG 的 1/10。为了探索这种激光器在长度测量中作为频率标准的可能性，可研制相应的装置，以求获得单频输出和频率稳定的结果。

Nd^{3+}:YVO_4 为正单轴晶体，在 1064nm 波长，o 光和 e 光的折射率分别为 n_o=1.958 和 n_e=2.168。用 a 轴切割的 Nd^{3+}:YVO_4 晶体，在 809nm 处的吸收系数为 72.4cm^{-1}，是 Nd^{3+}:YAG 晶体吸收系数的 2.7 倍。由于它的吸收系数很大，所以可以采用短程吸收法选择单纵模振荡。

图 9.3.8 所示为激光二极管抽运的 Nd^{3+}:YVO_4-KTP 单频绿光激光器结构示意图。其激光介质为 3mm×3mm×0.5mm 的 Nd^{3+}:YVO_4 晶体，KTP 晶体与上述 Nd^{3+}:YAG 激光器相同，

输出镜的曲率半径约为 15mm，上述元件均固定在同一殷钢支架上；几何腔长约为 15mm，图 9.3.8 示出了各通光面的镀膜情况。

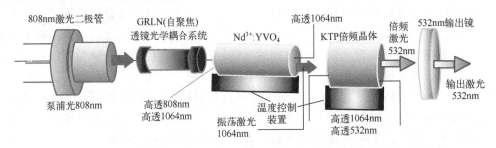

图 9.3.8　激光二极管抽运的 Nd^{3+}:YVO_4-KTP 单频绿光激光器结构示意图

经过精心调整，在实验中取得了较好的结果。首先，其阈值抽运功率很低，约为 30mW，在低抽运功率下，不加任何温度控制，输出可为单纵模；但在绿光功率大于 1mW 时，常可观测到两个纵模同时振荡。

图 9.3.8 中的温度控制装置，对激光二极管、Nd^{3+}:YVO_4 和 KTP 晶体分别进行温度控制，控温精度达 ±0.01℃。反复调整上述温度，当抽运光仅在一定范围内变化时，KTP 晶体保持在某特定温度附近，可使 Nd^{3+}:YVO_4 激光及其倍频获得单频输出，其最大的单频输出功率可大于 6mW。

3. 532nm 固体激光的频率稳定实验

为了检验激光器能否在碘吸收线上实现频率稳定，在激光器的 PZT 加上交流电压和直流电压，交流电压的频率为 1kHz，其振幅能使激光产生的调制振幅达 100MHz 量级，直流电压为 40～50V，它所对应的腔频率扫描范围约为 1.5GHz。实验中所用的碘室长度为 100mm，温度控制为 12℃±0.01℃。当扫描电压搜索时，经调制、解调、相敏检波积分和高压放大等控制回路，可以将激光频率锁定到碘的多普勒加宽线中心。对于一次谐波锁定方法，这时的调制振幅约为多普勒宽度的 1/8，已在最佳调制的振幅范围之内。在激光器调整到较好的状态时，连续锁定的时间可以保持在一小时以上。上述实验结果是在 Nd^{3+}:YAG 激光器上进行的，同样也可在 Nd^{3+}:YVO_4 激光器上进行相应实验。

9.3.3　塞曼稳频

根据外界磁场的方向不同，塞曼[①]稳频还可分为纵向塞曼稳频(外磁场方向与激光管轴线相一致)和横向塞曼稳频(外磁场方向与激光管轴线相垂直)。

纵向塞曼稳频是 20 世纪 80 年代发展起来的一种稳频精度高于兰姆凹陷和饱和吸收稳频方法的技术。它的频率稳定度可达 10^{-11}～10^{-10}(取样时间分别为 1s 和 10s)，这足以适应精密测量中提出的精度要求，尤其是每台激光器的频率再现性可以达到较高的水平，在几个月使用期间，可以保持在 $2×10^{-9}$。由于塞曼稳频激光器具有结构简单、操作方便、抗干扰能力强以及价格比较低等明显优点，可以在要求有精确波长值的精密测量和光谱实验中广泛使用。

---

① 塞曼(Pieter Zeeman，1865—1943)，荷兰物理学家，曾获 1902 年诺贝尔物理学奖。

横向塞曼稳频也有结构简单、抗干扰能力强且具有相当高的频率稳定度的优点。

下面介绍纵向塞曼稳频激光器和横向塞曼稳频激光器的原理和特点。

1）632.8nm 纵向塞曼稳频激光器

塞曼效应，就是原子谱线在外磁场中发生分裂的效应。He-Ne 激光器发射的 632.8nm 的激光，是 Ne 原子 $3s_2$-$2p_4$ 的跃迁，这条谱线在磁场中会发生分裂。若沿着激光管的轴线方向（纵向）施加外磁场，则在磁场方向测量激光输出时，可测得两条分裂的谱线。图 9.3.9 所示为原来一条 632.8nm 的增益谱线在纵向磁场中分为两条增益谱线的情形。这两条分裂的增益谱线，有着不同的偏振态，一条是右旋圆偏振光，它是对应于 $\Delta m = -1$ 的跃迁，其中心频率 ν_{0L} 在原增益谱线中心频率 ν_0 的右侧（低频方面）；另一条为左旋圆偏振光，它对应于 $\Delta m = +1$ 的跃迁，其中心频率 ν_{0R} 处在 ν_0 的左侧（高频方面）。分裂出来的这两条增益谱线对于原来的中心频率 ν_0 是对称分布的，且有

$$\nu_{0R} - \nu_{0L} = \Delta\nu_H = \frac{2\overline{g}\mu_B}{h} \cdot H \qquad (9.3.1)$$

式中，$\overline{g}$ 是上下能级的平均朗德（Landé）因子，对于 632.8nm，$\overline{g} = 1.298$；μ_B 是玻尔磁子；h 为普朗克常量；H 是纵向磁场强度。

由图 9.3.9 可见，如果激光振荡频率在中心频率 ν_0 处，则 He-Ne 激光器输出的激光中，左、右旋圆偏振光的光强相等。如激光振荡频率在 ν_0 附近，而且 $\nu < \nu_0$，则右旋圆偏振光的光强将大于左旋圆偏振光的光强，若 $\nu > \nu_0$，则相反。

另外，由于塞曼分裂后的每条增益曲线各有自己的频率牵引效应，频率 ν 的谱线对右旋圆偏振光来说，要向 ν_{0L} 移动，而对左旋圆偏振光来说，要向 ν_{0R} 靠拢。于是，左、右旋圆偏振光之间要产生频率差 f，显然，f 值不仅与磁场强度有关，还依赖腔的参数。按一阶近似计算（推导从略），可得

$$f = \frac{a\sigma}{\pi(1+\sigma)}\left[1 + \frac{a^2}{3(Ku)^2(1+\sigma)^3}\right] + \frac{4\pi a\sigma}{(Ku)^2(1+\sigma)^4}\delta^2 = f_{min} + b\delta^2 \qquad (9.3.2)$$

式中，$a = \nu_H/2$；K 是波数；u 是原子热运动速度；σ 是腔的稳定因子，它与腔的品质因数有关，因而与腔的损耗有关；δ 是失谐量，即腔频 ν 与零磁场原子谱线中心频率的差值；f_{min} 是拍频最小值。式（9.3.2）说明，拍频 f 随腔失谐的变化关系是一条抛物线。图 9.3.10 是由理论计算给出的拍频曲线，计算时取 $\sigma = 1.7 \times 10^{-3}$，$Ku = 6065\text{MHz}$，$H = 50\text{Gs}$。

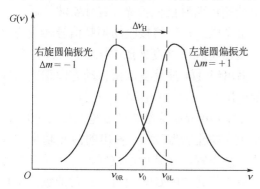

图 9.3.9　纵向塞曼效应增益曲线

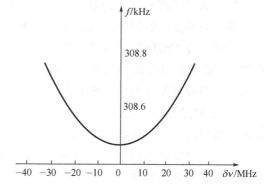

图 9.3.10　纵向塞曼效应拍频曲线

纵向塞曼稳频激光器就是利用左、右旋圆偏振光的频差(拍频)作为失谐信号的。在 $\delta\nu=0$ 时，$f=f_{\min}$ 拍频函数的一阶微商是一条直线，该点两侧曲线斜率的符号相反，因此可以用这条拍频曲线提供的信息来制作拍频激光器。若用周期性对称的矩形波电压来调制腔长(图 9.3.11)，使加在压电陶瓷上的电压从 $-\nu$ 至 $+\nu$ 变化，导致谐振腔纵模 ν 变化 $\Delta\nu$，

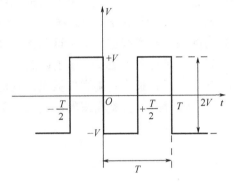

图 9.3.11　对称矩形波电压

则在矩形波电压的正半周期内腔频为

$$\nu_+ = \nu + \frac{1}{2}\Delta\nu \tag{9.3.3}$$

拍频为

$$f_+ = f_{\min} + b\left(\nu + \frac{1}{2}\Delta\nu - \nu_0\right)^2 \tag{9.3.4}$$

在负半周期内腔频为

$$\nu_- = \nu - \frac{1}{2}\Delta\nu \tag{9.3.5}$$

拍频为

$$f_- = f_{\min} + b\left(\nu - \frac{1}{2}\Delta\nu - \nu_0\right)^2 \tag{9.3.6}$$

在调制信号的两个半周期中的拍频为

$$\Delta f = f_+ - f_- = 2b\Delta\nu(\nu - \nu_0) \tag{9.3.7}$$

式(9.3.7)表明，Δf 正比于 ν 对 ν_0 的失谐量，因此可用 Δf 作为反映 ν 偏离 ν_0 的误差信号。

值得指出的是，它是通过鉴频获得失谐信号的，从而有较好的抗干扰能力。把拍频稳频方法和兰姆凹陷法等通过检测激光输出功率来稳频的方法进行比较，功率调谐曲线的位置和形状容易随激光器参数变化，频率锁定点自然也相应地随之变化，因此它的频率再现性较差(约 10^{-7})。纵向塞曼拍频稳频不直接用功率调谐曲线，直接影响功率调谐曲线位置和形状的压力效应和放电电流效应只是通过频率牵引效应间接影响拍频曲线的，反映频率牵引程度的 σ 值对小功率激光器来说只有千分之几，所以拍频稳频激光器有较高的抗干扰能力，它的频率再现性较功率稳频能提高一个数量级。

纵向塞曼稳频激光器的组成基本上可分为三部分：激光器、纵向磁场、控制伺服系统。图 9.3.12 为其工作原理图。这种激光器从弱输出端输出两种圆偏振光，经 1/4 波片后，变成两条线偏振光，然后进入雪崩光电二极管，雪崩光电二极管将接收的拍频信号转变为电信号经带宽为 1MHz 的前置放大器后，Δf 频率检测器将频率量变换成电压量，经差分放大得到的直流电压加至压电陶瓷上，激光器另一端输出经 1/4 波片变成两振动方向正交的线偏振光，再经偏振片输出一束偏振光，以供测量使用。

上述典型实验装置的有关参数如下：激光管长为 140mm；毛细管的放电长度为 90mm；氦氖的总气压为 2.7Torr，混合比为 7:1；输出镜的透过率为 2%；输出的激光功率约为 0.6mW。纵向磁场是用一矩形环状永磁铁形成的，激光管放在其中心位置上；在正常工作情况下，调整纵向磁场，使其左旋和右旋的拍频最小值在 300kHz 附近，这时的纵向磁场约为 70Gs，其轴向不均匀性为 10~20Gs。

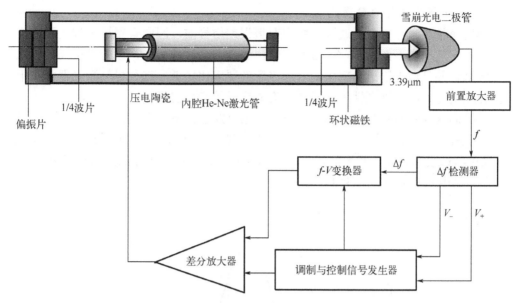

图 9.3.12　He-Ne 纵向塞曼稳频装置原理图

　　实验证明，由于不同类型激光器的稳频有较大差别，每台塞曼稳频激光器的频率(或波长)必须用碘饱和吸收稳定的激光器通过拍频标定，如图 9.3.13 所示。从激光器输出端输出的激光，通过反射镜与碘稳定激光器的光束调成同轴后进入光电倍增管，以获得两台激光器的拍频信号。拍频信号经放大后分为两路：一路输入频谱分析仪，以观测信噪比；另一路输入数字频率计，以测量拍频值。由此可见，这种纵向塞曼稳频激光器只是一种次级频率标准(或波长标准)。

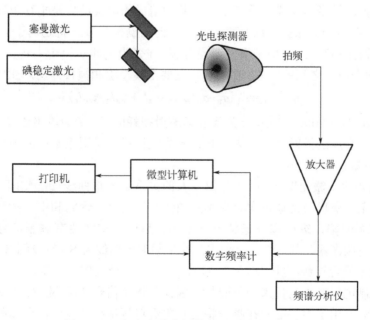

图 9.3.13　纵向塞曼稳频激光测量系统方框图

2) 632.8nm 横向塞曼稳频激光器

横向塞曼稳频激光器也是通过鉴频来获得误差信号的，因此有着抗干扰性强的优点，它的频率稳定度一般不低于 10^{-9}，激光器输出的两正交线偏振光，频差可在几十到几百千赫兹间调谐，并且激光输出功率大，对激光管的要求比较低。这种稳频激光器将在干涉计量和晶体双折射、晶体旋光性等测量方面有着广泛的应用前景。

加有横向磁场的 He-Ne 激光器，原子能级也要发生分裂，对于氖原子的 $3s_2\text{-}2p_4$ 能级跃迁产生 632.8nm 谱线，经过计算可知，该谱线分裂为 $+\sigma$、π 及 $-\sigma$ 三条谱线，如图 9.3.14 所示。如果以 $\Delta \nu_z$ 表示 σ 和 π 频率间隔，算得 $\Delta \nu_z$=1.82MHz/Gs，即外加横向磁场每增加 1Gs，σ 和 π 之间的中心频率就会增大 1.82MHz。

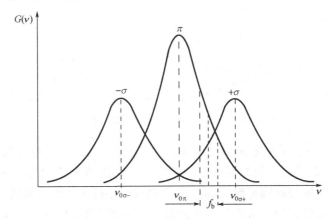

图 9.3.14　横向塞曼效应分裂谱线及其拍频

σ、π 两个成分之间的频差是由谐振腔的端面反射镜的双折射、激活介质的磁感应双折射、依赖腔谐振的模牵引和模排斥三个因素共同造成的。其结果是平行于磁场方向的偏振分量 π 将向 π 光中心 $\nu_{0\pi}$ 靠拢，而垂直于磁场方向的偏振分量 σ 将趋向于 $\sigma_{0\sigma}$，如图 9.3.14 所示，若激光谐振频率为 ν，由于横向塞曼分裂，ν 变为 ν_π 和 ν_σ，$\nu_\pi \rightarrow \nu_{0\pi}$、$\nu_\sigma \rightarrow \nu_{0\sigma}$，于是产生了 π、σ 两个成分之间的频差(拍频)f_b，主要由模牵引和模排斥所产生的拍频 f_b 为

$$f_b = f_\pi - f_\sigma = F_1(\sigma_\pi - \sigma_\sigma + \rho_\sigma I_\sigma - \rho_\pi I_\pi + \tau_{\sigma\pi} I_\pi - \tau_{\pi\sigma} I_\sigma)$$

其中，$F_1 = C\eta(a+T)/(8\pi nL)$，这里 a 为光腔非透射损耗因子，T 为输出透过率，η 为相对激发度，n 为激光介质的折射率，L 为腔长；σ 为线性模式牵引系数；ρ 为模式排斥系数；τ 为交叉牵引系数；I 为光强。

理论分析指出，激光振荡频率 ν 与拍频 f_b 的关系是 S 形曲线(或倒 S 形)，由于影响 f_b 的因素多且复杂，所以通常通过实验来确定拍频曲线的具体形状和中心拍频值。横向塞曼稳频原理与兰姆凹陷、纵向塞曼稳频原理不同，后两者均需要有调制信号。对于单模的 He-Ne 横向塞曼激光器，其 π 和 σ 两个成分的拍频调谐曲线为 S 形(或倒 S 形)。利用这一特点，将拍频信号经调频-电压 (f-V) 的转换作为误差信号来控制压电陶瓷，以调节谐振腔的腔长，或控制电风扇的风量来调节腔长。因此，误差信号 V 和腔调谐频率 ν 的关系亦为 S 形(或倒 S 形)。由于误差信号在频率稳定点附近单调地线性变化，所以振荡频率偏离的大小和方向由误差信号的大小同时给出，而无须另用调制信号来控制偏离的方向，也不需要利用原子跃迁中心 ν_0 作为频率的稳定点。

横向塞曼效应稳频原理图如图 9.3.15 所示，45°检偏器的检偏方向与 π 及 σ 偏振光振动方向均成 45°，因此在检偏方向它们有相同比例的输出光强。光电倍增管检测拍频 f_b，经 f-V 转换控制压电陶瓷。选用激光器的腔长 L=25.5cm，组分比为 7∶1，总气压 3Torr，工作电流 5mA，不加磁场时的输出功率为 2.5mW，横向磁场 H=310Gs，拍频中心处的 S 形曲线斜率为

$$\Delta \nu / \Delta f_b = 0.96 \times 10^3$$

1h 的稳频实验测得频率稳定度可达 3.5×10^{-9}，输出功率为 2.45mW。最后还应指出的是，其他激光器也有稳频问题，例如，CO_2 气体激光器通过 SF6 饱和吸收稳频，以得到 $5 \times 10^{-14}(\tau = 10\text{s})$ 的频率稳定度，10^{-10} 的频率再现性，方法与 He-Ne 稳频类似。

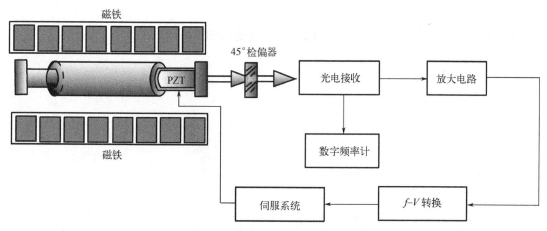

图 9.3.15　横向塞曼效应稳频原理图

9.3.4　参考光学频率梳的数字激光稳频技术

激光器内部结构稳定性和外部环境因素的影响，导致激光输出的频率发生漂移。为了获得频率长期稳定的激光，必须对激光器的频率进行稳定控制，即稳频。自由运行的单频激光器输出频率通常极不稳定且漂移量较大，中国科学院国家天文台南京天文光学技术研究所、中国科学院大学天文与空间科学学院以孔萌为首的科研团队针对其频率长期稳定问题，搭建了一套基于外差干涉的连续激光数字稳频系统。该系统以光学频率梳为频率参考源，对频率漂移在光梳梳齿范围内任意位置的激光，均有与其频率最接近的梳齿作为参考基准。激光与相应梳齿干涉的拍频信号经电子混频降频后其频率仍可达百兆赫量级，没有适用的商用高频频率电压转换芯片和模块电路。他们研制了一块针对百兆赫量级高频信号的 f-V 转换电路模块，该模块采用数字计数方案测量信号的频率，并将频率转换为电压信号输出，实验稳频系统以波长为 760nm 的窄线宽半导体激光器为稳频对象，以掺镱光纤飞秒光学频率梳为参考，本系统将该激光器频率的长期稳定度提高了 2 个量级，达到 $4.4 \times 10^{-10}(\tau = 262\text{s})$，表明本系统可对波长在光学频率频谱范围内的激光实现长期偏频锁定，为进一步激光精细锁频锁相奠定了基础。相对于基于嵌入式平台的测频解决方案，具有结构紧凑、性能稳定、成本低的特点。

习　　题

1．控制影响和决定激光频率振荡的主要因素有哪些？给出它们和激光频率振荡的关系表示。

2．简述兰姆凹陷稳频原理。

3．简述饱和吸收稳频原理。

4．设计一台兰姆凹陷稳频激光器，要求：

(1)画出器件结构原理图，并在图中标明各元件的名称、符号及相关技术参数；

(2)分析并说明该器件的工作原理；

(3)说明应注意的问题。

5．什么是光学频率梳？比较被动稳频与主动稳频的优缺点。

第 10 章　非线性光学技术

10.1　非线性光学技术概述

　　非线性光学(nonlinear optics，NLO)是现代光学的一个分支，是研究在强光作用下物质的响应与场强呈现的非线性关系的科学。当光波的电场强度可与原子内部的库仑场相比拟时，光与介质的相互作用将产生非线性效应，反映介质性质的物理量(如极化强度等)不仅与场强 E 的一次方有关，而且还取决于 E 的更高幂次项，从而导致线性光学中不明显的许多新现象。这些光学效应称为非线性光学效应 1961 年 P.A.Franken 成功实现了红宝石激光器的二次谐波(倍频效应)。从此，非线性光学与激光结下了不解之缘。经过 60 余年的发展，非线性光学已经成为成熟的科学分支，激光非线性光学技术已为激光技术开拓了广阔的前景。但是只有在形成非中心对称子晶格中并靠近费米面的轨道(即低能轨道)才会对二阶非线性光学系数做出实质贡献。非线性光学由于其高阶物理过程而独具魅力，光轨道角动量(OAM)的产生、调控和探测是国际光学领域的研究热点之一，并在超分辨成像、高容量光通信和量子信息技术诸多领域展现出诱人的应用前景。"2020 中国光学十大进展"候选推荐，在非线性频率转换过程中，OAM 会从基波转移至谐波，但 OAM 守恒只是在特定的条件下成立。非线性光学技术在激光器件、物质探测、光子通信、量子纠缠等领域应用广泛。非线性光学发展大体可分为三个阶段。

　　(1)20 世纪 60 年代，高功率激光器与介电晶体、气体和液体相互作用，参数波混频，受激拉曼(Raman)散射，自聚焦。

　　(2)20 世纪 70 年代，可调谐染料激光器，和频、差频，相干反斯托克斯拉曼散射(coherent anti-stokes raman scattering，CARS)。锁模激光器产生的亚纳秒脉冲促进了时间分辨非线性光谱学和相干瞬态光谱学的发展。中期和后期，光纤通信的发明引起了人们对非线性光学的更大兴趣。

　　(3)20 世纪 80～90 年代初至今，通过超快光电相互作用和激光束对信号的高平行控制性质实现了光信息的处理和存储。探索新材料的性质，如光纤波导有机聚合物和光折变材料等。在对信号处理的研究中发现了一些新的效应，如光双稳态、相共轭和光孤子等。

　　非线性光学现象基本上可分成三大类。

　　(1)非线性机制中传播的数个光波之间相互耦合而发生的倍频、和频、差频，以及四波混频等频率变换现象。

　　(2)介质在光场作用下由折射率的变化而引起光束的自聚焦、光束自陷及光学双稳态和感应光栅等现象。

　　(3)共振介质在超短脉冲作用下，将产生瞬态相干现象，包括光子回波、光学章动和自由感应衰减等。

　　在众多的非线性光学效应中，倍频效应(又称二阶非线性光学效应)是最引人注目的，也是研究得最多的非线性效应。1961 年，Franken 等利用红宝石激光器获得的相干强光（$\lambda = 694.3\text{nm}$）透过石英晶体时，产生了 $\lambda = 347.2\text{nm}$ 的二次谐波，其光波频率恰好是基频光频率的 2 倍，即倍频效应，从而开创了二阶非线性光学及其材料的新领域。自发现倍频效应以来，非线性光学领域吸引了大批科技工作者，使这一学科得到了空前的发展。今天，非线性光学已经发展成以经典电动力学、量子电动力学为基础，结合光谱学、固体物理学、化学等多门学科的综合性学科。

非线性光学的迅速发展源于非线性行为的物质载体——非线性光学材料的应用。非线性光学材料在光电通信、光学信息处理和集成电路等方面有着重要的应用。利用谐波产生、参量振荡与放大、光混频等效应制造的诸如混频器、光开关、光信息存储器、光限制器之类的元件，采用光子代替电子进行数据的采集、存储和加工，因为光子的开关速度可达到飞秒量级，比电子过程快几个数量级，所以在光频下工作可大大增加信息处理的带宽，如光盘，其信息存储容量得到了极大的提高。

光与物质的相互作用一般均可用电磁场与物质相互作用的普遍方程——麦克斯韦方程组来描述。弱光通过光学介质时，电感应极化强度仅包含线性项。人们把这种范畴的光学称作线性光学。线性光学的主要特点如下。

(1)在光和物质的相互作用中，光学材料的许多参数与外界光场强无关。例如，介质折射率是与光强度无关的常数，吸收、衰减也只是随波长和传播距离变化，而与光强无关。

(2)在光和物质相互作用过程中满足叠加原理。物质对入射各光场的作用始终遵循线性变换原则，其输出的光场仅为入射光场的线性组合，即只出现能量在不同频率的光波电场间重新分配，一般不产生新的光频，光在介质中传播时保持速率不变。当多光波通过光学介质时，不出现和频、差频等现象。

自激光问世以来，特别是调 Q 和锁模激光器的出现，所获得的光场强度比过去使用的普通光源高出几十万倍；其电场达到和超过了原子内部场强。由此产生的电感应极化矢量 P 不再与场强 E 呈线性关系，而必须把 P 看作 E 的函数 $P(E)$，即表现出非线性关联效应。与线性光学相比，其显著的不同点如下。

(1)在光和物质的相互作用中，物质的光学参数（如折射率、吸收系数等）不但与频率有关，而且与光强有关，不再是频率的单一函数。

(2)在光和物质相互作用中，各种频率的光场产生非线性耦合，因而常产生新的频谱。显然不再满足叠加原理。

这种研究电感应极化强度产生光学非线性效应规律的学说，称为非线性光学。目前，非线性光学的研究主要集中在三个方面：一是开拓新的理论，探究非线性光学效应的机理，为设计制造出性质优良的非线性光学新材料提供理论依据；二是新型优良的非线性光学材料的制备和应用；三是拓展应用范围，展现非线性光学的不可替代的作用魅力。中国科学院福建物质结构研究所已经有不少材料投入了实际应用中。但是波段红移和非线性光学系数之间的矛盾，使得非线性光学材料的进一步优化遇到了极大的困难，这一问题的解决，必然会极大推动非线性光学材料的优化制备与实际应用。

10.2　光学介质的非线性极化

10.2.1　光学介质的非线性极化原理

光是电磁波、光波与组成物质的原子相互作用时，由于原子核较重，而原子的内层电子受原子核的束缚作用较强，所以可以忽略原子核及内层电子的位移，但光波电场易引起原子外层电子发生位移，从而引起原子发生形变，致使原子正、负电荷中心重合的原子发生两极分化现象。这样，在原子内，正电荷中心原子核与负电荷中心便产生一个很小的距离。通常把这种电荷分布称为电偶极子。这种现象称为极化。

如果在光学介质内，价电子偏离平衡位置的距离为 x，价电子数的密度是 N，则单位体积内的电偶极矩 P 为

$$P = -Nex \tag{10.2.1}$$

式中，e 为电子电荷。常把单位体积内的电偶极矩 P 称为电极化强度。如果作用到原子的价电子上的光波电场比原子自身作用到价电子上的电场小得多，则负电荷中心偏离正电荷中心的距离 x 与光波电场 E 成正比，则电极强度与电场强度关系为

$$P = \chi E \tag{10.2.2}$$

称这种极化为线性极化，比例系数 χ 称为极化率，介质的折射率与极化率的关系为

$$n = \sqrt{1 + 4\pi\chi} \tag{10.2.3}$$

光波电场是周期性振荡的，因此光波引起的极化强度也具有波动的性质：

$$P = \chi E_0 \cos(\omega t + \varphi) \tag{10.2.4}$$

这种波称为极化波，显然线性极化波与入射光波有相同频率，极化波振幅与入射光波的振幅成正比，如图 10.2.1 所示。由于极化波反映了电偶极子正负电荷的周期性振荡，而电荷

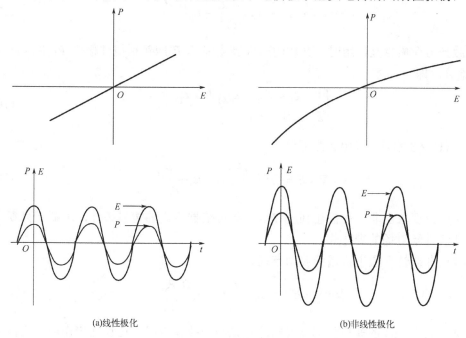

(a)线性极化　　　　　　　　　　　　　　(b)非线性极化

图 10.2.1　电场与其极化波的关系

的振荡必然会发射电磁波，所以极化波自己是会发光的，所发光波的频率与极化波的频率相同。类似发射电台的天线，因电荷的振荡而发射电磁波，而电偶极子即相当于发射电磁波的一个小天线。

光学介质在很强的光波电场作用下，不但会产生线性极化，而且还会产生二次、三次等非线性极化。P 与 E 的关系如下：

$$P = \hat{\chi}^{(1)}E + \hat{\chi}^{(2)}E^2 + \hat{\chi}^{(3)}E^3 + \cdots \tag{10.2.5}$$

式中，$\hat{\chi}^{(1)}$ 为线性电极化率；$\hat{\chi}^{(2)}$ 为二次非线性电极化率；$\hat{\chi}^{(3)}$ 为三次非线性电极化率；P、E 为矩阵向量。

10.2.2　电磁波在非线性介质中的传播

设非线性介质为非铁磁性无损耗的介电体，则其电导率 $\sigma = 0$，传导电流密度 $J = 0$，则电磁波在该非线性介质中传播时的宏观麦克斯韦方程组为

$$\begin{cases} \nabla \times H = \dfrac{\partial D}{\partial t} \\ \nabla \times E = -\dfrac{\partial B}{\partial t} \\ D = \varepsilon_0 E + P \\ B = \mu_0 H \end{cases} \tag{10.2.6}$$

式中，E、H 分别为电场强度和磁场强度；D、B 分别为电位移矢量和磁感应强度；ε_0、μ_0 分别为真空中的介电常数和磁导率；P 为介质的电极化强度。

对式(10.2.6)进行运算处理可得

$$\nabla \times \nabla \times E = -\mu_0 \varepsilon_0 \frac{\partial^2 E}{\partial t^2} - \mu_0 \frac{\partial^2 P}{\partial t^2} \tag{10.2.7}$$

在激光与介质相互作用时，介质的感应极化强度 P 应包括线性极化 P_L 和非线性极化 P_{NL} 两部分，即

$$\begin{cases} P = P_L + P_{NL} = \varepsilon_0 \hat{\chi}_L E + P_{NL} \\ \hat{\varepsilon} = \varepsilon_0(1 + \hat{\chi}_L) \end{cases} \tag{10.2.8}$$

将式(10.2.8)代入式(10.2.7)可得

$$\nabla \times \nabla \times E = -\mu_0 \varepsilon_0 \frac{\partial^2 \hat{\varepsilon}}{\partial t^2} E - \mu_0 \frac{\partial^2 P_{NL}}{\partial t^2} \tag{10.2.9}$$

可见，只要求出非线性极化强度 P_{NL}，即可依据给定的边界条件，求解麦克斯韦方程组得到非线性辐射场的表达式。

光波在非线性介质中传播的波动方程为

$$\nabla \times \nabla \times E + \mu_0 \varepsilon_0 \frac{\partial^2 E}{\partial t^2} = -\mu_0 \frac{\partial^2 P_{NL}}{\partial t^2} \tag{10.2.10}$$

当脉宽大于 1ns 的非聚焦单横模脉冲激光与介质作用时，可设互相作用的光波都是均

匀单色平面波，即其振幅不随时间变化，光波电场与极化强度可表示为

$$\begin{cases} \boldsymbol{E}(r,t) = \dfrac{1}{2}\sum_n \boldsymbol{E}(r,\omega_n)\exp[\mathrm{i}(k_n r - \omega_n t)] + \mathrm{c.c.} \\ \boldsymbol{P}(r,t) = \dfrac{1}{2}\sum_n \boldsymbol{P}(r,\omega_n)\exp[\mathrm{i}(k_n r - \omega_n t)] + \mathrm{c.c.} \end{cases} \tag{10.2.11}$$

若光波沿 z 轴方向传播，则由式(10.2.10)可得对应的每个频率分量的波动方程：

$$\nabla \times \nabla \times \boldsymbol{E}(\omega_n, z) + \mu_0 \omega_n \varepsilon(\omega_n)\boldsymbol{E}(\omega_n, z) = -\mu_0 \omega_n^2 \boldsymbol{P}_{\mathrm{NL}}(\omega_n, z) \tag{10.2.12}$$

非线性感应项对线性效应影响极小，可将非线性感应项作为一种微扰处理，因此在与光波相比拟的空间内，参与非线性耦合作用的单色平面波的振幅相对变化很小，即可进行慢变化近似：

$$\boldsymbol{E}(\omega_n, z) = \boldsymbol{e}_n E_n \exp(\mathrm{i}k_n z)$$

式中，e_n 为光波偏振分量的单位矢量。将此条件应用于式(10.2.12)，并略去二阶量 $\mathrm{d}^2 \boldsymbol{E}(\omega_n, z)/\mathrm{d}z^2$ 可得

$$\frac{\mathrm{d}E_n(z)}{\mathrm{d}z} = \frac{\mathrm{i}\mu_0 \omega_n^2}{2k_n} \boldsymbol{e}_n \boldsymbol{P}_{\mathrm{NL}}(\omega_n, z)\exp(-\mathrm{i}k_n z) \tag{10.2.13}$$

这就是电磁波在非线性介质内彼此间产生参量相互作用的基本关系式——耦合波方程。

10.3　二次非线性光学效应

当较弱的光电场作用于介质时，介质的极化强度 $\boldsymbol{P}$ 与光电场 $\boldsymbol{E}$ 呈线性关系：

$$\boldsymbol{P} = \varepsilon_0 \chi \boldsymbol{E} \tag{10.3.1}$$

式中，ε_0 为真空介电常数；χ 为介质的线性极化系数。当作用于介质的光为强光(如激光)时，介质的极化将是非线性的，在偶极近似的情况下，原子或分子的微观极化关系可表示为

$$\boldsymbol{P} = \alpha \boldsymbol{E} + \beta \boldsymbol{E}^2 + \gamma \boldsymbol{E}^3 + \cdots \tag{10.3.2}$$

式中，第一项为线性项，第二项以后为非线性项；α 为分子的线性光学系数(一阶非线性光学系数)，导致折射、反射等线性光学现象；β 为分子的二阶非线性光学系数，产生二次谐波、和频、差频、光学整流、线性电光效应、法拉第效应、光参量振荡等非线性现象；γ 为三阶非线性光学系数，则是三次谐波产生(THG)、双光子吸收、光束的自聚焦现象、克尔效应，以及受激拉曼散射、受激布里渊散射、四波混频等非线性光学效应。它们是描述分子非线性性质的重要物理量。当外电磁场 $\boldsymbol{E}$ 足够强时，这些高次项不能被忽略，也就是说，极化强度与光电场不再是线性相关关系，而是非线性关系。类似地，对于一个由多个原子或分子组成的宏观样品，外部光电场作用产生的极化强度可表示为

$$\boldsymbol{P} = \chi_1 \boldsymbol{E} + \chi_2 \boldsymbol{E}^2 + \chi_3 \boldsymbol{E}^3 + \cdots \tag{10.3.3}$$

式中，χ_n 的含义与式(10.3.2)中的 α、β、γ 类似。

1. 一列行波通过非线性晶体时的二次非线性效应

一列行波通过非线性晶体时的二次非线性效应，如图 10.3.1 所示，距波源 O 为 z 的

任一点 S 在 t 时刻光波电场的振幅可表示为

$$E(z,t) = E_0 \cos(\omega t - kz) \tag{10.3.4}$$

式中，E_0 为光源光波电场的振幅；$k = 2\pi n/\lambda$，这里 λ 为波长，n 为介质折射率，k 为波矢量。考虑二次非线性效应，极化强度为

$$
\begin{aligned}
P &= \chi_1 E + \chi_2 E^2 \\
&= \chi_1 E_0 \cos(\omega t - kz) + \frac{1}{2}\chi_2 E_0^2 \cos(2\omega t - 2kz) + \frac{1}{2}\chi_2 E_0^2 \\
&= P^{(\omega)} + P^{(2\omega)} + P^{(0)}
\end{aligned} \tag{10.3.5}
$$

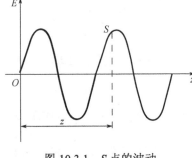

图 10.3.1　S 点的波动

显然，若入射光波的频率为 ω，则介质产生二次非极化效应，极化波中将含有基波、倍频波和直流分量。

2. 两列频率不同偏振方向相同的平面波同在介质中沿 z 轴传播时的二次非线性效应

设两列频率不同的平面波分别为

$$E_1(z,t) = E_1 \cos(\omega_1 t - k_1 z)$$

$$E_2(z,t) = E_2 \cos(\omega_2 t - k_2 z)$$

$$E(z,t) = E_1(z,t) + E_2(z,t)$$

考虑二次非线性效应，则有

$$
\begin{aligned}
P &= \chi_1[E_1(z,t) + E_2(z,t)] + \chi_2[E_1(z,t) + E_2(z,t)]^2 \\
&= \chi_1 E_1 \cos(\omega_1 t - k_1 z) + \chi_1 E_2 \cos(\omega_2 t - k_2 z) + \frac{1}{2}\chi_2 E_1^2 \cos(2\omega_1 t - 2k_1 z) \\
&\quad + \frac{1}{2}\chi_2 E_2^2 \cos(2\omega_2 t - 2k_2 z) + \chi_2 E_1 E_2 \cos[(\omega_1 + \omega_2)t - (k_1 + k_2)z] \\
&\quad + \chi_2 E_1 E_2 \cos[(\omega_1 - \omega_2)t - (k_1 - k_2)z] + \frac{1}{2}\chi_2(E_1^2 + E_2^2) \\
&= P^{\omega_1} + P^{\omega_2} + P^{2\omega_1} + P^{2\omega_2} + P^{(\omega_1 - \omega_2)} + P^{(\omega_1 + \omega_2)} + P^0
\end{aligned} \tag{10.3.6}
$$

可见，尽管入射光中仅有 ω_1、ω_2 两个频率分量，但极化波中将不仅含有 ω_1、ω_2，同时出现了倍频、和频、差频和直流分量。这是由于不同频率成分的极化波之间发生了能量交换。

当然，并不是所有非线性晶体都能有效地实现这些变换。为了实现某种转换，必须选择无对称中心的晶体，且晶体的二次极化率 χ_2 要大，同时，各极化波之间的能量耦合还必须满足能量守恒和动量守恒等耦合条件。

10.4　光学倍频技术

根据化合物的化学性质来分，非线性光学材料可分为无机材料、有机材料、高分子材料和有机金属络合物材料等；根据非线性性质来分，可分为二阶非线性光学材料(即倍频材料)和三阶非线性光学材料；就加工器件的形状而言，又可以分为晶体、薄膜、块材、纤维

等多种形式。早期非线性光学材料的研究主要集中在无机晶体材料上，有的已得到了实际应用，如磷酸二氢钾（KDP）、铌酸锂（LiNbO$_3$）、磷酸钛氧钾（KTP）等晶体在激光倍频方面都得到了广泛应用，并且在光波导、光参量振荡和放大等方面实用化，2020 年，石墨烯非线性光学研究获得了发展，石墨烯中三阶非线性和四波混频非线性光学现象的电学调控效应增强，中国科学院理化技术研究所研究员林哲帅课题组开展了"类金刚石结构改造工程"和"范德瓦耳斯结构设计策略"，在深紫外非线性光学晶体的探索上取得了进展。

继无机材料之后，人们又发现了有机非线性光学材料。有机非线性光学材料具有无机材料所无法比拟的优点：①有机化合物非线性光学系数要比无机材料高 1～2 个数量级；② 响应时间快；③光学损伤阈值高；④可以根据要求进行分子设计。但其也有不足之处：热稳定性低、可加工性不好，这是有机非线性光学材料实际应用的主要障碍。高分子 NLO 材料在克服有机材料的加工性能不好和热稳定性低等方面十分有效，若在非线性效应方面再得以优化，将是一类很有应用前景的新材料。金属有机 NLO 材料的研究始于 1986 年，随后陆续报道了有关工作，遗憾的是有些非线性效应很好的材料透光性不好。总的来说，其非线性效应介于有机和无机非线性光学材料之间，这一集有机化合物和无机化合物的特性于一身的设计思想对人们在改良非线性光学材料的性质方面有很大的启发性。目前，多数的工作都集中在二阶非线性光学材料上，三阶非线性光学材料的研究工作相对较少。与二阶非线性光学材料不同，三阶非线性光学材料不受化合物结构对称性的限制，而大的共轭体系是其关键因素。π 电子体系的共轭有机分子卟啉、酞菁化合物成为三阶有机非线性光学材料的研究热点，这是一类有较强的三阶有机非线性光学效应的有机材料。

利用非线性晶体在强光作用下的二次非线性效应，使频率为 ω 的激光通过晶体后，变成频率为 2ω 的倍频光，称为光倍频，倍频过程的能流方向是从低频流向高频。由于光倍频技术扩大了激光的波段，可获得更短波长的激光，受到人们的普遍重视。

10.4.1　倍频理论

1. 倍频效率

根据倍频转换效率的定义：

$$\eta_{\text{SHG}} = \frac{P^{2\omega}}{P^{\omega}} \tag{10.4.1}$$

由理论推导可得以下结论。

当倍频转换效率较低时，有

$$\eta_{\text{SHG}} = \frac{P^{2\omega}}{P^{\omega}} = \left(\frac{\mu_0}{\varepsilon_0}\right)^{\frac{3}{2}} \frac{2\omega^2 d_e^2 l^2}{n^3} \frac{p^{\omega}}{A} \frac{\sin^2(\Delta kl/2)}{(\Delta kl/2)^2} \tag{10.4.2}$$

式中，$P^{2\omega}$、P^{ω} 分别为倍频、基频光功率；ω 为基频光圆频率；l 为倍频晶体长度；n 为晶体的 o 光折射率；$\sin^2(\Delta kl/2)/(\Delta kl/2)^2$ 为相位匹配因子；d_e 为有效非线性系数；A 为晶体处基频光束面积；μ_0、ε_0 分别为真空中的磁导率和介电常数。

由式（10.4.2）可知，欲提高倍频效率，要求如下。

（1）晶体的有效倍频系数 d_e 要大。

(2)基波功率密度 P^ω/A 要大，$P^{2\omega}$ 与 P^ω/A 成正比。

(3)若 $\Delta k=0$，则因子 $\sin^2(\Delta kl/2)/(\Delta kl/2)^2$ 趋于 1。

这个条件称为相位匹配条件，此时 $P^{2\omega}$ 正比于 l^2。

当倍频转换效率较高时，有

$$\eta_{\text{SHG}}=\frac{p^{2\omega}}{p^\omega}=\tanh^2\left[2\omega d_e\cdot l\left(\frac{\mu_0}{\varepsilon_0}\right)^{3/4}\left(\frac{p^\omega}{A}\right)^{1/2}\frac{\sin(\Delta kl/2)}{\Delta kl/2}\right] \tag{10.4.3}$$

由倍频公式(10.4.2)和式(10.4.3)可知，无论转换效率是高还是低，要获得稳定的高效倍频转换，需提供稳定、高功率密度(P^ω/A)的基波光源，寻找较大的有效非线性系数 d_e 的倍频晶体，满足相位匹配条件 $\Delta k=0$。此外，在晶体的可饱和长度内(不产生光逆反转)，提供尽可能大的通光长度 l 的晶体。在给定的实验条件下，晶体存在一个特征长度 l_s。当 $l>l_s$ 时，基频光和倍频光分别趋于零和饱和，故存在一个最佳晶体长度 l_s 可获得最佳倍频转换效率。

如图 10.4.1 所示，图中虚线为近似结果。而实线表示与式(10.4.2)相符的结果。图中 $\lambda_1=1\mu m$、$\lambda_2=0.5\mu m$，这是用 1cm 长铌酸锂晶体计算的结果。

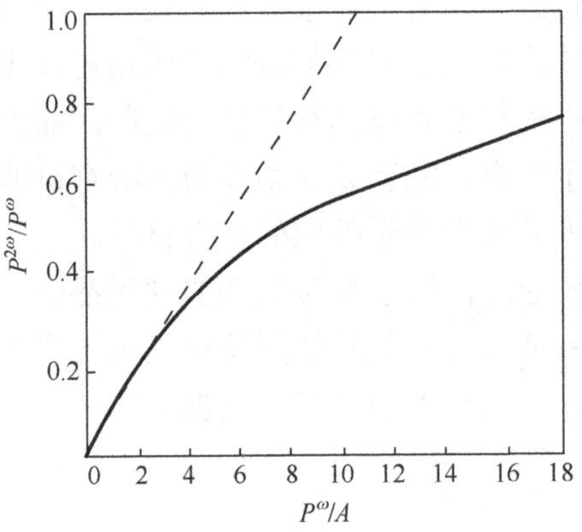

图 10.4.1　基频光功率密度与倍频效率的关系

2. 高斯光束的倍频公式

$$\eta_{\text{SHG}}=\frac{P^{2\omega}}{P^\omega}=2\left(\frac{\mu_0}{\varepsilon_0}\right)^{\frac{3}{2}}\frac{\omega^2 d_e^2 l^2}{n^3}\frac{P^\omega}{\pi\omega_0^2}\frac{\sin^2(\Delta kl/2)}{(\Delta kl/2)^2} \tag{10.4.4}$$

比较高斯光束在 $l=2Z_0$ 的解与平面波的解，可以发现，对于倍频效率，前者与晶体长度呈线性关系，而后者则和长度的平方成正比。

10.4.2　位相匹配

1. 位相匹配类型

激光倍频技术是利用晶体的非线性效应产生光学谐波。实现倍频转换的方法有多种，对分立光学器件系统来说，主要采用双折射相位匹配法。准相位匹配(QPM)虽然也适用于分立光学器件系统，但它还是被更广泛地用于波导倍频中。

1)双折射相位匹配法

利用倍频晶体，通过互相垂直振动的两种光时，存在两种折射率的现象，而且光的传播方向不同，折射率也不同，寻找使不同频率的互相垂直振动的光之间满足折射率相同的传播方向角度，即双折射相位匹配(具体的又分为角度匹配或温度匹配两种，后者又称为90°匹配)，进而实现高效率的基频光到倍频光的转换。

在腔外倍频的情况下，双折射相位匹配法所达到的最高倍频转换效率约为 2%，腔内倍频时可达 50%以上。

　　要获得较高的转换效率，其先决条件就是相位匹配条件得到满足，例如，在基频光和倍频光共线的情况下，要求满足

$$\Delta k = k_2 - 2k_1 = 0 \tag{10.4.5}$$

式中，k_1、k_2 分别为基频光和倍频光的波矢。这也就要求光波的频率与折射率满足如下关系：

$$n_2(\omega_2)\omega_2 = 2n_1(\omega_1)\omega_1 \tag{10.4.6}$$

式中，ω_1、ω_2 分别为基频光和倍频光的频率，式(10.4.6)为第Ⅱ类相位匹配条件。对倍频效应来说，$\omega_2=2\omega_1$，代入式(10.4.6)后，显然有

$$n_2(\omega_2) = n_1(\omega_1) \tag{10.4.7}$$

　　对于各向同性晶体，正常色散(光波的频率越高，晶体对光的折射率越大)，满足式(10.4.7)是不可能的；但对于各向异性晶体，o 光的折射率曲面是球面，而 e 光的折射率曲面是椭球面，因而在一定条件下，例如，在某个特定方向上，也即 o 光的折射率曲面(球面)和 e 光的折射率曲面是椭球面相交之点，从坐标原点到相交点的连线方向，相位匹配条件可以得到满足，这就是双折射相位匹配的基本思想。

　　2) 准相位匹配

　　准相位匹配技术是由 J.A.Armstrong 等在 1962 年首次提出的，其基本思想就是周期性地改变晶体的自发极化符号，重新安排相位，从而充分利用晶体的二阶非线性极化张量中的最大张量达到高的非线性系数，同时还避免了走离效应。准相位匹配技术还可以通过改变周期性极化晶体的光栅周期来对角度匹配无法实现倍频的波段进行倍频。它允许倍频光与基频光的相位有少量的偏差，但因有相位补偿作用，这种失配不可能得到累积。

　　J.A.Armstrong 等给出了三种实现方法：①二阶非线性系数 $\chi^{(2)}$ 的周期性跃变；②晶体内全反射法；③含有非线性介质的腔内干涉波共振法。其中，第一种方法比较常用，也容易实现高效率的倍频转换。

　　用于准相位匹配器件制备的材料很多，如铌酸锂晶体、钽酸锂晶体($LiTaO_3$)、铌酸钾晶体($KNbO_3$)、磷酸钛氧钾($KTiOPO_4$，KTP)以及它的同族晶体，有人还用聚合物、光纤等制备准相位匹配器件，每一种材料都有各自的优缺点，相对而言，KTP 晶体以其较低的矫顽场电压和光折变效应、较高的光破坏阈值和非线性系数，以及良好的温度稳定性受到广泛关注，成为新一代准相位匹配器件的研究热点。

　　总的来说，准相位匹配技术使光倍频的研究取得了长足的进展，但是它对调制周期的严格要求或难以保证，或使器件复杂，同时对温度的变化也十分敏感，因此就目前的工艺技术而言还不能得到广泛的应用。

　　3) 切连科夫辐射实现光倍频转换

　　切连科夫倍频，就是利用光波导中基频导模与倍频辐射模之间的相位匹配来实现倍频转换。与准相位匹配技术相比，它具有以下特点：①切连科夫方案是非共线耦合，相位匹配条件自动满足；②对环境、温度、匹配波长和波导制作误差的要求大大降低；③非共线耦合，因而光倍频转换效率较低，目前只能达到1%左右。因此，人们仍在积极探索新的方法。

　　4) 准相位匹配-切连科夫倍频转换

　　这是将准相位匹配技术与切连科夫倍频技术相结合的一种新方法。它基于导模与辐射

模的相互耦合作用，通过加入周期调制来提高耦合效率。这种方法集合了前两种方法的优点，倍频效率高，对周期、温度和倍频波长的要求大大降低。虽然目前这种方法仍停留在理论研究阶段，但是它的发展前景令人乐观。

　　总之，激光倍频技术所面临的主要问题是转换效率低、输出频率不单一。目前，采用较多的方案是 L 形腔和 Z 形腔，这两种腔一般采取腔内倍频的方式，在千赫兹频率的固体激光下转换效率一般不高于 20%，且输出的倍频光频率不单一，混有较大的基波成分。

　　在非线性激光变频领域，要获得有效的激光输出，必须满足相位匹配，即双折射相位匹配(BPM)或准相位匹配。利用晶体的双折射效应能在双折射晶体中达到相速度匹配，从而实现相位匹配的倍频，这种匹配称为双折射相位匹配。通过晶体非线性极化率的周期调制，可以弥补光参量过程中由折射率色散造成的基波和谐波之间的位相失配，以获得非线性光学效应的增强，这种匹配称为准相位匹配。

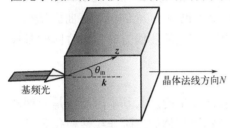

图 10.4.2　非线性晶体的切割

　　通常双折射相位匹配对晶体的要求较多，如要有特殊的切割方向，如图 10.4.2 所示，或者需要特定的工作温度，n_e 和 n_o 要有较大的差异，无论是 Ⅰ 类还是 Ⅱ 类相位匹配，都要有特定的通光方向，而该方向一般不能利用最大的二阶非线性系数对角张量，加之存在走离效应，不能有较长的通光长度，限制了激光输出功率的提高。与双折射相位匹配相比，准相位匹配有如下优点：①扩大了现有材料的应用范围；②可利用晶体的最大非线性系数。一般的非线性材料如 KTP、LiTaO$_3$、LiNbO$_3$ 等最大的非线性系数均为 d_{33}。而传统的双折射相位匹配中，匹配过程要用到不同的偏振光，无法利用最大非线性系数，而准相位匹配可实现基波和谐波相同的匹配方式(如 e+e→e 的匹配)，因而可利用最大的非线性系数。这将极大地提高转换效率；③在整个透明波段对不同的入射波，可人为设计周期，实现非临界相位匹配。由于不存在走离效应，可通过增加晶体长度来提高转换效率。但由于准相位匹配材料(或称光学晶格)的制备比较困难，所以发展比较晚。

　　实现 $n(\omega)=n(2\omega)$ 条件有着不同的方法，常用的相位匹配技术有两种：角度位相匹配和温度位相匹配(90° 相位匹配)，也称临界相位匹配和非临界相位匹配。

　　实验中常用的倍频晶体为 KTP，属于双轴晶体，最佳相位匹配为 Ⅱ 类相位匹配，故在此只讨论双折射相位匹配。

2. 相位匹配条件及角度相位匹配

　　为了有效地获得倍频激光，应使基波(入射频率为 ω 的光波)与倍频激光在晶体中的传播速度相等。由于基波传播到哪里，倍频极化波就在哪里产生，故若 $V(\omega)=V(2\omega)$，则可保证倍频极化波和倍频激光的传播速度相等，即倍频极化波在任一时刻发出的倍频光在传到晶体出射面时都有相同的相位，干涉相长而互相加强。又由 $V(\omega)=V(2\omega)$ 可知，$n(\omega)=n(2\omega)$，即 $k(2\omega)=2k(\omega)$ 均为位相匹配条件。实现有效频率变换的方法之一就是相位匹配技术，利用非线性晶体的双折射与色散特性达到相位匹配。倍频过程的能流方向是从低频流向高频，从量子光学的观点出发，倍频过程实质是两个基频光子被湮灭，产生了一个倍频光子。其中，角度相位匹配存在下述四种可能的匹配方式。

(1)基波中两个 e 光子被湮灭，产生倍频极化波的一个 o 光子，记为 e+e→o 匹配。

(2)基波中两个 o 光子被湮灭，产生倍频极化波的一个 e 光子，记为 o+o→e 匹配。

(3)基波中一个 e 光子和一个 o 光子被湮灭，产生倍频极化波的一个 o 光子，记为 e+o →o 匹配。

(4)基波中一个 e 光子和一个 o 光子被湮灭，产生倍频极化波的一个 e 光子，记为 e+o →e 匹配。

对于 o+o→e 和 e+e→o，由于相互作用的基波电矢量的偏振方向互相平行，所以称为平行式相位匹配，也称Ⅰ类相位匹配。而对 o+e→o 和 o+e→e 的匹配，基波的 o 光和 e 光偏振方向互相垂直，因此称为正交式相位匹配，或称为Ⅱ类相位匹配。

(1)设参与相互作用的三个光波的圆频率分别为 ω_1、ω_2 和 $\omega_3(\omega_1=\omega_2+\omega_3)$，其波矢分别为 $\boldsymbol{k}_1$、$\boldsymbol{k}_2$、$\boldsymbol{k}_3$，根据动量守恒定律，当完全相位匹配时，有

$$\Delta\boldsymbol{k} = \boldsymbol{k}_1(\omega_1) + \boldsymbol{k}_2(\omega_2) - \boldsymbol{k}_3(\omega_3) = 0 \tag{10.4.8}$$

即

$$\boldsymbol{k}_1(\omega_1) + \boldsymbol{k}_2(\omega_2) = \boldsymbol{k}_3(\omega_3) \tag{10.4.9}$$

由于

$$k_i = \omega_i n_i \frac{l}{c}, \quad i=1, 2, 3 \tag{10.4.10}$$

式中，波矢 $\boldsymbol{k}_i$ 为单位矢量；n_i 是频率为 ω_i 的光波在介质中的折射率，将式(10.4.10)代入式(10.4.9)，如果参与相互作用的三个光波的波矢方向相同(共线)，则有

$$\omega_1 n_1 + \omega_2 n_2 = \omega_3 n_3 \tag{10.4.11}$$

式(10.4.11)为三波相互作用的相位匹配条件。

(2)对于倍频，匹配条件为

$$\omega_1 = \omega_2 = \omega / 2 \tag{10.4.12}$$

$$n_1(\omega) + n_2(\omega) = 2n_3(2\omega) \tag{10.4.13}$$

从原理来讲，非线性晶体中三波相互作用的相位匹配有两种类型。设相互作用的三个光波满足 $\omega_3 > \omega_2 \geq \omega_1$、$\mathrm{d}n/\mathrm{d}\lambda \leq 0$，如果频率为 ω_1 的光波与频率为 ω_2 的光波具有相同的偏振态，此时的相位匹配为Ⅰ类相位匹配；反之，光波 ω_1 与光波 ω_2 具有正交的偏振态，此时的相位匹配为Ⅱ类相位匹配。

10.4.3　单轴晶体中三波相互作用的相位匹配

在单轴晶体中，根据 $\boldsymbol{D}$ 矢量的方向不同，光波分为 o 光和 e 光。在两种相位匹配情况下，参与相互作用的光波是 o 光还是 e 光，由晶体的类型决定。

两类相位匹配的角度是可计算的，对于负单轴晶体为(符号 $n_i(\omega)$、n_i^{ω} 和 $n_i^{(\omega)}$ 等效，均表示介质对频率为 ω 的电磁波的折射率，$n_i(2\omega)$、$n_i^{2\omega}$ 和 $n_i^{(2\omega)}$ 均表示介质对频率为 2ω 的电磁波的折射率，其余类同)

$$\frac{1}{n_e^2(\theta)} = \frac{\cos^2\theta}{n_o^2} + \frac{\sin^2\theta}{n_e^2} \tag{10.4.14}$$

所以得

$$\frac{1}{[n_e^{2\omega}(\theta)]^2} = \frac{\cos^2\theta}{[n_o^{2\omega}]^2} + \frac{\sin^2\theta}{[n_e^{2\omega}]^2} \tag{10.4.15}$$

当满足相位匹配条件

$$n_e^{2\omega}(\theta_m) = n_o^{\omega} \tag{10.4.16}$$

时，式(10.4.15)成为

$$\frac{1}{[n_o^{\omega}]^2} = \frac{\cos^2\theta}{[n_o^{2\omega}]^2} + \frac{\sin^2\theta}{[n_e^{2\omega}]^2} \tag{10.4.17}$$

1. Ⅰ类相位匹配

1) 对正单轴晶体(o 光速度大于 e 光速度，$n_o^{\omega} < n_e^{\omega}$) Ⅰ类相位匹配(e+e→o)

正单轴晶体中Ⅰ类相位匹配(e+e→o)，基频的两个 e 光子产生一个倍频的 o 光子。而基频的 e 光和倍频的 o 光折射率曲面上有四个交点，原点和交点的连线与光轴夹角为 θ_m，如果入射光的法线方向与光轴成 θ_m 角，则有

$$n_e^{(\omega)}(\theta_m) = n_o^{(2\omega)} \tag{10.4.18}$$

式中，θ_m 称为相位匹配角。Ⅰ类相位匹配(e+e→o)，结合式(10.4.17)得

$$n_1(\omega,\theta) = n_2(\omega,\theta) = n_e(\omega) = \left[\frac{n_o^2(\omega)n_e^2(\omega)}{n_o^2(\omega)\sin^2\theta + n_e^2(\omega)\cos^2\theta} \right]^{1/2} \tag{10.4.19}$$

$$n_3(2\omega,\theta) = n_o(2\omega) \tag{10.4.20}$$

相位匹配条件：

$$n_e(\omega,\theta) = n_o(2\omega) \tag{10.4.21}$$

所以其匹配角为

$$\sin^2\theta_m = \frac{n_e^2(\omega)[n_o^2(\omega) - n_o^2(2\omega)]}{n_o^2(2\omega)[n_o^2(\omega) - n_e^2(\omega)]}$$

$$\theta_m = (\theta_m^1)_p = \arcsin\left\{ \frac{n_e^2(\omega)[n_o^2(\omega) - n_o^2(2\omega)]}{n_o^2(2\omega)[n_o^2(\omega) - n_e^2(\omega)]} \right\}^{\frac{1}{2}} \tag{10.4.22}$$

2) 负单轴晶体(o 光速度小于 e 光速度，$n_o^{\omega} > n_e^{\omega}$)中Ⅰ类相位匹配(o+o→e)

如图 10.4.3 所示，为负单轴晶体折射率椭球截面，图中虚线为倍频波(e 光)的折射率面，实线为基频波(o 光)的折射率面。由图可见，基频 o 光和倍频 e 光在折射率曲面上有四个交点，若交点 P 对应的方向与光轴 OZ 方向的夹角为 θ_m，恰好也是入射晶体的基波法线方向与光轴方向的夹角，就有 $n_o(\omega) = n_e(2\omega,\theta)$。$\theta_m$ 为相位匹配角，Ⅰ类相位匹配(o+o→e)，所以有

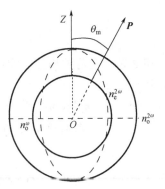

图 10.4.3　负单轴晶体折射率椭球截面

$$n_1(\omega,\theta) = n_2(\omega,\theta) = n_o(\omega) \tag{10.4.23}$$

$$n_3(2\omega,\theta) = n_e(2\omega,\theta) = \left[\frac{n_o^2(2\omega)n_e^2(2\omega)}{n_o^2(2\omega)\sin^2\theta + n_e^2(2\omega)\cos^2\theta}\right]^{1/2} \tag{10.4.24}$$

相位匹配条件：
$$n_o(\omega) = n_e(2\omega,\theta) \tag{10.4.25}$$

匹配角：

$$\sin^2\theta_m = \frac{n_e(2\omega)\left[n_o^2(2\omega) - n_o^2(\omega)\right]}{n_o(\omega)\left[n_o^2(2\omega) - n_e^2(2\omega)\right]} \tag{10.4.26}$$

$$\theta_m = (\theta_m^1)_n = \arcsin\frac{n_e(2\omega)\left[n_o^2(2\omega) - n_o^2(\omega)\right]}{n_o(\omega)\left[n_o^2(2\omega) - n_e^2(2\omega)\right]} \tag{10.4.27}$$

式中，符号 $n_i(\omega) = n_i^{(\omega)} = n_i^\omega$，$n_i(2\omega) = n_i^{(2\omega)} = n_i^{2\omega}$（$i$=1、2、e、o），分别表示介质对频率为 ω、2ω 的电磁波的折射率，下标 e、o 则表示晶体中的 e 光、o 光，其余类同。

2. Ⅱ类相位匹配

1) 正单轴晶体中Ⅱ类相位匹配（e+o→o）
$$n_1(\omega,\theta) = n_o(\omega) \tag{10.4.28}$$

$$n_2(\omega,\theta) = n_e(\omega,\theta) = \left[\frac{n_o^2(\omega)\,n_e^2(\omega)}{n_o^2(\omega)\sin^2\theta + n_e^2(\omega)\cos^2\theta}\right]^{1/2} \tag{10.4.29}$$

$$n_3(2\omega,\theta) = n_o(2\omega) \tag{10.4.30}$$

相位匹配条件：
$$n_o(\omega) + n_e(\omega,\theta) = 2n_o(2\omega) \tag{10.4.31}$$

匹配角：

$$\sin^2\theta_m = \frac{\left[\dfrac{n_o(\omega)}{2n_o(2\omega) - n_o(\omega)}\right]^2 - 1}{\dfrac{n_o^2(\omega)}{n_e^2(\omega)} - 1} \tag{10.4.32}$$

$$(\theta_m^{\text{II}})_p = \arcsin\left\{\frac{\left[\dfrac{n_o(\omega)}{2n_o(2\omega) - n_o(\omega)}\right]^2 - 1}{\dfrac{n_o^2(\omega)}{n_e^2(\omega)} - 1}\right\}^{\frac{1}{2}} \tag{10.4.33}$$

2) 负单轴晶体中Ⅱ类相位匹配（e+o→e）
$$n_1(\omega,\theta) = n_e(\omega,\theta) = \left[\frac{n_o^2(\omega)\,n_e^2(\omega)}{n_o^2(\omega)\sin^2\theta + n_e^2(\omega)\cos^2\theta}\right]^{1/2} \tag{10.4.34}$$

$$n_2(\omega,\theta) = n_o(\omega) \tag{10.4.35}$$

$$n_3(2\omega,\theta) = n_e(2\omega,\theta) = \left[\frac{n_o^2(2\omega)\,n_e^2(2\omega)}{n_o^2(2\omega)\sin^2\theta + n_e^2(2\omega)\cos^2\theta}\right]^{1/2} \tag{10.4.36}$$

相位匹配条件：
$$n_e(\omega,\theta) + n_o(\omega) = 2n_e(2\omega,\theta) \tag{10.4.37}$$

匹配角：

$$\sin^2\theta_{\mathrm{m}} = \frac{\left[\dfrac{2n_{\mathrm{o}}(2\omega)+n_{\mathrm{o}}(\omega)}{n_{\mathrm{e}}(2\omega)}\right]^2 - 1}{\dfrac{n_{\mathrm{o}}^2(2\omega)}{n_{\mathrm{e}}^2(2\omega)} - 1} \tag{10.4.38}$$

$$(\theta_{\mathrm{m}}^{\mathrm{II}})_n = \arcsin\left\{\frac{\left[\dfrac{2n_{\mathrm{o}}(2\omega)+n_{\mathrm{o}}(\omega)}{n_{\mathrm{e}}(2\omega)}\right]^2 - 1}{\dfrac{n_{\mathrm{o}}^2(2\omega)}{n_{\mathrm{e}}^2(2\omega)} - 1}\right\}^{\frac{1}{2}} \tag{10.4.39}$$

现将以上各种角度匹配列于表 10.4.1。

表 10.4.1　倍频晶体匹配角度

晶体种类	Ⅰ类相位匹配（平行式）		Ⅱ类相位匹配（正交式）	
	偏振性质和能量变化	匹配条件	偏振性质和能量变化	匹配条件
负单轴晶体 $v_{\mathrm{o}} < v_{\mathrm{e}},\ n_{\mathrm{o}} > n_{\mathrm{e}}$	o+o→e	$n_{\mathrm{o}}^{(\omega)} = n_{\mathrm{o}}^{(2\omega)}(\theta_{\mathrm{m}})$	e+o→e	$\dfrac{1}{2}[n_{\mathrm{e}}^{(\omega)}(\theta_{\mathrm{m}})+n_{\mathrm{o}}^{(\omega)}] = n_{\mathrm{e}}^{(2\omega)}(\theta_{\mathrm{m}})$
正单轴晶体 $v_{\mathrm{o}} > v_{\mathrm{e}},\ n_{\mathrm{o}} < n_{\mathrm{e}}$	e+e→o	$n_{\mathrm{e}}^{(\omega)}(\theta_{\mathrm{m}}) = n_{\mathrm{o}}^{(2\omega)}$	o+e→o	$\dfrac{1}{2}[n_{\mathrm{o}}^{(\omega)}+n_{\mathrm{e}}^{(\omega)}(\theta_{\mathrm{m}})] = n_{\mathrm{o}}^{(2\omega)}$

3. 失配问题

当精确满足位相匹配条件时，$\Delta k = 0$，倍频转换效率最高，但在实际工作中，入射激光束有一定的发散角，使某些部分的光束偏离 θ_{m} 角，或倍频晶体位置调整得不够精确，也会使入射激光偏离 θ_{m} 角，称这种现象为失配。失配的实质是 $\Delta k \neq 0$。

4. 有效非极化系数 d_{e}

有效非极化系数 d_{e} 是一个与 θ、φ 有关的系数，其中 θ 为匹配角，φ 为方位角（基频光和光轴组成的平面与 X 轴的夹角）。利用矩阵的方法可求得一些晶体的 d_{e} 值。

表 10.4.2 给出十三类晶体的 d_{e} 值。

表 10.4.2　十三类晶体的 d_{e} 值

晶体类型	e+e→o（正单晶Ⅰ类） o+o→e（负单晶Ⅰ类）	o+e→o（正单晶Ⅱ类） e+o→e（负单晶Ⅱ类）
6 与 4	0	$d_{15}\sin\theta_{\mathrm{m}},\ d_{31}\sin\theta_{\mathrm{m}}$
622 与 4 22	0	0
6mm 与 4mm	0	$d_{15}\sin\theta_{\mathrm{m}}$
$\overline{6}\,m2$	$d_{22}\cos^2\theta_{\mathrm{m}}\cos\varphi$	$-d_{22}\cos\theta_{\mathrm{m}}\sin3\varphi$
3m	$d_{22}\cos^2\theta_{\mathrm{m}}\cos2\varphi$	$d_{15}\sin\theta_{\mathrm{m}}-d_{22}\cos\theta_{\mathrm{m}}\sin3\varphi$
$\overline{6}$	$\cos^2\theta_{\mathrm{m}}(d_{11}\sin3\varphi+d_{22}\cos3\varphi)$	$\cos\theta_{\mathrm{m}}(d_{11}\cos3\varphi-d_{22}\sin3\varphi)$
3	$\cos^2\theta_{\mathrm{m}}(d_{11}\sin3\varphi+d_{22}\cos3\varphi)$	$d_{15}\sin\theta_{\mathrm{m}}+\cos\theta_{\mathrm{m}}(d_{11}\cos3\varphi-d_{22}\sin3\varphi)$
32	$d_{11}\cos^2\theta_{\mathrm{m}}\sin3\varphi$	$d_{11}\cos\theta_{\mathrm{m}}\cos3\varphi$
$\overline{4}$	$\sin2\theta_{\mathrm{m}}(d_{14}\cos2\varphi-d_{15}\sin2\varphi)$	$-\sin\theta_{\mathrm{m}}(d_{14}\sin2\varphi+d_{15}\cos2\varphi)$
$\overline{4}\,2m$	$d_{36}(\sin2\theta_{\mathrm{m}}\cos2\varphi)$	$-d_{36}(\sin\theta_{\mathrm{m}}\sin2\varphi)$

5. 光孔效应

角度相位匹配，仅是使基频光和倍频光的相速度一致，但这并不意味着两者的光线方向（能流方向）一致，由折射率椭球可知，只有当波法方向与光轴的夹角为 0° 或 90° 时，光线方向才与波法方向一致，当 $\theta=\theta_m$ 时，o 光与波法方向一致，而 e 光将与 o 光夹角为 α，其中 α 可用式（10.4.40）获得：

$$\tan\alpha = \frac{1-\left[\dfrac{n_o^{(2\omega)}}{n_e^{(2\omega)}}\right]^2}{\left[\dfrac{n_o^{(2\omega)}}{n_e^{(2\omega)}}\right]^2\tan\theta_m + c\tan\theta_m} \tag{10.4.40}$$

称 α 角为离散角，这种离散将使晶体内沿途激发的倍频波在晶体出射面处互相错开，导致各点产生的倍频光不能相互干涉加强。这种离散引起的倍频效率降低的效应称为光孔效应。由于光孔效应大大减弱了基频波向二次谐波的转换作用，仅在一定长度 l_e 内才能实现有效转换。这个长度 l_e 称为离散效应的相干长度。$l_e=d/\tan\alpha$，这里 d 为入射光束的直径。

6. 温度匹配——90° 相位匹配

如果 $\theta_m=90°$，则可克服光孔效应，光束发散角及温度的变化也都对倍频效率影响较小。有些倍频晶体，当温度改变时，对 e 光折射率的影响比对 o 光折射率的影响更大。因此，调节倍频晶体的温度，有可能使 $\theta_m=90°$、$n_e^{(2\omega)}=n_o^{(\omega)}$，即实现 $\theta_m=90°$ 时的相位匹配。90° 相位匹配也称为非临界相位匹配。

通过分析和实验已经给出一些倍频晶体的相位匹配温度 T_m，为了便于查阅，列于表 10.4.3 中。

表 10.4.3　倍频晶体的相位匹配参数

晶 体	对称轴	匹配角 $\theta_m(\lambda=1.06\mu m)$		匹配温度/℃ $\theta_m=90°$	H_{SHG}/%
		I 类	II 类		
KH_2PO_4 (KDP)	$\overline{4}2m$（负单轴）	40°±1°	59°	−13.7($\lambda=0.514\mu m$)	30
KD_2PO_4 (KD*P)	$\overline{4}2m$（负单轴）	37°	53.5°	40(0.53μm)	20~40
$NH_4H_2PO_4$ (ADP)	$\overline{4}2m$（负单轴）	42° 52°(0.6943μm)		50(0.53μm)	20~30
$LiNbO_3$	3m（负单轴）	34°		63	20~30
$LiIO_3$	6（负单轴）	52°(0.6943μm) 30°			30~40
RbH_2AsO_4 (RDA)	$\overline{4}2m$（负单轴）	80°(0.6943μm) 50°		96(0.6943μm)	30~60
RbH_2PO_4 (RDP)	$\overline{4}2m$（负单轴）	67°(0.6943μm) 50°		20~98 (0.314~0.319μm)	30~50
Ag_2AsS_3	$\overline{4}2m$（负单轴）	22°			2~5
Te	32（正单轴）	20°			15
β-BaB_2O_4 (BBO)	（负单轴）	21°±1° 36°±1(694.3nm)		$\varphi=10.73°$	
$Ba_2NaNb_5O_{15}$ (BSN)	2mm（双轴晶）	15°±2°		105	
$KTiOPO_4$ (KTP)	2mm（双轴晶）		$\varphi=24.4°$, $\theta=90°$		
LBO		$\varphi=90°$, $\theta=43.6°$			和频用

注：表中未标明波长的均为 $\lambda=1.06\mu m$。

当然，并非所有的晶体都能达到 90° 位相匹配，而且对于同一种晶体，由于组分不同，匹配温度也有相当大的差异。

10.4.4　负双轴晶体中的三波相互作用的相位匹配

单轴晶体由于其光学主轴为 z 轴，具有回转对称性，所以在单轴晶体中三波相互作用的相位匹配问题容易得到解决。双轴晶体的折射率曲面在直角坐标系中是四次曲面(双层壳面)，缺乏对称性，其相位匹配曲线不能简单地解析求解。与单轴晶体的原理相同，相位匹配是指，在晶体中基频光的相速度等于二次谐波的相速度，基频光通过晶体时，在传播方向激发的倍频极化场因具有相同的相位而互相加强，从而达到相位匹配的目的。双轴晶体相位匹配的计算非常复杂，原则上可以用计算机求数值解。

10.4.5　非线性光学材料

根据化合物的化学性质来分，NLO 材料可分为无机材料、有机材料、高分子材料和有机金属络合物材料等；根据非线性性质来分，可分为二阶非线性光学材料(即倍频材料)和三阶非线性光学材料；就加工器件而言，又可以分为晶体、薄膜、块材、纤维等多种形式。

(1)无机晶体材料。如常用的二阶非线性光学晶体磷酸二氢铵(ADP)、磷酸二氢钾(KDP)、磷酸二氘钾(DKDP)、砷酸二氘铯(DCDA)、砷酸二氢铯(CDA)等。它们是产生倍频效应和其他非线性光学效应的一类具有代表性的晶体，适用于近紫外可见光区和近红外区，其损伤阈值大。另外，还发现了一些具有优异性能的晶体材料，如紫外倍频晶体材料 BBO 和 LBO(三硼酸锂，LiB_3O_5)、铌酸锶钡钾钠 (KNSBN)、高掺镁铌酸锂($MgO:LiNbO_3$)、α-碘酸锂(α-$LiIO_3$)、三硼酸锂(LiB_3O_5)，并发展了高质量的锗酸铋(BGO)、硅酸铋(BSO)、氧化碲(TeO)、铌酸钾(KNbO)等无机盐化合物，在激光倍频方面都得到了广泛的应用，并且正在光波导、光参量振荡和放大等方面向实用化发展。中国在无机非线性光学晶体材料的研究上处于国际领先地位，研制出具有优异性能的晶体材料，如紫外倍频晶体材料 BBO 和 LBO、铌酸锶钡钾钠、高掺镁铌酸锂、α-碘酸锂、并发展了高质量的锗酸铋、硅酸铋、磷酸钛氧钾、氧化碲、铌酸钾和大尺寸磷酸二氢钾等无机盐化合物，已在现代激光技术中得到了广泛的应用。在非线性光学材料这个很活跃的领域中，无机晶体材料主要有几种市场需求的晶体，人们为改进晶体生长难易度和改进性能，进行了组分置换或寻求替代品种。人们致力于寻求一种最适合于 CO_2 激光倍频的晶体，经过理论分析与实验比较，人们发现能较好满足上面所提及的条件，并且能够获得大尺寸及较好品质的晶体是 $AgGaSe_2$、$AgGaS_2$、$ZnGeP_2$、$CdGeAs_2$ 等三元黄铜矿晶体。

$AgCaSe_2$(硒镓银)是目前国际上公认的优良中远红外非线性光学晶体材料。现今的 BBO、LBO、KTP 应用范围从紫外到红外 4μm 截止，应用 $AgCaSe_2$ 可将频域扩展到红外 18μm，在时域上易于获得红外相干光源。$AgGaSe_2$ 的透光波段宽(0.7~18μm)，残余吸收低($a = 0.02cm^{-1}$)，非线性系数大($d_{36} = 39.5pm/V$，尽管比 $ZnGeP_2$ 的非线性系数要小得多)，在 10μm 附近有强烈的三光子吸收，适用于双折射，生长工艺较成熟，容易得到大尺寸晶体，且长尺寸晶体和低吸收系数可以补偿其非线性系数小的不足。用于倍频的 I 类相位匹配基波范围为 3~13μm，它是 CO_2 激光波长变换的一种优良晶体。已获得大尺寸优质的 $AgGaSe_2$ 单晶体。因而，在 $AgGaSe_2$ 的倍频、混频、参量振荡等方面的研究十分活跃。采用高纯单质 Ag、Ga、Se，通过温度振荡合成致密单相的多晶材料，可生长出 $\phi22m\times60mm$ 完整性好的、具有较高光学质量的 $AgGaSe_2$ 单晶体，晶体在 $10.6\mu m$ 处的吸收系数达 $0.05cm^{-1}$，对 $10.6\mu m$ CO_2 激光倍频，输出能量转换效率达 8.2%，抗光损伤阈值 $\geqslant10MW/cm^2$。

$AgGaS_2$ 和 $AgGaSe_2$ 的非线性系数相近，而 $AgGaS_2$ 要略高一些，但是 $AgGaS_2$ 的光学透明范围为 $0.9\sim15\mu m$，$AgGaS_2$ 由于在 $10\mu m$ 有多声子吸收 ($a=0.45cm^{-1}$)，也不宜选用。

$CdGeAs_2$ 的非线性系数最大 ($d_{36}=236pm/V$)，可使 CO_2 激光的转换效率达到 27%。但是这种半导体存在小的能隙，必须降到低温才能减少吸收，且不易生长，这就限制了它的应用。

$ZnGeP_2$ 晶体限于 $9.4\sim9.6\mu m$ 波段的倍频，在连续波 CO_2 激光波长为 $10.6\mu m$，倍频过程中曾获得高达 0.6% 的转换效率。但是这种晶体在 $10\mu m$ 波长存在强烈的多光子吸收，对于 I 类相位匹配，在 P 支波长 $10^{-6}\mu m$ 谱线处非线性系数降为 0，所以也不可能用于可调谐 CO_2 激光的倍频。

(2) 有机非线性光学材料。非线性光学材料的研究源于无机晶体。但无机倍频晶体大都易于潮解、脱水，力学性能和热稳定性不太理想，在激光作用时易引起损伤，造成晶体折射率不均匀和在晶体表面或内部留下伤斑，这些缺点限制了它的应用。20 世纪 70 年代，有机、聚合物非线性光学材料的研究取得了很大的进展，由于有机分子、高聚物非线性光学材料具有非线性光学系数大、透光波长范围宽、本征开关时间短、光学损伤阈值高、加工性能好等优点而备受科学界的关注，并已形成"分子非线性光学"这一分支学科。

有机非线性光学材料具有无机材料所无法比拟的优点：①有机化合物非线性光学系数要比无机材料高 $1\sim2$ 个数量级；②响应时间快；③光学损伤阈值高；④可以根据要求进行分子设计。但也有不足之处：如热稳定性低、可加工性不好，这是有机非线性光学材料实际应用的主要障碍。

典型的有机二阶非线性光学材料包括：①尿素及其衍生物；②间二取代苯及其衍生物，如间羟基苯胺、间二硝基苯、间硝基苯胺等；③芳香族硝基化合物，如硝基苯类和硝基吡啶类 (POM，PNP)；④有机盐类 (离子型有机晶体)，如外消旋苹果酸钾、KDP 等；⑤硝基吡啶氧类；⑥二苯乙烯类；⑦查耳酮类；⑧苯甲醛类。其中许多材料已得到实际应用，如尿素、间甲基苯胺、间甲基对硝基氧化吡啶 (POM) 等。

(3) 高分子材料。高分子非线性光学材料和金属有机非线性光学材料是针对有机非线性光学材料的热稳定性低、可加工性不好等不足应运而生的。高分子非线性光学材料在克服有机材料的加工性能不好和热稳定性低等方面是十分有效的。典型的高分子非线性光学材料包括：①高分子与生色基小分子的主客复合物；②侧链键型聚合物；③主链键型聚合物；④交联型聚合物；⑤LB 膜[①] 的高分子化；⑥光折变聚合物。

(4) 有机金属络合物材料。金属有机非线性光学材料的研究始于 1986 年，这种将有机化合物和无机化合物的特性集于一身的设计思想对人们在改良非线性光学材料的性质方面是有很大启发的。典型的金属有机化合物包括：①二茂铁衍生物；②金属羰基有机配合物；③八面体金属有机配合物；④四方平面有机配合物等。

---

① 美国科学家 L.Langmuir 及其学生 K.Blodget。用 LB 理念制备的薄膜，即 LB 膜，它是用特殊的装置将不溶物按一定的排列方式转移到固定支持体上组成的单分子层或多分子层膜。

金属有机化合物中，具有最大 SHG 效应的物质是 I 取代二茂铁吡啶盐。当 X- 为 I- 时，其 SHG 值是尿素的 225 倍。

以上介绍的主要是二阶非线性光学材料，下面简单介绍一下三阶非线性光学材料。

有机低分子化合物：①偶氮化合物；②简单多烯类化合物；③醌类化合物；④稠杂环类化合物；⑤希夫碱系化合物；⑥酞菁类化合物；⑦菁染料类化合物。金属有机化合物：①金属烯烃类有机配合物；②金属多炔聚合物；③二硫代烯金属有机配合物；④金属酞菁有机配合物；⑤金属卟啉有机配合物。

高聚物，如以 PDA(聚多巴胺 Polydopamine，高分子近红外吸收材料)为代表的共轭聚合物，其中以 PTS(端基为对甲苯磺酸酯基的 PDA)的研究最为深入。除 PDA 外，还有导电聚合物、共轭梯形聚合物和刚性芳杂环类。

1. 典型的非线性晶体倍频特性

1)倍频材料

磷酸钛氧钾(KTiOPO$_4$，KTP)晶体，1976 年由美国杜邦公司首先研制成功，1980 年由 Ouvrard 采用焦磷酸钾或正磷酸钾位助溶剂合成，为非一致熔融化合物，无固定熔点，因此 KTP 不能用一般的熔体法生长，可采用水热法或高温溶液法生长块状晶体。KTP 晶体由于综合性能好，广泛应用于掺 Nd 晶体的倍频，此种晶体具有较低的相位匹配温度敏感性，能够实现 I 类和 II 类相位匹配，倍频转换效率高达 70%以上，在激光频率变换尤其是腔内倍频固体激光器中获得了广泛应用，特别是在中低功率密度的激光器中，是中小功率固体绿光激光器的最好倍频材料。

KTP 用水热法和助溶剂法生长，助溶剂法生长晶体最大尺寸达 60mm×51mm×25mm，中国于 1984 年底研制成功。中国为主要生产和出口国。

它属于双轴晶体，是一种高效倍频晶体，具有非线性系数大(约为 KDP 的 15 倍)，光损伤阈值高(300～500MW/cm^2)，较低的相位匹配温度敏感性，透光波段宽(0.35～0.45μm)。具有大的相位匹配角宽度，折射率的温度系数极小，不潮解，导热性和化学稳定性好(900℃以下很稳定)，能在较宽的温度范围内实现 I、II 类相位匹配等优点。该晶体就其综合性能而言，是目前任何其他倍频材料所不能比拟的，是当今国际上公认的最理想的"全能"型倍频材料，在激光频率变换尤其是腔内倍频固体激光器中获得了广泛的应用。

KTP 晶体对 1.06μm 光进行倍频，最佳相位匹配为 II 类相位匹配，匹配角 θ_m 为 90°，φ_m 为 21.3°。KTP 晶体倍频的接受角很大，$\Delta\theta_{max} = -7°\sim7.2°$，$\Delta\varphi_{max} = -7.8°\sim11°$(当 KTP 晶体长 3.7mm 时)，走离角很小，仅为 0.262°。此外，该晶体具有较大的相位匹配允许角，在 $\lambda = 1.06μm$ 处，其 $\Delta\theta = 2.12°$、$\Delta\phi = 0.82°$。该晶体不潮解，化学稳定性好，使用非常方便。它的色散方程为

$$\begin{cases} n_1(T) = n_{01}(T_0) + \dfrac{\mathrm{d}n_1}{\mathrm{d}T}(T - T_0) \\[2mm] n_2(T) = n_{02}(T_0) + \dfrac{\mathrm{d}n_2}{\mathrm{d}T}(T - T_0) \\[2mm] n_3(T) = n_{03}(T_0) + \dfrac{\mathrm{d}n_3}{\mathrm{d}T}(T - T_0) \end{cases} \qquad (10.4.41)$$

式中，$n_1(T)$、$n_2(T)$、$n_3(T)$ 和 $n_{01}(T_0)$、$n_{02}(T_0)$、$n_{03}(T_0)$ 分别为温度 T 和室温 T_0 下的折射率。

图 10.4.4 是理论计算出的 KTP 晶体Ⅰ、Ⅱ类位相匹配的可能方向。已经求得，当 $\theta=90°$、$\phi=21.3°$ 时，此时它的有效非线性系数最大。这种状态是 KPT 晶体的最佳匹配方向。有效非线性系数 d_e 与方位角 ϕ 的关系如图 10.4.5 所示。当晶体长度为 3.7mm 时，允许匹配角最大偏离 $\Delta\theta_{max}=-7°\sim7.2°$、$\Delta\phi_{max}=-7.8°\sim11°$；当晶体长度为 10mm 时，$\Delta\theta_{max}=-3.3°\sim4.2°$、$\Delta\phi_{max}=-4.7°\sim4.8°$。

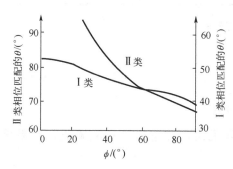

图 10.4.4　KTP 晶体的相位匹配方向

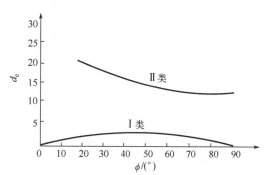

图 10.4.5　KTP 有效非极化系数 d_e 与 ϕ 的关系

KTP 倍频晶体是一种新型高效的非线性晶体材料，它对于 $1.064\mu m$ 光的倍频效果较佳，Ⅱ类相位匹配时，$\Psi=24.4°$、$\theta=90°$。其缺点为抗损伤阈值低。

2) 偏硼酸钡

β-BaB$_2$O$_4$（偏硼酸钡，BBO），1984 年由中国科学院福建物质结构研究所首创的国际公认的优良紫外倍频晶体，属负单轴晶体，其有效倍频系数约为 KDP 晶体的 6 倍。偏硼酸钡晶体在 $\lambda=0.6943\mu m$ 和 $\tau=20ps(10^{-12}s)$ 处的光损伤阈值大于 $10GW/cm^2$，对 $1.06\mu m$ 倍频采用Ⅰ类相位匹配。根据 Sellmeier 方程，有

$$\begin{cases} n_o^2=1.9595+0.7782\lambda^2(\lambda^2-0.02163) \\ n_e^2=1.6932+0.6782\lambda^2(\lambda^2-0.01816) \end{cases} \tag{10.4.42}$$

可求出最佳相位匹配角（$\theta_m=21.57°$）。

偏硼酸钡的主要倍频性能如下：

(1) 具有大的双折射率及较低的色散，在室温下能在 210~1000nm 的波段实现相位匹配；

(2) 晶体在正常空气中不潮解，机械性能好，从而给使用带来了很大的方便；

(3) 对基波 $\lambda=1.06\mu m$ 的有效倍频系数是 KDP 有效倍频系数的 6 倍，对于 $\lambda=0.532\mu m$ 的光倍频获得波长 $\lambda=0.266\mu m$ 光，其有效倍频系数是 ADP 的 2.7 倍，即该晶体在紫外波段也有较高的谐波转换效率；

(4) 晶体的光损伤阈值高，对 $\lambda=1.064$ 的巨脉冲激光的损伤阈值大于 $1GM/cm^2$。

偏硼酸钡的双折射率如表 10.4.4 所示。

表 10.4.4　偏硼酸钡的双折射率

$\lambda/\mu m$	n_o	n_e	Δn
1.079	1.657	1.539	0.118
0.6228	1.6672	1.5500	0.117

续表

$\lambda/\mu m$	n_o	n_e	Δn
0.546	1.6730	1.5540	0.119
0.4358	1.6860	1.5631	0.1229
0.3650	1.7050	1.5780	0.1270
0.2968	1.7360	1.6010	0.135
0.2138	1.8610	1.6720	0.189

还可以根据色散方程，求出任意波长上的双折射率：

$$\begin{cases} n_o^2 = 1.9585 + \dfrac{0.7877\lambda^2}{\lambda^2 - 0.02177} \\ n_e^2 = 1.6996 + \dfrac{0.6789\lambda^2}{\lambda^2 - 0.01793} \end{cases} \qquad (10.4.43)$$

已经用偏硼酸钡的双折射率计算了Ⅰ类相位匹配角，并进行了实验验证，结果见表 10.4.5。

表 10.4.5　偏硼酸钡的相位匹配角

倍频波长/μm	1.064～0.532	0.6943～0.3472	0.58～0.29	0.510～0.255
理论值	21.12°	35.82°	41.02°	50.27°
实验值	21°±1°	36°±1°	41°±1°	50°±1°

实测结果表明，若偏硼酸钡在相位匹配方向的长度仅取 5.3mm，则对 YAG 调 Q 脉冲腔外倍频的效率可达 36.9%，略低于匹配方向长度为 30mm 左右的 KD*P 晶体的倍频效率。对铜蒸气激光器产生的 0.51μm 的 16kMz 的重复频率激光，在基波功率为 10kW，相位匹配方向长度为 5.5mm 的条件下，测得倍频效率为 0.7%。

3)CLBO 单晶

CLBO 即硼酸铯锂，分子式为 $CsLiB_6O_{10}$，作为一种新型非线性晶体，与其他非线性光学晶体如 BBO、LBO、KTP 相比，其具有非线性光学性能好、离散角小、接收带宽、光谱和温度带宽调谐范围大、损伤阈值高等特点，很适合作为高功率 Nd^{3+}:YAG 激光器的腔内倍频晶体。它具有四方结构；晶胞尺寸为 $a = 1.049(1)nm$、$c = 0.8939(2)nm$，对称性 $Z = 4$；吸收系数 $a = 0.26/cm$(1.06μm)，透光范围为 175～2750nm；非线性系数 d_{36}(CLBO) = $2.2d$(KDP) $\cong$ 0.95pm/V(1.06μm)；光谱范围为 7.3nm(1.06μm)，角宽度为 1.02mrad/cm，离散角为 1.78°(1.06μm)；激光损伤阈值为 26GW/cm^2。

随着激光技术的进一步发展，研制出了一些水平更高的倍频晶体。这些晶体有β-硼酸钡(BBO)、磷酸钛氧钾(KTP)及砷酸二氘铯。这些晶体的有关参数如下。

砷酸二氘铯，简称 DCDA 或 DC*A，它与砷酸二氧铯(CDA)是同一类晶体。这种晶体的光损伤阈值比 $LiIO_3$ 等都高，实验测定它的损伤阈值高达 953MW/cm^2，可以实现 90°最优相位匹配，同时这种晶体的吸收系数低(1%/cm)。实验表明，这种晶体的倍频效率可高达 50%～60%。

CD*A 和 CDA 在室温的折射率如表 10.4.6 所示。

表 10.4.6 CD*A 和 CDA 在室温的折射率值

波长/Å	CD*A		CDA	
	n_o	n_e	n_o	n_e
347.2	1.5895	1.5685	1.6072	1.5722
532.1	1.5681	1.5495	1.5733	1.5514
694.3	1.5596	1.5418	1.5632	1.5429
1064.2	1.5503	1.5326	1.5516	1.5330

注：$n = c/v$，c 为真空光束，v 为介质中光速。

由此，根据公式

$$\theta_m = \arcsin \left(\frac{n_e^{2\omega}}{n_o^{2\omega}} \right)^2 \frac{(n_o^{2\omega})^2 - (n_o^{\omega})^2}{(n_o^{2\omega})^2 - (n_e^{2\omega})^2} \quad (10.4.44)$$

算得 CD*A 对波长 1.06μm 的 I 类相位匹配角为 $\theta_m = 79°46'$，CDA 对 $\lambda = 1.06μm$ 基波的 I 类相位匹配角为 84°54′。测得 CD*A 和 CDA 与倍频相对效率之间的关系如图 10.4.6 所示。

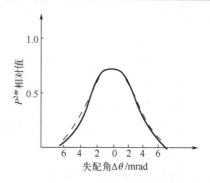

图 10.4.6 CD*A、CDA 的角度匹配与倍频输出

实验测得 CD*A 和 CDA 的 90° 匹配温度见表 10.4.7。

表 10.4.7 CD*A 和 CDA 的 90° 匹配温度($\lambda = 1.06μm$)

晶体	重复频率 0.1~1 次/s	重复频率 1~20 次/s
CD*A	112.3℃	109.8℃
CDA	48℃	39.6℃

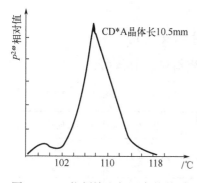

图 10.4.7 倍频输出与温度的关系

测得温度波动与倍频输出相对值的关系如图 10.4.7 所示。

倍频功率下降一半时对应的 $\Delta T = 5.6$℃。在 90° 相位匹配条件下，因无孔径效应，可以用加长晶体长度来进一步提高转换效率。

晶体的有效倍频系数 $d = -d_{14}\sin\theta_m\sin2\varphi$，因此方位角 $\varphi = 45°$ 时，$d_e = (d_e)\max = -d_{14}\sin\theta_m$。计算结果表明，在室温下 CD*A 不存在 II 类相位匹配。

对 CD*A 与 KD*P 和 KDP 进行实验对比，结果见表 10.4.8。

表 10.4.8 CD*A 与 KD*P 和 KDP 的实验比较

晶体样品	CD*A	KD*P	KDP
相位匹配角	79°46′	53°36′	59°6′
尺寸/mm	19.3	19.4	19.3

续表

晶体样品	CD*A	KD*P	KDP
相位匹配类型	I	II	II
基波能量/格	130	130	130
倍频能量/格	37	17	16
转换效率	28.5	13	12.3
比值	2.2	1	0.94

CD*A 的缺点是易潮解，因此使用时必须密封于干燥盒内，另外，这种晶体价格较高。

4) 三硼酸锂

LBO 晶体(LiB_3O_4)是 20 世纪 80 年代由中国科学院福建物质结构研究所研制成功的一种新型非线性晶体，是国际公认的优良紫外倍频晶体，属双轴晶体，其有效倍频系数约为 KDP 晶体的 3 倍($d_e = d_{32}\cos\varphi$)。此外，LBO 晶体对 1.06μm 光和 $\tau = 0.1$ns 具有相当高的光损伤阈值($P_{th} = 25GW/cm^2$)及宽的接受角。LBO 晶体采用 I 类相位匹配，其 SHG 匹配角为 $\theta = 90°$、$\varphi = 10.73°$。最新修正后的 Sellmeier 方程由式(10.4.45)给出：

$$\begin{cases} n_x^2 = 2.454140 + 0.011249(\lambda^2 - 0.011350) - 0.014591\lambda^2 - 0.000066\lambda^4 \\ n_y^2 = 2.539070 + 0.012711(\lambda^2 - 0.012523) - 0.018540\lambda^2 - 0.000200\lambda^4 \\ n_z^2 = 2.586179 + 0.013099(\lambda^2 - 0.011893) - 0.017968\lambda^2 - 0.000226\lambda^4 \end{cases} \quad (10.4.45)$$

式中，λ 的单位为 μm。

三硼酸铯晶体 (CBO)是应用阴离子基团理论发现的一种新型紫外非线性光学材料。具有由 B_3O_7 基团相互连接形成的三维网状结构，有较大的倍频系数、优秀的紫外波段透光性能和非常高的抗激光损伤能力。利用熔体法生长，生长出尺寸为 $(30×20×20)mm^3$ 的 CBO 单晶。采用激光倍频获得了波长短至 185nm 的相干光输出。CBO 获得了国家发明专利和美国专利。CBO 在真空紫外波段高功率密度激光系统的频率转换方面有良好的应用前景，可用于制作可调谐真空紫外非线性光学器件。

2. BBO、LBO 与常用非线性光学晶体的性能对比及应用

由中国科学院福建物质结构研究所提供的晶体的有关资料见表 10.4.9。

表 10.4.9　非线性晶体参数

晶体代号	分子式	相位匹配谐波波长/nm	损伤阈值/(GW/cm)1.3ns	最佳效率/%	晶体最佳长度/mm
KTP	$KTiOPO_4$	459~700	4.60	96	28
KD*P	$KDPO_4$	266~532	8.38	36	28
BBO	$\beta\text{-}BaB_2O_4$	193~1500	9.92	54	7.2
LBO	LiB_3O_4	190~1500	18.92	88	29

1) β 相偏硼酸钡晶体($\beta\text{-}BaB_2O_4$)的主要优点

(1) 可实现相位匹配的波段范围宽(409.6~3500nm)。

(2) 可透过波段范围宽(190~3500nm)。

(3) 倍频转换效率高(相当于 KDP 晶体的 6 倍)。

(4) 光学均匀性好。

(5) 高损伤阈值 (100ps 脉宽的 1064nm, 10GW/cm^2)。

(6) 温度接收角宽 (55℃ 左右)。

2) 主要应用

(1) Nd^{3+}:YAG 和 Nd^{3+}:YLF 激光的二、三、四、五倍频。

(2) 染料激光的倍频、三倍频和混频。

(3) 钛宝石 (Ti:sappire) 和 alexandrite 激光的二、三、四倍频。

(4) 光学参量放大器 (OPA) 与光学参量振荡器 (OPO)。

(5) 氩离子、红宝石和铜蒸气激光的倍频。

(6) 在全固态可调激光、超快脉冲激光、DUV 激光等高、精、尖激光技术领域的研发领域。

3) 主要性能指标

BBO 是一种负单轴晶体,它的 o 光折射系数 n_o 要比 e 光折射系数 n_e 大,可通过 Selleimer 方程来计算 (λ 单位为 μm):

$$n_o^2 = 2.7359 + 0.01878/(\lambda^2 - 0.01822) - 0.01354\lambda^2$$

$$n_e^2 = 2.3753 + 0.01224/(\lambda^2 - 0.01822) - 0.01516\lambda^2$$

通过角度调谐可获得 Ⅰ、Ⅱ 类的相位匹配。

有效倍频系数由下列方程式得出:

Ⅰ类: $\quad\quad\quad d_{eff} = d_{31}\sin\theta + (d_{11}\cos3\varphi - d_{22}\sin3\varphi)\cos\theta$

Ⅱ类: $\quad\quad\quad d_{eff} = (d_{11}\sin3\varphi + d_{22}\cos3\varphi)\cos2\theta$

θ 和 φ 分别指向极坐标中的 $z(=c)$ 和 $x(=a)$。

4) 结构和物理特性

晶体结构:三方晶系,空间群 $R3c$。

单胞参数:$a = b = 12.532$A,$c = 12.717$A,$Z = 7$。

熔点:1095±5℃。

相变点:(925±5)℃。

光学均匀性:$\delta n \approx 10^{-6}$cm^{-1}。

莫氏 (Mohs) 硬度:4。

密度:3.85g/cm^3。

吸收系数:<0.1%cm^{-1} (在 1064nm 时)。

比热:1.91J/(cm^3·K)。

热膨胀系数:a,4×10^{-6}K^{-1}; c,36×10^{-6}K^{-1}。

热导率:⊥c,1.2W/(m·K); //c,1.6W/(m·K)。

透光范围:189~3500nm。

热光系数:$dn_o/dT = -9.3 \times 10^{-6}$℃$^{-1}$,$dn/dT = -16.6 \times 10^{-6}$℃$^{-1}$。

相位匹配输出波长:189~1750nm。

非线性光学系数:$d_{11} = 5.8 \times d_{36}$(KDP),$d_{31} = 0.05 \times d_{11}$,$d_{22} < 0.05 \times d_{11}$。

电光系数:$\gamma_{11} = 2.7$pm/V,γ_{22},$\gamma_{31} < 0.1\gamma_{11}$。

半波电压：48kV(1064nm)。

损坏阈值：1064nm，5GW/cm² (10ns)，10GW/cm² (1.3ns)；532nm，1GW/cm² (10ns)，7GW/cm² (250ns)。

不同波长不同偏振光的折射率如表 10.4.10 所示。

表 10.4.10　折射系数

折射率	光波长		
	1064nm	532nm	266nm
n_o	**1.6551**	**1.6749**	**1.75711**
n_e	1.5425	1.5555	1.6146

5) 在 Nd^{3+}:YAG 激光器中的应用

BBO 晶体在 Nd^{3+}:YAG 激光二、三、四倍频上的性能优异，是 213nm 光五倍频的最佳选择。二倍频的转换效率大于 70%，三倍频的转换效率为 60%，四倍频的转换效率为 50%，213nm 光五倍频的输出功率可达 200mW。

BBO 对高功率 Nd^{3+}:YAG 激光腔内倍频的效果也非常理想。使用防反射镀膜 BBO 的声光调 Q Nd^{3+}:YAG 激光器腔内倍频可获得平均功率 15W 的 532nm 光。 使用 600mW 倍频输出的锁模 Nd^{3+}:YLF 激光器泵浦，Brewster(布儒斯特)斜角 BBO 腔外共振可输出 66mW 的 266nm 的光。

由于 BBO 具有较小的接收角和较大的发散角，所以获得理想转换效率的关键是使用较好质量的光源(具有小的发散度、较好的模式条件等)，不要使用闭合焦点的光束。

6) 可调谐激光的应用

(1) 染料激光。

用 Ⅰ 类 BBO 可输出二次谐波效率超过 10%、波长大于 206nm 的紫外线(205～310nm)。用 150kW 染料激光器泵浦的 XeCl 激光可获得 36%的转换效率，是 ADP 的 4～6 倍。最短 204.97nm SHG 波长光得到的转换效率约为 1%。

BBO 广泛应用于染料激光器中。用 BBO 780～950nm 和 248.5nm 光(495nm 染料激光的 SHG 输出)的 Ⅰ 类和频，可输出 188.9～197nm 的最短紫外线，其中 193nm 光的脉冲能量为 95mJ，189nm 光的脉冲能量为 8mJ。

(2) 超快脉冲激光。

在超快脉冲激光的二、三倍频中，BBO 的性能要大大优于 KDP 和 ADP。目前，新光量子可提供的最小尺寸的 BBO 晶体为 0.02mm。在相速度匹配和群速度匹配方面，用一个小型 BBO 晶体可达到 10fs 激光脉冲的有效倍频。

(3) 钛宝石激光和 Alexandrite 激光。

使用 BBO 晶体的 Alexandrite 激光的 Ⅰ 类二次谐波可输出波长范围 360～390nm 的紫外线，其中 378nm 波长光的脉冲能量为 105mJ(31%的二次谐波转换效率)，三次谐波可输出波长范围 244～259nm、脉冲能量 7.5mJ(24%的混频转换效率)的紫外光。

钛宝石激光可获得大于 50%的二次谐波转换效率，以及更高的三次和四次谐波转换效率。

(4) 氩离子激光和铜蒸气激光。

在应用腔内倍频技术的全线功率为 2W 的氩离子激光中，Brewster 斜切 BBO 晶体可获得波长为 228.9～257.2nm 的 36 线深紫外光，最大功率为 33mW（波长 250.4nm）。

5106.nm 的铜蒸气激光的二次谐波输出的紫外线功率可达 230mW（波长 255.3nm），最大能量转换效率为 8.9%。

（5）在 OPO 和 OPA 中的应用。

BBO 在 OPO 和 OPA 中的功能非常强，可产生从紫外线到红外线的一系列可调谐射线。

①532nm 泵浦 OPO。

一个 7.2mm 长的 I 类 BBO 晶体可获得波长为 680～2400nm 的 OPO 输出，峰值功率为 1.6mW，能量转换效率可达 30%。输入泵浦能量为 40mJ 波长 532nm，脉冲宽度为 75ps。较长的 BBO 晶体可获得更高的能量转换效率。

②355nm 泵浦 OPO 和 OPA。

用 Nd^{3+}:YAG 激光泵浦，使用 BBO 的 OPO 的输出能量超过 100mJ，波长为 400～2000nm。使用福晶 BBO 晶体的 OPO 系统输出的可调谐波长为 400～3100nm，确保了波长 430～2000nm 部分的能量转换效率为 18%～30%。

II 类 BBO 可用来减小退化点附近的线宽。我们用 BBO 获得了 0.05nm 的线宽和 12% 的转换效率。但是，在 II 类相位匹配中，一个较长的 BBO 晶体（>15mm）通常被用来减小振荡阈值。

用一个 355nm 波长的皮秒 Nd^{3+}:YAG 激光来泵浦使用 BBO 的 OPA 获得的脉冲具有窄带（<0.3nm）、能量高（>200μJ）和可调谐性高（400～2000nm）的特点。这种 OPA 可获得超过 50% 的最大能量转换效率，因此在很多方面都比通常的染料激光性能优越，如转换率效高、可调谐范围宽、易维护、设计简单、操作简便等。另外，使用 BBO 的 OPO 或二次谐波 BBO 的 OPA 可获得 205～3500nm 的连续射线。

（6）其他。

对被 308nm 波长的 XeCl 受准分子激光泵浦的 I 类 BBO 晶体进行角度调谐可获得一个信号波长为 422～477nm 的可调 OPO。用 266nm 波长的 Nd^{3+}:YAG 激光的四次谐波对使用 BBO 的 OPO 泵浦可输出一个完整的 330～1370nm 的波长范围。

用 615nm 波长、1mJ、80fs 的染料激光泵浦使用两块 BBO 晶体的 OPA，可获得大于 50μJ（最大 130μJ）的能量、小于 200fs 的超短脉冲、800～2000nm 的波长范围。

7）最佳晶体形状和切割

根据客户的要求和具体使用情况，选择最合适的晶体形状和尺寸，以达到最佳的投资效率。BBO 设备能够很好地体现晶体的切割方向和尺寸特征。方向完全由非线性光学过程来决定，例如，对 1064nm 波的 I 类倍频，BBO 的切割角为 $\theta = 22.8°$、$\varphi = 0°$。晶体尺寸通过三维尺寸来描述，如 $W×H×L$（mm^3）。为了选择一个最合适的宽度（W），应该首先考虑影响晶体的光束直径和波长可调谐范围。最佳的晶体高度（H）应该比光束直径稍大（如 1～2mm）。虽然 BBO 晶体通常的设计长度（L）为 7mm，但是根据使用情况来选择最佳值仍为上策。例如，OPO 或 OPA 使用的晶体长度为 12mm，而超短脉冲激光的二次、三次谐波需要的晶体长度不超过 1mm。

8）镀膜

（1）防护镀膜（P-coating）。由于 BBO 具有较低的潮解性，所以潮湿的空气易使抛光的 BBO 晶体表面变得模糊。镀制防护镀膜来防止晶体受潮。此产品具有如下特点：①使用寿命长，95%湿度下可使用至少 6 个月，较低湿度(如 80%)下的使用寿命更长。②高损失阈值，1064nm 波，30ps 脉冲宽度，大于 7GW/cm²；1064nm 波，10ns 脉冲宽度，重复频率 10Hz，1GW/cm²。③传输效果好，波长范围为 200～3500nm，镀膜晶体的传输效果优于未镀膜的晶体。④通常将镀膜的 BBO 视为不潮解晶体，且带支架的镀膜 BBO 比带护罩的使用简便而且效果好。

(2)防反射镀膜（AR-coating）。1064nm 和 532nm 波的单频和双频增透膜 BBO，1064nm 波小于 0.2%，532nm 波小于 0.4%，高损失阈值：1064nm 波，30ps 脉冲宽度，大于 7GW/cm²；1064nm 波，10ns 脉冲宽度，重复频率 10Hz，1GW/cm²，防潮，使用寿命长的特点。

9)BBO 晶体的品质保证规范

(1)传输波前畸变：小于 $\lambda/8$ @ 633nm。

(2)尺寸公差：$(W\pm0.1mm)\times(H\pm0.1mm)\times(L\pm0.2mm/-0.1mm)$。

(3)通光孔径：大于 90% 中央直径。

(4)平面度：$\lambda/8$ @ 633nm。

(5)光洁度：10/5 to MIL-O-13830B。

(6)平行度：优于 20″。

(7)垂直度：5′。

(8)角度偏差：$\Delta\theta<\pm0.5°$，$\Delta\varphi<\pm0.5°$。

(9)品质保证期：一年内正常使用。

10)备注

(1)虽然 BBO 晶体的潮解性较低，但建议用户在干燥的环境中使用和保存晶体。

(2)勿损伤晶体抛光面。

(3)BBO 的接收角较小，请慎用角度调整。

(4)定制产品，要提供激光器的主要性能参数，如脉冲能量、脉冲宽度、脉冲光重复频率、连续光能量、射束直径、模式条件、发散角、可调波长范围等。

10.4.6 LD 泵浦倍频激光器

1. LD 泵浦倍频固体激光器

LD 泵浦固体激光器有许多优点：①体积小，质量轻，便于携带；②寿命长，易于操作和维护；③效率高，对电源功率要求低，机械振动小等。由于半导体激光器的发射谱与固体激光器工作物质吸收谱相匹配，所以可以达到近乎 1 的吸收效率，进而提高了激光器的整体效率。

对于半导体激光(LD)抽运的 0.53μm 绿光激光器，由于其具有高峰值功率、高平均功率、波长短、光子能量高、光束质量好、体积小、寿命长、水中传输距离远和人眼敏感等优点，在微加工、激光医学、信息存储、彩色打印、彩色投影电视、水下通信、光谱技术、激光技术、机场导航、深潜海底形貌探测和激光武器等科学研究、国防建设和国民经济的许多领域中有重要的应用。因此，半导体激光器泵浦的固体激光器的研究越来越广泛和深入，这种激光器发展极快，20 世纪 90 年代就已经从实验室阶段走向产业化和商品化阶段。已经有性能很好的用 LD 抽运的绿光激光器出售，如 1.06μm、532nm、355nm、266nm、430nm、

473nm、2100nm 等连续和脉冲激光器，国内的绿光激光器已形成产业化。尽管半导体泵浦的固体激光器在理论和技术上已经达到了相当成熟的地步，但在具体的细节问题上尚存在困难，需要深入研究，如激光器的工作物质的热效应、光-光转换效率、倍频激光的稳定性、激光器的光束质量、激光器的优化设计、产品的成本和加工制作的可行性。

一种由三镜折叠腔构成、LD 端面泵浦、低阈值高功率、高效 Nd^{3+}:YVO$_4$/KTP 腔内倍频连续绿光激光器。在泵浦功率为 19W 时，TEM$_{00}$ 绿光输出功率为 5.85W，相应的光-光转换效率为 30.8%。而采用光纤耦合输出的激光二极管作为抽运源，Nd^{3+}:YVO$_4$/KTP 腔内倍频，在输入功率为 11W 的情况下，获得 1.5W 稳定单频绿光输出，光-光转换效率为 13.6%。通过边带锁频系统将基频激光频率锁定在 F-P 共焦参考腔的中心频率上，输出的倍频光频率稳定性优于 620kHz，功率稳定性优于±1.5%。天津大学激光与光电子研究所采用美国 CEO 公司的 1600W 半导体抽运组件侧面泵浦 Nd^{3+}:YAG 晶体，KTP 腔内倍频，在抽运电流为 18.4A 声光重复频率为 10.7kHz 时，获得了平均功率 104W、脉冲宽度小于 130ns 的绿光输出。

2. 实验装置

1) 实验装置分析

(1) 泵浦方式。

根据 LD 的输出特性及光束特点，DPSSL(diode pumped solid-state laser) 的泵浦方式大致可分为两种：端面泵浦和侧面泵浦。端面泵浦(也称纵向泵浦)的优点是，在泵浦功率较小时，装置简单、效率高、模式匹配好、波长匹配(可以通过温度调节使 LD 辐射波长峰值与激活介质的吸收峰吻合)，使增益介质对泵浦光的吸收十分充分，提高了泵浦光的利用率，热载比闪光灯泵浦低一个量级，并且可以把 LD 的输出光直接入射到激光晶体上。端面泵浦充分利用这些优势，把泵浦光集中到激活介质的模体积中，端面泵浦连续 TEM$_{00}$ 一般要比侧面泵浦效率高 2 倍。但是对于端面泵浦，激活介质中的热效应也更复杂。在破坏阈值以下，热形变及应力双折射大大降低了激光的输出特性，热形变导致热聚焦和球差，而热致球差会严重影响输出效率、输出光束质量和偏振特性，热致双折射可致退偏和使输出光斑的强度分布不均匀。对于大功率激光二极管列阵，其发光面积大，数值孔径大，给端面泵浦带来困难，故一般采用侧面泵浦方式。侧面泵浦可利用更多的 LD 列阵，使其沿增益介质轴向放置，通过增益介质长方体表面或圆柱体表面相对于光轴横向泵浦，这对于散热和泵浦耦合都提供了较大的表面区，可以简单地通过增加介质长度来提高 DPSSL 的输出功率。目前，大功率输出的 DPSSL 多采用侧面泵浦。

(2) 倍频方式。

根据倍频方式，可分为腔内倍频和腔外倍频；利用激光器谐振腔中高的内腔功率密度，腔内倍频可以得到高的二次谐波转换效率，但聚焦耦合会使晶体热畸变效应加剧，造成明显的非线性吸收，稳定性难以提高，有跳模现象。中小功率内腔倍频激光系统常采用线性腔(图 10.4.8)。

与直线腔相比，折叠腔有利于获得热稳定运转，较高功率则常采用折叠腔(如图 10.4.9 所示 L 形腔)。

欲获得单纵模运行，一般采用环形腔(图 10.4.10)或腔外倍频(图 10.4.11)。

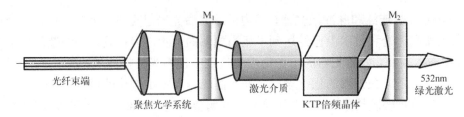

图 10.4.8 LD 泵浦倍频激光器线性腔结构

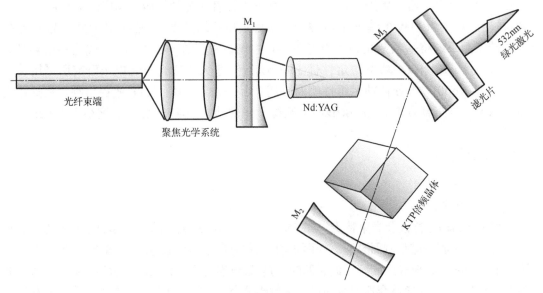

图 10.4.9 LD 泵浦倍频激光器折叠腔结构

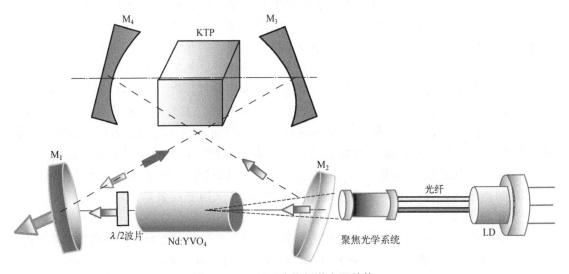

图 10.4.10 环形腔倍频激光器结构

人们设计出单块非平面环形激光器，这种单块谐振腔设计可以获得窄线宽、超稳定的单纵模激光输出。但人们逐渐发现由分离元件组成的环形激光器亦有其不可比拟的优点。可以在谐振腔中插入各种元件，使激光器以不同方式运转，例如，在腔内插入倍频晶体得到倍频单频激光输出。

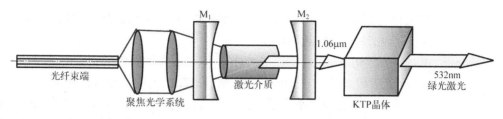

图 10.4.11　腔外倍频激光器结构

腔外倍频，即把非线性晶体置于外部谐振腔中，使基频光在腔内共振或基频光和倍频光在腔内共振，这样可对激光腔和倍频腔分别进行优化，并且通过外腔倍频可获得强度压缩光。外腔共振倍频稳定性好，转换效率较高，但对强匹配条件要求苛刻，激光器频率要稳定才能维持外腔共振条件，结构也较为复杂。

（3）谐振腔设计。

激光晶体吸收抽运光而伴随产生的热聚焦作用，是固体激光器谐振腔设计中必须考虑的中心问题，因为它对谐振腔的稳定性和腔内各处的模参数有直接而重要的影响。对于 LD 端面抽运固体激光器，高抽运功率下伴随热透镜的球差引起衍射损耗，激光介质内基模半径不应过大，一般小于抽运光斑半径。由于腔的热稳定范围与激光介质内的基模半径存在简单的反比关系，相对较小的基模半径意味着腔的热稳定范围可以设计得很宽。

与直腔相比，折叠腔更利于获得热稳定运转，下面只限于讨论折叠腔的设计。为了获得低阈值、高效率、高功率的稳定基模运转，高功率 LD 端面抽运固体激光器谐振腔的设计应遵循以下原则：①在满足模匹配所需要的一定基模半径的前提下，腔应有尽可能宽的 f_T 的变化范围；②在感兴趣的 f_T 范围内，激光介质中的基模半径 W_{1c} 随 f_T 的变化缓慢平稳，同时 $g_1 g_2 \approx 0.5$，以保证激光器的稳定运转；③激光晶体内的基模半径 W_{1c} 和倍频束腰半径 W_{02}（若用于腔内倍频）在子午面和弧矢面内相差不能过大，输出镜上的光斑半径应能实现像散补偿；④在 $f_T \rightarrow \infty$ 时，腔位于稳定区内，且离开非稳腔边界附近。这样才可能降低阈值，同时有利于激光器的最初调整；⑤总的腔长不应太长，否则衍射损耗和失调灵敏度都会加大。

（4）激光晶体和倍频晶体的选择。

Nd^{3+}:YVO_4（掺钕钒酸钇晶体）为 D_{4h} 四方晶系（$4/mmm$），锆英石（$ZrSiO_4$）型结构，属于单轴晶体。Nd^{3+}:YVO_4 中激活离子的位置具有低的点群对称性，离子的振荡强度大，这种基质对 Nd^{3+} 有敏化作用，提高了 Nd^{3+} 离子的吸收能力。在 a 轴切割时对 σ 偏振光（$E \perp c$ 轴）和 π 偏振光（$E // c$ 轴）的吸收系数是不同的，最强的吸收和最强的激发都发生在 π 偏振取向，因此常用 a 轴切割 π 偏振光。Nd^{3+}:YVO_4 的宽的吸收带泵浦效率更高，更易与泵浦源匹配，可在更宽的温度范围下运行；较高的吸收系数使其吸收效率更高，并使激光介质长度更短，在短程吸收泵浦光应用方面具有更大的潜力。由于 Nd^{3+}:YVO_4 晶体作为增益介质具有较好偏振特性，它与 KTP 晶体组合实现腔内倍频，就能实现很高的转换效率。

Nd^{3+}:YAG 晶体即为掺钕钇铝石榴石（Nd^{3+}:$Y_3Al_5O_{12}$），是目前最常用于固体激光器的一类晶体。Nd^{3+}:YAG 是将一定比例的 AlO_3、Y_2O_3 和 Nd_2O_3 熔化结晶而成。YAG 属于立方晶系，oh-$m3m$ 点群，光学上各向异性。YAG 基质很硬、光学质量好、热效率高，它的立方结构也有利于窄的荧光谱线，从而产生高增益、低阈值的激光。Nd^{3+}:YAG 除了非常优越的光谱和激光特性外，其基质材料的晶格因有非常有吸引力的物理、化学和机制特性而受到关注。从最低的温度直到熔点，YAG 的结构都很稳定，还未见报道过它在固相中的形变，在正常生产过程中不会出现严重的断裂问题。

在适合于 DPSSL 的激光晶体中，Nd^{3+}:YVO_4 晶体因其大的吸收带宽、高的吸收系数、高的增益、在 808nm 处吸收最大、在 1064nm 处增益最高、大的受激发射截面、偏振激光输出易于腔内倍频等特性，而成为中小型激光器较为理想的一种工作材料。但是 Nd^{3+}:YVO_4 的缺点是激发态寿命较低，即能量储存能力较低，在调 Q 输出脉冲时的单脉冲能量较低；另一缺点是它的导热性较差，热负载受到限制，在高功率泵浦下热透镜、热畸变现象将变得严重。其一般只适合于小功率连续倍频的二极管泵浦固体激光器，所以大功率激光器一般采用 Nd^{3+}:YAG 晶体作为激光介质。

对应于 Nd^{3+}:YVO_4 1064nm 激光倍频，目前最佳倍频晶体为 KTP 和 LBO。为提高二次谐波的转换效率，应选择非线性系数大和破坏阈值高的非线性晶体；同时减少晶体处的束腰面积以提高基波功率密度，均需要破坏阈值高的倍频晶体。LBO 破坏阈值高，但 LBO 非线性系数比 KTP 晶体小很多，且由于对温度敏感而使其输出功率抖动比较大；而 KTP 具有大的工作角度和工作温度范围、小的偏离角、较高的破坏阈值等特性，所以需要根据实际情况选择最佳倍频晶体。

(5) 实验装置。

以 LD 泵浦 Nd^{3+}:YVO_4/KTP 腔内倍频绿光激光器为例，为了减少器件的光能量损失，降低激光阈值，提高转换效率，一方面使 LD、Nd^{3+}:YVO_4 及 KTP 三者之间尽可能靠近；另一方面，对各元件镀特殊要求的膜层。图 10.4.12 中各面的镀膜情况：1 面镀 808nm 泵浦光减反膜/基频光 1064nm 高反膜(HR)；2 面镀基频光 1064nm 减反膜；3、4 面镀基频光 1064nm/倍频光 532nm 减反膜；5 面镀基频光 1064nm 高反/ 532nm 倍频光减反膜；6 面镀 532nm 倍频光减反膜。

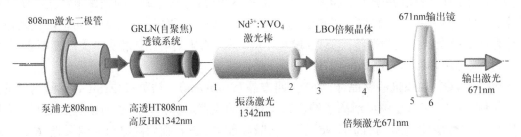

图 10.4.12　激光二极管端面泵浦腔内倍频 Nd^{3+}:YVO_4 激光器实验装置图

激光晶体为 Nd^{3+}:YVO_4 晶体，晶体侧面用铟箔包裹(以达到良好的热接触)置入紫铜块内，外面用半导体制冷器冷却并可控温。实验中激光晶体尽量靠近透镜系统，以减小空间烧孔效应。按照对 1064nm 的 Ⅱ 类相位匹配方向切割，用于倍频的 KTP 晶体的快轴方向与 Nd^{3+}:YVO_4 晶体的 c 轴夹角为 45°。KTP 晶体用与激光晶体类似的方式冷却和控温。

(6) 实验分析。

为实现高转换效率的倍频，选择好激光晶体、倍频晶体、泵浦方式、倍频方式及谐振腔参数后，实验中应仔细调整 KTP 晶体的角度 θ，使其达到相位匹配。此外，基频光必须为单频基横模。

在饱和基频功率范围内，改变激光器电源电压，即改变 1.06μm 基频输入光强，用能量计测出倍频光功率随基频光变化的关系曲线 $P^{2\omega}$-P^{ω}。从曲线 $P^{2\omega}$-P^{ω} 出发，用取对数的方法可验证 $P^{2\omega}$ 和 P^{ω} 的关系为：$P^{2\omega}\propto(P^{\omega})^{2}$，实验结果与理论相符。

绿光不稳问题：倍频激光的稳定性还是一大难题，直接影响到输出光束质量。从图 10.4.11 所示的实验装置出发探讨造成绿光输出不稳定的原因。一是激光晶体、倍频晶体的温控系统精度不够，对于一定长度的 KTP 晶体，在某一工作温度下存在一个容许温度范围。Nd^{3+}:YVO_4 晶体的温度对于 KTP 晶体的容许温度范围大，因此对激光晶体控温有利于提高激光器的输出功率稳定性。Helmfrid 等从理论上指出，KTP 晶体的这一容许温度范围的大小与 Nd^{3+}:YVO_4 晶体产生的相位延迟有关。Nd^{3+}:YVO_4 晶体及 KTP 晶体温度稳定性对激光器长期稳定运转的影响较大，Nd^{3+}:YVO_4 晶体发射截面随晶体温度的升高而减小，可导致激光器输出功率下降；KTP 是双折射晶体，采用 II 类相位匹配方式切割，温度的改变引起 KTP 对基波的退偏，导致腔内损耗加大，激光器功率下降。实验必须对 Nd^{3+}:YVO_4 和 KTP 晶体进行精确控温。二是激光器稳定运转时，Nd^{3+}:YVO_4 晶体的受激发射中心（或增益曲线中心）与腔内某一振荡纵模重合，这时纵模有最大的受激发射截面，与相邻的纵模有最大的增益差，抽运功率的改变造成 Nd^{3+}:YVO_4 晶体局部折射率改变，使该纵模偏离发射中心，与相邻腔纵模的增益差减小，增大了多模振荡的可能。腔内各振荡纵模通过和频所产生非线性耦合作用，导致光能在各个纵模间不断转换，使绿光输出功率波动，即绿光问题。三是 Nd^{3+}:YVO_4 的导热性较差，当泵浦功率超过一定值时，可能出现热透镜效应，使激光器偏离最稳区，造成激光输出不稳，使绿光输出功率下降。KTP 虽然采用的是角度位相匹配，但是也受温度的影响。故 LD、Nd^{3+}:YVO_4、KTP 均应采取严格的温控措施。

控温技术：采用端面同轴抽运方式，提高抽运光束和所产生的 1.06μm 激光光束的空间耦合效率。用等效焦距为 3mm 的小焦距微型非球面透镜收集 LD 激光，把它聚焦成光腰直径为 120μm 的细光束，并使其光腰处于 Nd^{3+}:YVO_4 晶体的内部。使半导体激光器和倍频晶体及整个器件处于稳定的特定温度，这对提高输出功率并保持稳定是十分重要的。选择工作温度相互匹配的 LD 和 KTP 晶体，同时把器件的全部元件固化为一个整体，并采用半导体制冷器对器件进行整体控温，既保证了器件的最佳工作状态，既保证 LD 辐射光波长和 Nd^{3+}:YVO_4 激光晶体的吸收峰值波长重合，也保证了 KTP 倍频时所需的相位匹配条件，还保证了激光谐振腔的稳定。采用整体控温的另一个显著优点是简化了控温装置，减小了器件体积，便于使用。

为了尽量减少在激光晶体横截面内造成的泵浦不均匀，准直聚焦系统采用两个平凸透镜组合的方式，并且在两个平凸透镜中间放置预先设计的光阑，有效地减少球差，消除了横截面内的泵浦不均匀性。

倍频总损耗包括内腔线性损耗和倍频转换的非线性损耗，内腔线性损耗主要是由倍频晶体的吸收、散射、晶体端面减反膜的剩余反射率、镜面散射，以及腔镜高反膜达不到完全反射等引起的对基频光的损耗，它可以通过测倍频腔的精细度来推算。

2) 结论

理论和实验都可得出结论：要获得稳定高效的倍频转换，需提供稳定、高功率密度（P^{ω}/A）的基波光源，寻找较大的有效非线性系数 d_e 的倍频晶体，满足相位匹配条件 $\Delta k=0$。此外，在晶体的可饱和长度内（不产生光逆反转），提供尽可能大的通光长度 l 的晶体。研究还表明，对激光晶体和倍频晶体进行整体控温对提高输出光束质量、输出功率的稳定性有重要意义。

10.5　光参量振荡技术

光参量振荡器(optical parametric oscillator，OPO)在激光发明以前，已经在射频和微波波段内实现了参量放大和振荡。有人曾预言，在光频波段也应发生同样的过程，1965 年，美国的乔特迈(Giordmaine)和密勒(Miller)制成了第一台光学参量振荡器，他们用 0.529μm 激光泵浦 $LiNbO_3$ 晶体获得了 0.7～2.0μm 的可调频激光。1969 年，有人演示出可在大部分可见光和近红外谱区内调谐的光参量振荡器。乔特迈和密勒又制成红外波段光学参量振荡器，其可调范围为 960～1160nm，并且包含一块 $LiNbO_3$ 晶体。这种器件是通过改变温度来实现调谐的，这种实验引发了大量的研究工作。1984 年，β-硼酸钡(BBO)非线性晶体出现，这是一种具有高非线性系数的双折射材料，其透射波长为 200nm～10.5μm，并呈现出 $1GW/cm^2$ 的损伤阈值。美国斯坦福大学以 Robert Byer 为首的研究小组和康奈尔大学的以 Tan Chungliang 为首的研究小组是利用 BBO 晶体研究光学参量振荡器的先驱。美国斯坦福大学的研究小组首先演示了一个在 532nm 处泵浦的大范围可调近红外光学参量振荡器，稍后又演示了一个在 355nm 处泵浦、在可见光和近红外谱区内可调的光学参量振荡器。康奈尔大学的研究小组则演示了一些新的振荡器结构，以及由 Q 开关 Nd^{3+}:YAG 激光器的第三和第四谐波泵浦的一个光学参量振荡器。德国的 GWU 激光技术公司于 1993 年首先推出了一种采用 BBO 晶体的商用光学参量振荡器。这种光学参量振荡器在 355nm 处受到泵浦，以手动方式在可见光和近红外范围内进行调谐，并且采用三组光具以覆盖整个调谐范围。1994 年，Opotek 公司成为美国第一家可供应宽带可见光光学参量振荡器的公司。这种器件基于环形振荡器结构，并且呈现出很高的转换系数(仅信号就超过 30%)，其调谐可由手动控制，或者通过计算机来控制。后来，有人在光学参量振荡器中使用了三硼酸锂，并演示出宽的调谐范围。三硼酸锂(LBO)是一种具有较高损伤阈值的非线性晶体，其紫外透射波长可达 160nm。基于 BBO 晶体的光学参量振荡器引起了各界人士的兴趣。如今，光参量振荡器已经商品化，光学参量振荡器已成为许多应用的关键仪器，它使得以前用其他激光器系统不可能进行或者难以进行的研究工作变得容易。由于光学参量振荡器具有可靠性，波长调谐范围比其他任何激光器都要宽，从而在许多纳秒应用中取代传统的染料激光器。

OPO 主要由泵浦源、光学谐振腔、非线性晶体三部分组成。非线性光学参量产生方法最有希望被用来代替固体的大范围可调激光源。光参量振荡器有连续运转、内腔式、外腔式等多种形式。人们主要探索高功率和高效率输出、实现宽而平滑的调谐、压缩输出谱线宽度等方面。当前，光参量振荡器可以提供从可见光一直到红外光的可调谐相干辐射，它在光谱研究中有着广阔的应用前景，现在已应用于大气污染的遥感、光化学及同位素分离等研究中。

OPO 据其运转特点可以分成：连续 OPO、纳秒 OPO、皮秒 OPO 和飞秒 OPO。这些光学参量振荡器中包含 BBO、KTP 或者 KTA 晶体，并且由 Q 开关 Nd^{3+}:YAG 激光器或者 Nd^{3+}:YAG 激光器的谐波泵浦，它们覆盖的波长范围为 300nm～10.5μm。通过把光学参量振荡器的输出倍频光和其泵浦激光束混合起来，其覆盖波长可延伸至紫外波段。根据光学参量振荡器的结构和所使用的泵浦激光器，它们产生的能量可从数毫焦至一百多毫焦。从宽带($5～100cm^{-1}$)、中带(几个波数)到窄带(窄于 $0.1cm^{-1}$)，这些光学参量振荡器能够提供各种宽度的谱线。

　　Ⅰ型宽带光学参量振荡器具有最高的转换效率，在使用规定的泵浦激光器时，可获得最大的输出能量；而Ⅱ型光学参量振荡器则呈现窄得多的线宽，但转换效率比较低。这两种型号的器件都可用标准的 Q 开关激光器来泵浦。然而，对于要产生窄于 $1cm^{-1}$ 线宽的光学参量振荡器，必须用窄线宽激光器来泵浦，这大大增加了系统的成本。在这种情况下，光学参量振荡器和泵浦激光器的腔体内都必须包含一块籽晶或者一个谱线限制元件(如光栅/标准具)。这些窄线系统的转换系数一般比较低。

　　从量子光学的观点分析，倍频的过程是：两个低频的光子被湮灭，产生了一个高频光子；光参量过程是：一个高频的光子被湮灭，产生了两个低频光子。

　　从能流方向分析，倍频过程的能流方向是：能量从低频流向高频；光参量过程的能流方向为：能量从高频流向低频。

10.5.1　光参量放大和振荡原理

　　将一个强的高频激光辐射(ω_p 泵浦光)和一个弱的低频激光波(ω_s 信号光)同时入射到非线性晶体上，弱的信号光被放大，同时产生另一个较低频率(ω_i)的空闲光。由曼利-罗(Manley-Rowe)关系，每湮灭一个高频光子，同时产生两个低频光子。显然光参量放大过程实质是产生差频光波的混频过程。频率为 ω_p 的泵浦光与频率为 ω_s 的信号光，同时入射到非线性晶体后，由于二阶非线性极化，在晶体内产生一个频率为 $\omega_i = \omega_p - \omega_s$ 的差频光波(空闲波)，此空闲波的振幅正比于泵浦光振幅与信号光振幅的乘积；空闲光又与泵浦光发生非线性耦合，再由二阶非线性极化辐射出 $\omega_i = \omega_p - \omega_s$ 的信号光，其振幅正比于泵浦光振幅与空闲光振幅的乘积。由于泵浦光强度远大于信号光和空闲光强度，所以在满足一定相位匹配的条件下，上述非线性混频过程可持续进行，泵浦光的能量不断耦合到信号光和空闲光中，从而形成光参量放大。由能量守恒定律获得光参量放大的频率条件：

$$\omega_p = \omega_s + \omega_i \tag{10.5.1}$$

由动量守恒定律获得波矢条件：

$$k_p = k_s + k_i \tag{10.5.2}$$

　　若把非线性晶体置于光学谐振腔内(图 10.5.1)，则光参量过程与倍频过程的能量流方向正好相反，倍频过程能量从低频流向高频；而光参量过程能量从高频流向低频。

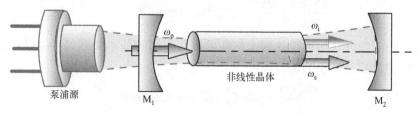

图 10.5.1　光参量振荡器件结构

　　从量子光学的角度，倍频过程是两个低频光子被湮灭，产生一个高频光子；光参量过程则是一个高频光子被湮灭，产生两个低频光子。

　　当参量放大的增益等于或大于腔内损耗和耦合损耗时，可分别在信号光频率和空闲光频率得到持续的相干光振荡输出，这就是光参量振荡器。

实际上，由于非线性晶体中存在由自发辐射机制产生的噪声辐射，故不必入射信号光，仅入射强泵浦光，自发噪声辐射就可以自动在腔内形成参量振荡。

光参量振荡器分为靠信号光和空闲光共同提供反馈的双谐光参量振荡器(简称 DRO)，和仅靠信号光和空闲光单独提供反馈的单谐光参量振荡器(简称 SRO)两种。

应该指出的是，信号光和空闲光只是表明在光参量振荡器中存在两种不同频率的光波是相伴成对出现的，故没有必要去区别两种光的名称，即两者的名称互异也无妨。

10.5.2　光参量振荡器的增益

光参量振荡器与一般的激光器几乎完全相同。光参量振荡器的运转条件亦必须单程增益大于损耗。但在激光器中，增益是由原子或分子能级间的粒子数反转提供的；而光参量振荡的增益是由光波在非线性晶体中的能量耦合作用提供的。

光波在非线性介质中传播的波动方程为

$$\nabla \times \nabla \times \boldsymbol{E} + \mu_0 \varepsilon \frac{\partial^2 \boldsymbol{E}}{\partial t^2} = -\mu_0 \frac{\partial^2 \boldsymbol{P}_{\mathrm{NL}}}{\partial t^2} \tag{10.5.3}$$

设光参量振荡器中三种频率的光波都是均匀单色平面波，即其振幅不随时间变化，光波电场与极化强度可表示为

$$\begin{cases} \boldsymbol{E}(r,t) = \dfrac{1}{2}\sum_n \boldsymbol{E}(r,\omega_n)\exp[\mathrm{i}(k_n \cdot r - \omega_n t)] + \mathrm{c.c.} \\ \boldsymbol{P}(r,t) = \dfrac{1}{2}\sum_n \boldsymbol{P}(r,\omega_n)\exp[\mathrm{i}(k_n \cdot r - \omega_n t)] + \mathrm{c.c.} \end{cases} \tag{10.5.4}$$

若光波沿 z 轴方向传播，由式(10.5.3)可得到对应的每个频率分量的波动方程：

$$\nabla \times \nabla \times \boldsymbol{E}(\omega_n,z) + \mu_0 \omega_n \varepsilon(\omega_n) \cdot \boldsymbol{E}(\omega_n,z) = \mu_0 \omega_n^2 \boldsymbol{P}_{\mathrm{NL}}(\omega_n,z) \tag{10.5.5}$$

由于非线性感应项对线性效应影响极小，所以可将非线性感应项作为一种微扰处理，因此，在与光波相比拟的空间内，参与非线性耦合作用的单色平面波的振幅相对变化很小，即可进行慢变化近似：

$$\boldsymbol{E}(\omega_n,z) = \boldsymbol{e}_n E_n \exp(\mathrm{i}k_n z)$$

式中，$\boldsymbol{e}_n$ 为光波偏振分量的单位矢量。应用此条件于式(10.2.12)，并略去二阶量 $\mathrm{d}^2 E(\omega_n,z)/\mathrm{d}z^2$ 得

$$\frac{\mathrm{d}E_n(z)}{\mathrm{d}z} = \frac{\mathrm{i}\mu_0 \omega_n^2}{2k_n} \boldsymbol{e}_n \boldsymbol{P}_{\mathrm{NL}}(\omega,z)\exp(-\mathrm{i}k_n z) \tag{10.5.6}$$

这就是电磁波在非线性介质内彼此间产生参量相互作用的基本关系式——耦合波方程。则三波非线性参量相互作用的耦合波方程为

$$\begin{cases} \dfrac{\mathrm{d}E_s^*(z)}{\mathrm{d}z} = -\mathrm{i}N_s E_p^*(z)E_i(z)\exp(\mathrm{i}\Delta kz) \\ \dfrac{\mathrm{d}E_i(z)}{\mathrm{d}z} = \mathrm{i}N_i E_p(z)E_s^*(z)\exp(-\mathrm{i}\Delta kz) \\ \dfrac{\mathrm{d}E_p(z)}{\mathrm{d}z} = \mathrm{i}N_p E_s(z)E_i(z)\exp(\mathrm{i}\Delta kz) \end{cases} \tag{10.5.7}$$

式中，

$$\Delta k = k_s + k_i - k_p, \quad N_x = \frac{2\omega_x^2 d}{k_x c^2}$$

设非线性晶体充满整个谐振腔，对于小信号增益，泵浦光场 E_p 传播距离 z 的衰减可予以忽略，即 $\mathrm{d}E_p(z)/\mathrm{d}z = 0$，故式(10.5.7)中只剩下前面两个式子。解这一对联立微分方程，可求得 $E_s(z)$ 和 $E_t(z)$。若初始条件 $E_t(z) = 0$，则方程的解为

$$\begin{cases} E_s(L) = \left\{ E_s(0)\left[\cosh(gL) - \mathrm{i}\frac{\Delta k}{2g}\sinh(gL) \right] - \mathrm{i}\frac{N_s E_p}{g}E_{io}\sinh(gL) \right\}\exp(-\mathrm{i}\Delta kL/2) \\ E_i(L) = \left\{ \left[E_{io}\cosh(gL) - \mathrm{i}\frac{\Delta k}{2g}\sinh(gL) \right] + \mathrm{i}\frac{N_s}{g}E_s^*(0)\sinh(gL) \right\}\exp(-\mathrm{i}\Delta kL/2) \end{cases}$$

(10.5.8)

式中，L 为晶体长度。

$$g = [\Gamma^2 - (\Delta k/2)^2]^{1/2} \tag{10.5.9}$$

而

$$\Gamma^2 = N_i N_s |E_p|^2 \tag{10.5.10}$$

信号光通过晶体的单程增益为

$$G = \frac{|E_s(L)|^2 - |E_s(0)|^2}{|E_s(0)|^2} = \left|\frac{E_s(L)}{E_s(0)}\right|^2 - 1$$

经计算，得

$$G = \Gamma^2 L^2 \sinh^2(gL)/(gL)^2 \tag{10.5.11}$$

将式(10.5.5)代入式(10.5.11)，整理后得

$$G = \Gamma^2 L^2 \frac{\sinh^2\{[\Gamma^2 - (\Delta k/2)^2]^{1/2}L\}}{[\Gamma^2 - (\Delta k/2)^2]L^2} \tag{10.5.12}$$

式(10.5.12)说明，当 $\Gamma^2 < (\Delta k/2)^2$ 时，即 $\Delta k \neq 0$ 的低增益情况下，利用 $\mathrm{sinc}x = \frac{\sin x}{x}$ 的形式，式(10.5.12)变成

$$G = \Gamma^2 L^2 \mathrm{sinc}^2[(\Delta k/2)^2 - \Gamma^2]^{1/2}L \tag{10.5.13}$$

与倍频过程中 $\Delta k \neq 0$ 的情况相同。所以，只有当 $\Delta k = 0$ 时，才能有效产生光参量振荡效应，并获得最大增益。当 $\Delta k = 0$ 时，有

$$G_{\max} = \sinh^2(\Gamma L) \tag{10.5.14}$$

这就是说，在满足相位匹配条件时，只要非线性晶体足够长、泵浦光强度足够强，在高增益下，由晶体中的自发噪声有效地产生光参量振荡效应。

对于泵浦光、信号光和空闲光的波矢共线情况，式(10.5.2)可改写成标量式：

$$k_p = k_s + k_i$$

因为 $k = n\omega/c$，故有

$$n_p \omega_p = n_s \omega_s + n_i \omega_i \tag{10.5.15}$$

即为光参量振荡的相位匹配条件。与倍频相同，可采用角度或温度匹配的方法。表 10.5.1 所示的是单轴晶体Ⅰ、Ⅱ类角度相位匹配方式中，泵浦光(ω_p)、信号光(ω_s)和空闲光(ω_i)分别应取的偏振态。从此表可看出，无论哪一类匹配方式，对于负单轴晶体，泵浦光总是 e 偏振光，而对于正单轴晶体，则总是 o 偏振光。

表 10.5.1　倍频晶体匹配方式

晶体	匹配方式	泵浦光、信号光、空闲光
负单轴晶体	Ⅰ 类	e→o+o
	Ⅱ 类	e→o+e
正单轴晶体	Ⅰ 类	o→e+e
	Ⅱ 类	o→o+e

由式(10.5.6)可知，$\Gamma^2 \propto d^2 / (n_p n_s n_i)$，称为品质因数，是表征增益的一个重要参数，各类非线性晶体的 Γ 差异很大。

10.5.3　光参量振荡器阈值

如前所述，光参量振荡器中信号光和空闲光获得的增益是来自泵浦光与这两束光在非线性晶体中的耦合作用。显然，当增益超过信号光和空闲光在谐振腔内往返一周的损耗时，参量振荡得以产生。当增益达到振荡阈值时，信号光与空闲光在腔内往返一周后仍保持原来的数值。设 δ_s 和 δ_i 分别为信号光和空闲光往返一周的损耗率，则

$$\begin{cases} E_s(0) = (1-\delta_s)E_s(L) \\ E_i(0) = (1-\delta_i)E_i(L) \end{cases} \tag{10.5.16}$$

考虑式(10.5.16)，由式(10.5.8)可得相位匹配($\Delta k = 0$)时的振荡方程：

$$\frac{1}{1-\delta_s}E_s(0) = E_s(0)\cosh(\Gamma L) - i\frac{N_s}{\Gamma}E_i^*(0)\sinh(\Gamma L) \tag{10.5.17}$$

$$\frac{1}{1-\delta_i}E_i(0) = E_i(0)\cosh(\Gamma L) - i\frac{N_i}{\Gamma}E_s^*(0)\sinh(\Gamma L) \tag{10.5.18}$$

对式(10.5.18)取共轭，并整理式(10.5.17)及共轭式(10.5.18)，有

$$\left[\cosh(\Gamma L) - \frac{1}{1-\delta_s}\right]E_s(0) - i\frac{N_s}{\Gamma}\sinh(\Gamma L)E_i^*(0) = 0$$

$$i\frac{N_i^*}{\Gamma}\sinh(\Gamma L)E_s(0) + \left[\cosh(\Gamma L) - \frac{1}{1-\delta_i}\right]E_i^*(0) = 0$$

$E_s(0)$ 和 $E_i(0)$ 不为零的条件是，上述线性齐次方程组的系数行列式为零，即

$$\left[\cosh(\Gamma L) - \frac{1}{1-\delta_s}\right]\left[\cosh(\Gamma L) - \frac{1}{1-\delta_i}\right] - \sinh^2(\Gamma L) = 0 \tag{10.5.19}$$

展开式(10.5.19)，并利用 $\cosh^2(\Gamma L) - \sinh^2(\Gamma L) = 1$，可得

$$\cosh(\Gamma L) = 1 + \frac{\delta_i \delta_s}{2 - \delta_s - \delta_i} \tag{10.5.20}$$

δ_i 和 δ_s 一般很小，对式 (10.5.20) 平方后略去三次以上的项，得

$$G = \sinh^2(\Gamma L) \approx \delta_s \delta_i \tag{10.5.21}$$

在小增益情况下，

$$G = \Gamma^2 L^2 \approx \delta_s \delta_i \tag{10.5.22}$$

这说明在阈值情况下，光参量振荡器的增益应等于信号光和空闲光损耗系数的乘积，式 (10.5.22) 即为光参量振荡器的阈值条件。

上述讨论的是信号光和空闲光同时振荡 (双谐振) 的情况。对于单谐振，可认为 $\delta_s \gg \delta_i$，即 $\delta_i = 1$。这时，式 (10.5.20) 变成

$$\cosh(\Gamma L) = 1 + \frac{\delta_s}{1 - \delta_s}$$

同理求得

$$G_{\text{单}} = 2\delta_s \tag{10.5.23}$$

比较式 (10.5.22) 和式 (10.5.23)，有

$$\frac{G_{\text{单}}}{G} = \frac{2\delta_s}{\delta_s \delta_i} = \frac{2}{\delta_i} \tag{10.5.24}$$

由此表明，单谐振的增益为双谐振增益的 $2/\delta_i$ 倍，若双谐振的 $\delta_i = 1\%$，则 $G_{\text{单}} \approx 2 \times 10^2 G$。说明单谐振的阈值比双谐振的阈值高得多，所以双谐振容易起振。但要控制两个不同频率光均有稳定的振荡是比较困难的。因为谐振腔长或泵浦光频率的波动都会引起阈值条件的变化，而造成振荡器的振幅起伏。所以，除连续运转要求的阈值而采用双谐振外，一般多采用单谐振。

根据式 (10.5.10) 和阈值条件式 (10.5.22)，求得阈值泵浦功率密度为

$$I_{\text{pth}} = \frac{1}{2} nc\varepsilon_0 |E_p^2| = \frac{1}{2} \frac{nc\varepsilon_0}{N_i N_s L^2} \tag{10.5.25}$$

一般非线性晶体对信号光和空闲光的光损耗远小于谐振腔的透射损耗，所以 δ_i 和 δ_s 近似取为输出镜的透过率。

10.5.4　光参量振荡器的频率调谐技术

光参量振荡器最大的特点是，其输出频率可以在一定范围内连续改变，不同的非线性介质和不同的泵浦源，可得到不同的调谐范围。当泵浦光频率 ω_p 固定时，光参量振荡器的振荡频率能同时满足频率及相位匹配条件：

$$\omega_p = \omega_s + \omega_i$$

$$k_p = k_s + k_i \text{（三波波矢共线）}$$

及

$$n_p \omega_p = n_s \omega_s + n_i \omega_i \qquad\qquad (10.5.26)$$

将 $\omega_p = \omega_s + \omega_i$ 代入 (10.5.26) 得

$$n_p(\omega_s + \omega_i) = n_s \omega_s + n_i \omega_i \qquad\qquad (10.5.27)$$

则

$$\frac{\omega_s}{\omega_i} = \frac{n_i - n_p}{n_p - n_s} \qquad\qquad (10.5.28)$$

由式 (10.5.28) 可见，信号光和空闲光的频率依赖泵浦光的折射率。改变泵浦光折射率 n_p，使 ω_s 和 ω_i 发生相应变化。改变 n_p 的方法，是通过改变泵浦光与非线性晶体之间的夹角（角度调谐）或改变晶体的温度（温度调谐）等实现的。

现在考虑泵浦光为频率 n_p 的非常光，信号光和空闲光则为寻常光。设三波波矢共线，且与非线性晶体光轴方向的夹角为 θ_0，信号光和空闲光的频率分别为 ω_{so} 和 ω_{io}，则匹配条件为

$$\omega_p n_{po} = \omega_{so} n_{so} + \omega_{io} n_{io} \qquad\qquad (10.5.29)$$

当晶体方位从 θ_0 转到 $\theta_0 + \Delta\theta$ 时，因泵浦光是非常光，所以 n_{po} 将改变，由相位匹配将引起 ω_{so} 和 ω_{io} 的变化，而由色散又将引起 n_{so} 和 n_{io} 的变化，即

$$n_{po} \rightarrow n_{po} + \Delta n_p, \quad n_{so} \rightarrow n_{so} + \Delta n_s, \quad n_{io} \rightarrow n_{io} + \Delta n_i$$

$$\omega_{so} \rightarrow \omega_{so} + \Delta\omega_s, \quad \omega_{io} \rightarrow \omega_{io} + \Delta\omega_i, \quad \omega_p \rightarrow \omega_p$$

因为 $\omega_p = \omega_s + \omega_i$ 等式是不变的，所以有

$$\Delta\omega_s = -\Delta\omega_i$$

此时的匹配条件为

$$\omega_p(n_{po} + \Delta n_p) = (\omega_{so} + \Delta\omega_s)(n_{so} + \Delta n_s) + (\omega_{io} - \Delta\omega_i)(n_{io} + \Delta n_i)$$

将上式展开，并略去 $\Delta\omega_s \Delta n_s$ 和 $\Delta\omega_s \Delta n_i$，利用式 (10.5.26)，可得

$$\Delta\omega_s = \frac{\omega_p \Delta n_p - \omega_{so} \Delta n_s - \omega_{io} \Delta n_i}{n_{so} - n_{io}} \qquad\qquad (10.5.30)$$

式 (10.5.30) 表明，折射率的改变引起了频率的改变。下面再分析 $\Delta\omega_s$ 与改变角 $\Delta\theta$ 的关系。ω_p 光是 e 光，其折射率随角度的变化是

$$\Delta n_p = \frac{\partial n_p}{\partial \theta}\bigg|_{\theta_0} \Delta\theta \qquad\qquad (10.5.31)$$

信号光和空闲光是 o 光，其折射率不随方向变化，但随频率变化。色散引起折射率变化：

$$\Delta n_s = \frac{\partial n_s}{\partial \omega_s}\bigg|_{\omega_{so}} \Delta\omega_s, \quad \Delta n_i = \frac{\partial n_i}{\partial \omega_i}\bigg|_{\omega_{io}} \Delta\omega_i \qquad\qquad (10.5.32)$$

将式 (10.5.31) 和式 (10.5.32) 代入式 (10.5.30)，即可解得振荡频率相对于 θ 角的变化率：

$$\frac{\partial \omega_s}{\partial \theta} = \frac{\omega_p \dfrac{\partial n_p}{\partial \theta}\bigg|_{\theta_0}}{(n_{so} - n_{io}) + \left(\omega_{so} \dfrac{\partial n_s}{\partial \omega_s}\bigg|_{\omega_{so}} - \omega_i \dfrac{\partial n_i}{\partial \omega_i}\bigg|_{\omega_{io}}\right)} \qquad\qquad (10.5.33)$$

式中，$\left.\dfrac{\partial n_s}{\partial \omega_s}\right|_{\omega_{so}}$ 和 $\left.\dfrac{\partial n_i}{\partial \omega_i}\right|_{\omega_{io}}$ 可按给定的色散关系 $n = f(\omega)$ 求得。利用非常光折射率与角度的关

系 $\dfrac{1}{n_e^2(\theta)} = \dfrac{\cos^2\theta}{n_o^2} + \dfrac{\sin^2\theta}{n_e^2}$ 和数学公式 $d(1/x^2) = -(2/x^3)dx$，可得

$$\frac{\partial n_p}{\partial \theta} = \frac{n_p^3}{2}\left[(n_p^o)^{-2} - (n_p^e)^{-2}\right]\sin(2\theta)$$

将上式代入式 (10.5.33)，则有

$$\frac{\partial \omega_s}{\partial \theta} = \frac{\dfrac{1}{2}\omega_p n_p^3[(n_p^o)^{-2} - (n_p^e)^{-2}]\sin(2\theta)}{(n_{so} - n_{io}) + \left(\omega_{so}\left.\dfrac{\partial n_s}{\partial \omega_s}\right|_{\omega_{so}} - \omega_{io}\left.\dfrac{\partial n_i}{\partial \omega_i}\right|_{\omega_{io}}\right)} \tag{10.5.34}$$

同理，可确定温度调谐下，振荡频率与温度的关系。此时是非临界相位匹配，$\theta_m = 90°$。设温度为 T，信号光和空闲光分别使用 ADP 晶体时的角度调谐理论与实验 (带点的) 曲线和使用 LiNbO$_3$ 晶体时的温度调谐实验曲线，如图 10.5.2 所示。

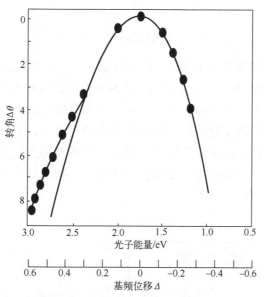

图 10.5.2　ADP 晶体的角度调谐曲线

10.5.5　光参量振荡实验技术

一般光参量振荡器由以下几部分组成。

(1) 非线性晶体——主要采用铌酸锂、Mg: LiNbO$_3$ 和 XDP 类等具有较高二阶非线性系数的晶体，其折射率对角度和温度的变化较敏感，易于实现参量振荡频率的连续调谐如图 10.5.3 所示。晶体一般制成几毫米到几厘米的平行片 (块) 状。

(2) 泵浦源——应采用波长较短、功率较强的激光辐射。对于脉冲运转的光参量振荡器，泵浦光可采用脉冲或 Q 开关钕玻璃激光的倍频光 (0.532μm) 或红宝石激光 (0.6943μm)；对于连续运转的光参量振荡器，主要采用连续 YAG 激光器或声光 Q 开关 YAG 激光器的倍频光 (0.532μm) 作为泵浦光。

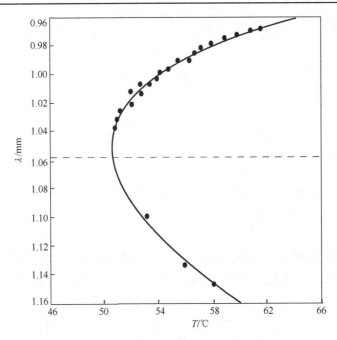

图 10.5.3 铌酸锂晶体的温度调谐曲线

(3)光学谐振腔——根据不同的实验条件，分别采用平行平面腔、双球面稳定腔或平面球面稳定腔的形式。组成谐振腔的一对反射镜应在参量振荡器频率调谐范围内有合适的反射率。

在上述讨论中，只考虑了泵浦光转换为信号光和空闲光的过程。事实上，在双谐振光参量振荡器中，当振荡器谐振腔的输出镜对泵浦光的反射率为零时，还存在由信号光和空间光混频产生泵浦频率的和频波逆转过程。显然，逆转波的产生降低了转换效率。理论和实践证明，逆转波的产生使双谐振光参量振荡器的最高频率只有 50%。为消除逆转波，可以采用环形腔型(图 10.5.4)。

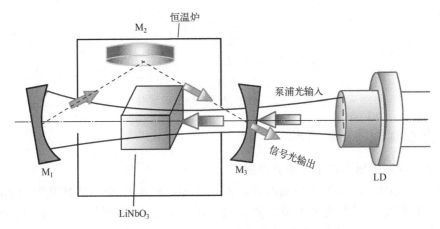

图 10.5.4 环形腔光学双谐振参量振荡器结构

对于脉冲运转的光参量振荡器，大多数是用调 Q 激光器作为泵浦源。调 Q 激光器的输出脉冲宽度一般为 5ns～1μs。当入射的泵浦光超过光参量振荡器阈值时，信号光和空闲光将从噪声中建立起来。信号光和空闲光从噪声水平达到一定水平需要一定的时间，称为建立时间。显然，这将降低脉冲运转的光参量振荡器转换效率(与稳态时比较)。缩短光参量振荡器的腔长，可以缩短建立时间，从而提高转换效率。

光参量振荡器的结构，对双谐振光参量振荡器来说，一个谐振腔要同时满足两个谐振频率 ω_s 和 ω_i 持续振荡，又要求它们满足光参量振荡相位匹配条件是很难实现的。一方面，满足相位匹配条件的一对频率为 ω_{so}、ω_{io} 的光，通常偏离谐振腔的谐振频率，即振荡阈值可能很高；另一方面，即使一对频率 ω_{so}、ω_{io} 光既满足相位匹配条件又满足谐振条件，但由于谐振条件对腔长的改变比较敏感，很易改变谐振频率。由谐振原理可知，腔长若改变 1/4 波长，相当于谐振频率在频率坐标上移动半个膜间隔，致使偏离相位匹配条件，发生频率波动。尤其是双谐振光参量振荡器在泵浦功率较高时，会在双谐振频率附近出现二群，甚至三群、四群振荡模，这种现象称为群集效应。由于单谐振光参量振荡器只有一个谐振频率，频率波动较双谐振小，通常只有一群振荡模，但其线宽可达 2nm。为减小频率波动，光参量振荡器的谐振腔可用石英管制作，以减小腔长变化；管中放置非线性晶体，石英管两端面平行度应小于 15″，在其两端分别贴上输入、输出反射镜。一般输入反射镜用 K9 玻璃制成，输出反射镜用蓝宝石材料制成。

10.5.6　光参量振荡器的发展趋势

光学参量振荡器的应用领域非常广，其中包括闪光光解、分光光度测定和共振增强多声子电离。在闪光光解过程中，时间分辨的分光技术被用来测定随波长而变化的吸收和荧光；在分光光度测定方面，集宽的调谐范围和高峰值功率于一体的光学参量振荡器使得人们能够测量高光学密度和低反射率。光学参量振荡器在医学上的应用包括光声和光动力成像，而生物学家则在激光激发荧光和矩阵辅助激光退吸与电离方面利用光学参量振荡器的可调性优点。围绕光学参量振荡器制造的差分吸收光探测系统和测距系统很适合遥感应用，这其中包括远距离探测毒气和化学战争试剂。

不断创新的光学参量振荡器技术及其在研究与发展方面和工业上不断扩大的应用广度，展现出光明的未来和发展方向。

1. 红外的扩展和紫外的延伸

宽带可调谐作为光学参量振荡器的最大特点，也必然成为光学参量振荡器发展的主要趋势。红外的扩展主要利用新型的激光源，如 Cr、Er:YSGG、KTP-OPO、LiNbO3-OPO 等器件已获得近红外波段光，而 ZnGeP2、AgGaSe2、CdSe 等晶体，可以获得更长的波段，或者在这些晶体中利用差频获得长波输出。紫外的延伸主要利用 Nd3+:YAG 的谐波泵浦 BBO、LBO、CBO 等晶体产生的参量光倍频，或者经和频获取短波长激光。总之，组合调谐必将是拓展 OPO 所不能匹配波长的主要手段。

2. PPLN 技术的进一步发展

利用周期性极化技术实现准相位匹配条件下的参量振荡，首先是在铌酸锂晶体上实现，简称 PPLN 技术，该技术具有操作简单、高增益、低损耗等优点，还由于其高度非线性和群速色散而可以实现光脉冲压缩，并且着重解决的问题是：大通光孔径技术，新型的光学超晶格材料的开发，光学超晶格 OPO 的多种调谐方式，发展紫外和长波波段的光学超晶格 OPO 以及飞秒短脉冲输出。

3. 新型参量晶体的开发

从光学参量振荡器的发展史可以看出，光学参量振荡器的发展与非线性晶体的发展有着密不可分的关系，非线性晶体的发展直接影响光学参量振荡器的发展，具有宽的透光光谱范围、大的非线性系数、高的损伤阈值，物化性能稳定且能生长大尺寸的新型晶体是 OPO 研究的另一热点。

4. 光学参量振荡器输出指标的进一步提高

调谐范围、输出能量、转换效率在不断提高的同时，利用飞秒钛宝石激光器同步泵浦 OPO 和 OPA 获飞秒输出，不断向更短脉冲发展，使 OPO 的输出具有比泵浦光更高的功率密度。利用各种线宽压缩技术（F-P、光栅、棱镜等）获得窄线宽 OPO 输出，高重复频率和连续 OPO 的方面已有很大的进展。

5. 光电混合谐振腔内参量频率转换过程的新型 OEPO

2020 年，研究人员提出并演示了一种基于光电混合谐振腔内参量频率转换过程的新型 OEPO（光电混合相位调控光参量振荡），OEPO 内的稳态振荡可认为是相位调控的振荡，具有不同于传统 OPO 和 OEO 的振荡特性。与其他延时振荡器类似，OPO 和 OEO 内的稳态振荡受环腔延时的控制，稳态振荡的频率由谐振腔的谐振峰决定。在 OPO 和 OEO 中，两个相邻模式间的频率间隔为谐振腔的自由光谱范围（free spectral range，FSR），每个模式是离散存在的。当进行频率调谐时，调谐步进也是离散的。同时，当多模振荡时，传统的 OPO 和 OEO 中存在模式竞争和跳模效应，因此它们难以得到稳态的多模振荡。得益于参量频率转换过程引入的相位调控功能，OEPO 内振荡信号的相位演化是非线性的，因此 OEPO 可实现传统如 OPO 和 OEO 等延时振荡器中难以建立的稳态多模振荡和完全与环腔延时无关的单模振荡。得益于其稳态多模输出特性，OEPO 有望应用在现代雷达和通信系统等需要复杂微波波形的场合。此外，通过增加 OEPO 的谐振腔长度，其模式间隔可以低至几千赫兹，因此 OEPO 可支持大量的多模同时振荡。这种特性在基于振荡器的计算等应用场合具有显著的优势。此外，在简并振荡的条件下，OEPO 内的参量频率转换过程也是相位共轭运算，可自动消除由环路抖动等因素带来的相位误差，因此 OEPO 还可以应用于射频信号的稳相传输。

10.6　激光受激拉曼散射技术

10.6.1　拉曼散射与受激拉曼散射

当光与物质发生相互作用时，光的传播方向被改变，使光向四面八方弥散开来的现象称为光的散射。可根据引起光散射的原因不同或散射粒子的大小不同，将散射分为拉曼散射（Raman scattering）、米氏散射（Mie scattering）、瑞利散射（Rayleigh scattering）、布里渊散射（Brillouin scattering）等。

（1）拉曼散射。1928 年，印度科学家拉曼和苏联科学家兰茨别尔格（Lanzeberger）、曼杰尔希达姆（Manjersedam）在研究液体和晶体内的光散射时，几乎同时发现了介质中分子振动会使散射光相对于入射光产生频移，频移量等于分子的振动频率，这种散射现象称为拉曼散射。拉曼散射属于非弹性散射。拉曼散射又称为联合散射(combination scattering)。用波长比试样粒径小得多的单色光照射气体、液体或透明试样时，大部分的光会按原传播方向透射，一小部分则按不同角度散射。在垂直方向观察时，除了与原入射光有相同频率的瑞利散射外，还有一系列对称分布着若干条很弱的与入射光频率发生位移的谱线，称为拉曼散射。拉曼光谱与试样分子振动、转动能级有关，广泛应用于物质分子结构的研究。

(2)瑞利散射。散射粒子线度远小于光波长时发生的波长不变化的散射。其属于弹性散射。介质粒子对光的散射与光的频率四次方成正比，所以太阳光中的蓝光约为红光的散射光强的 10 倍，天空呈蓝色。朝阳和落日的红色是由于太阳光通过较厚的大气层蓝光散射多，红光透过大气层多被人眼接受。

(3)米氏散射。散射微粒与光波长相近时，形成前后两种散射。当微粒大小接近波长时，向前散射成分增多，向后散射成分减少。

1922 年，布里渊(Brillouin)指出，光通过由热激发产生声波的介质时，散射光频谱中除了原来入射光频外(瑞利散射)，其两侧还有频移线，称为布里渊双重线，它类似于拉曼散射，下频移对应斯托克斯线，上频移对应反斯托克斯线，这种散射现象称为布里渊散射。

当激发光的光子与散射中心的分子相互作用时，大部分光子只是发生改变方向的散射，而光的频率并没有改变，有占总散射光 $10^{-10} \sim 10^{-6}$ 的散射光，不但改变了传播方向，也改变了频率。这种频率变化了的散射称为拉曼散射。当光通过真空以外的所有介质时，都会有一部分能量偏离预定的传播方向而向空间弥散，这就形成了光的散射。其根本原因是介质电极化特性的时空起伏，即当介质内的折射率不均匀时，极化也不均匀，次波辐射干涉合成的结果，使其他空间方向上的光强不再为零，而是一个有限值。对于拉曼散射，分子由基态 E_0 被激发至振动激发态 E_1，光子失去的能量与分子得到的能量相等，为 ΔE，反映了指定能级的变化。因此，与之相对应的光子频率也具有特征性，根据光子频率变化就可以判断出分子中所含有的化学键或基团。这就是拉曼光谱可以作为分子结构分析工具的理论基础。

1. 拉曼散射

拉曼散射是一种自发散射，其散射粒子的运动是无规则的，因此散射光是非相干的。

拉曼散射一般发生在具有分子振荡频率的介电材料(如硝基苯等有机液体，金刚石、方解石等晶体，气压为几百万至几千万帕的 H_2、N_2、CH_4 等气体)中。其特点是，当用一束频率为 ω_p 的光波照射含有上述介质的样品时，部分散射光频率相对于入射光频率将发生一定移动，即光谱中除有与入射光相同的谱线外，在其两侧出现了新的谱线。频移量 $\omega_p - \omega_s = \omega_M$ 等于被照射介质分子的共振频率。据经典理论的观点，拉曼散射是由于组成分子的原子或离子，按一定频率振动或转动，这种相对运动导致了分子感应电偶矩随时间周期性调制，而对入射光产生散射。从量子理论的观点，在拉曼散射过程中，光子与微观粒子(原子、分子、电子及声子等)发生非弹性碰撞，导致散射光成为一个能量和方向都与入射光子不同的散射光子，同时相应地引起了粒子由初始态向终止态的跃迁。这种跃迁包括两种过程：一种是初始处于较低能级 $|a\rangle$ 上的粒子，在散射后跃迁到较高的能级 $|b\rangle$(分子内能增加)，而散射光子的频率向低频方向移动 ω_n，通常称为斯托克斯散射；另一种是初始

处于较高能级$|b\rangle$上的粒子，在散射后跃迁回较低的能级$|a\rangle$(分子内能减小)，而散射光子的频率向高频方向移动ω_n，此即为反斯托克斯散射。上述过程如图 10.6.1 所示。

2. 受激拉曼散射

受激拉曼散射(SRS)是强激光的光频电场与原子中的电子激发、分子中的振动或与晶体中的晶格相耦合产生的，具有很强的受激特性，即与激光器中的受激光发射有类似特性：方向性强、散射强度高的光散射。

在一定条件下，当频率ω_p的光波是强激光时，散射光将具有受激性质，称为受激拉曼散射。对斯托克斯散射过程而言，入射的相干光子与一个无规则运动的粒子碰撞，产生一个斯托克斯光子及一个受激态粒子，此受激态粒子再与入射光子碰撞，又产生一个斯托克斯光子及增添一个受激态粒子。新产生的受激态粒子继续与入射光子碰撞，产生新的斯托克斯光子。此过程不断继续下去，形成一个产生斯托克斯散射光子及受激态粒子的雪崩过程。在受激散射过程中，新产生的斯托克斯光子与受激态粒子同原斯托克斯光子与受激态粒子是同相位的(图 10.6.1)。受激拉曼散射是在激励场和斯托克斯场的同时作用下产生的受激过程，是非线性光学效应。与普通拉曼散射相比，它具有一些独特的性质：受激散射光强(或功率)可达到与入射激光束光强(或功率)相比拟的程度，具有明显的阈值性、高方向性和高单色性。不同散射介质对泵浦光光强有不同的要求，当超过一定的激励阈值时，散射光束的空间发散角会明显变小，一般可与入射激光束发散角相近，散射光谱的宽度明显变窄，可达到与入射激光单色性相当或更窄的程度。

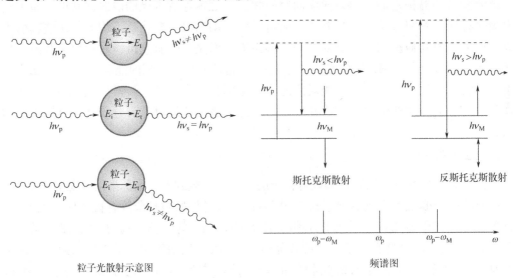

图 10.6.1　拉曼散射原理图

10.6.2　受激拉曼散射的增益和阈值

1. 受激拉曼散射的增益

考虑沿z方向行进的前向斯托克斯散射光的增益，由散射的量子理论可知，介质受激散射的增益取决于其散射概率。设散射介质的单位体积内处于本征能级a上的分子数密度

为 N_A，则单位时间内 N_AV(V 为体积)个分子向立体角 $\Delta\Omega$ 中发射具有一定偏振态的、频率为 $\omega_s = \omega_p - (E_b - E_a)/\hbar$ 的散射光子的概率(散射光子随时间的增长率)表示为

$$W(t) = \Delta\Omega N_A c \frac{\mathrm{d}\sigma}{\mathrm{d}\Omega}(N_s + 1)N_p \tag{10.6.1}$$

式中，N_s 和 N_p 分别为散射光和泵浦激光的光子简并度(一种光子态或光波模中的光子数)；$\mathrm{d}\sigma/\mathrm{d}\Omega$ 为单位体积的微分散射截面。

因为在受激散射情况下，$N_s \gg 1$，所以式 (10.6.1) 可写为

$$W(t) = \Delta\Omega N_A c \frac{\mathrm{d}\sigma}{\mathrm{d}\Omega} N_s N_p \tag{10.6.2}$$

经数学运算，可算出受激拉曼散射的增益系数的一般形式：

$$G = \frac{\mathrm{d}\sigma}{\mathrm{d}\Omega} \frac{N_A c^2 \{1 - \exp[-h(\nu_p - \nu_s)/(KT)]\}}{3\hbar \nu_s^2 N_s^2 \Delta\nu_N} \cdot I_p \tag{10.6.3}$$

式中，$\Delta\nu_N$ 是拉曼跃迁的自然线宽。式 (10.6.3) 说明，若介质的拉曼散射截面不为 0，则当频率为 ν_p 的强激光入射时，频率为 ν_s 的拉曼散射光将被放大。增益系数正比于散射截面和入射激光的光强 I_p。

2. 受激拉曼散射的阈值

将产生受激拉曼散射的介质置于谐振腔内，当增益足以补偿斯托克斯光在腔内往返一次的损耗时，在斯托克斯光谱中心频率 ν_s 处将出现拉曼振荡，能产生拉曼振荡所需的入射光强就是受激拉曼散射的阈值，以 I_{pth} 表示。

装在长度为 L 的容器中的拉曼散射介质，在入射激光作用下产生受激拉曼散射。设谐振腔对斯托克斯光的反射率为 R，这时斯托克斯光将具有式 (10.6.3) 所示的增益。若此增益足以补偿斯托克斯光在腔内往返的损耗，则振荡能在中心频率 ν_s 处形成，其必要条件是

$$R\exp(GL) = 1 \tag{10.6.4}$$

利用式 (10.6.3)，可求出产生振荡所要求的入射激光阈值 I_{pth}。由于从数学上难以求出散射截面，所以亦很难求出受激散射的增益和阈值。而且在式 (10.6.3) 中，采用了热平衡条件下分子在各能级上概率分布的玻尔兹曼分布定律。在实际的受激拉曼散射过程中，大量的分子会被激发，从而改变了散射介质中的粒子数分布，打破了热平衡条件，所以理论与实际有相当的差异。通常是以实验测得的散射截面来计算散射增益和确定泵浦阈值的。由实验测得的某些液体和气体的拉曼散射截面数据列于表 10.6.1～表 10.6.3 中。

$$I_{pth} = \frac{3h\nu_s^3 \Delta\nu_N N_s^2 \left(-\frac{1}{L}\ln R\right)}{\frac{\mathrm{d}\sigma}{\mathrm{d}\Omega} Nc^2 \{1 - \exp[-h(\nu_p - \nu_s)/(KL)]\}} \tag{10.6.5}$$

表 10.6.1　某些液体的分子微分拉曼散射截面

拉曼谱线	激发光波长/mm	分子微分散射截面 $d\sigma/d\Omega/(10^{-29} cm^2/sr)$
C_2H_6(苯) $992cm^{-1}$	632.8	0.800 ± 0.029
	514.5	2.57 ± 0.08
	488.0	3.25 ± 0.10
$C_6H_5CH_3$(甲苯) $1002cm^{-1}$	632.8	0.353 ± 0.013
	514.5	1.39 ± 0.05
	488.0	1.83 ± 0.06
$C_6H_5NO_3$(硝基苯) $1345cm^{-1}$	632.8	1.57 ± 0.06
	514.5	9.00 ± 0.29
	488.0	10.3 ± 0.4
	694.3	0.755
CS_2(二氧化碳) $656cm^{-1}$	632.8	0.950 ± 0.034
	514.5	3.27 ± 0.10
	488.0	4.35 ± 0.13
CCl_4(四氯化碳) $459cm^{-1}$	632.8	0.625 ± 0.023
	514.5	1.78 ± 0.06
	488.0	2.25 ± 0.07

表 10.6.2　分子微分散射截面与 N_2 分子微分散射截面之比

气体	频移/cm^{-1}	$\frac{d\sigma}{d\Omega}$	气体	频移/cm^{-1}	$\frac{d\sigma}{d\Omega}$
N_2	2331	1.0	$N_2O(V_3)$	2224	0.51
O_2	1556	1.3	$SO_2(V_1)$	1151	5.2
H_2(总)	4161	2.4	$SO_2(V_2)$	519	0.12
$H_2(Q(1))$	4161	1.6	$H_2S(V_1)$	2611	6.4
CO	2145	1.0	$NH_3(V_1)$	3334	5.0
NO	1877	0.27	$ND_3(V_1)$	2420	3.0
$CO_2(V_1)$	1388	1.4	$CH_4(V_1)$	2914	6.0
$CO_2(2V_2)$	1286	0.89	$C_2H_6(V_1)$	993	1.6
$N_2O(V_1)$	1285	2.2	$C_6H_6(V_2)$	992	7.0

注：$(d\sigma/d\Omega)_{N_2}=(4.3\pm0.3)\times10^{-31}cm^2/sr, \lambda_1=488.0nm$。

表 10.6.3　自发拉曼散射的频移 ν_M、线宽 $\Delta\nu_M$ 和散射截面 $N(d\sigma/d\Omega)$

物质	频移 ν_M /cm^{-1}	线宽 $\Delta\nu_M$ /cm^{-1}	截面 $N\frac{d\sigma}{d\Omega}\times10^8$ /(cm^{-1}/sr)	增益因子 $\frac{G_s}{I_1}\times10^{-3}$ /(cm/MW)	温度 T/K
液氧	1552	0.117	0.48 ± 0.14	14.5 ± 4	
液氮	2326.5	0.067	0.29 ± 0.09	17 ± 5	
苯	992	2.15	3.06	2.8	
二氧化硫	655.6	0.50	7.55	24	
硝基苯	1345	6.6	6.4	2.1	300
溴苯	1000	1.9	1.5	1.5	
氯苯	1002	1.6	1.5	1.9	
甲苯	1003	1.96	1.1	1.2	
二氧化硅	467			0.8	
氢气	4155			$1.5(P>10^6Pa)$	

注：N 为每立方厘米的分子数；而对于不同的物质，受激拉曼散射的稳态增益因子 $G_s/I_1(\lambda_1=694.3nm)$。

由式(10.6.3)可见,受激拉曼散射的增益
与入射激光光强 I_p 成正比。光强足够大的泵
浦激光单次通过介质就能产生相当强的散射
相干辐射。当入射光光强达到一定值时,受
激拉曼散射光强会突然增大 $10^4 \sim 10^6$ 倍。故
从这一突变点可定义一个受激散射阈值功
率。图 10.6.2 所示的是以金刚石为样品,由
实验测出的受激拉曼散射的斯托克斯线的强
度曲线。由图可见,当入射激光功率在 1MW
以下时,斯托克斯光功率仅约为 10^{-3}W。一
旦泵浦功率超过 1MW,斯托克斯光功率会突
然上升,直至一定值后达到饱和。

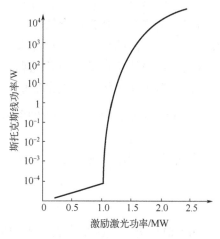

图 10.6.2　激励激光功率与拉曼散射光功率的关系

10.6.3　受激拉曼散射频谱特征

从用红宝石激光束入射硝基苯产生受激拉曼散射的实验中可以发现,散射光谱除存在
普通拉曼散射光对应的谱线外,还有一些新的等频率间隔的谱线,频率间隔恰等于 ω_S 或 ω_{SS}
相对于 ω_0 线的频率差。而且这些新谱线所对应的受激拉曼散射光只在一个特定的方向上产
生,在观察屏上可看到环状有色图案,如图 10.6.3 和图 10.6.4 所示。

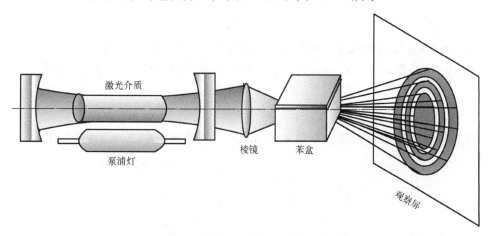

图 10.6.3　受激拉曼散射实验装置示意图

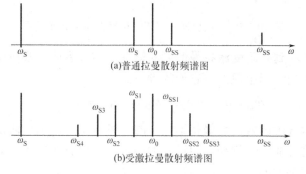

图 10.6.4　普通和受激拉曼散射频谱图

若把与普通拉曼散射谱线相对应的受激拉曼散射谱线(图 10.6.4 中的 ω_{S1} 和 ω_{SS1})称为一级斯托克斯谱线,则其他谱线依次称为二级谱线、三级谱线……这种现象可以用多束光波在非线性介质内的相互作用理论来解释。可以认为,多级受激拉曼散射谱线的产生是由入射激光与逐级斯托克斯和反斯托克斯散射光之间非线性耦合的结果。一级反斯托克斯散射光是由入射光和一级斯托克斯散射光通过三阶非线性极化产生的:

$$P(\omega_{SSE}r) = 3\varepsilon_0\chi^{(3)}(\omega_P, \omega_P - \omega_S)e(\omega_P)e(\omega_P)e(\omega_S) \times E(\omega_P r)E(\omega_S r) \times \exp[i(2k_P - k_S)r]$$
(10.6.6)

受激拉曼散射过程服从能量守恒和动量守恒:

$$\begin{cases} \omega_S = \omega_P - \omega_M, & \omega_{SS} = \omega_P + \omega_M \\ k_S = k_P - k_M, & k_{SS} = k_P + k_M \end{cases}$$
(10.6.7)

由式(10.6.6)可见,一级反斯托克斯散射光只有在满足相位匹配条件

$$\Delta k = 2k_P - k_{S1} - k_{SS1} = 0$$
(10.6.8)

时才能有效地产生。

显然,受激拉曼散射是有方向性的。受激斯托克斯散射主要发生在前向和后向,这是因为前向和后向的增益路程比其他方向长。受激反斯托克斯散射光的方向由式(10.6.7)、式(10.6.8)确定。由于介质的色散,通常 k_{SS} 与 k_P、k_S 不是共线的。令

$$n_S = n_P + \Delta n_S$$
$$n_{SS} = n_P + \Delta n_{SS}$$

式中,n_P、n_S、n_{SS} 分别为激光、斯托克斯光和反斯托克斯光的折射率。

由图 10.6.5 可得,一级反斯托克斯散射光与入射光的夹角 $\theta(\theta \approx \theta_{SS} \approx \theta_S)$ 为

$$\theta^2 = \frac{2(\Delta n_S\omega_S + \Delta n_{SS}\omega_{SS})}{n_P(\omega_S + \omega_S)}$$
(10.6.9)

一级反斯托克斯散射光是以 θ 角的方向绕入射泵浦激光束成一圆锥角射出的,典型值为几度。

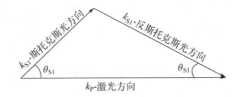

图 10.6.5 一级反斯托克斯光传播方向与激光关系

上述讨论可以推广到高阶受激拉曼散射的情况。实验表明,高阶受激拉曼散射光是伴随着前一阶拉曼散射光一起出现的。它们的频率是

$$\omega_{Sn} = \omega_P - n\omega_M, \quad \omega_{SSn} = \omega_P + n\omega_M$$

式中,n 为阶数,即各阶散射是逐级相继发生的。可以认为,前一阶的散射光是后一阶散射光的泵浦光,在这种非线性耦合作用过程的始末,散射分子的本征态并不发生改变,而是需要满足相位匹配条件的。

10.6.4　受激拉曼散射实验技术

受激拉曼散射具有与激光器辐射相同的特点。散射光通过介质时将获得放大，因此可以制成高效率可调谐激光器。

1. 产生受激拉曼散射的工作物质

目前，已在许多物质中实现了受激拉曼散射，得到上百条受激拉曼散射谱线，其波长分布范围从近紫外到近红外。产生受激拉曼散射的工作物质大概分为如下几类。

(1)液体物质，主要有硝基苯、苯、甲苯、CS_2 等几十种有机液体。

(2)固体物质，主要有金刚石、方解石等晶体。

(3)气体物质，主要有 H_2、N_2、D_2、CH_4 等气体。

以上各类物质产生的受激拉曼散射谱线频移一般在 $10^2 \sim 10^3 cm^{-1}$ 数量级，且大部分情况下属于分子振动跃迁拉曼谱线。

2. 产生受激拉曼散射的实验装置

受激拉曼散射的实验装置,可根据条件和不同的目的、要求而采取不同的形式(图10.6.6),

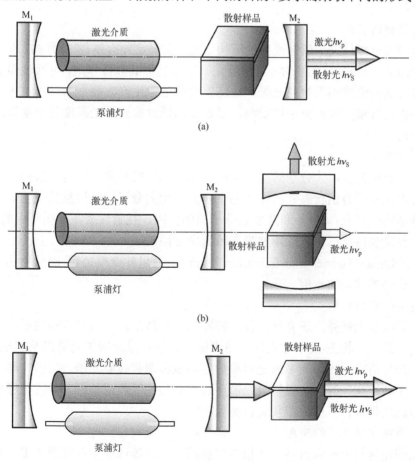

图 10.6.6　激光受激拉曼散射实验装置原理图

但基本上可分为两大类：一类是具有光学谐振腔的装置，其谐振腔反射镜对散射光具有足够高的反射率，在腔内工作物质的受激散射增益大于腔内损耗与输出损耗的和的条件下，受激散射光可在谐振腔内形成往返持续振荡；另一类是不采用谐振腔的装置，受激拉曼散射光在激励足够强、增益足够高的条件下，可以单次通过散射介质而获得放大，受激散射光束的方向性可能不如带谐振腔的散射光束好，并且受激散射作用主要产生于前向和后向。

在受激拉曼散射光输出之后，经过合适的光谱分光装置(棱镜式或光栅式光谱仪)分光后获得所需谱线。

拉曼光谱仪的主要部件有激光光源、样品室、分光系统、光电检测器、记录仪和计算机。

3. 应用

激光拉曼光谱法的应用有以下几种：在有机化学上的应用，在高聚物上的应用，在生物方面的应用，在药物分析上的应用，在表面和薄膜方面的应用。

1) 在有机化学的应用

拉曼光谱在有机化学方面主要是用作结构鉴定的手段，拉曼位移的大小、强度及拉曼峰形状是定化学键、官能团的重要依据。利用偏振特性，拉曼光谱还可以作为顺反式结构判断的依据。

2) 在高聚物的应用

拉曼光谱可以提供关于碳链或环的结构信息。在确定异构体(单体异构、位置异构、几何异构和空间立现异构等)的研究中，拉曼光谱可以发挥其独特作用。电活性聚合物如聚吡咯、聚噻吩等的研究常利用拉曼光谱，在高聚物的工业生产方面，如对受挤压线性聚乙烯的形态、高强度纤维中紧束分子的观测，以及聚乙烯磨损碎片结晶度的测量等研究中都采用了拉曼光谱。

3) 在生物的应用

拉曼光谱是研究生物大分子的有力手段，由于水的拉曼光谱很弱、谱图又很简单，故拉曼光谱可以在接近自然状态、活性状态下研究生物大分子的结构及其变化。拉曼光谱在蛋白质二级结构的研究、DNA 和致癌物分子间的作用、视紫红质在光循环中的结构变化、动脉硬化操作中的钙化沉积和红细胞膜等研究中应用。

利用 FT-Raman(Fourier transformation Raman，傅里叶变换拉曼)消除生物大分子荧光干扰等，已有许多成功的示例。

4) 在药物分析的应用

除常规的拉曼光谱外，还有一些较为特殊的拉曼技术。它们是共振拉曼、表面增强拉曼光谱、拉曼旋光、相关-反斯托克斯拉曼光谱、拉曼增益或减失光谱以及超拉曼光谱等。其中，在药物分析应用相对较多的是共振拉曼和表面增强拉曼光谱。当激光频率接近或等于分子的电子跃迁频率时，共振拉曼光谱可引起强烈的吸收或共振，导致分子的某些拉曼谱带强度急剧增强数百万倍，即共振拉曼效应。

5) 在表面和薄膜方面的应用

拉曼光谱在材料的研究方面，在相组成界面、晶界等课题中可以做很多工作。表面增强拉曼光谱(SERS)现象主要由金属表面基质受激而使局部电磁场增强引起。效应的强弱取决于与光波长相对应的表面粗糙度大小，以及和波长相关复杂的金属电介质作用的程度。

对于拉曼光谱在金刚石和类金刚石薄膜研究工作中的应用,拉曼光谱已成为 CVD(化学气相沉积)法制备薄膜的检测和鉴定手段。

另外,LB(Langmuir-Blodgett)膜的拉曼光谱研究、二氧化硅薄膜氮化的拉曼光谱研究都已见报道。尽管拉曼散射很弱,拉曼光谱通常不够灵敏,但利用共振或表面增强拉曼技术就可以大大提高拉曼光谱的灵敏度。表面增强拉曼光谱学已成为拉曼光谱研究中活跃的一个领域。

10.6.5 激光拉曼分光计

激光拉曼分光计通常由激发光源、前置光路(或称外光路)、单色仪、探测放大系统和微型计算机五部分组成(图 10.6.7)。

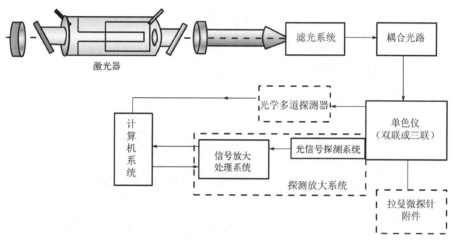

图 10.6.7 激光拉曼分光计组成框图

1. 激发光源

激发光源应满足以下要求:①器件为基模(TEM_{00})运转;②单线输出功率在 $10^1\sim 10^3$mW 或更高;③输出功率稳定,输出功率起伏 $\Delta P < \pm 1\%$;④有足够长的寿命。

激发波长的选择要从两方面考虑:①因为拉曼散射光强度与激发光频率的 4 次方成正比,所以通常选择短波长激发源;②当有些样品在受到短波长光源激发时,产生严重的荧光干扰,因此应选择较长的波长。常用激光器输出功率、波长和拉曼光谱范围如图 10.6.8 所示。不同激发光源的拉曼散射效率如表 10.6.4 所示。

表 10.6.4 不同激发光源的拉曼散射效率

激发光源		分子散射效率 ①	拉曼单色光散射效率 ②	总的拉曼散射效率 ①×②
激光器类型	波长/nm			
He-Ne	632.8	1.0	1.0	1.0
Kr^+离子	647.1	0.9	0.89	0.8
	568.2	1.5	1.67	2.5
Ar^+离子	514.5	2.3	1.83	4.2
	488.0	2.8	1.71	4.8
He-Cd	441.6	4.2	0.79	3.3

采用可调谐激光器，根据被测物质特点选择合适波长。

2. 前置光路

前置光路是指从激光器输出端后到单色仪入射狭缝前的各种元件组合的总称，通常包括激光滤光系统、耦合光路、适合于测试各种状态样品用的样品池、多种照明、测量附件等。

对前置光路的要求：①能够获得最佳的照明效果；②最有效地收集和利用拉曼散射光；③最大限度地抑制杂散光；④有足够大的样品空间，便于安放各种样品池和多种附件。图 10.6.9 为激光拉曼分光计 90° 照射方式下的典型前置光路。

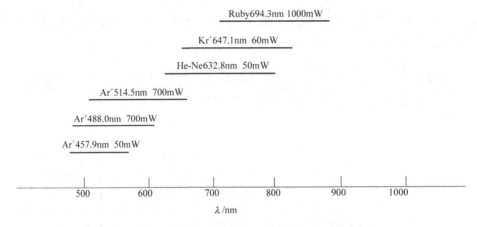

图 10.6.8 常用激光器的输出功率和拉曼光谱范围

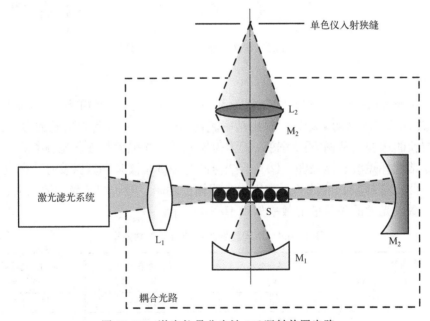

图 10.6.9 激光拉曼分光计 90° 照射前置光路

L$_1$-激发聚光系统；L$_2$-散射光聚光系统；M$_1$-收集反向散射光；M$_2$-使激光多次通过样品；S-样品池

3. 单色仪

单色仪是激光拉曼分光计的核心部件，决定着整台仪器的基本特性。

4. 探测放大系统

设备灵敏度标志仪器所能探测的最小光信号。通常当激发光功率为 1W 时，到达探测器的散射光功率仅为 $10^{-11} \sim 10^{-10}$W，因此对探测器的要求是：高的灵敏度和高的信噪比。

5. 微型计算机

微型计算机的主要作用如下。

(1)控制分光计使操作自动化。

(2)采集光谱数据并进行处理和运算。

(3)实现多通道探测。

习 题

1. 线性光学与非线性光学有何不同？

2. 什么是光孔效应？如何克服？

3. 当频率分别为 ω_1、ω_2 沿同一方向传播的两列波，在非线性晶体中发生相互作用时，在考虑二次谐波效应的情况下，写出所产生光波电场的表达式。

4. 倍频时常用的相位匹配技术有哪几种，角度相位匹配存在几种可能的匹配方式，其各自特点是什么？

5. 光学参量振荡过程应满足的两个基本条件是什么？二次谐波和光参量振荡过程的能量流向有何不同？

6. 简述激光受激拉曼散射技术原理。

7. 设计一台全固态腔内倍频固体激光器，要求：

(1)画出器件结构原理图，并在图中标明各元件的名称、符号及相关技术参数；

(2)分析并说明该器件的工作程序及原理；

(3)说明应注意的问题。

第 11 章　激光微束技术与应用

激光微束装置是由激光器、显微镜、摄像设备及电脑操控系统等构成的仪器，激光微束技术是利用显微镜将激光束聚焦形成直径为微米量级的激光微束。结合机械系统和人工智能(AI)技术使激光应用从宏观领域深入微观领域，如生物科学对细胞的各种操控与加工、外源基因的导入、细胞融合、激光医学精准治疗等，为激光应用开辟了一个新的领域。

11.1　光 的 本 质

光的本质是什么？目前，人们还在探索之中。光的量子学说(光子说)认为，光是一种以光速 c 运动的光子流。光子(电磁场量子)和其他基本粒子一样，具有能量、动量和质量等。正是因为有动量，所以光子在与其他粒子相互作用时，不仅可以进行能量的交换，而且可以进行动量交换，当进行动量交换时，对被作用的物体产生压力，即光压。它的粒子属性(能量、动量、质量等)和波动属性(频率、波矢、偏振等)密切联系，光的基本属性可归纳如下。

(1)光子的能量 ε 与光波频率 ν 对应：
$$\varepsilon = h\nu \tag{11.1.1}$$
式中，$h = 6.624 \times 10^{-34} \text{J·s}$，称为普朗克常量。

(2)光子具有运动质量 m，并可表示为
$$m = \frac{m_0}{\sqrt{1 - \left(\dfrac{v}{c}\right)^2}}$$
式中，m 为物体运动时的质量；m_0 为物体静止时的质量；c 为光子在真空中的速度，所以
$$\begin{cases} m_0 = m\sqrt{1 - \left(\dfrac{v}{c}\right)^2} = m\sqrt{1 - \left(\dfrac{c}{c}\right)^2} = 0 \\ m = \dfrac{\varepsilon}{c^2} = \dfrac{h\nu}{c^2} \end{cases} \tag{11.1.2}$$

光子的静止质量为零，也即在自然界中没有静止光子存在。

(3)光子的动量 $\boldsymbol{P}$ 与单色平面光波的波矢 $\boldsymbol{k}$ 对应：
$$\boldsymbol{p} = mc\boldsymbol{n}_0 = \frac{h\nu}{c}\boldsymbol{n}_0 = \frac{h}{2\pi}\frac{2\pi}{\lambda}\boldsymbol{n}_0 = \hbar\boldsymbol{k} \tag{11.1.3}$$
式中，
$$\begin{cases} \hbar = \dfrac{h}{2\pi} \\ \boldsymbol{k} = \dfrac{2\pi}{\lambda}\boldsymbol{n}_0 \end{cases} \tag{11.1.4}$$

这里，n_0 为光子运动方向(平面光波传播方向)上的单位矢量。

(4)光子具有两种可能的独立偏振状态，对应光波场的两个独立偏振方向。

(5)光子具有自旋，其自旋量子数 $S=1$ 为整数(电子自旋量子数 $S=1/2$ 或 $S=-1/2$ 为半整数，故为费米子)，故光子为玻色子，其状态的分布集合服从量子统计中玻色-爱因斯坦(Bose-Einstein)统计规律，即处于同一状态中的光子数目是没有限制的。

基本关系式(11.1.1)和式(11.1.2)在 1923 年为康普顿(Compton)散射实验所证实，并在现代量子电动力学中得到理论解释。量子电动力学从理论上把光的电磁波动理论和光子的微粒理论在电磁场的量子化描述的基础上统一起来，从而在理论上阐明了光的波粒二象性。在这种描述中，任意电磁场可看作一系列单色平面电磁波(以波矢 $\boldsymbol{k}$ 为标志)的线性叠加，或一系列电磁波本征模式(或本征状态)的叠加。但每个本征模式所具有的能量是量子化的，一个模式的总能量可表示为该模式中基元能量 ε_i 的总和：

$$E_1 = \sum_{i=0}^{m} \varepsilon_i = \sum_{i=0}^{m} \hbar \nu_i \tag{11.1.5}$$

每个本征模式所具有的动量可表示为该模式中基元动量总和：

$$\boldsymbol{P}_1 = \sum_{i=1}^{m} \hbar \boldsymbol{k}_i \tag{11.1.6}$$

的整数倍。具有第 i 个基元能量和基元动量的物质单元，称为属于第 i 个本征模式的光子。具有相同能量和动量的光子处于同一模式(或状态)中，彼此之间不可区分。由量子力学可知，微观粒子可分为两种，自旋量子数为半整数，$\dfrac{1}{2}, \dfrac{3}{2}, \dfrac{5}{2}, \cdots$，称为费米子，粒子分布遵循泡利不相容原理，即在同一个系统状态中，不可能存在两个以上的四个量子数完全相同的微观粒子，粒子分布遵循费米-狄拉克统计规律；而自旋量子数为 0 或者整数的粒子称为玻色子，粒子分布遵循玻色-爱因斯坦统计规律，粒子形成玻色-爱因斯坦凝聚。光子为玻色子，所以每个模式内所拥有的光子数目是没有限制的。

11.2　会聚激光束的特性

会聚的激光微束是一个张角很大的光锥体，光锥尖处光强密度最大。光作用于物体时，有效作用区域仅为激光焦点(光锥尖)附近很小的微米范围，远离焦点光强密度迅速减小。如图 11.2.1(a)所示，激光作用于物体表面，使物体表层达到精细加工的效果。图 11.2.1(b)为会聚激光穿过物体表层深入内部进行有效的局部加工，此刻远离焦点的光束光强太弱，对物体作用压强极小，故作用力通常被忽略。其中的空间滤波聚焦系统如图 11.2.2 所示。

输入光束的振幅分布为高斯函数：

$$A(x) = A_0 \mathrm{e}^{-\frac{x^2}{\delta^2}} \tag{11.2.1}$$

假如光瞳直径 $d \geqslant 6 \dfrac{\lambda f_1}{2\pi\delta}$，则经过此光学系统聚焦后光斑强度为

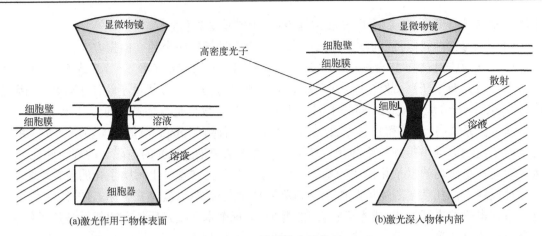

图 11.2.1　聚焦激光束特性

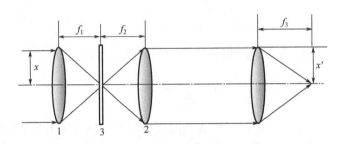

图 11.2.2　空间滤波聚焦系统
1、2、3-透镜

$$I(x') = I_0 e^{-2\left[\pi\delta\frac{f_2}{f_1}x'/(\lambda f_0)\right]^2} \tag{11.2.2}$$

但由于光子刀要求很小的光斑(直径为 0.5～1.0μm)，所以光瞳直径必须很小，当光瞳直径 $d \leqslant 6\frac{\lambda f_1}{2\pi\delta}$ 时，聚焦光斑由两部分组成。

(1)空间滤波系统输出的光。

(2)光瞳通过耦合系统所成的像。耦合系统由透镜 2、3 组成。按照这种观点，聚焦光斑的光强为

$$I(x'') = I_0 e^{-2\left[\pi\delta\frac{f_0}{f_1}x'/(\lambda f_0)\right]^2} k(x') \tag{11.2.3}$$

式中，$k(x')$ 为光瞳像的振幅分布：

$$k(x') = \int_{-\infty}^{+\infty} \frac{\mathrm{d}f_2}{2f_2}\left[\int_{-\infty}^{+\infty} k(\xi)e^{-2\frac{2\pi s}{\lambda}\frac{x'\xi}{s}}\mathrm{d}\xi\right]\mathrm{d}x' \tag{11.2.4}$$

$$k(\xi) = \begin{cases} e^{\frac{2\pi i}{\lambda}\phi(\xi)}, & |\xi| < a \\ 0, & |\xi| \geqslant a \end{cases} \tag{11.2.5}$$

式中，x' 为孔径平面的坐标；a 为孔的半径；$\varphi(\xi)$ 为像差函数，如果为无像差系统，则 $\varphi(\xi) = 0$。那么

$$k(x') = \frac{\mathrm{d}f_2}{2f_0} \int_{-\infty}^{+\infty} \left[\int_{-a}^{+a} \mathrm{e}^{-\frac{2\pi s}{\lambda} \frac{x'\xi}{s}} \mathrm{d}\xi \right] \mathrm{d}x' \tag{11.2.6}$$

这里，$\int_{-a}^{+a} \mathrm{e}^{-\frac{2\pi i}{\lambda} \frac{x'\xi}{s}} \mathrm{d}\xi$ 是菲涅耳衍射积分。

假设耦合系统的孔径为无限大，则 $k(x')$ 可表示为

$$\lim_{a \to \infty} \{k(x')\} = \frac{\mathrm{d}f_2}{f_0} \tag{11.2.7}$$

把式(11.2.7)代入式(11.2.3)得

$$I(x') = \begin{cases} \dfrac{\mathrm{d}f_2}{f_0} I_0 \displaystyle\int_{-\infty}^{\infty} \mathrm{e}^{-2\left(\pi\delta\frac{f_2}{f_1}\frac{x'}{\lambda f_0}\right)^2} \mathrm{d}x, & |x'| \leqslant \dfrac{\mathrm{d}f_2}{2f_0} \\[3mm] 0, & |x'| > \dfrac{\mathrm{d}f_2}{2f_0} \end{cases} \tag{11.2.8}$$

聚焦光斑的强度分布 $I(x')$ 曲线如图 11.2.3 中的实线所示。实际上，耦合系统的孔径不可能无限大，式(11.2.6)的积分结果可以从菲涅耳积分表查出，聚焦光斑的分布如图 11.2.3 中的阴影部分所示。

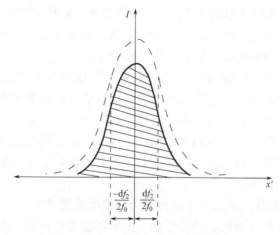

图 11.2.3　聚焦光斑的强度分布曲线

扩束镜、物镜选取。系统中氦氖激光器的光束直径为 1.1mm。显微镜的 100 倍物镜的参数为：后光阑孔径为 3mm、物镜外露孔径为 3mm、数值孔径(物镜浸在蔗糖溶液中)为 1.25mm、工作距 0.17mm。只有当激光束充满物镜后瞳时，激光束才能在物平面上聚焦最小。必须将激光束扩束后再使用。

11.3　光子刀技术及应用

本节介绍光子刀系统的组成、参数和原理，描述光子刀与生物组织的相互作用，阐明用光子刀对细胞或细胞壁打孔或切割染色体的原理。

光子刀技术已经有 40 多年的历史，它是由激光系统、显微系统、机械系统和计算机控制系统有机结合而成的，现在又称为光子同位仪系统。它是过去的激光刀系统由人工操作并结合 AI 技术形成的一种三维适形治疗设备。将过去人工操作掌控变为自动化的激光医疗器械。激光束经过显微聚焦，机械系统移动，结合计算机的指导下准确定位，自动调节光束，依据患者的病灶需求调节激光功率的大小，聚焦到病变部位，根据病变的大小、位置、深度来选择不同能量的光子照射，使得能量照射至病灶深层。一种方案是使病灶组织充血、水肿，直至坏死，以及死亡细胞被周围正常组织吸收、分解、排泄；另一种方案是通过计算机自动操控准确定位后，用超快激光瞬间将病灶气化，对于正常组织无任何伤害，且患者无任何痛苦。光子刀是研究多种单细胞或多细胞生物结构和功能关系的良好工具，它与激光光镊的组合成为激光显微外科手术的基石。

11.3.1　光子刀在生物中的应用及作用机理

在把激光应用于生物组织时，其相互作用机理错综复杂，大致划分为 5 种主要类型，即光化学相互作用(发射光谱从紫外到红光，波长为 250～700nm)、热相互作用、光蚀除、等离子体诱导蚀除及光致破裂等。其中，热相互作用代表一大类相互作用类型，局部温升是其最重要的参数变化。

光子刀是利用连续或脉冲激光辐射，可控制作用部位所达到温度的持续时间和峰值，从而产生凝结、气化、碳化及熔融等热效应。为降低光对靶体的影响，一般采用脉冲激光，其中紫外光的脉冲较为常用，脉宽为 10～15ns，脉冲能量为 2～10mJ。

光子刀技术主要应用于穿孔、切割、烧蚀去除等。

(1)激光穿孔，将细胞壁或细胞膜不断气化直至形成所需输运物质(如 DNA)可通过的孔道，为保持生物体的活性，一般应用脉冲激光，需要将激光束聚焦到微米级光斑，保持适当的照射强度。脉冲激光微束与生物靶体作用时间很短，热效应小，冲击效应大，在照射到靶体组织的瞬间，组织首先被激光融化，形成气、液、凝三相共存状态，气体分子反冲量变化产生压强把液体推向边缘，激光的热效应又把该部分液体蒸发、气化，进而使照射部位物质切除，形成穿孔。

(2)光子刀切割细胞器、激光融合细胞等活体细胞外科手术。

在上述过程中，激光不断加热辐照区域，同时因热量传递会引起附近区域的温升。激光能量、脉冲宽度、作用间隙、脉冲个数等将直接影响作用过程中细胞的温度变化、作用后形成孔道的大小，从而对细胞存活产生至关重要的作用。细胞等微尺度结构内含蛋白质、水等物质，其在高于一定温度时将出现变性、气化等现象，从而给细胞带来不可逆转的作用，甚至导致细胞死亡。

因此，需要了解激光作用引起细胞等微结构温升的热物理机制，通过建立合适的热物理模型，合理地预测出温度变化，从而确定激光参数(波长或频率、辐射能量、脉冲持续时间或脉宽和脉冲个数等)的影响规律，并发展实时的热物理检测手段，为激光应用于细胞生物学奠定了理论基础。

现今，细胞生物学的激光应用正处于定性研究阶段，一般采用不同参数的激光予以尝试，以找出最佳值，但对其中传热传质机理的研究尚处于开端，如 Buer 等采用 Welch 等给出的将生物组织中水蒸发所需的热流估计公式：

$$\varPsi_{th} = 2500\delta\,(\mathrm{J}\cdot\mathrm{cm}^2)$$

式中，δ 为穿透深度，cm。选用 Nd^{3+}:YAG 激光器产生 355nm 紫外脉冲激光（脉宽 6ns）对植物细胞壁进行气化，需 $10\sim100$ 个脉冲。在热量传递上，Buer 等将脉冲作用期间的激光看作连续波，采用球坐标系下的点热源模型估计 t 时刻距焦点 r 的温升；脉冲过后，利用二维格林（Green）函数估算各点温度。细胞内含有染色体、线粒体等细胞器和细胞液，其内物质浓度与细胞外环境浓度并不相同，有时甚至相差数个量级。激光在细胞膜（或植物细胞壁）上穿孔后，细胞内外物质浓度的差别，必然导致通过孔道的物质传递；而激光作用同时引起细胞内部的温度变化，从而产生细胞体积膨胀及热应力等效应，继而导致细胞质外漏，对细胞的存活产生严重影响。然而，虽已有实例证明上述效应，理论模型却未能给予明确解释。另外，细胞温度的变化还将影响其正常活动，如代谢及与外界的物质和能量交换。过高的温度势必恶化细胞的稳定性，甚至导致细胞死亡。

应用激光微束技术，可以用光子刀有选择性地切割或损伤染色体、细胞膜及细胞的内部结构。实验上已证实光子刀切割动植物染色体的可行性，其将在植物乃至动物染色体工程、基因定位及染色体片段的微克隆方面发挥作用。在 1967 年，Nims 等就用显微注射技术将微细物质透过坚硬的细胞壁送入植物细胞。但该法有很多缺点：毛细玻璃管在刺透细胞壁的过程中容易破裂；微注射必须在无菌环境中进行；被输运物质的直径必须小于毛细玻璃管的内径（通常为 1μm）；很难对悬浮细胞进行操作。目前，常用的其他方法还有化学法和基因枪法。而生殖细胞包括有性生殖细胞和无性生殖细胞，有性生殖细胞包括精子与卵细胞，无性生殖细胞包括孢子。但化学法有毒且不能转化有性细胞，而基因枪法的转化率较低。与这些方法相比，光子刀通过在需要的位置穿孔，具有无菌、无机械接触、可对处于自然状态下的细胞进行直接操作、转化率高等优点，加上光镊技术（可对大到 10μm 左右的酵母细胞进行捕捉和输运），从而为人工导入外源基因等生物工程前沿课题提供了崭新、有效的途径，因而光子刀技术深受生物学科研工作者的重视并得到了广泛应用。

11.3.2　光子刀系统的组成原理

经过十多年的发展，光子刀技术形成了一个完备的系统。光子刀系统一般由激光器、显微系统、机械结构系统、监控系统和计算机操控系统组成。显微系统是用来将激光聚焦成微米级的光束，同时可以用来观察样品及激光效应；监控系统主要由摄像机、照相机、监视器组成，主要用来实现连续观察和动态记录；计算机操控系统根据患者病情、患病部位及治疗目的来决定激光系统选择不同特性的激光器，且根据医生指令操控光子刀功率、能量，自动对准病患部位进行治疗。

目前，常用的激光器有全固态 YAG 激光器、CO_2 激光器、半导体激光器、光纤激光器、有机染料激光器等。图 11.3.1 为典型光子刀系统装置原理图。该系统采用国产 Nd^{3+}:YAG 激光器，基频为 $\lambda = 1.064\mu m$ 的红外光，发射频率为 $1\sim10$Hz，脉宽为 8ns。基频光经 KD*P 二倍晶体倍频后，产生 532nm 的绿光。再经 KD*P 三倍频晶体后，产生 355nm 的紫外光。使用 355nm 的紫外光为工作波长，脉冲能量在 $0\sim3$mJ，单模输出，能量稳定度优于 5%，发散角小于 0.5mrad，激光束经石英晶体分光后，又经荧光转换器的插槽被引入 Opton Axiovert 10 型万能显微镜，经 Nikon 的 100× 的荧光物镜聚焦到样品上。光束在样品上的

　　直径可达到紫外光的衍射极限(0.3～0.5μm)，可获得很高的能量密度。该系统配备了一套完整的照相、录像及监视设备。Hitachi KP-C200 型彩色摄像头，水平分辨率大于 350 线，最小感光照度为 10lm，高清晰度的图像信号由 JVC 录像机记录后，可进行各种图像处理，同时在 560 线 21 英寸的彩色显示器上显示。在监视器屏幕上有一十字叉丝，可辅助激光束对靶细胞进行瞄准。摄像头前接有 Olympus 的 TV-2 型光强自动调节器，它能自动调节进入摄像头的光强，还有变焦放大和调节聚焦的功能。

　　光子刀主要用于细胞微操作，而细胞的大小在毫米量级，因此设计光子刀系统时的一个关键问题是如何获得直径小于 1μm 的聚焦光斑。

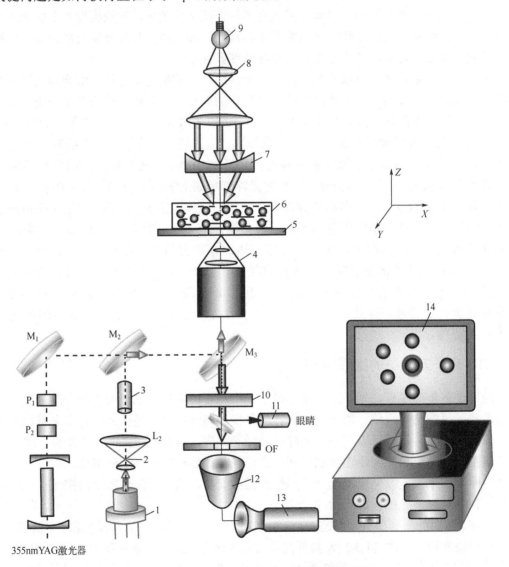

图 11.3.1　YAG 激光光子刀系统装置原理图

1-瞄准导引激光；2-光学耦合器；3-L_1 聚光镜；4-会聚透镜/高倍物镜；5-载物台；6-样品池；7-样品照明电源；
8-准直扩束镜；9-碘钨灯光源；10-激光滤波片；11-目镜；12-CCD 摄影头；13-录像机；14-计算机
M_1-反射镜；M_2-355 光全透导引光反射镜；M_3-双向分束镜；P_1-倍频晶体；P_2-混频晶体；OF-衰减器

11.4　激光光镊技术

本节主要讨论单光束光镊的结构原理与工作原理，以及双光束光镊的结构原理与工作原理及其应用。

11.4.1　光镊的分类

人们通过对光镊的探索与研究，根据构成光镊的激光束的多少与方向的不同，通常将光镊分为单光束光镊、双光束光镊以及多光束光镊，本节将讨论当前广泛使用的单光束光镊与双光束光镊。

对于单光束光镊，根据光镊光源的激光束模式的不同，可分为单模单光束光镊与多模单光束光镊。

光具有能量与动量，携带动量的光子与物质相互作用伴随着动量的交换，从而表现为光对物质施加作用力。作用在物体上的力等于光引起的单位时间内物体动量的改变量，并由此引起物体的位移和速度的变化，称为光子的力学效应。

光镊的基本原理是基于光子的动量传递，光具有动量光束和物质的相互作用会引起光的动量转移。光作用于物体时，将在物体上施加一个力。由于光辐射对物体产生的力常常表现为压力，所以通常称为辐射压力(或简称光压)。1899 年，俄国物理学家列别捷夫用实验测得了光压，证实了麦克斯韦的预言。光压的存在说明了电磁波具有动量，因而是电磁场物质性的有力证明。爱因斯坦光子假设又进一步说明了光压存在的合理性。列别捷夫实验中所用仪器——扭秤法实验装置，如图 11.4.1 所示。列别捷夫实验中所用仪器的主要部分是一用细线悬挂起来的极轻悬体 R，其上固定有两个小翼，其中一个涂黑，另一个是光亮的。将悬体 R 置于真空容器 G 内。借助透镜及平面镜系统将由弧光灯 B 发出的光线射向小翼中的一个。由于作用在小翼上的光压力，使悬体 R 转动。转动的大小，可借助望远镜及固定在轴线上的小镜观察到。移动双镜能使光射在涂黑的小翼上。比较两种情况下悬体转动的大小，列别捷夫测得，涂黑表面所受的光压力比反射表面所受的光压力小一半，与理论完全符合。然而，在特定的光场分布下，光对物体也能产生一定的拉力，形成束缚粒子的势阱。

利用激光微束操作可实现非接触细胞操作，激光微束主要包括光镊和光刀。当前的激光微束技术可以追溯到 1912 年俄国人 Tchakhotine 的试验。现在光刀技术被用于细胞的打孔、融合、染色体的切割等。利用激光微束的动力学效应操纵和控制微小粒子运动最早的研究是基于控制原子运动的考虑，如加速、偏转、冷却原子束。激光微束操纵原子的技术移植到生物微体上，已经用光阱成功地捕获了电介质小球、病毒、细菌、活细胞、细胞器，甚至 DNA 等，并在理论上给予了深入的研究。近年来，这一技术的研究发展极为迅速，至今方兴未艾。采用激光提供的动量和能量，控制、操纵细胞将 DNA 导入细胞实现基因转移，可以大量节约资源，缩短转基因时间，提高成功率。所以，激光束操纵细胞技术是当前一种先进的转基因技术。

1616 年，开普勒提出光压的概念，从光的粒子性观念出发，具有一定动量的光子入射到物体上时，无论是被吸收或反射，光子的动量都会发生变化，因而必然会有力作用在物体上，这种作用力通常称为光压。

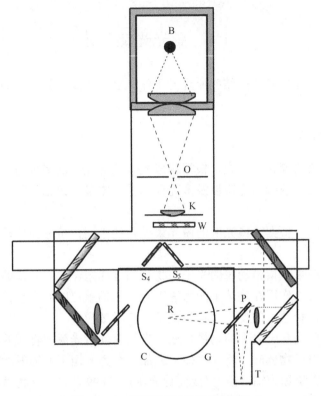

图 11.4.1　扭秤法实验装置结构图

1873 年，麦克斯韦利用光是电磁波的理论证明了光压的存在，具体计算了光压：

$$P = \frac{E}{c}(1+R)$$

式中，P 为光压；E 为光能量；c 为光速；R 为反射率。

根据爱因斯坦公式，光具有波粒二象性，光子不但具有能量，而且具有动量：

$$\begin{cases} E = h\nu \\ P = \dfrac{h}{\lambda} \end{cases}$$

光与物质相互作用，进行动量交换、传递，因而具有力的作用。光压是光与物质相互作用中，光的力学效应的体现。

光的动量是光的基本属性之一，那么在日常生活中为什么感受不到光压的存在？这是因为单个光子动量太小。烈日的光压为 $0.5\,\mathrm{dyn/m^2}$（$1\,\mathrm{dyn} = 10^{-5}\,\mathrm{N}$），比标准大气压的亿分之一还小。

普通光源的力学效应微乎其微。由于光子密度低、方向性差，实验观测和应用极其困难。1616～1895 年，俄国物理学家列别捷夫、美国物理学家科尼尔和霍尔用扭秤法(图 11.4.1)在实验上证明了光压的存在。

由于科学技术条件的限制，光的力学性质的研究受到限制，光的力学性质被冷落。

1960 年激光问世，高的光子流密度的光源诞生，光的力学效应才有了可以被充分展示的条件。功率为 $10\,\mathrm{mW}$ 的氦氖激光(亮度是太阳的一万倍)会聚后，在光束焦点处 $1\,\mu\mathrm{m}$ 小球受到的力可达 $10^6\,\mathrm{dyn}$，约相当于重力作用的 10^5 倍，光的力学效应研究进入了一个全新的时代。光与物质的相互作用如下。

（1）光与微观粒子（原子、分子）的相互作用。

（2）光与微小宏观粒子（亚微米、微米粒子）的相互作用。

（3）光与宏观物体（核聚变、高能粒子加速器）的相互作用。

原子的激光冷却和捕陷，磁光陷阱研究，获 1997 年诺贝尔物理学奖（朱棣文（S.chu）、达诺基（C.C.Tannouji）、菲利浦斯（W.D.Phillips））。磁光陷阱工作原理如图 11.4.2 所示。

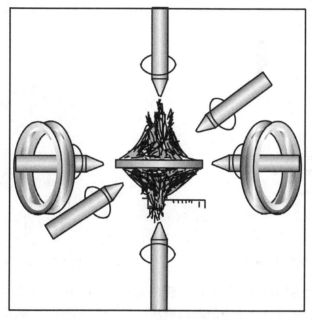

图 11.4.2　磁光陷阱工作原理图

该成果又促成了玻色-爱因斯坦凝聚的研究，获 2001 年诺贝尔物理学奖（维曼（C.E.Wieman）、康奈尔（E.A.Cornell）、克特勒（W.Ketterle））。

11.4.2　光与微小的宏观粒子的相互作用

20 世纪 70 年代初，A．Ashkin 开展了光与微米亚微米粒子的研究，此后，光与生物细胞、细胞器、生物大分子、非生物粒子间的相互作用，包括激光束推动粒子、粒子的光悬浮（图 11.4.3）、双光束夹持（图 11.4.4）、单光束光镊等迅速开展。

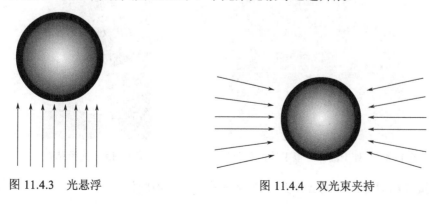

图 11.4.3　光悬浮　　　　　　　　　　　图 11.4.4　双光束夹持

1986，A. Ashkin 使用高度会聚光束产生的非均匀光场，三维梯度力势阱——光镊诞生了。光镊是如何捕获粒子的——光镊的原理和特性。图 11.4.5 所示为单光束梯度力光阱几何光学模型。图 11.4.6 所示为单光束梯度力分布示意图。

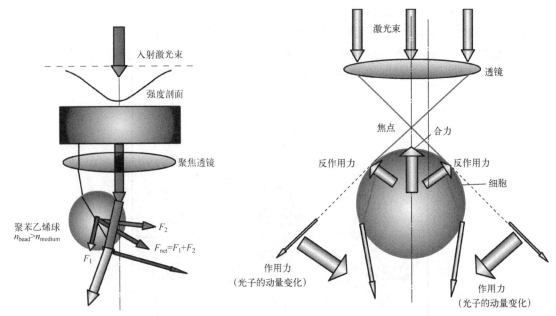

图 11.4.5　单光束梯度力光阱几何光学模型　　　图 11.4.6　单光束梯度力分布示意图

光有拉力，合力指向焦点，微粒被捕获。光的动量传递——光阱力光镊成为无形的机械手。图 11.4.7 为处于液体环境中的细胞照片。对于微小的粒子(微米量级)，光的力学效应还是非常大的。可以明显看到，光阱周边的粒子以很快的速度(加速度)坠入阱中，然后被囚禁在光场中心。

光场作用在微小粒子上，类似于一个陷阱，有一定的阱域、阱深和阱力。其优点为：单个微粒的操控——高选择性。个体行为；液相环境——适合生物学研究；非接触式的操控——无机械损伤；光的穿透特性——封闭系统内部微粒；遥控——对环境干扰极小；皮牛(pN，10^{-12}N)捕获力——微小力的探针。

光镊(图 11.4.8)操控的对象——悬浮微粒。

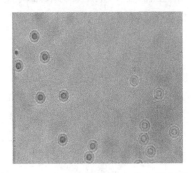

图 11.4.7　处于液体环境中的细胞照片　　　　　　图 11.4.8　光镊装置

(1)直接作用对象：100nm 至几十微米——细胞，细胞器。

(2)间接作用对象：几纳米(生物大分子)。

生物微粒操控的特有手段如下。

(1)单个微粒的操控。对微小粒子特别重要，它具有：①高选择性；②提供研究个体行为的手段。

微粒的个体行为是大量粒子的群体行为的基础。

(2)非机械接触式的捕获与操控。作用力分散在整个粒子上，不易引起机械损伤(选择适当的光波长使粒子的吸收尽可能小)。

(3)光的穿透特性。无损伤地穿过封闭系统的透明表层操控内部微粒，实现无菌操作，以操控细胞内的细胞器。

(4)微小相互作用力的直接测量。皮牛量级力的直接测量；阱力的标定：采用流体力学法，阱力与黏滞力平衡；布朗运动法，微粒在阱中热运动。

图 11.4.9 所示为实际的光镊装置光路图。

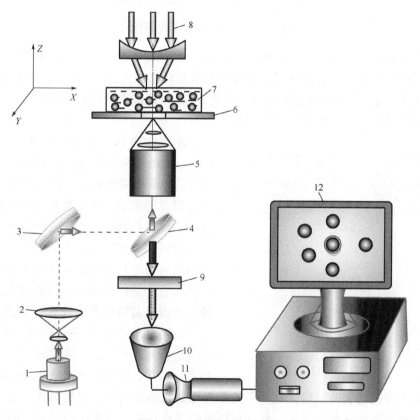

图 11.4.9　光镊装置光路图

1-光镊光源；2-光学耦合器；3-全反射镜；4-双向分束镜；5-会聚透镜/高倍物镜；6-样品台；
7-样品池；8-样品照明电源；9-激光滤波片；10-CCD 摄影头；11-录像机；12-计算机

11.4.3　光镊应用实例

光镊应用于生物、分散体系等很多涉及微小粒子的科研领域和应用部门。已经取得引人瞩目的结果，如图 11.4.10 所示。

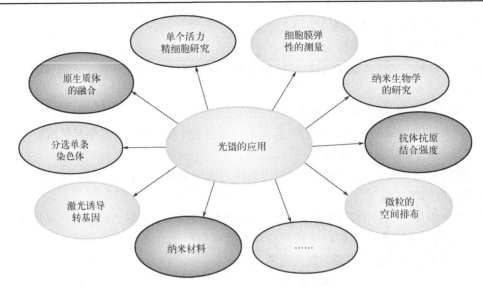

图 11.4.10　光镊的应用示意图

生物技术划时代的突破——光镊。A.Ashkin(光镊发明者)预言，光镊"将细胞器从它的正常位置移去的能力为我们打开了精确研究细胞功能的大门"。光镊技术的发展已远超越了这一预言。纳米科技和生命科学被公认为是 21 世纪最有前途的领域之一，纳米生物学正是这两大领域交叉的产物(图 11.4.11)。

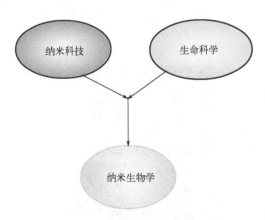

图 11.4.11　纳米生物学

纳米生物体系主要是生物大分子及其复合体。生命科学的发展已经提出了对具有生命活性的、单个生物大分子在生命过程中的行为进行研究的需求。在生物大分子的水平上，与各种生化过程同时，生命过程还表现为它们的运动(位移和速度)，受力的大小与方向，彼此间的结合与分离等运动学和动力学特性，这些特性与它们的结构和功能密切相关，因而力学量成为表征其特性和生物过程的重要参量。

要对生物大分子在生命过程中的行为和功能进行实验研究，包括构象变化、相互识别、相互作用等，以及在此基础上对生命过程的调控，必须要有合适的实验手段。这种手段首先要能按照我们的愿望操纵和排布分子，又不造成损伤和对其周围环境的干扰，从而可以跟踪观察它们在真实生命活动中的基元过程。光镊技术恰恰在这一点上，具有不可比拟的优势。

纳米光镊技术的主要特点如下。

(1)所能操控对象的尺度延伸到了纳米量级。

(2)光镊阱位或微粒的操控定位达到纳米精度。

(3)位移测量达到纳米精度。

(4)可进行皮牛量级的微小力的实时测量。

本系统(图 11.4.12)采用空心光束形成的光镊，较实心光镊具有更好的轴向捕获力。系统中采用了双路探测方案，使系统兼具高的空间分辨能力和时间分辨能力；发展一种实用的形成空心光束的方法；设备构为高精度操控系统。

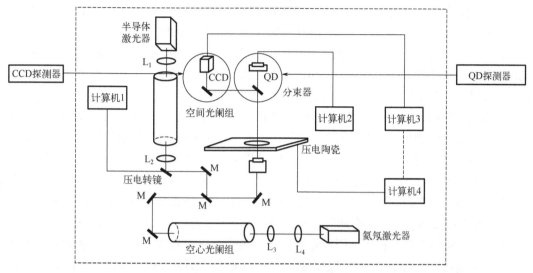

图 11.4.12　中国科学技术大学合肥微尺度物质科学国家研究中心纳米光镊方框图
L_1、L_2 组成扩束准直系统 1；L_3、L_4 组成扩束准直系统 2；M-反射镜

本系统具有纳米尺度的操控和观测精度，系统工作在气垫平台之上，样品在类水溶液中。

(1)压电转镜扫描光阱精度：<0.1μrad。光阱水平扫描灵敏度：<2nm(X-Y 平面)。

(2)压电扫描平台对样品池的控制精度：横向<1nm，纵向<1nm。

(3)CCD 图像分析方法：位移的探测，空间观测精度<5nm。

(4)QD 方法：位移探测，空间观测精度<10nm。

光镊技术及其应用是一个不同学科高度交叉的领域，物理学与生物学、医学、力学、化学、纳米科技(纳米生物学)、分散体系、环境保护、烟雾科学、药品制造等。新技术+学科交叉意味着美好的发展前景，光镊技术及其应用还处在成长初期，正在迅速发展之中，新的应用领域也正在不断拓展。

11.4.4　单光刀与单光镊激光微束系统

该系统由 Nd^{3+}:YAG 激光束经声压、热膨胀、气化等综合效应实现的光刀和 He-Ne 激光束经光学动力学效应实现的光镊组成。将两激光束耦合到显微镜中，实现了生物细胞的捕获、移动、翻转、打孔等一系列操作。在此基础上，分析了形成光镊所必需的产生梯度力场的条件和形成光刀对能量的要求，进行了系统的总体设计、关键部件设计和选择，构建了一套激光微束操作实验系统，得到了预期的试验结果。在该系统上成功实现了非接触细胞操作，并对染色体进行了切割。

1.　激光器

(1)光刀激光微束系统中的光刀采用电光调 Q 非稳腔 Nd^{3+}:YAG 激光器(基频波长为1064nm)。经 KD*P 晶体倍频后获得 532nm 的绿光。倍频光和剩余的基频光经第二块 KD*P 晶体混频，产生 354.7nm 的紫外光。所以，本系统具有 1064nm、532nm 和 354.7nm 三种激光波长可供选用。紫外光具有较大的光子能量，容易获得所需要的相互作用。此外，波长越短，理论上可聚焦的光斑就越小。同时，还要考虑激光对生物的损伤应尽量小。激光辐射切割的安全性也已得到证实，只有 UV-A(200~290nm)被认为能引起 DNA 的变异。系统中使用的激光波长为 354.7nm，不在 UV-A，因而是安全的。在几个生物应用中，包括单一细胞操作，已经证明此激光器的安全性。因此，系统中选用 354.7nm 的紫外光作为工作波长。紫外激光输出能量在 0~30mJ 可调，稳定性优于±5%，发散角小于 0.5mrad，脉宽为 5ns，触发频率在 1~20Hz 可调，光场分布为高斯光束。

(2)根据光镊的基本原理，单光束光镊需要一个具有高斯光束特性的 TEM_{00} 基模光束。要捕获一个运动的物体，并且持续一定时间和进行某种操作，激光器的工作方式应该选用连续的或者准连续的。所以，激光微束系统中采用 He-Ne 激光器聚焦后捕获细胞或细胞器。系统中使用的 He-Ne 激光器的腔长为 1.17m，功率大于 40mW，发散角小于 1.2mrad，光束直径为 1.1mm，功率稳定性 ≤ 5%，模式为 TEM_{00}。He-Ne 激光器的波长是 632.8nm，为可见光。由于激光的高强度，激光在通过显微系统中的各个光学元件以及入射到液体时，漫反射造成的杂散光将充满整个视场，严重影响生物样品的观察清晰度。为了消除杂散光，必须在观察通道中加入相应的滤光片。但是，照明光中的相当一部分光也被滤掉了，因此视场着色且变暗。

2. 捕获聚焦镜

捕获聚焦镜是能够把非均匀光场的激光会聚成衍射极限光斑并实现对粒子捕获的会聚透镜。捕获聚焦镜一般采用大数值孔径(numerical aperture，即光线所在空间的折射率和相应孔径正弦值的乘积，$n×sinα$)的高倍显微物镜，其具有高的空间分辨率，同时产生强的光场梯度分布，从而满足形成三维光学阱的需要。选择显微物镜的另一重要原因是，以显微物镜为核心的显微镜的光学成像系统正是光镊微米级操作的显微观察必备的装置。高倍率大数值孔径的物镜在实现强梯度光场的同时，也具有高的放大倍率，这有利于光镊操纵和分辨物体的精细结构。同时高倍显微物镜应适用于紫外到近红外波段。由于大数值孔径的物镜工作距都很短，不利于生物样品操作，所以系统中采用的是倒置显微镜。

3. 操作阱台

操作阱台就是显微镜的操作台，用于承载样品室。操作台在 X-Y 平面和沿光轴方向都可以连续调节，同时也可用来调节光阱与待捕获粒子之间在三维空间上的相对位置。由于光镊作用的粒子都是微米量级，相应地要求三维阱台的操作精度在微米或亚微米量级。使用的显微镜操作台在 Z 方向的调整精度为 1μm，基本可以满足要求。而 X-Y 平面的调整精度很低，因此需要建立精密的调整平台。系统中采用了压电陶瓷驱动的精密工作台，其机械部分为弹性铰链结构，根本上消除了其他类型的工作台间隙造成的运动误差，其 X-Y 调整精度为 1μm。并将该精密工作台置于显微镜操作台之上，实现粗动精动一体化。

4. 扩束镜、物镜的选取

系统中 He-Ne 激光器的光束直径为 1.1mm，显微镜的 100 倍物镜的参数为：后光阑孔径为 3mm，物镜外露孔径为 3mm，数值孔径(物镜浸在蔗糖溶液中)为 1.25mm，工作距为 0.17mm。只有当激光束充满物镜后瞳时，激光束才能在物平面上聚焦最小。必须将激光束扩束后再使用。物镜和目镜的光路示意图如图 11.4.13 所示。当光束充满物镜后瞳时，A、B 两点被聚焦得最小。出射点位于物镜后瞳通过目镜所成的像上。通过 A'、B' 的光线方向不同但都充满物镜后瞳，AB 平面与 $A'B'$ 平面互为共轭面。同样，出射点所在平面与物镜后瞳平面互为共轭。由图 11.4.13 可以计算出入射光的发散角为：$\theta = 3/160 = 0.01875\text{rad}$。选用的扩束镜为 3 倍，扩束后的光束直径应达到 $D = 3.3\text{mm}$，所以选用的会聚透镜的焦距应为 $f' = D/\theta = 176\text{mm}$。

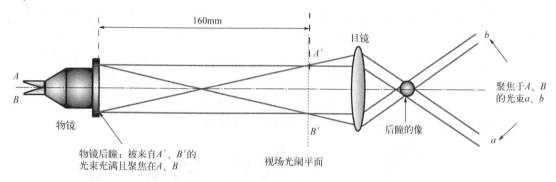

图 11.4.13　目镜和物镜的光路图

5. 显微动态检测系统

实验中采用由 CCD 连接的图像处理系统，它可以实时观察、连续记录，也可以随时进行调整。此系统具有很高的时间和空间分辨率，能够进行静态和动态记录。由于系统中采用了大功率的 Nd^{3+}:YAG 激光器和 He-Ne 激光器，为了保护 CCD，同时避免人眼受到伤害，在系统中加入了衰减器 OF。

6. 光耦合器

光耦合器 M_3 是将激光耦合到显微镜的重要部件，它的质量将直接影响到实验结果。光耦合器能够保持原来成像系统的分辨率和清晰度，实现光路自己的功能且与显微镜齐焦。系统中采用的光耦合器是一个与光轴成 45° 角的双色分束器，它上面镀的膜可以同时把 Nd^{3+}:YAG 激光器和 He-Ne 激光器的光耦合到显微镜中，保证其足够的功率和高的成像质量。

11.4.5　光子刀系统的应用

光镊捕获青霉孢子实验图如图 11.4.14 所示，使用氦氖激光陷阱捕获一个 4 天菌龄的青霉孢子，图 11.4.14(a)～(d) 给出的是：40 倍物镜下参考孢子 R 随载物平台由右边的下方移到上方，再往左、往下移动，到达左边下方的过程。被捕获的青霉孢子在陷阱中纹丝不

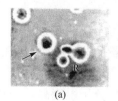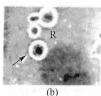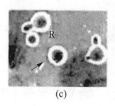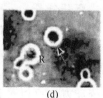

(a)　　(b)　　(c)　　(d)

图 11.4.14　光镊捕获青霉孢子实验图

动。陷阱功率约 6mW，平均捕获速度 12μm/s，孢子尺寸 9μm。图中 R 为参考孢子，箭头所指为光镊操控的青霉孢子。

　　光刀显微操作采用 Nd^{3+}:YAG 经显微物镜会聚形成光刀可以对细胞或细胞器进行打孔或切割。用激光微束实现了切割染色体的实验，如图 11.4.15 所示。图 11.4.15(a) 为黑麦细胞的染色体，图 11.4.15(b) 中给出切割染色体前后的详细过程，切割后的效果清晰可见。实验中脉冲 Nd^{3+}:YAG 激光微束采用线形切口，而非圆形切口。圆形切口是由激光直接在显微物镜聚焦后，进行切割。而线形切口，则是由激光先经过一个棱镜，将圆形光斑转化为椭圆形光斑后，再经显微物镜聚焦后(聚焦后为一条线，而非一个圆形会聚斑)，进行切割。线形光刀和圆形光刀各有优缺点。线形光刀用于切割效率高、操作简单、能量控制得好，一刀可以到位，但是不能用它进行打孔。圆形光刀则用于给细胞或细胞器打孔，操作较为容易，不能用它切割染色体，因为一般染色体都有十几微米，而圆形光刀一般只有 1μm 左右，要完成切割需要连续切割多次，操作复杂，效率低。

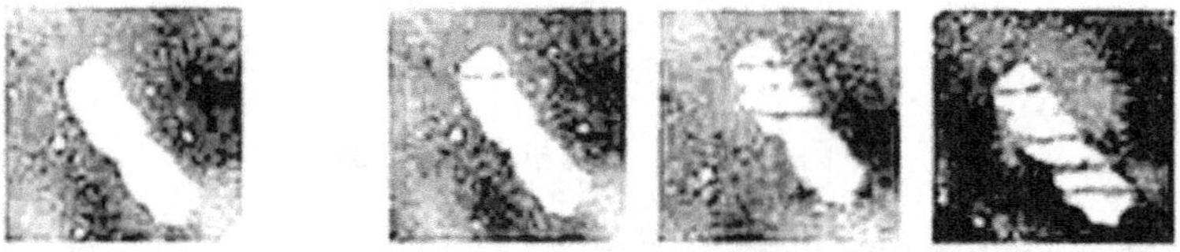

　　　　(a) 物镜下黑麦染色体　　　　　　　　　(b) 黑麦染色体切割前后

图 11.4.15　黑麦染色体的切割过程

　　大量研究结果证明，光子刀是进行细胞生物学基础研究和细胞遗传转化的最有力的工具，它具有操作简便、对细胞损伤小、可准确定位被照射的细胞、实验重复性好等优点。尽管如此，该技术应用仍处于一个全新的发展阶段，有许多地方需要完善，包括激光最佳技术体系的建立、受体最佳转化状态的确定以及优良的高渗处理系统的完善。另外，由于光子刀系统本身设备复杂、操作技术性强、造价昂贵，影响了本技术的普及应用。但随着激光技术的迅速发展，动植物各种转化系统的进一步完善，将会大大促进激光微束转化技术得到更为广泛的应用。

11.5　激　光　制　冷

　　利用光使大的物体冷却的想法是德国物理学家普林希姆(Prinzheim)在 1929 年首先提出的。他的想法是当物质发射荧光时，它会变冷。当分子吸收光时，它的电子会受激。这个新的状态是不稳定的，分子必须失去多余的能量。要做到这一点，可通过使分子发生永久性化学变化(如拆开一个键)，或者是将分子升温，使它和周围环境变热，多余的能量会以光的形式离开分子。

　　通过使物体荧光辐射带走的能量比吸收的能量多，冷却便可实现。其方法是，对激光束中光子的能量进行挑选，以便它只被材料中已经具有某种能量的分子吸收，从而首先实现对这些分子的"加热"。

　　利用统计方法可以看到，物质中有一小部分分子总是比其他分子温度高。当它们吸收光子时，就会受激进入更高一级的能态。在有些材料中，当发生荧光辐射时，荧光辐射的能量大于粒子(分子、原子和离子)吸收的能量，这样将会使分子跃迁到比它们原来的能级更低的能级，即更"冷"的振动状态。分子释放的光子比被吸收光子的能量大，这种情况称为反斯托克斯荧光。

在理论上普林希姆的想法很好，但是实践起来却困难重重，主要的难点在于，要找到一种合适的荧光材料并把它固定。

1968 年，V.S.Letohov 就提出了用激光驻波来集中和引导原子的设想。1975 年，Ashkin 和 A.Schawlow，以及 D.Wine 和 H.Dehmelt 各自提出用两束互相对射的共振激光束冷却原子和离子的方案。1979 年，Balykin 等在钠原子束上实现了激光减速。现在，在一维方向上可以把原子减速到零甚至负速度。1985 年，美国华裔科学家朱棣文等在能够三维减速的激光原子阱中得到了钠原子冷却温度(240μK)，荣获了 1997 年的诺贝尔物理学奖，到 2000 年实现的最低温度是铯原子的 $2.8nK = 2.8 \times 10^{-9}K$。

激光为什么能制冷呢？物体的原子总是在不停地做无规则运动，这实际上就是表示物体温度高低的热运动，即原子运动越激烈，物体温度越高；反之，温度越低。所以，只要降低原子的运动速度，就能降低物体温度。激光制冷的原理就是利用大量的光子阻碍原子运动，使其减速，从而降低了物体温度。

物体原子运动的速度通常约为 500m/s。长期以来，科学家一直在寻找使原子相对静止的方法。朱棣文采用三束相互垂直的激光，从各个方面对原子进行照射，使原子陷于光子海洋中，运动不断受到阻碍而减速。激光的这种作用被形象地称为光学黏胶。在试验中，被"粘"住的原子可以降到几乎接近 0K 的低温。

11.5.1　激光冷却原子的基本理论

激光冷却，就是利用光子和原子交换动量，从而冷却原子。例如，假使一个原子有前进速度，之后再此基础上吸收一个往运动方向相反飞行的光子，则其速度会变慢。激光冷却原子的物理思想是利用激光的辐射压力阻碍原子的热运动，使原子的速度减慢，平均动能减少，由热力学可知，宏观量温度 T 与微观量(分子或原子的平均动能)E_k 之间的关系为

$$\frac{3}{2}kT = \frac{1}{2}m\bar{v}^2 = E_k \tag{11.5.1}$$

原子的速度减慢，平均动能减少，温度将降低。原子所受的阻碍力来自光束中光子与原子间线性动量共振交换。这种冷却机制称为多普勒冷却，可以用处于弱激光场或驻波场中的二能级原子模型来说明。

如果一个速度为 v_i 的原子，吸收一个能量为 $h\nu_{ik}$ 的光子后从能级 i 跃迁到 k，则吸收前后动量和能量守恒关系为

$$p_k = p_i + \hbar k \tag{11.5.2}$$

$$h\nu_{ik} = \sqrt{p_k^2 c^2 + (Mc^2 + E_k)^2} - \sqrt{p_i^2 c^2 + (Mc^2 + E_i)^2} \tag{11.5.3}$$

式中，p 和 M 为原子的动量和静止质量；k 为光子波矢量。原子的静止能量除静止质量能外，还要考虑原子所处能态的能量，即形成词原子态的结合能 E_k 和 E_i。能量公式按 $(1/c)^*$ 展开：

$$\nu_k = \nu_0 + \frac{k\nu_1}{2\pi} - \nu_0 \frac{\nu_1^2}{2c^2} + \frac{h\nu_0^2}{2Mc^2} + \cdots \tag{11.5.4}$$

式中，第一项表示静止原子忽略缓冲的吸收频率 $\nu_0 = (E_i - E_k)/h$；第二项表示运动原子吸收的线性多普勒平移(一次多普勒效应)；第三项是二次多普勒平移(二次多普勒效应)，它不依赖 I 态的原子速度 ν_i 方向，因此不能用普通的多普勒技术消除；第四项是原子的反冲动量。

处于激发态 k 的原子发射光子的相应关系为

$$p_i = p_k - \hbar k' \tag{11.5.5}$$

$$\nu_{ki} = \nu_0 + \frac{k'\nu_k}{2\pi} - \frac{\nu_0 \nu_k^2}{2c^2} - \frac{h\nu_0^2}{2Mc^2} \tag{11.5.6}$$

共振吸收光子和发射光子的频率之间的差为

$$\Delta\nu = \nu_{ik} - \nu_{ki} = \frac{h\nu_0^2}{Mc^2} + \frac{\nu_0}{2c^2}(\nu_k^2 - \nu_i^2) \approx \frac{h\nu_0^2}{Mc^2} \tag{11.5.7}$$

于是，由反冲造成的相对频率移动：

$$\frac{\Delta\nu}{\nu_0} = \frac{h\nu_0}{Mc^2} \tag{11.5.8}$$

等于光子能量与静止能量之比，非常小，只有核物理中的兆电子伏(MeV)量级的 γ 射线，这个移动才大于能级自然宽度，而不能发生共振吸收。在原子物理特别是光学中，这个移动小到不影响共振吸收，一般不予考虑。

原子在激光场中的行为。原子吸收下一个光子从下能级跃迁至上能级并获得能量 $\hbar k$，然后自发辐射放出一个光子回到下能级并获得动量 $\hbar k'$。由于自发辐射是各向同性的，而在激光束作用下，原子吸收的光子总沿一个方向，则经过 n 次吸收，自发辐射动量 $n\hbar k$，速度变化 $\Delta\nu = n\hbar k/M$，能量转移 $\Delta E = nh^2\nu_0^2/(Mc^2)$ 仍很小，不考虑。如果激光是行波场，如上所述，原子经历一次吸收会受到激光传播方向上的平均压力：

$$F = M\frac{\Delta\nu}{\Delta T} \approx \frac{\hbar k}{\tau_k} \tag{11.5.9}$$

式中，τ_k 是原子的激发态寿命。因此，用一束激光对着原子束运动方向照射就会达到减速原子的目的。

例如，Na 原子吸收一个能量为 $h\nu \approx 2.1\text{eV}$ 的光子发生跃迁 $3^2s_{1/2} \to 3^2p_{3/2}$ 后给出 $\Delta\nu = 3\text{cm/s}$。为了使 Na 从温度为 500K 时的初始热速度 600m/s 减少到 20m/s(相当于 $T = 0.6\text{K}$)，要求对 Na 以每秒 $n = 2 \times 10^4$ 速率进行吸收-发射循环。由于自发辐射寿命 $\tau_k = 16\text{ns}$，最少的冷却时间 $T = n \times 2\tau_k \approx 600\mu\text{s}$。因此，加速度 $a = -10^6\text{m/s}^2$，它是重力加速度的 10^5 倍。在 T 时间内原子通过距离 $x = \nu T/2 = 18\text{cm}$，在这个减速路径中它必须永远保持在激光束内。总的能量转移 $\Delta E = -2 \times 10^{-6}\text{eV}$，相对于 2eV 还是很小的。

驻波场是由两个相向传播的行波场构成的。在驻波场情况下，如果原子是静止的，则两个行波场作用与原子上的力大小相等，方向相反，合力为零。但当原子以速度 v 沿驻波场运动时，它吸收的相向传播的二束激光会受到相反的多普勒平移 $\pm k\nu/(2\pi)$，当所用激光频率 ν_L 稍低于原子共振频率 ν_A(称为负谐振)时，相对原子运动方向传播光的频率会有多普勒增加，接近于共振条件，而顺着原子运动方向传播的光偏离共振条件，因而相对原子运动方向传播光容易发生共振吸收，施加于原子的辐射力比后一种强，运动原子受到一个纯粹的阻尼力 F，它的作用方向正好与原子的运动方向相反。同样，相反运动的原子共振吸收与其相反运动的光子后，也受到阻尼力，这就是多普勒冷却过程。阻尼力可以表示为

$$F = -av \tag{11.5.10}$$

式中，a 为阻尼系数：

$$a = \hbar k^2 \frac{-\delta\, \Gamma \Omega^2}{\delta^2 + \dfrac{\Gamma^2}{4}} \tag{11.5.11}$$

式中，$\delta = \nu_L - \nu_A$ 为激光频率失谐量，δ 为负值，即负矢量；Γ 为原子激发态的自然线宽；k 为波矢；Ω 为拉比 (Rabi) 频率，Ω^2 与行波场的光强成正比。因此，原子受激光场的作用力随光强的增加而增加。因为这个力是多次吸收光子动量和发射光子动量过程的平均，仔细分析可见，原子吸收一个光子所获得的动量是在光波传播方向，而自发辐射一个光子获得的动量在时间上和方向上均是随机的，导致原子运动的动量起伏，使原子动量分布宽度 ΔP 加宽，这相当于一个激光加热过程，加热率也与激光强度成正比。当冷却速率与加热速率达到平衡时，原子达到平衡温度，可以证明，当负失谐量等于原子共振谱线的半宽度时，有最低温度：

$$kT_D = \frac{\hbar \Delta \nu_n}{2} \tag{11.5.12}$$

式中，k 是玻尔兹曼常量；T_D 由原子谱线的自然线宽 $\Delta \nu_n$ 决定，称为多普勒极限温度。钠 (^{23}Na) 的 $T_D = 240\mu K$，铯 (^{133}Cs) 的 $T_D = 125\mu K$，氦 (^{4}He) 的 $T_D = 23\mu K$。

由此可见，用激光束对着原子束运动方向照射可以实现原子束减速。图 11.5.1 给出了用激光束对着钠 (Na) 原子束运动方向照射时，钠原子束不仅平均速率减小，而且速率分布的范围也大大减小。实验测定其平均速率从 840m/s 减速至 210m/s。

上述激光使原子束减速的方法不能得到很窄的原子束，相反在减速路径上原子束会不断扩大。这是因为从束源发出的原子束总有固有的发散角，从而束截面随路径的增长而增大，此外减速过程存在横向加热现象，这是由于各向同性的自发辐射动量变化统计平均虽然为零，但每次具体发射时原子是有动量变化的，其横向分量无规则地不断积累，导致原子有一个平均横向速度。

激光束纵向冷却横向加热效应不可能使原子速度减小到零。如果将纵向和横向减速结合起来，在 x、y、z 三个方向都加上对射的六束激光，则可以将原子减速并囚禁于三束驻波光的交会处。在这个地方，多普勒冷却造成的三维阻尼力不仅使原子冷却，而且由于原子任何方向都会受到阻尼力，所以对原子运动产生黏滞性约束，称为光学黏团 (optical molasses)。不过由于自发辐射的光子动量方向无规则，原子动量也存在无规则的涨落，均

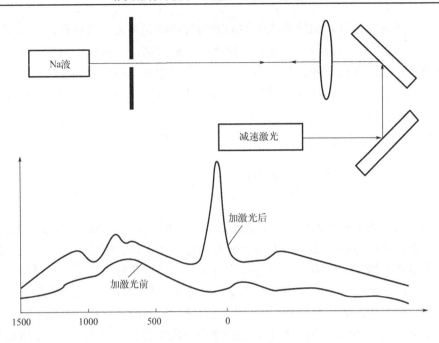

图 11.5.1　Na 原子基态 $F = 2$ 时的原子速度 (m/s)

方根值不为零，并不能达到 0K，如前所述存在多普勒极限温度。这使原子在小区域内做类似布朗运动的无规则运动，从一处扩散到另一处。但在光学黏团内，由于原子和光子不断地吸收和发射，交换动量，原子在各方向都受到约束力，无法逃脱，原子之间处于相互胶着状态。

1985 年，朱棣文小组的实验用三维激光冷却达到了钠的多普勒极限 240μK；1987 年，Phillips 小组重做的实验光冷却的温度大大突破了上述多普勒极限，钠原子黏团温度达到 40μK。这说明除多普勒冷却剂之外，还存在其他的冷却机制。实际上，原子不是简单的二能级系统，原子基态存在简并子能级而导致冷却机制复杂化，从而得到更低的冷却温度。这首先被 Tannoudji 和朱棣文认识到，他们提出了"激光偏振梯度冷却机制"，由于在六束激光交会的光学黏团处，两两对射的激光偏振态不同，光的偏振态已不是整齐有序的，而是随位置而变化，具有偏振梯度，原子的两个能级的能量随光场偏振状态不同而变化。激光泵浦机制给出在一定偏振光作用下，原子会自动集中在某一子能级上，即光抽运，如果选择激光偏振使原子倾向于落到能量低的子能级，原子能量减少，运动速度降低。之后原子又在光抽运作用下激发而落到低能态，在以后的移动中又进一步丢失动能。如此反复，原子一次次在光势能场中爬坡、下落到低能态，动能逐渐损失，原子运动速度越来越小，温度越来越低。其极限温度与激光强度和频率失调量有关，原则上可以达到与吸收光子所携带的反冲动量的最小值，即由式(11.5.1)～式(11.5.21)所确定的值：

$$kT_R = \frac{(h\nu_0)^2}{Mc^2} \tag{11.5.13}$$

这个最低温度 T_R 称为反冲极限温度，钠原子为 2.4K，铯原子为 0.2μK，氦原子为 4μK。当然还有其他一些机制：磁感应冷却机制、速度选择相干态粒子数捕陷机制等。

11.5.2　激光冷却的应用展望

一般的降低温度的冷却方法,容易使原子或离子在低温下凝结于器壁成为液体或固体,原子间出现强烈的相互作用,即使不凝结的气体也不能得到很低的冷却温度。激光冷却是一种巧妙而又有效的方法,它不仅能减小原子分子的动能,使其速度减小甚至为零,还能使其保持相对独立,而且可以减小其无序度。现在激光冷却已经发展到能对中性原子分子进行减速、准直、反射、聚焦和捕陷。

迄今,卫星轨道上的探测器冷却主要是依赖液化气,它只能使用几年,承担更长期使命的卫星可以用机械热力泵,但是泵的发动机的振动和电磁干扰会影响红外传感器,必须把这些红外传感器仔细地保护起来。而激光冷却器没有运动的部件,可能是最佳选择。

OFweek 激光网 2021 年 2 月 8 日报道:当原子慢到大约 0.1m/s,研究人员就可以准确地测量粒子的能量转换和其他量子特性,以作为无数导航和其他设备的参考标准。迄今,生产和捕获冷原子的光学平台往往庞大而笨重。美国国家标准与技术研究所(NIST)的科学家已经将这种原子冷却到 10^{-3}K 的设备微型化。这是在微芯片上使用它们来驱动新一代超精确的原子钟、实现无 GPS 导航和模拟量子系统的第一步,可以为利用冷原子的芯片级可制造设备开辟道路。

正如《新物理学》期刊所描述的,NIST 项目设计了一个约 15cm 长的紧凑型光学平台,可以在 1cm 宽的区域内冷却并捕获气态原子。NIST 设计的架构完全依靠平面光学器件来实现激光冷却效果,这是第一个采用简单和可大规模生产的光学元件的系统。

研究人员还实现了在光栅型磁光阱(MOT)中使用平面光学器件进行光束发射、光束整形和偏振控制的 Rb 原子的激光冷却。利用 MS-enabled 光束整形技术实现了对可用光的有效利用,平面光学 MOT 的性能与高斯光束照明光栅 MOT 具有竞争性。NIST 的 William McGehee 说,它展示了一条制造真实设备的途径,不仅仅是实验室实验的迷你版本。技术展示结合光栅型磁光阱的光学平台的基本原理是将自由空间光耦合到光子集成电路(PIC)中,然后有效地将 PIC 内的亚微米波导模式转换回厘米级的自由空间模式。利用 PIC 上的极端模态转换器(EMC)和作为非球面光束成形器的透射型介质 MS 的组合来扩展波导模式。当与施加的磁场相结合时,四束光束以相反的方向推动目标原子,起到冷却和捕获这些原子的作用。

基本的光束操纵是利用光子集成电路上的极端模态转换器和一个介电元表面上钉约 600nm×100nm 大小的柱子,作为非球面光束整形器的组合来进行的。NIST 对此补充道:"纳米支柱的作用是将激光束进一步拓宽 100 倍。这样戏剧性的拓宽是光束有效地与大型原子集合相互作用和冷却所必需的。此外,通过在一个小的空间区域内完成这一壮举,元表面使冷却过程小型化。"然后,扩大和重塑的自由空间光束打到一个分段反射光栅芯片上,该芯片将光衍射成另外三对相等和相反方向的光束,在真空室内形成一个四束磁光阱(GMOT)。这四个光束结合外加的磁场,以相反的方向推动原子,从而将冷却的原子捕获。

光学系统的每个组件(包括转换器、元表面和光栅)都是在 NIST 开发的,但实验分别是在 NIST 的两个校区(马里兰州盖瑟斯堡和科罗拉多州博尔德的独立实验室)中运行的。McGehee 和他的团队将这些不同的组件整合在一起,构建了新的系统。NIST 团队表示,虽然现在必须将光学系统做得更小才能在芯片上进行同样的操作,但是平面光学设计的紧凑尺寸和稳健性应该有助于将结合光栅型磁光阱的光学平台原理转移到原子钟、干涉测量和量子网络中使用。诸多研究结果表明，激光冷却器的应用前景将是光明的。

习　题

1．光捕获微粒基于什么原理，如何从实验上实现？简述激光光镊的基本原理。

2．说明影响光阱捕获效果的因素。

3．试定性说明强会聚的光束是如何实现 Z 方向捕获的。

4．若光阱同时捕获了 2 个球形微粒，则这 2 个球形微粒最可能以什么形式排列，为什么？

5．试说明光阱技术的特点，可利用光阱技术在哪些领域开展工作？

6．现在我们使用的光源为高斯光束的激光，考虑用一种环形光束的光源，在距轴心距离 r 内光强为零，试定性说明环形光束光阱对比于高斯光束光阱的优劣。

7．分析这种测量光阱最大阱力方法的优点和缺点。

8．简述激光光刀的组成及其工作原理。

9．分析说明激光的特性及其应用的关系。

10．简述激光冷却原子的原理，黏滞系数与温度的关系如下：

温度/℃	$\eta/(\text{N} \cdot \text{s/m}^2)$	温度/℃	$\eta/(\text{N} \cdot \text{s/m}^2)$	温度/℃	$\eta/(\text{N} \cdot \text{s/m}^2)$	温度/℃	$\eta/(\text{N} \cdot \text{s/m}^2)$
0	1.792×10^{-3}	15	1.140×10^{-3}	30	0.801×10^{-3}	45	0.599×10^{-3}
5	1.519×10^{-3}	20	1.005×10^{-3}	35	0.723×10^{-3}	50	0.549×10^{-3}
10	1.308×10^{-3}	25	0.894×10^{-3}	40	0.656×10^{-3}	60	0.469×10^{-3}

第 12 章　激光应用技术

激光具有与一般光源显著不同的特性,1960 年第一台激光器被人们称为"解决问题的工具"。科学家一开始就意识到激光这种奇特的光源,将会像电力一样注定要成为这个时代最重要的技术因素。迄今,激光对人类社会的工业、人工智能、医疗、商业、科学技术、军事及生活方式产生了重大影响。激光通信使我们在地球的每一个角落都能准确迅速地进行信息交流;激光唱片可以使我们聆听世界名曲现场演奏的愿望几近成真;量子通信、量子计算机等更是开启了将微观量子理论用于宏观科技的先河……激光正实现着多少年来令人难以置信的技术奇迹和科学愿景。从工业生产到医学治疗,从现代通信到战争机器,科学技术正运用激光来解决一个又一个难题,展现出一个又一个美好憧憬,将人们的梦想不断变为现实。

激光广泛应用的基础在于它的四高特性:高单色性、高方向性、高相干性及高亮度。它可在一个狭小方向、一个人类无法想象的极短瞬间内集中超高功率,聚焦后的激光束可以对各种材料进行打孔、焊接,记录、观察、捕捉微观世界的动态变化。激光的研究与应用成为推动当今人类社会进步发展的一大热门领域。激光技术直接应用的产值历年持续增长。激光已经在物理、化学、生物、医学、地质、地理、天文、计算机等各个学科得到广泛应用并不断取得新突破,在医疗卫生、IT 产业、信息通信、工业、农业、军事、航空航天、科研、新能源开发、教育及商业娱乐等各个领域的影响和作用更是无法估量。

激光技术是高科技的产物,它的产生又推动了科学研究的深入发展,并开拓出许多新的学科领域,如非线性光学、激光光谱学、激光化学、激光生物学等。人们已经用光镊和光刀相结合,进行细胞的控制、移动和基因改造工程。用激光来研究与生命密切相关的光合作用、血红蛋白、DNA 等的机制。激光还成为时间和长度的新标准,任何高精度的钟表和米尺都可以用某一特定波长的激光束来标定。

激光在核能应用上也将大显身手。强大的激光会产生安全经济的热核聚变,这类似于恒星内部的核反应过程。如果实现,热核聚变将带来巨大的社会效益和经济效益,能源危机亦将不复存在。或许到那时,一桶水中的氢聚变后所产生的电力足够一个城市使用。

目前,激光技术已经深入教学、科研、生产、国防、医疗、办公及日常生活之中,成为实现人类社会现代化的关键技术之一,在未来,激光将会给人类社会带来更多奇迹。

12.1　激光核聚变

在受控核反应中,最大的困难就是控制点燃问题,而且最有希望的两条途径是磁约束式的受控热核反应和激光聚变反应。在探索实现受控热核聚变反应过程中,随着激光技术的发展,1963 年苏联科学家尼古拉•巴索夫和 1964 年中国科学家王淦昌分别提出了用激光照射在聚变燃料靶上实现受控热核聚变反应的构想,开辟了实现受控热核聚变反应的新途径——激光核聚变。激光核聚变(laser nuclear fusion)要把直径为 1mm 的聚变燃料小球均匀加热到 1 亿℃,

激光器的能量就必须大于 1 亿 J，激光聚变，就是用亮度极高的强激光束照射靶物质，在惯性约束下形成高压、高温、高密度离子，从而发生受控热核反应。

激光核聚变是以高功率激光作为驱动器的惯性约束核聚变。20 世纪 90 年代以后，美国为了在禁核试条件下，满足核武器库存管理研究的相关要求，制定了研制或建设一系列大型高功率实验设施的高能量密度科学研究计划，其中最引人瞩目的是美国劳伦斯利弗莫尔实验室（LLNL）的国家点火装置（NIF 装置）。同期，法国为了继续开展核武器物理研究，推动高能量密度科学的发展，也制定了相应的惯性约束聚变（ICF）发展计划，并与美国合作，加速建设与美国 NIF 具有相同规模与性能的兆焦耳激光装置。1972 年美国科学家纳科尔斯等提出了向心爆聚原理，激光核聚变成为受控热核聚变研究中与磁约束聚变平行发展的研究途径。中国从 20 世纪 60 年代中期开始研究激光核聚变；70 年代用激光照射氘靶，产生热中子，处于世界先进行列；80 年代，中国科学院上海光学精密机械研究所建成了一台输出功率达 10^{12}W 的激光装置——"神光 1 号"。利用这一装置在核聚变研究上取得了一系列重大成果，其中有不少成果处于世界领先水平。2002 年 4 月，由中国工程物理研究院成功研制"神光 2 号"巨型激光器，其整体技术性能指标标志着中国高功率激光科研和激光核聚变研究步入世界先进行列。2005 年，八路激光系统首次实现联机发射，金箔平面靶上 8 个焦斑弹痕清晰可见，10 个月之后，八束激光奔涌而出，顺利穿过直径为 $700\mu m$ 的小孔，8 个弹痕会聚成一点。中国高功率固体激光器建设完成由"望洋兴叹"到"望其项背"的跨越。2007 年 11 月，我国首台以"方形光束+组合口径+多程放大"为基本技术特点的第二代高功率固体激光装置——"神光Ⅲ原型装置"（TIL），由中国工程物理研究院研制成功，并通过国家验收。这标志着我国成为继美国、法国之后世界上第三个系统掌握了第二代高功率激光驱动器总体技术的国家，成为继美国之后世界上第二个具备独立研究、建设新一代高功率激光驱动器能力的国家。目前，激光核聚变的激光驱动技术世界几个大国之间仍在激烈竞争之中。

12.2　激光在微电子技术中的应用

12.2.1　激光光刻技术

光学刻蚀是通过光学系统以投影方法将掩模上的大规模集成电路器件的结构图形"刻"在涂有光刻胶的硅片上，限制光刻所能获得的最小特征尺寸直接与光刻系统所能获得的分辨率相关，而减小光源的波长是提高分辨率最优的效途径。因此，开发新型短波长光源光刻机一直是国际上的研究热点。目前，商品化光刻机的光源波长已经从过去的汞灯光源紫外光波段进入深紫外波段（DUV），如用于 250nm 技术的 KrF 准分子激光（波长为 248nm）和用于 180nm 技术的 ArF 准分子激光（波长为 193nm）。除此之外，利用光的干涉特性，采用各种波前技术优化工艺参数也是提高光刻分辨率的重要手段。这些技术是运用电磁理论结合光刻实际对曝光成像进行深入分析所取得的突破。其中有移相掩模、离轴照明技术、邻近效应校正等。运用这些技术，可在目前的技术水平上获得更高分辨率的光刻图形。例如，1999 年初佳能（Canon）公司推出的 FPA-1000ASI 扫描步进机，该机的光源为 193nmArF，通过采用波前技术，可在 300mm 硅片上实现 130nm 光刻线宽。

光刻技术包括光刻机、掩模、光刻胶等一系列技术，涉及精密光学系统、精密机械控制系统、电子计算机及软件系统等。科学家正在探索更短波长的 F_2 激光(波长为 157nm)光刻技术。由于大量的光吸收，获得用于光刻系统的新型光学及掩模衬底材料是该波段技术的主要困难。

在 100nm 之后用于替代光学光刻的下一代光刻技术(NGL)主要有极紫外、X 射线、电子束的离子束光刻。由于光学光刻的不断突破，它们一直处于"候选者"的地位，并形成竞争态势。

12.2.2　紫外光刻源

紫外光刻源，尤其是极紫外光刻源亚 10nm 的结构在集成电路、光子芯片、微纳传感、光电芯片、纳米器件等技术领域有着巨大的应用需求，这对微纳加工的效率和精度提出了许多新的挑战。激光直写作为一种高性价比的光刻技术，可利用连续或脉冲激光在非真空的条件下实现无掩模快速刻写，大大降低了器件制造成本，是一种有竞争力的加工技术。然而，长期以来激光直写技术受衍射极限以及邻近效应的限制，很难做到纳米尺度的超高精度加工。2020 年，中国科学院苏州纳米技术与纳米仿生研究所(以下简称"中科院苏州纳米所")张子旸与国家纳米科学中心刘前合作，在 *Nano Letters* 上发表了 *5nm Nanogap Electrodes and Arrays by a Super-resolution Laser Lithography* 研究论文，报道了一种他们开发的新型 5nm 超高精度激光光刻加工方法。中科院苏州纳米所张子旸团队长期从事微纳加工技术的开发、高速光通信半导体激光器、超快激光器等的研制工作。国家纳米科学中心刘前团队长期从事微纳加工方法及设备的创新研究，发展出了多种新型微纳加工方法和技术，他们获得了中国及美国、日本等多项专利。

光刻机是制造微机电、光电、大规模集成电路的关键设备。它分为两种，一种是模板与图样大小一致的接触光刻机，曝光时模板紧贴晶圆；另一种是利用类似投影机原理的步进机，获得比模板更小的曝光图样。高端光刻机称为"现代光学工业之花"，荷兰阿斯麦尔(ASML)公司的光刻机主要由德国蔡司的镜头、瑞士的数控机床、美国的极紫外光源等组成，而 ASML 公司技术占不到 20%，它是生产大规模集成电路的核心设备，制造和维护需要高度的光学和电子工业基础，制造难度很大，世界上只有少数厂家掌握。高端的投影式光刻机可分为步进投影光刻机和扫描投影光刻机两种，分辨率通常在十几纳米至几微米，高端光刻机号称世界上最精密的仪器，世界上已有上亿美金的光刻机。国际品牌主要以荷兰 ASML、日本尼康(Nikon)和佳能(Canon)三大品牌为主。

曝光系统最核心的部件之一是紫外光源。紫外光(UV)：365nm；深紫外光(DUV)：KrF准分子激光，248nm；ArF 准分子激光：193nm；极紫外光(EUV)：10～15nm。光刻机对光源系统的要求：①有适当的波长，波长越短，可曝光的特征尺寸就越小；波长越短，表示光刻的刀锋越锋利，刻蚀控制精度越高。②有足够的能量，能量越大，曝光时间越短，功效越高。③曝光能量必须均匀地分布在曝光区。深紫外光光源——准分子激光波长更短。例如，KrF 准分子激光(248nm)、ArF 准分子激光(193nm)和 F2 准分子激光(157nm)等。曝光系统的功能主要有平滑衍射效应，实现均匀照明、滤光和冷光处理，实现强光照明和光强调节等。2018 年 11 月，国家重大科研装备研制项目"超分辨光刻装备研制"通过验收。该光刻机由中国科学院光电技术研究所研制，光刻分辨率达到 22nm，结合双重曝光技术后，未来还可用于制造 10nm 级别的芯片。

12.2.3 极紫外光刻驱动器

EUV 光刻技术的研发始于 20 世纪 80 年代。根据光学成像可分辨两个物体的瑞利判据，分辨率 $\Delta\theta = 0.61\lambda/d$，所以波长越短，分辨率越高。极紫外光刻(extreme ultra-violet，也称 EUV 或 EUVL)是一种使用 EUV 波长的光刻技术，其波长为 13.5nm。但是，几乎所有的光学材料对 13.5nm 波长的极紫外光都有很强的吸收能力，因此，EUV 光刻机的光学系统只有使用反光镜，EUV 光刻采用波长为 10~14nm 的 EUV 光作为光源，可使曝光波长迅速降到 13.5nm。

1. 极紫外光刻

要想制造 5nm 及更先进芯片，离不开 EUV 技术，目前多家日本芯片设备制造商正积极争夺 EUV 适用的制造设备市场份额。EUV 技术将为芯片制造设备市场带来近 4000 亿元收入。芯片加工精度取决于光刻机光线的波长，光线波长越短，芯片精度越高。随着摩尔定律的发展，芯片制造迈进 10nm 节点，波长 13.4nm 的 EUV 就成为唯一选择。

EUV 技术每年能够为芯片制造设备市场带来的价值超过 6 万亿日元。目前，荷兰光刻机制造商 ASML 在光刻机市场中占据主导地位，也是唯一能生产 EUV 光刻机的厂商。台积电公司、三星公司等全球领先的芯片制造商从 2019 年开始用 ASML 生产的 EUV 光刻机生产芯片。

5G 和其他先进技术的发展也促进高端芯片需求量增长，进一步驱动着 EUV 市场的发展。芯片设备制造商正努力开发与 EUV 光刻技术配套的其他设备。日本厂商正加大对 EUV 光刻检测设备、EUV 光源设备的投入。东京电子是全球第三大半导体设备制造商，主要产品是光阻涂布及显影系统。在适用于 EUV 的大规模生产用光阻涂布及显影系统市场中，东京电子占据了全部市场份额。

日本半导体设备公司 Lasertec 凭借芯片检测设备从 EUV 技术中获利。从 2019 年 7 月至 2020 年 3 月，Lasertec 赢得价值 658 亿日元的 EUV 适用检测设备订单，订单额比 2019 年同期增长 2.2 倍。

光刻技术是现代集成电路设计上最大的瓶颈。EUV 光刻技术能很好地解决，且将使该领域产生一次飞跃。

2. X 射线光刻

X 射线光刻(XRL)光源波长约为 1nm。由于易实现高分辨率曝光，自从 XRL 技术在 20 世纪 70 年代被发明以来，就受到人们的重视。欧洲、美国、日本和中国等拥有同步辐射装置的国家和地区相继开展了有关研究，它将成为下一代光刻技术中的重要选择。XRL 的主要困难是获得具有良好机械物理特性的掩模衬底。近年来，掩模技术研究取得了较大进展。SiC 目前被认为是最合适的衬底材料。随着光学光刻技术的发展和其他光刻技术的新突破，XRL 已不再是未来"唯一"的候选技术。

3. 电子束光刻

电子束光刻(electron-blocking layer，EBL)采用高能电子束对光刻胶进行曝光，从而获得结构图形，由于其德布罗意波长为 0.004nm 左右，电子束光刻不受衍射极限的影响，可获得接近原子尺度的分辨率。电子束光刻可以获得极高的分辨率,且能直接产生图形,不但在 VLSI 制作中成为了不可缺少的掩模制工具,也是用于加工特殊的器件和结构的主要方法。

目前,电子束曝光机的分辨率已达 1000nm。电子束光刻的主要缺点是生产效率较低,每小时 5～10 个圆片,远小于光学光刻的每小时生产 50～100 个圆片的水平。

2003 年,美国朗讯公司开发的角度限制散射投影电子束光刻 SCALPEL 技术令人瞩目,该技术如同光学光刻那样对掩模图形进行缩小投影,并采用特殊滤波技术去除掩模吸收体产生的散射电子,从而在保证分辨率的同时,提高生产效率。应该指出,无论未来光刻采用何种技术,EBL 将是集成电路研究与生产关键一环。

4. 离子束光刻

离子束光刻(IBL)采用液态原子或液态原子电离后形成的离子,通过电磁场加速及电磁透镜的聚焦或准直后对光刻胶进行曝光。其原理与电子束光刻类似。它利用的是液态原子或液态原子电离后形成的离子产生的物质波,即德布罗意波。德布罗意波具有波长更短(小于 0.0001nm),且邻近效应小、曝光场大等优点,有一定发展前景。离子束光刻主要包括聚焦离子束光刻(FIBL)、离子投影光刻(IPL)等。其中 FIBL 发展最早,最近实验研究中已获得 10nm 的分辨率。由于该技术效率低,所以很难在生产中作为曝光工具得到应用,目前主要用作 VLSI 中的掩模修补工具和特殊器件的修整。

5. 光刻技术展望

晶圆是半导体工业的原料和“血脉”,甚至可以成为芯片公司必须依赖的“粮食”。在晶圆制程工艺上,谁获得了优势,谁就会在接下来的垂直产品线链条中获得优势。光刻机工艺就是晶圆元生产的最高生产力所在。环球制程大战领先的台积电公司、三星公司,先后公布自家 3nm 工艺,这种神力关键设备,最高端的 EUV 光刻机被荷兰的 ASML 所掌控。

光刻机是生产大规模集成电路的核心设备,对芯片工艺有着决定性的影响。小于 5nm 的芯片晶圆,只能用 EUV 光刻机生产。光学光刻技术仍在发展,可望突破 0.1nm 难关。而全世界光刻机设备厂商中,2017 年,ASML 在全球半导体光刻设备厂中以 85% 的市占率稳居第一,其次是日本 Nikon 的 10.3%、Canon 的 4.3%。伴随着光刻机的发展,台积电公司、三星公司在 2019 年进入 7nm,2022 年开始争夺 3nm 市场。

2018 年 6 月,中芯国际集成电路制造有限公司从 ASML 公司购买一台 EUV 光刻机,耗资 1.2 亿美元,用于生产 7nm 工艺芯片。长江存储科技有限责任公司也从 ASML 购买一台 193nm 沉浸式设计光刻机,耗资 7200 万美元,国产 SSD 固态硬盘将迎来重大突破,可生产 20～14nm 工艺的 3D NAND 闪存晶圆。目前 ASML 在中国的客户有中芯国际集成电路制造有限公司、华虹半导体(无锡)有限公司、长江存储科技有限责任公司、长鑫存储技术有限公司、英特尔半导体(大连)有限公司、SK 海力士西安分公司、福建省晋华集成电路有限公司等。

EUV 光刻机的原理:①激光器激发出 13.5nm 波长的极紫外线;②经过矫正后形成一束可控的光,再用能量控制器,将这一束光投射到光掩膜台;③再经过物镜投射到曝光台,在涂了光刻胶的硅晶圆上蚀刻出电路。

EUV 光刻机有三项核心技术，分别是顶级的光源(激光系统)、高精度的镜头(物镜系统)、精密仪器制造技术(工作台)。

(1)激光系统是指产生极紫外线的系统，这项技术来源于美国 Cymer 公司，2012 年被 ASML 公司收购。

(2)物镜系统就是将激光进行收集成束，这一项技术来源德国蔡司，蔡司推出了全世界最平表面的元件——分布式布拉格反射器。

(3)精密仪器制造技术，这项核心技术也来自于德国，核心整体打包方案都由德国 TRUMPF 公司提供。

12.2.4　其他应用

激光在电子工业中得到了广泛应用，可以用它来进行微型仪器的精密加工，可以对脆弱易碎的半导体材料进行精细划片，也可以用来调整微型电阻的阻值。随着激光器性能的改善和新型激光器的出现，激光在超大规模集成电路方面的应用已经成为许多其他工艺所无法取代的关键性技艺，为超大规模集成电路的发展呈现出令人鼓舞的前景。

1. 激光微调技术

激光微调技术可对指定电阻进行自动精密微调，精度可达 0.002%~0.01%，比传统加工方法的精度和效率高、成本低。激光微调包括薄膜电阻(0.01~0.6μm)与厚膜电阻(20~50μm)的微调、电容的微调和混合集成电路的微调。

2. 激光划线技术

激光划线技术是生产集成电路的关键技术，其划线细、精度高(线宽为 15~25μm，槽深为 5~200μm)，加工速度快(可达 200mm/s)，成品率可达 99.5%以上。

3. 存储器的激光修补

动态随机存储器(DRAM)的结构越来越复杂，存储器的容量越大，尺寸越小。2021 年 1 月，美光公司宣布 10nm 级第 4 代(1a)DRAM 量产成功，SK 海力士公司于 7 月开始量产应用 EUV 的 1a DRAM。虽然没有指明具体数字，但业界将 SK 海力士公司和美光公司都视为 14nm 级 DRAM。美光公司没有应用 EUV，而 SK 海力士公司只在一层应用了 EUV。线与线之间的距离越来越小，越容易造成不该连接的地方相连，造成的废品就越多。因此，存储器的修补已经成为存储器制造过程中的关键环节。通常新设计的芯片，第一次的通过率小于 10%，通过激光修复，利用备用的线路代替已损坏的线路，可使新设计的芯片的通过率为 50%。而投产多年的成熟芯片第一次的通过率也只有 50%，通过激光修补可大大提高成品率。

芯片上通常设计有许多富余的线路，并将这些线路的位置精确地绘制成图，存储于计算机中，通常芯片可能存在些缺陷线路，用检测探头测量片子性能时，激光存储器修补机将这些信息取出，并将需要修补的部位移到加工的窗口中，用激光剥离不需要的连线，将损坏的线用附近备用线连好。

激光存储器修补机的关键是激光器，通常用全固态 Nd^{3+}:YAG(1.064μm)、Nd^{3+}:YLF(1.047μm)、Nd^{3+}:YLF(1.321μm)、Nd^{3+}:YVO$_3$(1.343μm)、Nd^{3+}:YVO$_3$ 倍频 532nm

的激光对铜材料较适用。激光存储器修补机对激光器的要求是，激光脉冲窄，约为 15ns，光斑小，重复频率高。重复频率 20kHz 的激光器每秒可切断 20000 个连线。

4. 激光硬盘纹理化处理

激光纹理加工是一种经济实用的加工技术，适合加工不规则的表面和复杂的 3D 工件，能达到最佳的加工效果，大大提高成品率。

5. 激光清洗技术

在微电子加工过程中，沾污是一个严重问题，它常使 50%的集成电路失效。当前，已有两种激光清洗方法，利用激光蒸发很薄的液体层，同时清除粒子；利用激光光辐射压力清洗，不需要任何液体。激光清洗技术不但效果好，而且成本很低。

激光清洗主要利用热效应，选用红外波长较长热效应明显的 CO_2 激光通过 30cm 焦距的透镜照射样品，样品放在微机控制的工作台上，用纯氮通过加热的去离子水(40℃)，使水凝结在冷的硅片上，同时计算机操控激光工作。实验表明：硅片表面上直径 $d > 1\mu m$ 的粒子完全可以清除掉，而 $d < 0.11\mu m$ 的粒子也可以清除掉，但效果不太理想。另一种激光清洗技术是利用光的辐射压力原理，用激光照射物体表面使物体运动的力，使沾污粒子脱离物体表面。激光清洗技术的采用大大减少了加工器件的微粒污染，提高了精密器件的成品率。

激光在加工方面有很多应用，而且是在不断发展的。例如，俄罗斯莫斯科天体物理研究所进行的实验，用激光除锈。他们把用于切割、焊接和淬火的激光装置稍加调整，使激光束刚好不熔化金属，又能使金属表面被剧烈加热，使金属表面所有的污物和锈蚀部分直接气化并挥发掉，同时形成一层保护膜。用这种方法除锈，使金属构件抗腐蚀能力提高 3～4 倍。

12.3　激光在信息交流及传播中的应用

12.3.1　激光在通信中的应用

通信是人类社会交流的手段，对于现代信息社会更是必不可少的。原来的电磁通信技术容量小、保密性差，越来越不能满足社会发展的要求。激光的发明使通信进入一片新天地。光通信可分成两类：无线光通信和结合光导纤维的有线光通信。

无线光通信分为大气空间光通信、卫星间光通信和星地间光通信。

在 20 世纪 80 年代，我国就开展了大气空间光通信的研究，电子科技大学曾承担黄河两岸电视信号传输工程。大气传输激光通信系统是由两台激光通信机构成的，它们相互向对方发射被调制的激光脉冲信号(声音或数据)，接收并解调来自对方的激光脉冲信号，实现双工通信。激光通信机的原理为系统可传递语音、图像和进行计算机间的数据通信。受调制的信号通过功率驱动电路使激光器发光，从而使载有信号的激光通过光学天线发射出去。另一端的激光通信机通过光学天线将收集到的光信号聚集到光电探测器上，然后将这一光信号转换成电信号，再将信号放大，用阈值探测方法检测出有用信号，再经过解调电路滤去基频分量和高频分量，还原出语音图像信号，最后通过功放后接收。2020 年 11 月 6

日，全球首颗 6G 试验卫星"电子科技大学号"在太原卫星发射中心成功发射，这也是太赫兹通信在空间应用场景下的全球首次技术验证，标志着我国航天领域探索太赫兹空间通信技术有了突破性进展。这颗卫星重达 70kg，由成都国星宇航科技股份有限公司与电子科技大学等单位联合研制，6G 要构建出一张实现空、天、地、海一体化通信的网络。6G 频段将从 5G 的毫米波频段拓展至太赫兹频段，数据传输速率有望比 5G 快 100 倍，时延达到亚毫秒级水平。2021 年 10 月 19 日，中国 4 小时发射 3 颗 6G 通信卫星，开辟 6G 应用的先河。国际技术标准专利数据显示，截至 2021 年在 6G 通信技术的标准专利申请数量中，中国的占比达到了 40.3%，远远超过了美国和日本，为此美国、日本一起呼吁建设开放构架无线网络，试图通过合作获得更强的竞争力。

接口电路将计算机与调制解调器连接起来，使两者能同步、协调工作；调制器把二进制脉冲变换成或调制成适宜在信道上传输的波形，其目的是在不改变传输结果的条件下，尽量减少激光器的发射总功率；解调是调制的逆过程，把接收到的已调制信号进行反变换，恢复出原数字信号将其送到接口电路；同步系统是数字通信系统中的重要组成部分之一，其作用是使通信系统的收、发端有统一的时间标准，步调一致。

1) 大气信道

在地-地、地-空激光通信系统信号传输中，大气信道是随机的。大气中气体分子、水雾、雪、气溶胶等粒子，其几何尺寸与二极管激光波长相近甚至更小，这就会引起光的吸收和散射，特别是在强湍流情况下，光信号将受到严重干扰。因此如何保证随机信道条件下系统的正常工作，对大气信道工程的研究是十分重要的。自适应光学技术可以较好地解决这一问题，并已逐步走向实用化。

2) 激光助力空间通信

澳大利亚在南半球安装了首个太空激光光学地面站，这个望远镜代表了新一代利用激光进行空间通信的技术。科研人员将其命名为西澳大利亚光学地面站(WAOGS)，并希望当美国国家航空航天局(NASA)的绕月飞行在 2024 年返回月球时，它将成为全球接收宇航员高清视频网络的一部分。

NASA 已经在月球轨道上测试了航天器的激光通信，为人类任务做准备。如果澳大利亚光学地面站网络(AOGSN)成为这个月球任务的一部分，将发挥巨大作用。WAOGS 研究小组的负责人 Sascha Schediwy 认为，激光将在下一次人类登月任务中发挥关键的作用。

为什么我们需要在太空中使用激光？在我们这个全球流媒体服务的时代，你可能很难想象——从太空传输高清视频，实际上仍然十分困难。

虽然地球上的电信技术发生了一场革命，但卫星和航天器仍停留在拨号上网的时代。在太空中，没有 4G 数据连接，没有从轨道上垂下来的光纤电缆。卫星通过无线电频率(RF)技术传输数据，自从阿姆斯特朗登上月球以来，这种技术几乎没有改变过。研究人员依靠这些卫星进行通信、气象观测、作物监测、绘图、森林火灾和灾难响应，以及其他广泛的应用。如果想从这些数据和技术进步中获益，加强来自太空的数据传输是至关重要的。一旦激光通信解决这个数据瓶颈，就可实现将超快空间激光互联网信息传送到地球上的任何地方。

激光通信相比于无线电通信，它具有多个优势，包括速度快得多的数据传输速率和更高的安全性，无线电波和光都是电磁波的形式，只是频率不同。电磁波的频率越高，每秒能传输的信息就越多。4G 和 5G 移动电话网络的区别，就在于 5G 能够采用更高频率来传输更多的数据。

随着卫星数量的增加，每一颗卫星都从不断改进的传感器和摄像机中产生越来越多的数据。而无线电通信，却没有足够的带宽将所有这些数据传回地球。一颗装有激光发射器的卫星，将能够以比无线电发射器快几万倍的速度，将数据发送传达到地球，从而解决了数据瓶颈问题。它们比无线电发射器更小、更轻，这对航天器来说很重要，因为航天器每增加 1kg，发射成本就会增加数万美元。但激光不一样，它比无线电波更有方向性，它们可以更精确地指向地面上的接收器。

这意味着以相同频率发射的多个航天器，不会像无线电那样相互干扰。而窃听者要拦截这些数据，则困难得多。然而，要使激光通信工作，还必须面临一个重大挑战：大气湍流。温度、压力和成分的微小差异，会改变空气的折射率，并使光束的路径发生偏移。而大气湍流会降低激光束链路的质量，进而限制数据发送的速率。解决这个问题的一个办法是自适应光学，它以前是为研究宇宙深处的星系而开发的。光在太空真空中的传播速度，比它通过光纤电缆的速度约快 50%。因此，通过卫星传送到地球另一端的数据，比通过海底电缆传输到地球另一端的速度快了几分之一秒。而海底电缆，恰恰是目前国际通信的基础，这意味着卫星连接有较低的"延迟"。

光导纤维几乎无损光传输的奥妙在于光的全反射现象：当光在玻璃管内以某种角度射向玻璃和空气的界面时，会全部反射回玻璃内。因此，在光的传送过程中没有能量的损失，现代光导纤维应用了同样原理。柔软的高纯度的玻璃纤维比头发丝还细，但却比同直径的钢丝强度还高。光在光导纤维内沿"之"字形传播，光导纤维弯曲后也不影响其传播。光纤技术的发展起源于 1966 年。当年英籍华人科学家高锟等提出了低损耗光学纤维的可能性，为光纤通信及应用开辟了道路，2009 年高锟与美国科学家威拉德·博伊尔和乔治·史密斯共同获得诺贝尔物理学奖。1970 年，美国研制出损耗为 20dB/km 的石英光纤和温室连续工作的激光二极管，使光纤通信成为可能。这一年被公认为"光纤通信元年"。自此，光纤通信迅速发展。到 20 世纪 80 年代初，日本、美国、英国相继建成全国干线光纤通信网，并决定干线通信不再新建同轴电缆。90 年代初，光纤放大与光波分复用两种技术结合，充分发挥了世界上已建成的超过 $1×10^7$km 单模光纤长途通信网的频带潜力，使其传输能力至少提高了一个量级。将使网络的功能和灵活操作性大为改善。光纤传感技术起源于 80 年代初，传感压力、张力、温度、角速度等各种物理量的光强传感器陆续开发出来。90 年代初中期，光纤激光器、光纤光栅等光纤元器件崭露头角，光纤技术呈现持续蓬勃发展的局面。

与无线电通信相比，激光通信保密性好，在军事通信中应用十分广泛。

另外，在空间通信领域，由于激光光束在大气层传播时会受到大气中微粒的吸收或散射，从而使激光通信的距离受到限制。这使得目前的激光通信只能作为无线电通信的一个有效补充，但还不能够取而代之。

光源是光纤通信系统的关键器件，它产生光通信系统所需要的载波光，其特性的好坏直接影响光纤通信系统的性能。所以，对光源有以下要求。

（1）合适的光波长。光源的发光波长必须在光纤的低损耗区，包括 0.85μm、1.31μm 和 1.55μm 波长窗口。也就是说，光源的发光波长应与光纤的工作窗口相一致。在目前的光通信系统中作为第一窗口的 0.85μm 短波长窗口已基本不用，1.31μm 的第二窗口正在大量应用，并且光纤通信系统正在逐渐向 1.55μm 的第三窗口转移。

(2)足够的输出功率。光源的输出功率必须足够大，光源输出功率的大小直接影响光通信系统的中继距离。光源的输出功率越大，系统的中继距离就越长。但这个结论是有条件的，即如果光源的输出功率太大，使光纤工作于非线性状态，则是光纤通信系统所不允许的。当然，目前的问题不是光源的功率太大，而是不够。实际应用中，一般都以对数来表示光功率的大小，把 1mW 的光功率记作 0dBm。

(3)可靠性高，寿命长。光源的工作寿命长，通信才可靠。通信工程要求光源平均工作寿命为 10^6 小时(约 100 年)，一般不允许中断通信。设一个通信系统中有 10 个光源，假如其中一个光源发生故障，会使整个系统中断工作。从故障的概率来说，该系统发生中断通信故障的时间间隔为 10 万小时(10 年左右)。这是实用通信工程对元器件的要求。

(4)输出效率高。输出光功率与所消耗的直流电功率的比值称为输出效率。要求输出效率尽量高，即耗电尽量低，而且要在低电压下工作。这样，对无人中继站的供电就较为方便。

(5)光谱宽度窄。光谱宽度是光源的发光波长范围。人们希望光波也能够和无线电波一样，只在一个频率振荡，实际上这很难做到，只能要求光谱尽量窄。光源的光谱宽度直接影响到系统的传输带宽，它与光纤的色散效应相结合，产生了噪声，影响系统的传输容量和中继距离。

(6)聚光性好。要求光源发光尽量集中，会聚到一点，尽可能多地把光送进光纤，即耦合效率高。这样进入光纤的功率大，系统中继距离就可增加。

(7)调制方便。调制即将欲传递信号加载到光波上。是否高效地用电信号来调制光波，是决定系统成败的关键。

(8)价格低。光纤通信系统在价格上低于其他现用系统，这与光源的可靠性和批量生产性直接相关。光源应该价格低、能批量生产，同时体积小、质量轻，便于在各种场合应用。

现代光纤通信中，所用的载波光源为半导体激光器。它的优点：尺寸小，耦合效率高，响应速度快，波长和尺寸与光纤尺寸适配，可直接调制，相干性好。

由于激光的方向性极好，频率又高，所以是进行光纤通信最理想的光源。激光光波的频带宽，因此它与通信电波相比，有更大的通信容量。用光传递信息，可以采用光缆传输，节约大量的金属材料，降低线路损耗，实现远距离和高保密通信。因此，如果说光纤是传递信息的"超高速公路"，那激光就是在超高速公路上穿梭飞奔的大容量高速度的高级运输车。多层"量子阱"使激光能量倍增，激光传输的速度取决于激光本身的能量，多层"量子阱"把单一激发变为多次激发，使产生的激光能量增加到原来的 100 倍以上。其过程是在铟磷基光子晶体上刻蚀出规则排列微孔，这些微孔用来诱捕光线，每层晶体间的填充物是四层铟镓砷磷，每一层称为一个"量子阱"。当光线射入微孔之后，"量子阱"就激发出可以调节波长的激光，多层"量子阱"使其能量得以多次激发，从而产生能量的倍增效应。集成度大幅提高。乌科维奇的成果不仅能实现传输速度的提高，而且由于其采用纳米级的光子晶体技术，每平方厘米上可以同时容纳 40 万个激光信号的传输，从而保证了该技术的集成度能够大幅提高。

12.3.2　激光在信息存储技术中的应用

　　激光存储技术是利用激光来记录视频、音频、文字资料及计算机信息的一种技术，是信息化时代的支撑技术之一。由于激光光束极细（小于 1μm），在光盘上每位信息占据的空间非常小。激光光盘的信息存储量极大，蓝光激光的应用，一张 12cm 的光盘可存储信息量高达 50GB，相当于能存储 25 亿个汉字。一张激光声盘和视盘能记录 8h 的节目，而且具有音像质量好、画面清晰、无摩擦、寿命长等特点，紫外激光应用后，将还会进一步使储存密度提高几个数量级。

　　激光唱片机简称激光唱机、CD 机，又称音频光盘机，它是综合信号激光盘系统中的一种。它实际包括激光唱片和唱机两部分：激光唱片是一张以玻璃或树脂为材料、表面镀有一层极薄金属膜的圆盘，通过激光束的烧蚀作用，以一连串凹痕的形式将声音信号刻写存储在圆盘上，形成与胶木唱片相似的信号轨迹；激光唱机是以激光束读取激光唱片上的光信号并转换为电信号，输出给音响播放装置再转换为声音信号的设备。

　　1980 年，荷兰飞利浦与日本索尼两家公司开发出光盘数字音频（compact disc digital audio，CD）的小型教学数字音频光盘，也称激光唱片（盘），并制定了它的技术标准。起初它只存储音乐供欣赏。1982 年，激光唱片与唱机以音质好、容量大、体积小等优点纷纷上市。激光唱片的直径为 5in①，反面贴标签，单面双声道存储数字音频的信息，可存储约 70 分钟的内容。激光唱片也可在计算机上播放，计算机上要装有 CD-ROM、声卡和音箱等一些设备及软件。

　　继激光唱片之后，厂商又推出了一种单曲激光唱片 CD Single（简称 CD-S），其盘的外径为 8cm，录有两首曲子，最长可播放 10min，在激光唱机上 CD-S 主轴需加装转换器，20 世纪 80 年代末生产的许多激光唱机已能对它兼容。

　　激光影碟机也是综合信号激光盘系统中的一种。它的工作原理与激光唱片、激光唱片机相同，只是它所录制、读取和播放的信号包括音响、静止动态画面及文字等多种信号。这种综合信号激光盘用于教学、娱乐等。在激光影碟机的发展中出现了 LD、CD-V、CD-G、VCD、DVD 等。

　　(1) LD（激光影碟）。1978 年，世界上第一张激光影碟（laser video-disk，简称 LD 或 LVD）问世，其出色的视听效果令人惊叹。LD 首次实现了激光与数字技术相结合的视频、音频信号的录放，开创了视频、音频录放数字化的新天地。

　　激光影碟具有极高的记录密度，它以一个个间断的凹坑记录信息，凹坑深 0.1μm，宽 0.4μm，对于 30cm 的影碟，每面上的凹坑总数达 145 亿个。影碟之所以看起来表面上色彩闪烁，正是入射光在这大量的凹坑上产生衍射光栅，使白色分解成五光十色光栅的缘故。它每面可录放 60min 的图像与伴音，为了重现录制的影音信息，播放时需用 LD Player（激光影碟机）。

　　(2) CD-V（CD-Video），又称 CD 电视唱片。1987 年，荷兰飞利浦公司颁布了 CD-V 的标准，1988 年推出世界上第一台 CD-V 播放机。CD-V 唱片是在碟片上记录了 20min 左右的数字音频信息与 5min 左右的带数字立体声伴音的 NTSC 制活动图像模拟视频信息。

---

① 1in=2.54cm。

（3）CD-G（CD-Graphic），又称 CD-静图唱片。这种唱片在直径 5in 的光盘上存储 70min 的静止画面、音乐及歌词字幕。CD-V 是录有数字音频加模拟视频信息的唱碟（音像碟），活动的画面比 CD-G 更清晰。

（4）VCD（Video-CD），又称为 CD 视盘。VCD 是采用 ISO（国际标准化组织）1991 年认定的 MPEG 压缩编码技术的存储介质，同样是直径 5in 的光盘，但可存储 74min 的全屏幕、全动态、立体声的影片。由于经过数字图像压缩编码处理，所以它在普通 LD 机上不能播放，除非是带有数字图像解码器的影碟机才能播放。由于经过信息压缩处理，所以放出的音频虽与 CD 唱片一样，但图像比 LD 和 CD-V 要粗糙、模糊。由于 VCD 唱片的制作成本小，价格远远低于 LD，所以在视听系列产品上有很强的竞争力。VCD 的视频压缩和解码技术是由美国发明的，通过压缩把一部电影的动态图像和声音压缩到信息容量 1.2GB 左右的光盘中，并通过数字解码技术把压缩的电子信号重新播放出来。世界上第一台家用 VCD 机（实验用机）是由中国安徽现代电视技术研究所于 1992 年 12 月研制的。1993 年 9 月取名"万燕"的第一代 VCD 机面世。短短几年 VCD 市场覆盖世界而达到巅峰状态。VCD 光盘也可在计算机上播放；使用在计算机上的 CD 视盘不仅可以存放、录像等，还可以存放电子游戏。人们可以通过操作计算机来达到双向交流，不仅能看到精彩的画面、听到动听的声音，还可以参与其中扮演角色，从而给人们带来了无比的乐趣。令人遗憾的是，没有及时申请专利保护。

（5）DVD（digital video disk），又称为数字视频光盘机，是 1994 年诞生的。从原理上来说，DVD 与 VCD 没有本质的不同，DVD 也是对电影画面进行视频压缩，将压缩的图像储存在光盘上。播放时 DVD 机对光盘上的数字信号进行解码，还原图像在显示器上播放。DVD 光盘储存的数据可以达到 50GB，一张 DVD 光盘可以储存多部电影，大大方便了消费者携带，也降低了光盘的生产成本；DVD 产品的分辨率是 VCD 产品的 4 倍；DVD 产品的电影具有 8 个声道，DVD 和 VCD 相比，播放效果有了质的飞跃。

（6）激光电视。激光电视使画面更加清晰、逼真。

12.3.3　激光在文化信息传播中的应用

文字书籍是人类经验和智慧的结晶，也是人类经验和智慧交流、传承的重要媒介。激光照排的诞生，给出版印刷行业带来了一次革命性的变革，使印刷告别了铅与火的时代。汉字激光照排系统由中国科学院院士王选发明，被广泛应用的汉字激光照排技术，大大降低了工人的劳动强度，避免了铅污染，提高了工作效率，工作效率至少提高 5 倍。激光照排技术又称电子排版系统，分为硬件与软件两大块。硬件包括扫描仪、电子计算机、照排控制机、激光印字机或激光照排机。软件的种类比较多，根据工作目的可分别选取，如书版组版软件、绘图软件等。这两大块有机地结合在一起组成了电子排版系统。以崭新的面貌为出版界、新闻界、印刷业带来蓬勃生机。它具有效率高、周期短、版面灵活、字库齐全等优势。激光照排技术是一项重大的技术革命。激光照排是将文字通过计算机分解为点阵，然后控制激光在感光底片上扫描，用曝光点的点阵组成文字和图像。

现代激光打印机是激光扫描仪、光驱等和计算机的结合，将人们带入了办公信息化、自动化的时代。

12.4　激光测量与检测

激光高的单色性、方向性、相干性及高亮度，使得激光在检测中应用十分广泛，如激光测距、激光测振、激光干涉测长、激光测速、激光散斑测量、激光准直、激光全息、激光扫描、激光跟踪、激光光谱分析等都显示出了激光测量的巨大优越性。激光外差干涉是纳米测量的重要技术。激光测量是一种非接触式测量，不影响被测物体的运动，精度高、检测时间短、测量范围大，且具有很高的空间分辨率。

12.4.1　激光测距

激光测距广泛应用于民用和军用，1962 年，人类第一次使用激光照射月球，地球离月球的距离约为 38 万 km，但激光在月球表面的光斑不到 2km。若以聚光效果很好、看似平行的探照灯光柱射向月球，按照其光斑直径将覆盖整个月球。在 20 世纪 70 年代，我国将激光应用于测地球距月亮距离，军事中坦克、飞机、军舰等。北斗系统三台激光测距仪有两台是由李港主持研制的。飞机激光测距仪由唐钢锋主持研制。激光测距仪通常采用两种工作方式测量距离：脉冲法和相位法。脉冲法测距的过程为：测距仪发射出的激光经被测量物体的反射后又被测距仪接收，测距仪同时记录激光往返的时间。测距仪和被测量物体之间的距离就是光速和往返时间的乘积的 1/2。脉冲法测量距离的精度一般是 10cm 左右。另外，此类测距仪的测量盲区一般是 1m 左右。

如果光以速度 c 在空气中传播，在 A、B 两点间往返一次所需时间为 t，则 A、B 两点间的距离为

$$D = c\frac{t}{2} \tag{12.4.1}$$

由式（12.4.1）可知，要测量 A、B 两点间的距离，实际上是要测量光传播的时间 t。

相位式激光测距一般应用于精密测距。其精度高，一般为毫米量级，为了有效地反射信号，并使测定的目标限制在与仪器精度相称的某一特定点上，对这种测距仪都配置了被称为合作目标的反射镜，其工作原理如下所述。

若调制光角频率为 ω，在待测量距离 D 上往返一次产生的相位延迟为 ϕ，则对应时间为

$$t = \frac{\phi}{\omega}$$

将此关系代入式（12.4.1），距离 D 可表示为

$$D = \frac{ct}{2} = \frac{c}{2}\frac{\phi}{\omega} = \frac{c(N\pi + \Delta\phi)}{4\pi f} = \frac{c(N + \Delta N)}{4f} = \frac{\lambda}{4}(N + \Delta N) = U(N + \Delta N) \tag{12.4.2}$$

式中，ϕ 为信号往返测线一次产生的总的相位延迟；ω 为调制信号的角频率；U 为单位长度，数值等于 1/4 调制波长；N 为测线所包含调制半波长个数；$\Delta\phi$ 为信号往返测线一次产生相位延迟不足 π 的部分；ΔN 为测线所包含调制波不足 1/4 波长的小数部分。在给定调制和标准大气条件下，频率 $c/(4\pi f)$ 是一个常数，此时距离的测量变成了测线所包含 1/4 波长

个数的测量和不足 1/4 波长的小数部分的测量，即测 N 或 ϕ，由于近代精密机械加工技术和无线电测相技术的发展，已使 ϕ 的测量达到很高的精度。

为了测得不足 π 的相角 ϕ，可以通过不同的方法，通常应用最多的是延迟测相和数字测相，目前短程激光测距仪均采用数字测相原理来求得 ϕ。综上所述，一般情况下相位式激光测距使用连续发射带调制信号的激光束，为了获得测距的高精度，还需配置合作目标，而目前推出的手持式激光测距仪是脉冲式激光测距仪中又一新型测距仪，它不仅体积小、质量轻，还采用数字测相脉冲展宽细分技术，无需合作目标即可达到毫米级精度。且能快速准确地直接显示距离。建筑行业有一种手持式的激光测距仪，用于房屋测量，其工作原理与此相同。通常精密测距需要全反射棱镜配合，而房屋量测用的测距仪，直接以光滑的墙面反射测量，主要是因为距离比较近，光反射回来的信号强度够大。由此可知，一定要垂直，否则返回信号过于微弱将无法得到精确距离。

实际工程中，采用薄塑料板作为反射面以解决漫反射严重的问题。激光测距仪精度可达到 1mm 误差，适合用于各种高精度测量。

12.4.2　激光准直与导向

激光的方向性极好，因此在准直、导向、定位上有着极为广泛的应用。例如，在矿井、隧道的掘进过程中，需要仪器给挖掘机准直并导向；在安装高层电梯和大型电机时，都需要给出一条十分精确的轴线，这时就可以利用激光方向性极好的特点来准直。例如：一个煤矿由于采用激光导向仪施工，创下了斜井掘进准确度的世界纪录；一座大桥工程由于采用激光准直仪配合施工，因此 70 多米高的桥墩上下偏差不到 1mm；20 世纪 70 年代，一个高层建筑的电梯商与建筑商的责任界定案，法院无法判定，请中国计量科学研究院解决，该院通过激光准直轻而易举地判定为建筑质量问题。

20 世纪 70 年代，美军将激光导向用于越南战场，过去在高空中向地面目标投掷炸弹，命中率不是很高，特别是像坦克、装甲车、运输车等高速运动的物体，命中率很低，美军为了能将目标摧毁，常采用"地毯式"的大轰炸，结果造成大批民房被炸毁，大批老百姓遭受劫难，而真正的军事目标和设施却未被命中。自从采用了激光定向、定位和制导系统，目标测量精度高，激光制导方向准确，被制导的炸弹仿佛长了一双"眼睛"，定位十分准确。

12.4.3　激光检测

激光的单色性和方向性极好，因此在测量和检测上得到了广泛的应用。在长度测量中，尺子的准确与否是一个关键问题，传统的木尺、钢尺、游标尺等都会因为材料热胀冷缩而受到测量环境的影响。同时尺子的刻度总有一定的宽度，这样普通的尺子测量精度低，最多只能精确到微米量级，满足不了高精度计量技术发展的需要。自从发现了光的干涉、衍射等现象，人们逐渐采用光波波长作为测量的尺子，这样的尺子不但不受热胀冷缩的影响，而且精确度可以达到可见光波长的百分之一的数量级(纳米)，比一般机械尺子的精度高了几千倍。激光的出现，不仅可以用激光波长作为尺子，而且它的单色性极好，也就是"刻度"(谱线宽度)极窄，这样就使得"尺子"更为精确。另外，由光的干涉条件可知，波的相干长度与单色性有关，也就是说测量所使用的光波单色性越好($\Delta\lambda$ 越小)，它所测量的有效量度的长度越长。普通光源谱线宽度大，单色性差，因此有效量度的长度很短，如用钠黄光作为测量标尺，其波长为 588nm，波长宽度为 4.5pm，则有效量度长度仅为 0.0077m。但是用激光作为测量标尺，如氦氖激光器输出的红光作为尺子，则测量的有效长度可达 200km。

由于激光单色性极好，所以它具有极好的相干性。利用激光的干涉就能对产品表面、产品尺寸、产品形状等做检测，而且比一般光源精确度更高，应用范围更广。例如，检测工件、钢材、玻璃、纸张、磁带、晶体、纺织品等产品的表面有无疵点、压痕、裂纹、气泡、针孔，产品的尺寸有无偏差，产品的形状、角度是否合格，直角是否垂直，凸凹是否符合规定曲率，表面光洁度是否符合标准，纺线是否达到细度等。目前，装在生产线上的激光的检测器可以快速检验出 0.1mm 的疵点，检测的表面光洁度可达 0.05mm。

引力波的探测也是利用激光干涉测量方法，进行中低频波段引力波的直接探测，观测双黑洞并合和极大质量比天体并合时产生的引力波辐射，以及其他的宇宙引力波辐射过程。2002 年 7 月 12 日的《科学》期刊网络版报道了一种新式时钟——光原子钟。它每秒钟能可靠地振荡约 1000 万亿次，成为有史以来最精确的时钟。

时间是宇宙间测量精度最高的物理量。目前的原子钟振荡频率通常是数纳秒（1s 的十亿分之一），这是通过调整超高频激光，使之和铯原子发射的光波频率相匹配而实现的。它对全球定位系统卫星来说已经足够，此类卫星携带有铯原子钟，可以对地球进行精确的三角定位。物理学家希望有振荡频率更快的时钟来解决难题。例如，决定电磁相互作用强度的所谓精细结构是否稳定？真的稳定吗？这些时钟应当易于制造；光的“滴答声”应当比较低的微波频率快 1000 倍。但问题是，没有装置能如此快地计数。为了克服这一困难，在美国国家标准和技术研究所（NIST）时间及频率分部的物理学家 Diddams 的带领下，建造了一座“光学传动装置”。它将激光光波的高速振动转化成振荡系数正好慢 100 万倍的激光强度的波动。为了对时钟振荡计数，Diddams 小组使用一架标准检波器来累计激光强度在 1s 内所振荡的次数，然后将该值乘以 100 万。这种新式时钟究竟有多精确？Diddams 介绍，它的精确度不会低于铯原子钟的 1/10，并且可达到铯原子钟精确度的 1000 倍。然而，测量该时钟精确度的唯一办法就是将它和另一座同样或更精确的时钟进行比较。因此研究小组必须建造另一台时钟。2013 年 8 月，美国科学家宣称已经研制出世界上最精准的时钟。这种由镱元素制成的钟，除了可以记录时间外，还可以用于改善导航系统、磁场以及温度等领域的技术。物理学家利用约一万个稀土原子制成镱钟，这些原子被冷却至 10μK，并被限制在由激光形成的光晶格中。另一束激光触发原子的两个能级跃迁。这种钟具备的高稳定性应该归功于数量众多的原子。

12.4.4　激光测速传感器

激光粒子测速（PIV）系统是利用激光器发射特定波长的激光，通过二维光学探头照射入流体中汇聚到一点。流体颗粒流过激光照射点后，激光将产生多普勒频移，通过探头测量移动物体反射回来的光的频率，检测到此频移信号后，经过信号驱动和处理装置，将此信号转换为速度信息，从而达到非接触、高频率连续精确测量流体中流动速度的目的。据此，人们制成了激光测速传感器。

ZLS-C50 激光测速传感器和 ZLS-Px 激光测速传感器是两款高精度的激光测速传感器，它们通过与计算机连接，可对被测物体进行自动化、智能化的测量控制，这也是现在测量技术与计算机技术相结合的产物。

激光测速传感器应用广泛，可应用在生产设备、特种机车、风力发电等。比如，板材、管材在线切割，轧钢机中炽热钢坯的移动速度、电缆或砂纸速度测量等。由于它们是无接触测量，非常适合测量敏感或无法触摸的物体，如纺织品(绒布、毛皮等)、涂层或黏胶表面、泡沫橡胶表面物体的测速。还有金属加工业，如钢铁速度的测量、双抽速度的测量、涂装工艺的控制等。

12.5　激光在工业制造与加工中的应用

激光因具有单色性、相干性、方向性及亮度高四大特点，特别适用于材料加工。激光加工是激光应用最有发展前途的领域。激光的空间控制性和时间控制性很好，对加工对象的材质、形状、尺寸和加工环境的自由度都很大，特别适用于自动化加工。激光加工系统与计算机数控技术相结合可构成高效自动化加工设备，已成为企业实行适时生产的关键技术，为优质、高效和低成本的加工生产开辟了广阔的市场。近年来，国内工业激光制造快速发展，纯粹激光加工产品市场规模接近千亿元，介入相关下游应用加工的产业涉及上万亿的制造产业链。激光制造具有的高效率、良好加工效果及超高精度的特点，主要包括增材制造、减材制造、焊接、标刻、修复与清洗等工艺应用。

目前，已成熟的激光加工技术包括：激光快速成型技术、激光焊接技术、激光打孔技术、激光切割技术、激光打标技术、激光去重平衡技术、激光蚀刻技术、激光微调技术、缺陷分析技术、激光微电子修复技术、模压全息技术、光栅制造技术、激光存储技术、激光划线技术、激光清洗技术、激光热处理和表面处理技术。经过多年的发展，应用激光加工，特别是特种加工，已成为比较成熟的技术，激光打孔不是"钻"，而是"气化"。英国曾在 1mm 的反应堆燃料颗粒上打了 0.8mm 的孔。用机械加工"盲孔"很麻烦、很困难，又不易达到要求，而激光很适于加工"盲孔"。

太硬或太软的材料都很难加工，激光却适于这些材料加工。激光擅长切割硬质难熔材料，如石英、陶瓷、钛等，且速度比常规方法快 5~15 倍；切割氧化硅之类的特硬陶瓷材料，切割速度为金刚石砂轮的 10 倍，并能进行曲线切割。用它加工化纤丝织品，经济效益好。如果用机械切割尼龙丝容易开绽，也就是容易裂开。用激光进行切割时，一边切割，一边将切口熔化并凝固，不会出现尼龙丝开绽现象。

在激光加工领域，新型激光器，如大功率光纤激光器、射频 CO_2 激光器、紫外全固态激光器、高功率片状激光器等得到广泛应用。

12.5.1　激光增材制造

激光增材制造(additive manufacturing, AM)俗称 3D 打印，它不仅是技术，还是人类创造力、想象力与现代科技的完美结合。美国材料与试验协会(ASTM)F42 国际委员会给出了增材制造的定义：增材制造是依据三维模型数据将材料连接制作成物体的过程，相对于减法制造，它通常是逐层累加的过程。增材制造技术集成了数字化技术、制造技术、激光技术以及新材料技术等多个学科技术，可以直接将计算机辅助设计(CAD)数字模型快速而精密地制造成三维实体零件，实现真正的"自由制造"。与传统制造技术相比，增材制造技术具有柔性高、无模具、周期短、不受零件结构和材料限制等优点，在航天航空、汽车、电子、医疗、军工等领域得到了广泛应用。

激光增材制造融合了计算机辅助设计、材料加工与成型技术，以数字模型文件为基础，通过软件与数控系统将专用的金属材料、非金属材料以及医用生物材料，按照挤压、烧结、熔融、光固化、喷射等方式逐层堆积，制造出实体物品。无须对原材料进行切削、组装的加工模式，是一种"自下而上"通过材料累加的制造方法，从无到有，使过去无法实现的复杂结构件制造变为可能。激光沉积是一种新的快速原型技术，用于 3D 打印。利用激光沉积技术可大大缩短零部件的加工周期，节约成本，实际性能与锻造零件匹敌。这种技术是通过高能光束熔化金属，使粉末或者金属丝一点一点地熔化，层层堆叠达到快速成型，原理与早期的 ABS 塑料的 3D 打印基本一致。

关桥院士提出了"广义"和"狭义"的增材制造。"狭义"的增材制造是指不同的能量源与 CAD/CAM 技术结合、分层累加材料的技术体系；"广义"的增材制造则以材料累加为基本特征，以直接制造零件为目标的大范畴技术群。如果按照加工材料的类型和方式进行分类，又可以分为金属成型、非金属成型、生物材料成型等。

1) 关键技术

(1) 材料单元的控制技术，即如何控制材料单元在堆积过程中的物理与化学变化是一个难点，例如金属直接成型中，激光熔化的微小熔池的尺寸和外界气氛控制直接影响制造精度和制件性能。

(2) 设备的再涂层技术，增材制造的自动化涂层是材料累加的必要工序，再涂层的工艺方法直接决定了零件在累加方向的精度和质量，分层厚度向 0.01mm 发展，控制更小的层厚及其稳定性是提高制件精度和降低表面粗糙度的关键。

(3) 高效制造技术，增材制造向大尺寸构件制造技术发展，如采用激光快速成型制造的飞机整体，隔框结构件长度可达 6m。实现多激光束同步制造，提高制造效率，保证同步增材组织之间的一致性和制造结合区域质量是发展的难点。为提高效率，增材制造与传统切削制造结合，材料累加制造与材料去除制造复合制造技术方法也是发展的方向。

2) 激光快速成型技术

集成了激光技术、CAD/CAM 技术和材料技术的最新成果，根据零件的 CAD 模型，用 355nm 紫外激光束将光敏聚合材料逐层固化，精确堆积成样件。AM 技术不需要传统的刀具和夹具以及多道加工工序，在一台设备上可快速精密地制造出任意复杂形状的零件，从而实现了零件的"自由制造"，解决了许多复杂结构零件的成型，大大减少了加工工序，缩短了加工周期。而且产品结构越复杂，其制造速度的作用就越显著。

3) 发展趋势

国外发展现状：欧美发达国家纷纷制定了发展和推动增材制造技术的国家战略和规划，增材制造技术已受到政府、大学、研究机构、企业和媒体的大力支持和参与。

国内发展现状：大型整体钛合金关键结构件成型制造技术被国内外公认为是对飞机工业装备研制与生产具有重要影响的核心制造技术之一。西北工业大学凝固技术国家重点实验室已经建立了系列激光熔覆成型与修复装备，可满足大型机械装备的大型零件及难拆卸零件的原位修复和再制造。应用该技术实现了 C919 飞机大型钛合金零件激光立体成型制造。民用飞机越来越多地采用大型整体金属结构，飞机零件主要是整体毛坯件和整体薄壁结构件，传统成型方法非常困难。中国商用飞机有限责任公司决定采用先进的激光立体成型技术来解决 C919 飞机大型复杂薄壁钛合金结构件的制造。西北工业大学采用激光成型技术制造了最大尺寸达 2.83m 的机翼缘条零件，最大变形量小于 1mm，实现了大型钛合金复杂薄壁结构件的精密成型技术，相比现有技术可大大加快制造效率和提高加工精度，显著降低生产成本。北京航空航天大学王华明院士长期从事大型金属构件激光增材制造和激光表面工程技术研究，率先突破钛合金、超高强度钢等高性能难加工金属大型复杂整体关键构件激光增材制造工艺、成套装备、质量控制和工程应用关键技术，开拓了机械装备严酷环境下，关键摩擦零部件的激光熔覆金属硅化物高温耐蚀、耐磨特种涂层新领域，其成果在飞机、导弹、卫星、航空发动机等装备研制和生产中得到应用。"飞机钛合金大型复杂整体构件激光成型技术"成果获 2012 年度"国家技术发明一等奖"。在金属直接制造方面突破了钛合金、超高强度钢等难加工大型整体关键构件激光成型工艺、成套装备和应用关键技术，解决了大型整体金属构件激光成型过程零件变形与开裂的瓶颈，以及内部缺陷和内部质量控制及其无损检验关键技术，飞机构件综合力学性能达到或超过钛合金模锻件，已研制生产出我国飞机装备中迄今尺寸最大、结构最复杂的钛合金及超高强度钢等高性能关键整体构件，并在大型客机 C919 等多型重点型号飞机研制生产中得到应用。西安交通大学以研究光固化快速成型(SLA)技术为主，于 1997 年研制并销售了国内第一台光固化快速成型机，并分别于 2000 年、2007 年成立了教育部快速成型制造工程研究中心和快速制造国家工程研究中心，建立了一套支撑产品快速开发的快速制造系统，研制、生产和销售多种型号的激光快速成型设备、快速模具设备及三维反求设备，产品远销印度、俄罗斯、肯尼亚等国，成为具有国际竞争力的快速成型设备制造单位。

AM 已成为先进制造技术的一个重要的发展方向，其发展趋势如下：①复杂零件的精密铸造技术应用；②金属零件直接制造，制造大尺寸航空零部件；③向组织与结构一体化制造发展。未来需要解决的关键技术包括精度控制技术、大尺寸构件高效制造技术、复合材料零件制造技术。AM 技术提高了航空制造的创新能力，支撑中国由制造大国向制造强国发展。

中国在电子、电气增材制造技术上取得了重要进展，称为立体电路技术(SEA，SLS+LDS)。电子电器领域增材制造技术是建立在现有增材制造技术之上的一种绿色环保型电路成型技术，有别于传统二维平面型印制线路板。印制电路板是一般采用传统的不环保的减法制造工艺，即金属导电线路是蚀刻铜箔后形成的，新一代增材制造技术采用加法工艺：用激光先在产品表面照射，再在药水中浸泡沉积。这类技术与激光分层制造的增材制造相结合的一种途径为：在 SLS(激光选择性烧结)粉体中加入特殊组分，先 3D 打印(增材制造成型)再用微航 3D 立体电路激光机沿表面镭射电路图案，再化学镀成金属线路。立体电路制造工艺涉及的 SLS+LDS 技术是中国本土企业发明的制造工艺，是增材制造在电子、电器产品领域分支应用技术，也涉及激光材料、激光机、后处理化学药水等核心要素。立体电路技术已经成为高端智能手机天线的主要制造技术，产业界已经崛起了立体电路产业板块。

12.5.2　激光减材制造

激光减材制造技术利用激光的高能量密度特性，使材料发生瞬间熔化或气化，完成材料的切割、打孔、雕刻等减材制造的过程。脉冲激光减材制造是一类重要加工技术。短脉冲激光，特别是超短脉冲激光具有脉冲持续时间短、峰值功率高等特征，其与材料相互作用的过程是一个非线性的冷加工过程。利用短脉冲、超短脉冲激光去除材料进行减材制造，可以实现微米甚至纳米精度。

1. 单激光减材

通过激光刻蚀方法在基材表面形成若干离散化的凹槽结构，实现减材制造，向离散化的凹槽结构中填充粉末材料，利用激光熔化方法依次将若干凹槽结构中的粉末材料熔化使其与基材相结合，实现增材制造，离散化的激光加工过程，可避免大面积加工造成的热积累，从而避免加工过程中材料出现开裂情况，且激光加工对基材的性能影响非常小。本方法能够制造出大面积、多种材料复合的镶嵌结构式高性能复合材料，提升材料表层的综合性能，且设计灵活，加工快速高效，精度高。

2. 双激光减材

(1) 光纤激光器+飞秒激光器减材。在 SLM(SLM 是金属 3D 打印的一种成型技术)叠层制造的过程中，利用飞秒激光技术对每一成型层内和轮廓上可能出现的球化、凸起、粉末黏附等缺陷进行烧蚀修整，从而在不产生额外热影响的基础上提高每个 SLM 成型层的表面质量，实现累积过程下改善 SLM 成型件的上表面和侧表面粗糙度，提高零件致密性和尺寸精度等性能指标，降低了 SLM 加工的废品率。利用选区激光快速成型的激光扫描铺覆的待成型材料进行结构成型；利用激光减材制造的脉冲激光沿规划路径扫描成型结构的轮廓边缘，去除表面粗糙部分；重复粉末摊铺、选取激光快速成型和激光减材制造，直至获得最终的三维实体零件。

(2) 大光斑激光+小光斑激光。使用两束激光扫描成型零件，第一束激光在加工平面形成较大光斑，对零件进行快速成型，第二束激光在加工平面上形成较小光斑，对第一束激光加工平面内制造的已成型区域进行重熔，既提高了加工效率，又可减小温度梯度，进而降低零件内部的应力，减少零件缺陷，有助于提高零件表面质量。

(3) 连续激光+飞秒脉冲激光。增材激光器发射连续激光，波长为 1064nm，功率为 100～1000W，光斑直径为 50～200μm，扫描速度为 50～2000mm/s。减材激光器发射飞秒脉冲激光，脉宽为 190fs～10ps，频率为 1kHz～1MHz，功率为 0～20W，扫描速度为 1～10mm/s，波长为 1030nm。

增材加工时，计算机控制装置控制光路选取系统选取增材激光器发射的激光，进行激光增材加工；减材加工时，光路选取系统控制光路选取系统选取减材激光器发射的超快脉冲激光，进行超快脉冲激光减材加工。

如此操作既可以高精度一体化地完成复杂、精细结构零件的制备，又能解决传统激光增材制造的成型精度低、粗糙度过高，以及无法制备精细、复杂内腔的技术难题。

减材是激光加工技术应用最大的领域，它是涉及光、机、电、材料及检测等多门学科的一门综合技术，研究范围涉及以下内容。

(1) 激光加工系统，包括激光器、导光系统、加工机床、控制系统及检测系统；
(2) 激光加工工艺，包括切割、焊接、表面处理、打孔、打标、划线、微调等。

3. 激光减材典型应用

1) 激光焊接

(1) 激光焊接的机理。

激光焊接是用激光束将被焊金属加热至熔化温度以上熔合而成的焊接接头。波长 10.6μm 和 1.06μm 的激光作用于金属表面时大部分被反射，吸收率很低。但是，当金属达到熔化状态时，吸收率急剧增大，为激光焊接提供了有利条件。激光焊接时的功率密度仅为 $1.55×10^4$～10^5W/cm^2。材料表面吸收激光能量后，熔化区的形状随着功率密度的变化而不同。功率密度为 10^5～$5×10^6$W/cm^2，金属表面下主要依赖表面吸收激光能量后向下的热传导而被加热熔化，形成的焊缝接近半圆形，这种焊接称为热导焊(conduction-limited welding)。热导焊可焊接厚度在 2.54mm 以下的材料。当功率密度在 10^6～10^7W/cm^2 时，由于材料的瞬时气化，在激光束中心处形成匙孔(key-hole)，激光可以透过匙孔中的金属蒸气直射孔底，焊缝窄而深，其宽度比可达 12∶1 以上，这种焊接称为深熔焊(deep penetration welding)。20 世纪 70 年代，有了千瓦级连续 CO_2 激光器以后，深熔化得到了极大发展，已能用 77kW 和 100kW 的激光器焊接 50.8mm 厚的钢板。

当激光功率密度达到 10^6～10^7W/cm^2 时，激光功率的输入速率远大于热传导、对流及辐射散热的速率，材料表面发生气化而形成匙孔，孔内金属蒸气压力与四周液体的静力和表面张力形成动态平衡，激光可通过孔中直射到孔底，称为匙孔效应。匙孔的作用和黑体一样，能将射入的激光能量完全吸收，激光停止后，四周熔化的金属迅速将小孔填满而成为焊缝。

保护气体的作用：一是防止氧化；二是消除在高功率密度时所产生的等离子体对激光束的阻挡作用。实践证明，在同样功率密度下，氦气比氩气熔化深度大得多。这可能是氦气的电离电位(25eV)比氩气(15eV)高的缘故。氢气的电离电位更高，氢氦混合气体更好。保护气体喷嘴位置平行于工件表面略微离开一点。

激光焊接头主要有突出优点：对熔池有净化作用，接头中的杂质比基本金属更少；焊缝断面深宽比可大于 10∶1，与电子束焊差不多但不需要电子束焊的真空环境。

(2) 激光焊接的应用。

激光焊接应用在汽车车身厚薄板、汽车零件、锂电池、心脏起搏器、密封继电器等密封器件以及各种不允许焊接污染和变形的器件。激光焊接技术领域，特别涉及的是水下激光焊接设备，包括水上设备和水下焊接设备。水下焊接设备包含：水下激光焊接装置，水下送丝装置，对准装置，激光焊接嘴，水下照明摄像装置，水下激光焊接装置开关，水下照明摄像装置开关，水下送丝装置调节开关，可拆卸把手，把手固定孔。激光水下焊接解决了船舶及水下相关设备设施焊接难题。激光光斑在工件上扫描，得到了全焊透、焊缝质量好，未发现由水冷导致的焊缝变脆等现象。

激光焊接技术具有熔池净化效应，能纯净焊缝金属，适用于相同和不同金属材料间的焊接。激光焊接能量密度高，对高熔点、高反射率、高热导率和物理特性相差很大的金属焊接特别有利。如果将两块金属对接并用激光照射加热，两块金属便会被焊接在一起，由于激光焊接不需要焊料，也不需要与焊件直接接触，所以可以实现高洁净加工，这样对环境等条件要求很高的焊件，如罐头盒、心脏起搏器等，其意义重大。激光焊接，用比切割金属时功率小的激光束，使材料熔化而不使其气化，在冷却后成为一块连续的固体结构。

激光微型焊接机可称得上是焊接工艺上的"绣花针"，焊得又快、又准、又好。用激光能焊接熔点特别高的材料，矾土陶瓷的熔点高达 2000℃以上，用一般焊接方法很难将它焊接起来，激光却能做到。用激光能将两种性质截然不同的材料焊接在一起，如把金属和陶瓷、铜和钽焊接在一起，其合格率几乎达到 100%；而用一般的焊接方法，对于性质不同的材料的焊接很困难，合格率在 25%以下。激光还可以在特殊环境下进行焊接，如真空管的焊接，过去要在真空室内进行，十分不便，现在只要激光束从已经抽成真空的玻璃罩外射入，并且聚焦在待焊接的元件上，就能够方便地完成焊接工作。激光焊接牢固、生产效率高。用激光热处理，不需要处理的部分就不照射，十分方便，加热时间只有 1ms 左右，而使用寿命可增加 1 倍。

激光焊接热影响小，精度高、强度高、效率高，且适用于多种金属材料(特种船舶)。例如：T 形焊接，包括深焊、拼焊、缝焊、点焊、混合焊等。

①激光塑料焊接：如汽车工业中的汽车尾灯、进气管、过滤器、箱体，生命科学的医疗器械、输液分配系统，电子产品中的手机面板、电子零件封装等。

②偏心回旋光束激光器：光束做偏心回旋焊接提高了焊接质量，降低了工艺过程的要求。在 2mm 厚的钢板上，能容许装配间隙从 0.14mm 增大到 0.25mm，在 4mm 厚的钢板上，从 0.23mm 增大到 0.3mm，并使光束中心与焊缝中心的对准容许误差从 0.25mm 增大到 0.5mm。

③激光压焊：将聚焦激光束照射到两薄板之间，在上下两辊的压力下，在两板带未熔化前压焊在一起。焊接速度可达 240m/min，焊缝强度很好。

④激光高频焊管：在高频焊管时加一束激光，成为激光-高频焊管。高频加热在棱角处深，在中部浅，用激光束加以补充，可使整体加热均匀，焊管产量和质量都有所提高。

⑤激光电弧焊：小电流电弧焊单独使用时，电弧不稳定。当遇到激光照射所生的热点时(应高于 300℃)，因热点使阳极功率减低，降低了弧柱电阻而成为稳定的弧根。这种方法用于厚 0.2mm 的材料时效果显著，用于食品罐头桶焊接极为有效。

偏振对激光的切割影响已经比较清楚，对焊接的影响也开始引起人们的重视。利用偏振光进行直缝管焊接，直边劈形尖角遇激光多次反射到一定路程后会折返，而弯曲的两边才能把激光反射聚集到顶点。该方法将 S 偏振光在劈面内导入，要比匙孔焊接法快 10 倍。

2) 激光切割

激光切割技术广泛应用于金属和非金属材料的加工中，可大大减少加工时间，降低加工成本，提高工件质量。脉冲激光适用于金属材料，连续激光适用于非金属材料，后者是激光切割技术的重要应用领域。现代激光成了人们幻想追求的"削铁如泥"的宝剑。利用激光切割比电切割、气切割更快更好，被切割的材料在激光束下按切割划线移动，材料会被切开，由于激光束极细，所以切割面十分光滑，且非常节约材料。例如，水+激光复合切割方法：顺着一束 500 个大气压的高压水柱，由固体激光器发射出功率达 15kW 激光红外脉冲。这样，高压水柱就成了激光的导向装置，使激光束的能量可以完全达到被切割的材料。另外，水还能够起到冷却作用，并且能够把切割碎屑带走，这种切割装置效果更好。

3) 激光打标

激光打标技术是激光加工最大的应用领域之一，在各种材料和几乎所有行业均得到广泛应用。激光打标是利用高能量密度的激光对工件进行局部照射，使表层材料气化或发生颜色变化的化学反应，从而留下永久性标记的一种打标方法。它可以打出各种文字、符号和图案等，字符大小可以从毫米到微米量级，这对产品的防伪有特殊的意义。准分子激光打标特别适用于金属打标，可实现亚微米打标，已广泛用于微电子工业和生物工程。

4) 激光打孔

激光打孔技术具有精度高、通用性强、效率高、成本低和综合技术经济效益显著等优点，已成为现代制造领域的关键技术之一。在激光出现之前，只能用硬度较大的物质在硬度较小的物质上打孔。这样要在硬度最大的金刚石上打孔，就成为极其困难的事。激光出现后，这一类的操作既快又安全。但是，激光钻出的孔是圆锥形的，而不是机械钻孔的圆柱形，这在有些地方是很不方便的。

激光打孔不但可以打明孔，而且可以通过控制调节激光束焦点打盲孔。激光打孔主要应用在航空航天、汽车制造、电子仪表、化工等行业。激光打孔的发展迅速，中国在 20 世纪 70 年代开始使用激光打孔技术。打孔主要采用 YAG 激光器。国内目前比较成熟的激光打孔的应用是在人造金刚石、天然金刚石拉丝模的生产，以及钟表和仪表的宝石轴承、飞机叶片、多层印刷线路板等的生产中。

由于激光亮度极高，也就是单位时间单位面积辐射的能量极大，所以被广泛应用于打孔、切割、焊接等方面。例如，传统的给手表钻石、化纤喷头等上面打细微的孔是十分麻烦的，自从有了激光器，由于激光亮度极高、光束极细，所以给钻石打孔、喷头打孔、卷烟机上的集流管打孔、航空发动机上打微孔等都采用了激光打孔，其生产效率提高了 3～10 倍，合格率达 99%。多层印刷电路板(PCB)数控激光打孔：商用激光打孔系统主要有两种类型，即 CO_2 激光和紫外激光。CO_2 激光广泛用于 PCB 行业，加工大于 $100\mu m$ 的通道孔，其生产效率高。紫外激光主要用于加工小于 $100\mu m$ 的孔，在加工 $70\mu m$ 孔形时，生产效率较高。紫外激光可在光刻胶上直接写 $50\mu m$ 以下的线条，无须掩模。也可直接光剥离阻焊层形成精细图形，铜刻蚀后得到高密度的芯片封装电路板。新的双波长打孔机，即 CO_2+UV 激光，UV 激光可进行铜箔打孔，CO_2 激光可进行环氧树脂加工。

5) 激光去重平衡技术

激光去重平衡技术是用激光去掉高速旋转部件上不平衡的过重部分，使惯性轴与旋转轴重合，以达到动平衡的过程。激光去重平衡技术具有测量和去重两大功能，可同时进行不平衡的测量和校正，效率大大提高，在陀螺制造领域有广阔的应用前景。对于高精度转子，激光动平衡可成倍提高平衡精度，其质量偏心值的平衡精度可达 $0.01\mu m$ 或千分之几微米。

6) 激光雕刻技术

激光雕刻艺术品、激光刻章、激光刻字等也得到了广泛的应用。

7) 激光清洗技术

2018 年 9 月 18 日，中国科学院院士姚建铨在 OFweek2018(第十四届)中国先进激光技术应用峰会暨"维科杯"年度评选颁奖典礼上指出：在国家大力推进制造业转型升级的大背景下，先进的激光清洗技术愈加受到重视。相较于喷砂、化学药剂清洗、机械打磨等传统清洗方式，激光清洗拥有对基底无损伤、微米级精准控制、节能环保等众多优势，将在许多领域取代一些传统清洗方式。目前，激光清洗技术主要应用在微电子、文物保护、模具清洗、表面处理等领域。未来，这种新型清洗技术将会在飞机、舰船、桥梁等大型装备领域，以及飞机零部件、电气产品等精密部件精确除漆领域得到更广泛的应用。

8) 激光表面改性技术

它是将现代物理学、化学、计算机、材料科学、先进制造技术等多方面的成果和知识结合起来的高新技术，是在材料表面形成一定厚度的处理层而改善材料表面的力学性能、冶金性能、物理性能，从而提高零件的耐磨、耐蚀、耐疲劳等一系列性能，以满足各种不同的使用要求。它能使低等级材料实现高性能表层改性，达到零件低成本与工作表面高性能的最佳组合。激光表面改性是当前材料工程学科的重要方向之一，被誉为光加工时代的一个标志性技术，各发达国家均予以重点发展。其高效率、高效益、高增长及低消耗、无污染的特点符合材料加工的发展需要。

激光表面改性用激光束为热源加热工件，使工件表面在高功率密度激光的照射下扫描工件表面吸收激光照射的能量，光能转变为热能，表面瞬间被加热到相变温度以上、熔化温度以下。此时，工件温度仍处于室温。当光束移开或光束的能量减少时，能量又迅速以 $10^7 \sim 10^8 ℃/s$ 的冷却速度向金属内部传导，使加热部分迅速冷却，此过程瞬间而至，使金属内部保持冷态，不需要额外冷却介质就可以实现相变硬化达到激光自冷表面改性，用激光对着表面改性部位扫一遍即可完成。当激光束照射到材料表面时，如果材料表面局部区域温度超过材料的熔化温度，则该区域将会被熔化而成为液体，相应的熔化区域称为熔池。在激光材料表面改性过程中，激光熔池形成与否主要取决于激光的强度和照射的时间。

激光表面改性技术包括激光相变硬化技术、激光包覆技术、激光表面合金化技术、激光退火技术、激光冲击硬化技术、激光强化电镀技术、激光上釉技术，这些技术对改变材料的机械性能、耐热性和耐腐蚀性等有重要作用。

(1) 激光相变硬化（即激光淬火）：是激光热处理中研究最早、最多、进展最快、应用最广的一种新工艺，适用于大多数材料和不同形状零件的不同部位，可提高零件的耐磨性和疲劳强度，国外一些工业部门将该技术作为保证产品质量的手段。激光还可以对加工件（如汽缸壁）进行淬火处理，其硬度和耐磨性将提高 10 多倍，用激光对石油抽油泵圆筒做表面处理，泵的效率将提高 25%。

(2) 激光包覆技术：是在工业中获得广泛应用的激光表面改性技术之一，具有很好的经济性，可大大提高产品的抗腐蚀性。

(3) 激光表面合金化技术：是材料表面局部改性处理的新方法，是应用潜力最大的表面改性技术之一，适用于航空、航天、兵器、核工业、汽车制造业中需要改善耐磨、耐腐蚀、耐高温等性能的零件。

(4) 激光退火技术：是半导体加工的一种新工艺，效果比常规热退火好得多。该技术主要用于修复离子注入损伤的半导体材料（特别是硅）。传统的加热退火技术是把整个晶圆放在真空炉中，在一定的温度（一般是 300～1200℃）下退火 10～60min。这种退火方式并不能完全消除缺陷，高温却导致材料性能下降，掺杂物质析出等问题。激光退火已有了毫秒级脉冲激光退火、纳秒级脉冲激光退火和高频调 Q 开关脉冲激光退火等多种激光退火方式。激光退火主要优势如下。

①加热时间短，能够获得高浓度的掺杂层。

②加热局限于局部表层，不会影响周围元件的物理性能。

③能够到半球形的很深接触区。

④由于激光束可以整形到非常细，为微区薄层退火提供了可能。

半导体材料中，有替位式杂质和间隙式杂质，激光退火后，杂质被晶硅的替位率可达到 98%～99%，从而使多晶硅的电阻率降到普通加热退火的 1/3～1/2，还可大大提高集成电路的集成度，使电路元件间的间隔缩小到 0.5m。

在汽车工业中，如缸套、曲轴、活塞环、换向器、齿轮等零部件的热处理，在光学材料、超导薄膜、材料上釉等方面，在航空航天、机床行业和其他机械行业也应用广泛。我国的激光热处理应用比国外广泛得多。20 世纪 70～80 年代，汽车门由于频繁地关开经常损坏，用激光切割、改性处理后，效率提高 10 倍，使用寿命提高 15 倍。

(5)激光冲击硬化技术：能改善金属材料的机械性能，可阻止裂纹的产生和扩展，提高钢、铝、钛等合金的强度和硬度，改善其抗疲劳性能。

(6)激光强化电镀技术：可提高金属的沉积速度，速度比无激光照射快 1000 倍，对微型开关、精密仪器零件、微电子器件和大规模集成电路的生产和修补具有重大意义。使用该技术可使电镀层的牢固度提高 100～1000 倍。

(7)激光上釉技术：对于材料改性很有发展前途，其成本低，容易控制和复制，有利于发展新材料。激光上釉结合火焰喷涂、等离子喷涂、离子沉积等技术，改变了材料特性、提高了表面耐磨、耐腐蚀的性能。电子材料、电磁材料和其他电气材料经激光上釉后用于制作各种设备寿命延长、性能得到极大改善。

激光涂敷在航空航天、模具及机电行业应用广泛。使用的激光器多为光纤激光器、全固态 YAG 激光器、CO_2 激光器等。

9)激光在船舶制造业中的应用

目前，中国已成为世界第一船舶制造大国。上海光机所早在 1975 年研制的 CO_2 激光加工机床提供给上海造船厂。如今各国造船厂纷纷采用先进的激光加工技术。

德国：6kW 的 CO_2 激光系统用于加工一层夹心的夹层钢板；12kW 的 CO_2 激光系统用于加工厚钢板。

丹麦：15kW 的 CO_2 激光系统在 Odense(欧登塞，丹麦菲英岛北部城市)钢铁造船所用五轴加工焊接结构钢板。

美国：造船公司利用激光切割、焊接等，降低了时间和成本，产能提高了 20%～30%。

日本：川崎重工在激光厚钢板焊接方面处于先进水平，激光切割也被大量应用。

如今，光纤激光器以体积小、质量轻、功率高而替代了 CO_2 激光器。中国不少公司光纤激光器已经商品化，输出功率达到 4 万瓦。

12.6　激　光　全　息

从牛顿、伽利略时代到 21 世纪，光学已经取得了许多重大的成就。光学分为两个分支，即几何光学和物理光学，都已发展到接近成熟的阶段。而作为物理光学的主要部分——波动光学，已成功地解释了当时发现的大部分光学现象和光学效应，如光的干涉、衍射、偏振，以及光的发射、吸收、色散等。加工工艺和生产也达到了前所未有的水平。随着物理学中的原子物理学、量子电子学、凝聚态物理学等其他分支的迅速发展，在光学中发生了三件大事。①1948 年全息术诞生了，物理学家第一次精确地拍摄了一张立体的物体像，它几乎记录了光波所携带的全部信息。②1955 年，科学家第一次提出了"光学传递函数"的概念，并且用它来评价光学镜头的质量。③1960 年，一种全新的光源——激光器生了。由于激光的应用，使全息术获得了新的生命。

全息是指信息的全部记录。全息术是由从事电子显微镜研究的匈牙利裔科学家丹尼斯·伽博尔(Dennis Gabor)发明的。1947 年，电子显微镜的理论分辨率极限是 0.4nm，由于丢失了光波的相位，实际只能达到 1.2nm，比分辨原子晶格所要求的分辨率 0.2nm 差得多，这主要是由于电子透镜的像差比光学透镜要大得多，从而限制了分辨率的提高。为此，伽博尔设想：记录一张不经任何透镜的、用物体衍射的电子波制作曝光的照片(即全息图)，使它能保持物体的振幅和相位的全部信息，然后用可见光照明全息图来得到放大的物体像。由于光波波长比电子波长短 5 个数量级，这样再现时物体的放大率 $M = \lambda_{光}/\lambda_{电子}$ 就可获得 10^5 倍而不会出现任何像差，所以这种无透镜两步成像的过程可期望获得更高的分辨率。根据这一设想，他在 1948 年提出了一种用光波记录物光波的振幅和相位的方法，并用实验证实了这一想法，从而开辟了光学中的一个崭新领域，也因此获得 1971 年的诺贝尔物理学奖。

1962 年美国科学家利思(Leith)和乌帕特尼克斯(Upatnieks)将通信理论中的载频概念推广到空域，提出了离轴全息术。他们用离轴的参考光与物光干涉形成全息图，再利用离轴的参考光照射全息图，使全息图产生三个在空间互相分离的衍射分量，其中一个复制出原始物光。这样，解决了第一代全息图的两大难，产生了激光记录、激光再现的第二代全息图，从而使全息术进入了迅速发展时期，相继出现了多种全息方法，并在信息处理、全息干涉计量、全息显示、全息光学元件等领域得到广泛应用。由此可见，高相干度激光的出现，是全息术发展的巨大动力。由于激光再现的全息图失去了色彩信息，人们开始致力于研究第三代全息图。第三代全息图是利用激光记录和白光再现的全息图，如反射全息、像面全息、彩虹全息及模压全息等，在一定的条件下赋予全息图以鲜艳色彩激光的高度相干性要求全息拍摄过程中各个元件、光源和记录介质的相对位置严格保持不变，并且相干噪声也很严重，这给全息术的实际使用带来了种种不便。于是，科学家又继续探讨白光记录的可能性。第四代全息图是白光记录和白光再现的全息图，它将使全息术进入广泛的实用领域。

一般照相机拍摄的照片都是平面的，没有立体感。用物理术语来说，得到的仅是二维图像，即记录的仅是光强度在空间的分布，没有对应光强在空间的位相分布信息，从而得到的是二维图像。激光出现后，人类才第一次得到了全息照片。它不但记录了被摄物体反射(或透射)光波中的光强度在空间的分布，而且记录了对应光强在空间的位相分布信息，从而得到一个记录被摄物体反射(或透射)光波中全部信息的三维立体图像。将激光束用分束镜一分为二，其中一束照到被拍摄的景物上，称为物光束；另一束直接照到感光胶片即全息干板上，称为参考光束。当光束被物体反射后，其反射光束也照射在全息干板上，由两束光的光强和位相在空间分布决定在全息干板上发生干涉而形成干涉条纹，通过曝光，在全息干板上记录两束光的干涉条纹在空间的分布，就完成了全息照相的摄制过程。全息照片和普通照片截然不同，用肉眼去看，全息照片上只有些杂乱无章的条纹。可是当用一束激光去照射该照片，就会出现逼真的立体景物。从不同的角度去观察可以看到原来物体的不同侧面。全息照相的原理是利用光的干涉原理，利用两束光的干涉来记录被摄物体的信息。

1. 全息照相的特点

1) 三维立体像

一张全息图看上去很像一扇窗子，当通过它观看时，物体的三维立体像就在眼前，让人感觉到景象就要破窗而出。如果观察者的头部上下、左右移动，就可看到物体的不同侧面，所看到的整个景象是非常逼真，完全没有普通照片给予人们的隔膜感。

2) 全息图具有弥散性

一张用激光重现的透射式全息图，即使被弄碎成若干小碎片，用其中任何一个小碎片仍可重现出所拍摄的完整景象。不过当碎片太小时，重现像的亮度和分辨率会降低。这就好比通过一个小窗口观看物体时所出现的情况。为了证明这一点，读者不妨拿一张已拍摄好的全息图来做下列实验：用一张带有小孔的黑纸板遮住该全息图，然后通过小孔来观察它的重现像。不断移动小孔的位置使其遮住全息图的不同部位，所观察到的重现像都是相同的。改变小孔的尺寸，只是使观察到的重现像的亮度和分辨率有所变化而已。为什么全息照片会具有上述特征呢？这是因为，全息底片上每一点都受到被拍摄物体各部位发出的光的作用，所以其上每一点都记录了整个物体的全部信息。

3) 全息照相可多重记录

对于一张全息照片，记录时的物光和参考光以及重现时的重现光，三者应该是一一对应的。这里包含两层意思：一是指记录时用什么物，则重现时也就得到它的像；二是指重现光与参考光应相同。如果重现光与参考光有区别(如波长、波面或入射角不同)，就得不到与原物体完全相同的像。当入射角不同时，则像的亮度和清晰度会大大降低，入射角改变稍大时，像会消失。利用这一特点，就可在同一张全息底片上对不同的物体记录多个全息图像，只需每记录一次后改变一下参考光相对于全息底片的入射角即可。如果使重现光与参考光的波长不同，则重现像的尺寸就会改变，得到放大或缩小的像：如果重现光波面形状相对于参考光发生了变化，则有可能获得畸变的像，就像在哈哈镜里看到的像那样。

4) 全息图可同时获得虚像和实像

实像能投射到屏幕上被观察到，而虚像则否。这与基础光学中关于实像与虚像的概念是一致的。但细致观察，还可看到全息图更多的像。

总之，全息照相术(holography)从根本上改进了传统的照相术，已经成为当代一些科学家、艺术家获得完整自然信息的重要手段，并显示出巨大的应用潜力。

2. 全息图的类型

全息图可以从不同的角度来分类。

1) 按参考光与物光的主光线是否同轴，可分为同轴全息图和离轴全息图

同轴全息图，在记录全息图时，物体中心和参考光源位于通过全息底片中心的同一条直线上，常用于粒子场全息测量中。它只用一束光照射粒子场，被粒子衍射的光作为物光，其余未被衍射的透过光作为参考光。同轴全息术(coaxial holography)的优点是光路简单，对激光器模式要求较低，从而激光的输出能量可得到增强。缺点是在重现时，原始像和共轭像在同一光轴上不能分离，两个像互相重叠，产生"孪生像"。这一缺点限制了它的使用范围。离轴全息术(off-axis holography)是经常采用的方法。图 12.6.1 所示的光路为离轴全息照相光路。

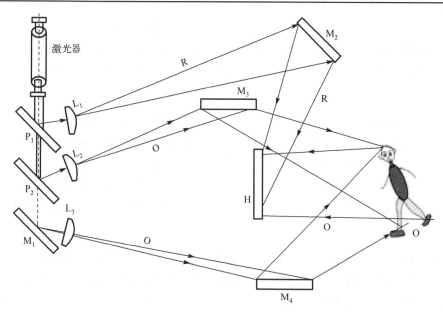

图 12.6.1　双光束激光全息照相光路图

O-物光；R-参考光；H-感光板；L_1、L_2、L_3-扩束镜；M_1、M_2、M_3、M_4-反射镜；P_1、P_2-半透半反镜

2) 按全息图的结构与观察方式，可分为透射全息图和反射全息图

透射全息图（transmission hologram）是指拍摄时物光与参考光从全息底片的同一侧射来（图 12.6.1）；反射全息图（reflection hologram）是指在拍摄时物光与参考光分别从全息图两侧射来。当被照明重现时，对于透射全息图，观察者与照明光源分别在全息图的两侧；而对反射全息图，观察者与照明光源则在同一侧。透射全息图的优点是影像三维效果好、景深大、幅面宽，形象极其逼真，可用于工程现场拍摄大型结构，在科教方面，可制作三维挂图等。

3) 按全息图的复振幅透过率，可分为振幅型全息图和位相型全息图

振幅型全息图（amplitude hologram）是指乳胶介质经感光处理后，其吸收率被干涉场调制，干涉条纹以浓淡相间的黑白条纹被记录在全息干板上；重现时，黑色部分吸收光而造成损失，未被吸收的部分衍射成像，故这种全息图又称为吸收型全息图（absorption hologram）。位相型全息图（phase hologram）又分为折射率型和表面浮雕型两种，前者是以乳胶折射率被调制的形式记录干涉图形，重现时，光经过折射率变化的乳胶而产生位相差；后者则是使记录介质的厚度随曝光量改变，折射率不变。照明光波通过位相全息图时，仅其位相被调制，无显著吸收，故一般得到的重现像较为明亮。

4) 按全息底片与物的远近关系，可分为菲涅耳全息图、像面全息图和傅里叶变换全息图

菲涅耳全息图（Fresnel hologram）是指物体与全息底片的距离较近（菲涅耳衍射区内）时所拍摄的全息图；像面全息图（image plane hologram）是指用透镜将物的像呈现在全息底片上所拍摄的全息图；傅里叶变换全息图（Fourier transform hologram，FTH）是指把物体进行傅里叶变换后，在频谱面上拍摄其空间频谱的全息图。

5) 按所用重现光源，可分为激光重现与白光重现两类

早期的透射式全息图需要用激光重现，而许多新型的全息图都可以用白光重现，如反射全息图、像面全息图、彩虹全息图、真彩色全息图以及合成全息图等。

6)按记录介质乳胶的厚度，可分为平面全息图和体积全息图

平面全息图(planar hologram)是指二维全息图，只需考虑 X-Y 平面上的振幅透过率分布，而无须考虑干板的乳胶层厚度 h (Z 轴方向情况)。这种记录材料薄符合下面的条件：

$$h < 10nd^2 / (2\pi\lambda) \tag{12.6.1}$$

式中，h 为乳胶层的厚度；n 为乳胶折射率；d 为干涉条纹间距(空间周期)；λ 为曝光光波长。

体积全息图(volume hologram，通常称为体全息图)，当应用于全息记录的感光胶膜厚度足够厚时，它在物光和参考光的干涉场中将记录到明暗相间的三维空间曲面族，这种全息图在再现过程中将能显示出一定空间立体范围的三维立体效应，平面全息图的特点有很大差别。体积全息图可分为透射体积全息和反射体积全息两种。通常胶膜厚度 h 为

$$h \geqslant 10nd^2 / (2\pi\lambda) \tag{12.6.2}$$

式中，d 为干涉条纹间距(空间周期)；n 为记录介质的折射率；λ 为记录波长。

以上 6 类实际上是相互穿插、相互渗透的。关于各类全息图的记录方法及有关特性的详细讨论，可参阅相关的专著。

全息技术的特点：①再现出和原物体十分逼真的立体像；②任何一小块全息记录板都可以将原物体全部再现出来。全息显示正是利用了这些特点，特别是在白光再现方面出现了高衍射效率的反射全息图、像面全息图、彩虹全息图和全息立体图等，白光全息、白光记录、白光再现。

别出心裁的应用：美国有一家立体食品公司把"光"和"甜味"结合在一起，创制出一种令人叹服的新奇糖果，名为"全息糖果"。这种糖果的制造过程十分特别，他们要在巧克力和糖果的表面镶上一条条极细的波纹。当光线照射到这些波纹上时，便会自动扩散，形成神奇的全息影像。

基于全息技术的许多特点，在光栅制作、水下观测、海底测绘、航船导航、存储资料等都得到了广泛的应用，特别是在全息检测和全息显微上应用更多。全息显微是对电子显微技术的改进，它是借助于记录与重现过程光波波长改变及曲率半径改变而实现的。其最大优点是扩大了显微镜的景深，在同样的放大倍数下，它的景深比电子显微提高 5 倍以上，从而大大加深了人们对微观世界的认识。

全息照相发展到今天，已在许多领域获得了广泛的应用，随着科技不断发展，全息技术应用将越来越普遍。它已成为信息光学中的一个新兴科学——全息学。全息学的应用可归结为下列几个方面：全息显示、全息干涉度量学、全息光学元件、全息信息存储、全息信息处理、全息显微术。

12.7　激光在生物医学中的应用

20 世纪 70 年代，中国科学院上海光机所凌俊达研究员小组与上海交通大学、上海医学院附属华山医院合作，成功研制中国第一台连续运转 YAG 激光手术刀，并进行动物实验。80 年代，由合肥工业大学和安徽医学院(现安徽医科大学)合作，首先利用红宝石激光器成功地进行视网膜脱落的治疗。

激光生命科学研究包括激光诊断、激光治疗，其中激光治疗又分为激光手术治疗、弱

激光生物刺激作用的非手术治疗和激光的光动力治疗。激光治疗遍及内、外、妇、五官、肿瘤等各科几百种疾病，特别是手术方面，它有着一般手术刀、针无法比拟的优势。用激光刀、针做手术，准确、无疼痛、不出血，甚至不需要切开肌肤。在颅脑外科手术中，利用细小的激光束可直接消除神经病变组织。在心血管疾病中，利用激光血管成型术治疗冠状动脉阻塞获得了良好的效果。在肠胃疾病中，利用激光胃窥镜不开刀就可以对体内病灶动手术。在五官科，激光不仅能治疗眼、耳、口、鼻疾病，而且可以美容，用激光照射可以去黑痣、雀斑，可以消除皱纹、增加皮肤弹性、嫩肤美容、保持皮肤健康。

在外科手术中它不仅可以作为激光刀使用，在眼科、牙科、皮肤科与整容各方面都有独到的应用。激光刀的妙处在于它切割的同时也进行了灼烧，这恰好封闭了血管防止其出血，从而减少了感染的危险。用激光对牙齿进行无痛钻孔和去牙蛀，使人们对以前望而生畏的牙科手术大感轻松。相比以前的机械打孔，激光钻孔不仅不会产生大量的摩擦热，而且其所蒸发的只是被腐蚀的黑色牙区，不会对健康的牙组织产生影响，从而大大减轻疼痛感。激光在眼科上的应用是最令人叹为观止的。激光可以焊接脱开的视网膜，封闭破漏的血管，彻底清除飘浮在眼中冻胶状液体中的微小的沙粒（使其气化）。激光手术的优点是不需要切开眼睛就能完成手术，而且大为缓和了手术的疼痛感，用准分子激光器治疗眼睛近视等已经非常成熟。

对于目前的不治之症——癌症，激光提供了有效的武器。一方面，激光可以用作激光刀来切除肿瘤；另一方面，在癌症的早期诊断也卓有成效。癌症的早期诊断对于其治疗有着决定性意义。借助于激光能准确地确定肿瘤细胞和正常细胞，同时也提供了一个新的治疗途径。借助于一些特殊的化学物质，采用激光化疗法，能使这些特殊物质在激光作用下杀死肿瘤细胞，从而达到治疗癌症的目的。

12.8　激光在军事中的应用

中国杰出科学家钱学森把作战方式分为五个时代，即徒手战时代、冷兵器时代、热兵器时代、机械化部队战时代和信息化部队战时代。

随着生产方式的变革和科学技术的进步，作战方式也发生了相应的变化。如果说第二次世界大战的大规模杀伤是同工业化生产方式相联系，则同信息时代高度集约化生产和柔性制造、按用户特殊订货生产等新型生产方式相联系的作战方式，是以信息为主导的快速反应、精确打击和信息对抗等为特征的高技术战争。

激光是利用光、热、电、化学能或原子核等外部能量，激励物质使其受激辐射而产生的一种特殊的光。同一般光源所发出的光相比，激光更有着许多优异的物理特性。如果把高能激光聚集成束，能产生数百万到数千万度的高温、数千万大气压的高压、数千万伏/平方厘米的强电场，以用来摧毁敌方的装甲兵器和引爆炸弹等。激光武器则是以产生强激光束的激光器为核心，加上瞄准跟踪系统和光束控制系统与发送系统组成的高技术武器，它可利用激光的能量直接摧毁敌方的目标或使敌方的部队丧失战斗能力。激光武器产生独特的烧蚀效应、激波效应和辐射效应，已被广泛用于光电对抗、防空、反坦克、轰炸机自卫等方面，并已显示出它的神奇威力。

12.8.1　激光武器

在激光与物质相互作用时，功率密度不同、输出波形各异、不同波长的激光，在与不同目标材料相互作用时，会产生不同的杀伤破坏效应。用激光作为武器时，通常不能像在激光加工中那样借助于透镜聚焦，而必须大大提高激光器的输出功率，作战时可根据不同的需要配备不同的激光器。目前，激光器的种类繁多，功能各异，有的体积整整占据一幢大楼、功率上万亿瓦，用于引发核聚变的激光器，也有比指甲还小、功率仅几毫瓦的激光器，如用于光通信的半导体激光器。按工作介质分，有固体激光器、液体激光器，以及分子型、离子型、准分子型的气体激光器等。2018 年 8 月，美国媒体报道：中国重型激光武器已经取得重大突破，内部代号"死光 A"成功开发。重型激光武器系统采用中国开发的"小型车载移动核电发电机组"作为其能源动力。

中国的"死光 A"重型战略激光武器系统，主要用于打仗时摧毁敌方军事卫星和"空间站"，以击毁敌方的"眼睛"。摧毁敌方地面固定筒仓、移动核导弹和水下核潜艇。激光通常是沿直线发射的定向光速。对于这个问题，我们的科研人员在 20 年前就开始在该领域进行研究，并成功制造出世界震惊的研究成果，填补了世界上激光技术的空白。目前，世界上只有中国拥有激光卫星中继站或卫星反射站。卫星中继站采用光反射原理，从地面接收高能激光，瞬间将其传送到隐藏在海底的锁定核潜艇，并迅速机动。敌方的核潜艇将被激光瞬间突破洞穿。

激光武器按发射位置可分为天基、陆基、舰载、车载和机载等，按其用途还可分为战术型和战略型。

1.　战术激光武器

战术激光武器通常利用激光作为能量，像常规武器那样直接杀伤敌方人员，击毁坦克、飞机等，打击距离一般可达 20km。这种武器的主要代表有激光枪和激光炮，它们能够发出很强的激光束来打击敌人。1978 年 3 月，世界上的第一支激光枪在美国诞生。激光枪的样式与普通步枪没有太大区别，主要由四大部分组成：激光器、激励器、击发器和枪托。国外已有一种红宝石袖珍式激光枪，外形和大小与美国的派克钢笔相当。但它能在距人几米之外烧毁衣服、烧穿皮肉，且无声响，在不知不觉中致人死亡。并可在一定的距离内，引爆炸药，使夜视仪、红外或激光测距仪等光电设备失效。

1964 年，美国在越南战场已经使用了机载激光致盲武器。战术激光武器的"挖眼术"不但能造成飞机失控、机毁人亡，或使炮手丧失战斗能力，而且由于参战士兵不知对方激光武器会在何时何地出现，常常受到沉重的心理压力。因此，激光武器又具有常规武器所不具备的威慑作用。1982 年，马尔维纳斯群岛战争中，英国在航空母舰和各类护卫舰上就安装有激光致盲武器，曾使阿根廷的多架飞机失控、坠毁或误入英军的射击火网。

2.　战略激光武器

战略激光武器可攻击数千千米之外的洲际导弹；可攻击太空中的侦察卫星和通信卫星等。战略武器用于对付敌方的远程导弹、军事卫星等空间武器。研究战略武器的关键是制造大功率、高能量的激光器，其能量和功率足以摧毁导弹和卫星。目前，已经进行了这类实验并获得成功，但其成果是保密的。

12.8.2　信息侦察与目标锁定

信息技术在军事各领域起主导作用。光电子技术作为信息技术的一个重要支柱，在高技术战争中起着关键作用。由于光电对抗的发展，光电子技术不仅限于获取、传输、存储、处理和显示信息，而且已用它发展成一种压制摧毁敌方有生力量的武器。光电子技术在高技术战争中，即信息时代战争中的作用特点如下所述。

(1)看得更清。看清敌我态势和看清作战目标是在战争中取得主动的前提。光电子技术可以帮助各级指挥员对战场情况观察得更清楚。这些技术包括用星载和机载光电侦察设备进行夜间观察；用激光雷达识别和激光测距测向，以获取目标的精确位置信息等。有助于识别目标和伪装，迅速准确地分析判断战略布局和战场态势。

(2)反应更快。战争中的情况瞬息万变，要想克敌制胜必须有快速反应能力。光电子技术借助光纤大容量信息传输，特别是高速实时传输能力和光电子信息处理技术提供快速反应所必需的信息。武器平台上的光电探测和显示设备可以为指挥员提供快速决断指挥战场信息，辅助战士、驾驶员提高反应速度。

(3)打得更准。精确打击是高技术战争的一大特点。武器的精度提高了 10 倍，等于威力提高了 1000 倍。光电子技术对于提高各种武器的命中精度起到关键作用。例如，光电火控系统可以提高各种火炮的首发命中率；激光制导已成为精确制导武器重要的制导技术之一；光电引信准确及时且抗干扰性强，能最大限度地发挥弹药的威力；光电瞄准能保证射手百发百中；光电技术的目标识别能力可以避免误伤友邻部队，对目标进行精确定位和实施精准打击。

(4)生存能力更强。战争的一般规律是"保存自己，消灭敌人"。在高技术战争中，由于各种高技术武器的大量使用，保存自己的问题越来越突出。利用红外探测器和光线传感器等无源传感器来获取情报，武器平台和指挥所内采用光纤传输信息，既不辐射电磁波，因而不易被敌方发现，又不受电磁波干扰，所以能在强电磁辐射环境下生存。

下面从 10 个方面介绍光电子技术在军事中的应用。

1.　侦察与遥感

激光雷达、激光定位、激光测距、激光瞄准、激光惯性制导已广泛用于从空间到水下的各个领域。机载、车载多光谱照相机包括可见光和红外波段，用滤光器细分为若干紫波段进行照相，对热图用伪彩色代表不同温度。所获得的伪彩色照片有助于分辨和识别目标。低轨道卫星每几十分钟绕地球一圈，不到一天即可获得全球表面的图像信息。卫星上广泛采用光电传感器，进行适当的图像处理后，把信息发回到地面站，实时或准实时地获得所需要的图像信息。机载光电侦察设备，特别是近年来发展的无人机载光电侦察设备，包括 CCD 相机和红外热像仪，由于距地面近千米，可以获得分辨率达 1m 甚至 0.3m 的高清晰图像，成为极其有效的战场情报侦察手段。装有红外热像仪和可见光照相机等侦察设备的装甲侦察车，机动性和隐蔽性好，可昼夜出没在前沿阵地，获取战场前沿情报。战士携带手持式热像仪，便于获取近距离图像信息。在战场上大量使用地雷，使得排雷成为一个令人头疼的问题。用红外热像仪进行雷场探测，有助于排雷。正在研究开发中的战场机器人，其视觉系统主要由光电传感器组成。

激光雷达，即光探测与测量，是一种集激光、全球定位系统(GPS)和惯性导航系统(INS)三种技术于一体的系统，用于获得数据并生成精确的DEM(数字高程模型)。从工作原理上讲，与微波雷达没有根本的区别，但相对于微波雷达，具有分辨率高、隐蔽性好、抗有源干扰能力强、低空探测性能好、体积小、质量轻等特点。

激光雷达的应用领域也越来越多，激光雷达又称为无人驾驶的眼睛。无人驾驶汽车是通过车载传感系统感知道路环境，自动规划行车路线并控制车辆到达预定目标的智能汽车。激光雷达使用的技术是飞行时间，就是根据激光遇到障碍物后的折返时间，计算目标与自己的相对距离。激光光束可以准确测量视场中物体轮廓边沿与设备间的相对距离，这些轮廓信息组成点云并绘制出3D环境地图，帮助汽车识别路口与方向，精度可达到厘米量级，从而提高测量精度。

无人驾驶飞机上安装有自动驾驶仪、程序控制装置等设备。地面、舰艇或母机遥控站人员通过雷达等设备，对其进行跟踪、定位、遥控、遥测和数字传输。可在无线电遥控下像普通飞机一样起飞。机载激光雷达(LIDAR)是机载激光探测和测距系统，可以量测地面物体的三维坐标。在20世纪70年代，由NASA研发的LIDAR测绘技术空载激光扫描技术开始发展，并且发展速度飞快，在1995年开始商业化。

虚拟/增强实现(VR/AR)等领域都可以看到激光的身影。激光雷达在这里面扮演着测量、监控等角色。

蓝绿光激光雷达可用于水下目标探测。由于水的后向散射严重且传输损耗大，一般采用蓝绿激光照射目标，并用超窄带绿光技术滤除背景噪声，用距离选通闸门避开后向散射来探测水下目标，在水质好的情况下探测深度可达60～70m或更深。光纤水听器是一种对声敏感的光纤传感器，它的灵敏度和方向性比一般声呐好，可用于探测对方潜水艇。

拉曼激光雷达探测大气中的微量化学战剂，因为每种化学物质都有它特定的光谱特性，可用红外探测仪和差分吸收雷达来探测。探测灵敏度可达百万分之一以下，作用距离几千米至10km。实时监测敌方生化武器所释放的有毒物质。

2. 夜视或观瞄

由于红外成像和夜视技术的发展，野战已成为一种重要的作战方式。红外前向技术广泛用于各种作战机、车辆和舰艇，使驾驶员在夜航和夜战时看得和白天一样清楚；微光夜视仪也广泛用于步兵、炮兵和装甲兵等地面部队。轻武器借助红外和激光观瞄仪显著提高瞄准精度和命中率。直升机开始用激光雷达来回避障碍，可以发现几千米外直径为8mm的电力线。

3. 火力控制

各种火炮采用火电火控系统，即以红外火电来跟踪瞄准目标，以激光测距来获得目标位置和速度信息，经计算机处理后进行火力控制，从而大大提高火炮射击命中率。光电火控系统同火控雷达联合工作，以提高全天候战斗能力和可靠性。当敌方使用反辐射导弹时，可以关闭雷达以保存自己。

4. 精确制导

精确打击是现代高技术战争中最重要的攻击方式。光电制导在精确打击武器中占有很重要的地位。光电制导的武器很多，包括红外制导导弹和子弹药、电视制导的导弹和航弹、半主动制导和驾驶制导的激光制导导弹、半主动激光制导炮弹和航弹、光纤制导导弹等。光电制导具有区别目标和复杂背景的能力，命中精度高。巡航导弹是一种远距离低空飞行的精确打击武器，它不易被雷达发现，因而有很强的突防能力。它的低空巡航能力，靠微波和激光雷达精确测量和控制飞行高度并回避障碍，在终端袭击预定目标时靠光电成像仪警醒目标图像识别。

5. 近爆引信

导弹、炮弹和炸弹的近爆引信对能否有效摧毁目标至关重要，必须具有很高的可靠性和安全性。激光引信和红外引信的优点是不怕电磁干扰，常用于空-空、地-空、空-舰、舰-舰等导弹上。

6. 军事通信

军事通信网所用光纤通信技术同民用的没有多大区别。军用光纤通信的特殊之处在于野战光缆和武器平台内部通信，要求能耐恶劣环境。野战通信光缆同掺矸一定长度制造，以便运输和快速放线、快速撤收，有故障时便于成段更换。野战光缆两端配以快速连接器。野战光缆的敷设可以用越野车辆，也可以用直升飞机。为此，配有专门的放线器。在军舰、飞机、车辆和导弹内广泛采用光纤光缆来代替电线电缆。光纤光缆不仅传输速率高，而且无电磁辐射(隐蔽性好)、不怕电磁干扰(可靠性高)、体积小、质量轻。

为防止无线电波被敌人截获，在战斗打响前有一个无线电静默时期。在此期间，战术分队之间可以用半导体激光器通信联络。这种通信机作用距离可达 2km，质量轻，耗电少。

7. 惯性导航

激光陀螺和光纤陀螺的优点是没有活动部件、结构简单、耐冲击和振动、可靠性高、寿命长、测量范围宽、启动时间短、直接数字输出、便于同计算机连用，而且体积小、质量轻、功耗小。它将广泛用于飞机、舰船和航天器的惯性导航系统。

8. 光电对抗

随着军用光电装备的广泛使用，特别是光电制导、光电火控、光电引信等的使用，构成了对各种军事目标的严重威胁，因而光电对抗变得日益重要，已成为电子战不可分割的部分。

光电对抗技术包括光电侦察、告警、消极干扰和积极干扰等技术。有的用于平台的自卫，有的用于重要目标的防御。

以强激光压制地方光电侦察、火控和制导武器是一种积极干扰技术。强激光不仅可使敌方光电探测器失灵，从而导致来袭的光电制导武器失效，甚至可以直接摧毁来袭的导弹头罩或壳体。

9. 靶场测量

各种新型武器装备都要通过靶场试验来检测，可以认为靶场是新型武器装备的摇篮。在靶场设备中，测量手段起关键作用，它的精确性和先进性是完成检测任务的保证。电影经纬仪是电影摄影机与经纬仪相结合的仪器，能测量目标的方位角和俯仰角，主要用于飞机、火箭和航天器轨迹测量，以及起飞、着陆和飞行实况记录。靶场激光测距仪加载电影经纬仪之后，一台经纬仪就可同时提供方位角、俯仰角和斜距三个数据，实现单站定轨，并可实时输出弹道数据，实现靶场光学外弹道测量技术的飞跃。再配以红外或电视自动跟踪，更是锦上添花。

10. 模拟训练

模拟训练包括现代技术对飞机、车辆、舰艇驾驶员的训练，各种枪炮的射击训练以及各军兵种部队和分队的战术训练。同实弹训练相比，模拟训练可以节省大量的物力、财力。只要所用模拟技术成熟，模拟训练可以做到十分逼真，训练效果很好。光电子技术在模拟训练中扮演着十分重要的角色，包括用激光脉冲模拟子弹或炮弹，以平板显示器直观地显示训练环境和操作效果等。最近发展起来的虚拟现实技术，利用高超计算机技术和高清晰度三维显示、海量光存储灯光电子技术，为模拟训练提供了一种崭新的手段。受训练的人完全沉浸在逼真的三维环境之中，不仅有视觉、听觉，还有触觉。它可以在虚拟环境中发挥自己的主观能动性，改变周围的失误并立即感觉到每个活动的后果。

除了以上10种军事应用以外，光电子技术在先进制造技术中的应用，以及激光核聚变、激光分离同位素等都与军事应用关系密切。

12.8.3 激光武器的优点、杀伤机理及防护

1. 激光武器的优点

激光以光速出击，对10km远处的目标只需33μs就到了，因此在发射时不需要像一般炮弹那样给一个"提前量"；同反导弹的导弹相比，激光武器每一"发"的成本低得多。激光武器将是精确制导武器的一个克星。有矛必有盾，光电精确制导武器同激光反导武器将在激烈竞争和对抗中不断向更高阶段发展。激光武器的优点如下。

1) 无须进行弹道计算

在战场上，交战双方如果都用火炮攻击对方目标，由于受地心引力和空气阻力的作用而容易使弹道弯曲，所以射击时都要根据距离、高度、风向、风速及弹丸初速等因素进行弹道计算。使用普通枪炮射击时，如果目标是运动的，还必须计算射击的提前量。由于激光武器所发射的"光弹"是以光速飞行，其飞行速度常常要比普通炮弹快约40万倍，比导弹快约10万倍。因此，使用激光武器进行射击，无须考虑提前量的问题。

2) 无后座力

由于光束基本没有质量，所以在使用激光武器射击时，不存在普通武器射击时出现的巨大后座力和噪声，这既可提高射击的命中率，有效地打击敌方，又便于隐蔽自己，减少伤亡。

3) 操作简便，机动灵活，适用范围广

激光武器可通过转动反射镜迅速变换射击方向，在短时间内就能拦截多个来袭目标。激光武器既可直接在地面使用，也可在战车、军舰、飞机等活动作战平台上使用，还可在卫星、航天器等空间作战平台上使用。

4) 无放射性污染

激光束可使坚硬目标(如坦克装甲)烧蚀和熔化，但又不像核武器爆炸那样产生大量的

放射性污染。虽然目前激光武器的研制成本比较高，但其硬件可以重复使用，每次的发射费用比较低。

2. 激光武器的杀伤机理

激光之所以能成为杀伤武器，是因为它具有以下破坏效应：①烧蚀效应，高能激光光束照射到目标上时，部分能量被目标材料吸收转化为热能，使其气化、熔化、穿孔、断裂，甚至产生爆炸；②激波效应，当目标材料被激光照射气化后，在极短时间内对靶材产生反冲作用，从而在靶材中产生压缩波，使材料产生应力应变并在表层发生层裂，裂片飞出具有杀伤破坏作用；③辐射效应，目标材料因激光照射气化，会形成等离子体云，能辐射紫外线、X 射线，使目标内部的电子元件损伤。

3. 激光武器的防护方法

针对未来战争中激光武器的威胁，各国纷纷加紧对激光武器的防护研究。当前，采用的主要措施有：一是在飞机、战术导弹、精确制导武器的光电系统中采取相应的防护加固和对抗措施。二是研究激光防护器材，用以防护人员及武器装备。三是利用不良的气象和烟幕，来对抗激光干扰机、激光致盲武器和激光反传感器武器。四是对未来应急作战部队的人员进行防激光武器的教育和训练，使他们对激光武器的特性及其防护方法有所了解，消除神秘感和恐惧感。五是研究激光干扰的方法。激光也同所有光波一样，具有穿透大气能力差的弱点，因此也可利用地形、地物等自然条件，降低对方激光武器的效能，或对其实施有效的干扰，以最大限度地减少伤亡，争取战役战斗的胜利。

12.9　量子通信与量子计算机

量子纠缠(quantum entanglement)，也译作量子缠结，由爱因斯坦、波多尔斯基(Poololsky)、罗森(Rosen)于 1935 年提出，量子纠缠描述了两个或多个互相纠缠的粒子之间的一种 "神秘" 的关联。对于不同粒子，即使各自相隔距离很遥远，相互之间也没有任何介质情况下，其中一个粒子的行为将会影响另一个粒子的状态。假设其中的一个粒子被操作而自身的状态发生了变化，则另外一个粒子也会发生相应的变化。量子纠缠被认为是量子形式论中最经典的特征，量子纠缠在量子信息科学中起着至关重要的作用。

量子通信与量子计算机应用的关键是处于纠缠态的光量子，而这种光量子只能由激光器提供。纠缠态的光量子数量越多，量子通信与量子计算机性能越佳。然而，目前量子计算机的一个重要问题是光量子退相干问题，只有相关态光量子稳定存储保持，才能为量子计算机实用化铺平道路。为了保障纠缠态量子稳定存在需求，实现量子纠错是关键。

12.9.1　量子通信

量子通信是指利用量子纠缠效应进行信息传递的一种新型的通信方式，是量子论和信息论相结合的新研究领域，主要涉及量子密码通信、量子远程传态和量子密集编码等。量子信息技术的研究与应用主要包括量子通信、量子计算、量子测量等。其中，量子通信(以QKD 为主)是最先走向实用化和产业化的量子信息技术，正处于从实用走向产业规模应用的重要阶段。从世界范围来说，中国的量子通信技术的科技创新和应用发展都走在前列。在"十四五"规划及政府工作报告中首次出现"量子信息"的身影，国家在量子信息科学(量子通信、量子计算、量子测量等)上的投入将持续增加，并将大力支持相关企业的发展。

2021 年 6 月，中国科学技术大学郭光灿院士团队的李传锋、周宗权研究组，在国际上首次实现多模式复用的量子中继基本链路，将量子世界里的通信速率提升了四倍，相关成果发表在学术期刊《自然》上。

量子通信具有传统通信方式所不具备的绝对安全特性，在国家安全、金融等信息安全领域有着重大的应用价值和前景。2016 年 8 月，我国成功发射了全球首颗量子科学实验卫星"墨子号"，实现 1203km 量子纠缠，刷新了世界纪录。9 月，世界首条量子保密通信干线"京沪线"正式开通。目前，我国已经成功实现了洲际量子保密通信，我国的量子通信技术已经跻身世界前列，截至 2018 年末，我国已建成的实用化光纤量子保密通信网络总长(光缆皮长)已达 7000 余千米。

12.9.2　量子计算机

美国把原子弹研发称为"曼哈顿计划"，把量子计算机研发命名为"微曼哈顿计划"，量子计算机被称为"信息时代原子弹"。

由于激光束方向性、单色性、相干性都非常好，且传播速度快，不会受电磁场的影响，所以用光子代替电子进行信息传递、存储、交换、处理等是未来的大趋势。光子计算机必将逐步替代目前的电子计算机，而激光技术则是量子计算机中的关键技术之一。现在人们已在很多领域将电子和光子混合使用，称为光电子，光子的许多性质与电子很相似，所以激光电视、激光通信等已经实现，量子计算机的原型机已经诞生，一些关键设备已经研制成功。2018 年 4 月 2 日，搜狐科技报道，微软公司宣布了一项量子计算机新进展：他们在一段导线中实现了"半电子"状态。简单来说，就是微软公司研发了一套原子系统，它的两端似乎各有半个电子。如果只移动其中的一个"半电子"，整套系统的独特配置并不会受到破坏。如果将两个"半电子"相连，就会得到两种量子状态中的一种：有，或者无。2018 年 12 月 6 日，合肥本源量子计算科技有限责任公司(简称本源量子)宣布，他们成功研制了中国首款完全自主知识产权的量子计算机控制系统。量子计算机是一个复杂系统，除了核心芯片外，操作控制系统是重要的器件之一。

2020 年 12 月 4 日，中国科学技术大学宣布，中国科学技术大学的潘建伟、陆朝阳等组成的研究团队与中国科学院上海微系统与信息技术研究所、国家并行计算机工程技术研究中心合作，构建了 76 个光子 100 个模式的量子计算原型机"九章"。这一成果，使得我国成功实现了量子计算研究的第一个里程碑——量子计算优越性(quantum supremacy)。该量子计算系统处理高斯玻色取样(Gaussian Boson sampling)的速度，比目前世界上最快的超级计算机快 100 万亿倍。实验显示，当求解 5000 万个样本的高斯玻色取样时，"九章"需 200s，目前世界上最快的超级计算机"富岳"需 6 亿年。"九章"的计算成果远远超过了 Google 发布的量子计算成果。2019 年 9 月，Google 宣布实现量子优越性，具体来说，Google 在一台 53 比特的量子计算机上仅用 3′20″就能完成在超级计算机上需要 10000 年的计算。当时，这被认为是量子计算领域的一次巨大突破。"九章"通过高斯玻色取样证明的量子计算优越性不依赖样本数量，弥补了 Google 53 比特随机线路取样实验中量子优越性依赖样本数量的漏洞。"九章"输出量子态空间规模达到了 10^{30}，而谷歌的超导量子计算原型机"悬铃木"输出量子态空间规模是 10^{16}，目前全世界的存储容量是 10^{22}。

2021 年 10 月，中国科学院量子信息与量子科技创新研究院科研团队在超导量子和光量子两种系统的量子计算方面取得重要进展，使我国成为目前世界上唯一在两种物理体系达到"量子计算优越性"的国家。

经过研究攻关，超导量子计算研究团队构建了 66 比特可编程超导量子计算原型机"祖冲之二号"，实现了对"量子随机线路取样"任务的快速求解，比目前最快的超级计算机快 1000 万倍，计算复杂度比谷歌的超导量子计算原型机"悬铃木"高 100 万倍，使得我国首次在超导体系达到了"量子计算优越性"新高度。

据中国科学技术大学教授陆朝阳介绍：我们把"九章"光量子计算机从 76 个光子增加到 113 个光子，构建了 113 个光子 144 模式的量子计算原型机"九章二号"，处理特定问题的速度比超级计算机快 10^{24} 倍，并增强了光量子计算原型机的编程计算能力。

超导量子比特与光量子比特是国际公认的有望实现可扩展量子计算的物理体系。量子计算机对特定问题的求解超越超级计算机，即量子计算优越性，是量子计算发展的第一个里程碑。

中国科学院院士潘建伟教授说：下一步我们希望能够通过 4～5 年的努力实现量子纠错，在使用量子纠错的基础之上，我们就可以探索用一些专用的量子计算机或者量子模拟机来解决一些具有重大应用价值的科学问题。

量子纠错与量子计算机。由量子不可克隆定理，未知的量子信息不能被完美复制。且量子信息具有消相干特性，要实现量子信息有效存储和传输，则需要采取量子纠错这个必要手段。量子纠错，就是通过量子门操作对主系统联合辅助比特的量子态进行编码，使其处于特殊的量子叠加态。这个特殊的量子叠加态称为编码逻辑态，对受噪声干扰的编码逻辑态进行测量、恢复、解码，可以抑制主系统量子态受噪声影响的程度。通过量子纠错，可以使量子信息以更大的保真度存储和传输，可以降低量子计算受噪声干扰而出错的概率。延长量子状态的保持不变时间(量子状态寿命)是量子计算机实用道路中的关键技术之一。基于超导的量子计算实验在过去的十多年已经有了长足的发展，但是到目前为止还没有实现一个通过纠错使寿命得到延长的量子存储。实现这样一个由量子纠错保护的量子存储是目前整个量子计算领域亟待解决的关键问题之一。2019 年，清华大学孙麓岩副教授小组经过四年研究，提出了一个《基于微波谐振腔中薛定谔猫态的量子纠错方案》引起了人们的关注。该方案利用谐振子本身，即具有无限维希尔伯特(Hilbert)空间的特点来对冗余量子信息进行编码而不会增加错误症状的个数，同时又利用微波谐振腔优异的相干性能，极大简化了对硬件的要求。电路腔量子电动力学的快速发展大大提高了该量子纠错方案的可行性。根据已发表的理论工作，科学家计划在实验上实现一个由该量子纠错方案保护的量子存储，并在此量子存储基础上实现一组通用量子逻辑门操作。实验的实现将会为逻辑比特层面上的量子计算打下坚实的基础，进而为推进超导量子计算的做出了贡献。

2023 年 4 月 26 日，郭光灿院士团队的郭国平、李海欧等与南方科技大学量子科学与工程研究院黄培豪、中国科学院物理研究所张建军，以及本源量子计算有限公司合作，在硅基锗量子点中实现了自旋量子比特操控速率的电场调控及自旋翻转速率超过 1.2GHz 的自旋量子比特超快操控。研究成果以 Ultrafast and Electrically Tunable Rabi Frequency in a Germanium Hut Wire Hole Spin Qubit 为题，在国际纳米器件物理知名期刊 *Nano Letters* 在线发表。该速率是国际上半导体量子点体系中已报道的最高值，这一工作对提升自旋量子比特的质量具有重要的指导意义。图 12.9.1 所示为郭光灿院士在固态量子存储实验的工作场景。

图 12.9.1　郭光灿院士在固态量子存储实验室

为了进一步提升自旋量子比特的性能，实验团队经过实验发现体系内的电场参数(量子点失谐量和栅极电压)对自旋量子比特的操控速率具有明显的调制作用。通过物理建模和数据分析，研究人员利用电场强度对体系内自旋轨道耦合效应的调制作用，以及量子点中轨道激发态对比特操控速率的贡献，自洽地解释了电场对自旋量子比特操控速率调制的实验结果。并在实验上进一步测得了超过 1.2GHz 的自旋比特超快操控速率，这也刷新了课题组之前创造的半导体自旋比特操控速率达到 540MHz 的最快纪录。实验装置和空穴自旋量子比特超快空穴自旋量子比特的操纵，最大拉比振荡频率超过 1.2GHz。

郭光灿、郭国平等联合中国科技大学成立了国内第一家量子计算公司——本源量子计算科技(合肥)股份有限公司，专注于量子计算全栈开发，各类软件、硬件产品技术指标国内领先，目前已申请专利百余项。

量子计算机的出现为我们展示了智能计算的新篇章，它不仅可以提升计算能力，提高数据准确性，节省大量的能源，而且可以满足多个领域的计算需求。为现代科学发展插上展翅翱翔的翅膀。

根据科学技术发展趋势，未来计算机可分为分子计算机、量子计算机、光子计算机、纳米计算机和生物计算机五种类型。

(1)分子计算机：利用分子计算的能力进行信息处理的计算机。分子计算机的运行是靠分子晶体吸收以电荷形式存在的信息，并以更有效的方式进行组织排列。

(2)量子计算机：是一类遵循量子力学规律进行高速数学和逻辑运算、存储及处理量子信息的物理装置。它的主要特点是：运行速度较快，处置信息能力较强，应用范围较广等。与现有的电子计算机比较起来，信息处理量越大，对于量子计算机实施运算就越有利，也就更能确保运算具备精准性。

2021 年 2 月，本源量子科技（合肥）股份有限公司，发布具有自主知识产权的量子计算机操作系统"本源司南"。

2022 年 8 月，百度公司发布了集量子硬件、量子软件、量子应用于一体的产业级超导量子计算机"乾始"。

（3）光子计算机：是一种由光信号进行数字运算、逻辑操作、信息存储和处理的新型计算机。它由激光器、光学反射镜、透镜、滤波器等光学元件和设备构成，靠激光束进入反射镜和透镜组成的阵列进行信息处理，以光子代替电子，光运算代替电运算。光的并行、高速，决定了光子计算机的并行处理能力超强，具有超高运算速度。光子计算机还具有与人脑相似的容错性，系统中某一元件损坏或出错时，并不影响最终的计算结果。光子在光介质中传输所造成的信息畸变和失真极小，光传输、转换时能量消耗和散发热量极低，对环境条件的要求比现在的电子计算机低得多。随着现代光学与计算机技术、微电子技术相结合，在不久的将来，光子计算机将成为人类普遍使用的工具。

（4）纳米计算机：将纳米技术运用于计算机领域所研制出的一种新型计算机。"纳米"本是一个计量单位，采用纳米技术生产芯片成本十分低，因为它既不需要建设超洁净生产车间，也不需要昂贵的实验设备和庞大的生产队伍。只要在实验室里将设计好的分子合在一起，就可以造出芯片。大大降低了生产成本。

（5）生物计算机：也称仿生计算机，主要原材料是生物工程技术产生的蛋白质分子，并以此作为生物芯片来替代半导体硅片，利用有机化合物存储数据。信息以波的形式传播，当波沿着蛋白质分子链传播时，会引起蛋白质分子链中单键、双键结构顺序的变化。运算速度要比当今最新一代计算机快 10 万倍，它具有很强的抗电磁干扰能力，并能彻底消除电路间的干扰。能量消耗仅相当于普通计算机的十亿分之一，且具有巨大的存储能力。生物计算机具有生物体的一些特点，如能发挥生物本身的调节机能，自动修复芯片上发生的故障，还能模仿人脑的机制等。

量子计算机在发展道路上，目前已露端倪并展示出强大生命。量子计算机已在中国、美国、英国、德国、日本等国家已展开了用户试用。2023 年 2 月，谷歌宣布在量子计算机纠错技术方面取得重要突破。中国量子纠错研究在中国科学院院士俞大鹏的带领下，南方科技大学深圳量子科学与工程研究院超导量子计算实验室徐源课题组，联合福州大学郑仕标、清华大学孙麓岩等组成的研究团队，通过实时重复的量子纠错过程，延长了量子信息的存储时间，相关结果超过编码逻辑量子比特的物理系统中不纠错情况下的最好值。这是我国科学家在量子纠错领域的最新研究成果，相关学术文章于 2023 年 3 月在国际学术期刊《自然》网站上刊登。量子纠缠的进展，引起广泛的关注和热议。作为一项新兴技术，量子计算一直被认为是量子科技领域的重要研究方向之一。量子计算不仅可以增强计算机功能，应用于科研、教学、工业、农业、医疗、人工智能等领域，更有可能提高人类对气候变化、饥饿和疾病的应对能力，破解和更新常见的加密技术，带来巨大经济效益，对全球数字经济产生影响，并形成地缘政治战略意义。因此，量子计算也被全球主要经济体视为一项战略技术，世界各大国正在展开一场激烈竞争。

12.10　中国激光市场发展现状及其分析

我国已成为全球制造业第一大国，国内市场对激光技术产品的需求日益旺盛。根据激光产业研究专家罗百辉编写的《2023 中国激光产业发展报告》，2010 年以来，激光加工应用市场的不断拓展，我国激光产业也逐渐进入高速发展期。在"十三五"期间，我国的激光产业规模从 350 亿元增长到 988 亿元，介入相关下游应用加工产业涉及上万亿的制造产业链。激光制造高效率、超高精度的优点使其在工业制造中表现突出，已经从珠江三角洲、武汉、北京、长江三角洲主要几个地区发展到全国数十个大中城市均有布局产业园，实现了从点到面的全国发展格局。激光产业可望维持快速发展的势头，实现产值翻一番的增长，即到 2025 年，全国激光产业规模可达 1800 亿元。

1. 产业政策扶持

当前，部分发达国家和经济实体均制定了国家级激光产业发展计划，对光子学和激光给予了全方位支持。高端制造是我国制造业的薄弱环节，尤其在精密加工领域，与世界先进水平存在一定差距。为加快产业结构调整，提升我国制造业竞争力，国家出台了《中国制造 2025》《"十三五"国家科技创新规划》《"十三五"国家战略性新兴产业发展规划》《国家中长期科学和技术发展规划纲要(2006—2020 年)》等多项政策，从国家战略层面加大对精密制造、智能制造等领域的扶持力度。激光技术是支撑微纳制造技术升级的基础工具和有效手段，有助于我国制造业转型升级带来的巨大市场需求。

2020 年 1 月，科技部、发展改革委、教育部、中国科学院、自然科学基金委联合制定《加强"从 0 到 1"基础研究工作方案》，提出面向国家重大需求，对关键核心技术中的重大科学问题给予长期支持，包括对增减材激光制造在内的重大领域给予重点支持，推动关键核心技术突破。

2. 激光技术及产业发展

加快激光核心技术创新，激光装备要向高端化发展。在"十四五"规划里，激光产业集中力量要做好的一件事——实现产业规模化、集聚化，一个激光园区能实现全产业链。配套产业的发展助推激光器产业快速发展。

激光器件是激光产业发展的关键所在，激光器的发展依赖于泵浦源、激光晶体、高端光学器件等激光器件的发展水平。我国在激光晶体、光学器件等领域具备较强的科研实力，并且较早实现了产业化，完整、成熟的产业配套有利于激光器产业快速发展。我国激光应用市场广阔，激光设备制造产业发展成熟，应用开发技术居于世界前列，相关公共服务平台配套较完备。下游应用产业的繁荣为激光器产业的健康发展提供了市场保障。

3. 下游激光应用领域进一步扩大

激光加工技术作为现代制造业的先进技术之一，具有传统加工方式所不具有的高精密、高效率、低能耗、低成本等优点，在加工材料的材质、形状、尺寸和加工环境等方面有较大的自由度，能较好地解决不同材料的加工、成型和精炼等技术问题。随着激光器技术和激光微加工应用技术的不断发展，激光应用技术涉及下游群企业达到万亿规模，将在更多领域替代传统工艺。

习　　题

1. 简述激光的应用领域。
2. 简述激光在信息产业中的应用及其优势。
3. 简述激光在工业加工中的应用。
4. 简述激光焊接的分类和优点，说明激光焊接的机理。
5. 简述激光在军事上的应用。
6. 简述激光在医学中的应用。
7. 简述量子通信的安全性原理。
8. 简述量子计算机优势特点与量子纠错的关系，以及量子计算机发展应用前景。
9. 简述激光应用与《中国制造 2025》的关系。

参 考 文 献

安毓英, 2002a. 激光传输技术[J]. 激光与红外, 32(6): 435-438.

安毓英, 2002b. 实用激光技术(一)[J]. 激光与红外, 32(4): 282-285.

安毓英, 2002c. 实用激光技术(二)[J]. 激光与红外, 32(5): 359-362.

蔡素雯, 1996. 激光技术在农业上的应用[J]. 应用激光, 16(1): 30-31.

陈国夫, 杜戈果, 王贤华, 1999. LD泵浦Nd: YVO₄/KTP/BBO紫外激光器[J]. 光子学报, 28(8): 684.

陈建国, 王道, 李大义, 2002. 傅里叶合成阿秒光脉冲的主要特征[J]. 激光杂志, 23(4): 9-10.

陈泽民, 2001. 近代物理与高新技术物理基础——大学物理续编[M]. 北京: 清华大学出版社.

邓鲁, 2000. 原子激光器与非线性原子光学: 现代原子物理学的新进展[J]. 物理, 29(2): 65-68.

邓树森, 1995. 中国激光加工的发展近况[J]. 激光与光电子学进展, 4: 13-15

范滇元, 2003. 中国工程院院士. 中国激光技术发展的回顾与展望[J]. 科学中国人, (3): 33-35.

黄金哲, 任德明, 张莉莉, 等, 2004. TEA CO₂激光在AgGaSe2晶体中的倍频实验研究[J]. 中国激光, 31(5): 559-560.

霍玉晶, 何淑芳, 段玉生, 2000. LD抽运的高性能微型绿光激光器[J]. 中国激光, 27(7): 586-589.

科姆帕, 1981. 化学激光[M]. 罗静远, 译. 北京: 科学出版社.

孔萌, 陆彦婷, 林栋, 等, 2021. 参考光学频率梳的数字激光稳频技术[J]. 光学学报, 41(16): 147-152.

蓝信钜, 等, 2000. 激光技术[M] 北京: 科学出版社.

李适民, 黄维玲, 1998. 激光器件原理与设计[M]. 北京: 国防工业出版社.

李银妹, 姚焜, 2015. 光镊技术[M]. 北京: 科学出版社.

刘均海, 邵凤兰, 许心光, 等, 2000. 优质KTP晶体腔内有效倍频效率及损耗的研究[J]. 光电子·激光, 11(6): 609-612.

刘均海, 王洪润, 崔岱岩, 等, 2000. 半导体激光器端面泵浦高功率高效Nd: YVO₄/KTP腔内倍频连续绿光激光器研究[J]. 山东大学学报(自然科学版), 35(2): 202-206.

柳强, 巩马理, 闫平, 等, 2002. GaAs被动调Q兼输出耦合Nd: YVO₄激光特性研究[J]. 物理学报, 51(12): 2756-2760.

吕凤萍, 王加贤, 2003. CLBO在Nd: YAG调Q激光器中的倍频研究[J]. 激光杂志, 24(1): 6-8.

梅遂生, 2000. 激光技术的40年[J]. 大学物理, 19(7): 3-6.

孟红祥, 郑红, 1994. LD泵浦Nd: YVO₄内腔倍频激光器获得120mW绿光连续输出[J]. 高技术通讯, 4(8): 23-25.

孟祥旺, 李岩, 张书练, 等, 2002. 单光刀与单光镊激光微束系统[J]. 清华大学学报(自然科学版), 42(8): 1064-4067.

宁继平, 常志武, 1999. 掺钛蓝宝石激光器的自锁模机制分析[J]. 天津大学学报(自然科学与工程技术版), 32(2): 159-162.

宁继平, 陈志强, 詹仰钦, 等, 2002. 全固态调Q紫外光Nd: YAG激光器的研究[J]. 光电子·激光, 13(8): 777.

钱梦, 2003. 激光超声检测技术及其应用[J]. 上海计量测试, 30(1): 4-7.

丘军林, 2003. 国外激光器发展动态[J]. 激光产品世界, 2: 15-21.

桑梅, 于建, 倪文俊, 等, 2004. 光纤激光器泵浦 PPKTP 晶体倍频连续绿光输出[J]. 光电子·激光, 15(7):
    763.

斯蒂琪, 1986. 激光技术和应用的进展[M]. 北京: 科学出版社.

宋峰, 陈晓波, 冯衍, 等, 1999. LD 泵浦的共掺 Er^{3+}: Yb^{3+}磷酸盐玻璃激光器[J]. 中国激光, 26(9): 790-792.

田来科, 白晋涛, 田东涛, 2004. 激光原理[M]. 西安: 陕西科学技术出版社.

王家金, 1992. 激光加工技术[M]. 北京: 中国计量出版社.

王鹏飞, 吕百达, 2002. 二极管泵浦内腔倍频激光技术研究进展[J]. 激光与红外, 32(6): 371-373.

王天及, 2002. 高功率光纤激光器及其应用[J]. 激光产品世界, 8: 6-12.

王旭葆, 陈继民, 李港, 等, 2004. 调 Q Nd: YVO4 环形腔外腔倍频技术研究[J]. 光学学报, 24(4): 477-479.

韦乐平, 2002. 面向未来的光通信技术[J]. 通信世界, (10): 33-35.

韦小乐, 魏淮, 盛泉, 等, 2019. 重复频率 1.2GHz 皮秒脉冲全光纤掺镱激光器[J]. 光子学报, 48(11):
    163-170.

吴逢铁, 张文珍, 1999a. 不同皮秒非稳腔中的 KTP 晶体的腔内倍频效应[J]. 光学学报, 19(1): 141.

吴逢铁, 张文珍, 1999b. 三种非线性晶体对锁模激光的倍频[J]. 华侨大学学报(自然科学版), 20(1):
    30-34.

吴林, 赵波, 2002. 非线性光学和非线性光学材料[J]. 大学化学, 17(6): 21-28.

谢绍安, 1997. 激光技术在生物学中的研究领域及应用前景[J]. 激光与光电子学进展, 10: 10-13.

徐德刚, 姚建铨, 周睿, 等, 2003. 104W 全固态 532nm Nd: YAG 激光器[J]. 中国激光, 30(9): 103-105.

徐荣甫, 刘敬海, 1986. 激光器件与技术教程[M]. 北京: 北京工业大学出版社.

薛冬峰, 周晢红, 张思远, 1998. 无机非线性光学材料的研究进展[J]. 化学研究, 9(2): 1-8.

姚建铨, 1995. 非线性光学频率变换及激光调谐技术[M]. 北京: 科学出版社.

叶成, 1996. 分子非线性光学的理论与实践[M]. 北京: 化学工业出版社.

余锦, 檀慧明, 徐尚艳, 等, 1999. 全固态蓝色激光技术[J]. 激光杂志, 20(4): 43-45.

张恒利, 何京良, 陈毓川, 等, 1998. 激光二极管抽运 Nd: YVO4晶体 1342nm 和 671nm 研究[J]. 物理学报,
    47(9): 1579-1580, 1583.

张靖, 马红亮, 2002. 准相位匹配的 KTP 晶体获得高效外腔谐振倍频绿光[J]. 中国激光, 29(12):
    1057-1060.

张秀荣, 张顺兴, 柴耀, 2000. 新型非线性晶体——$CsLiB_6O_{10}$的倍频效应[J]. 中国激光, 27(7): 669-672.

周文, 陈秀峰, 杨东晓, 2001. 光子学基础[M]. 杭州: 浙江大学出版社.

CHRISTOPHER C D, 1996. Lasers and Electro-Optics[M]. Cambridge: Cambridge University Press.

KOECHNER W, 1976. Solid-State Laser Engineering[M]. New York: Springer-Verlag.

YARIV A, 1976. Introduction to Optical Electronics[M]. New York: Holt Rinehart and Winston.

附　　录

附录1　常用的物理常数

附表1　常用物理常数

常数名称	英文名称	表示符号	常数数值
普朗克常量	Planck constant	h	$6.6261755 \times 10^{-34} \mathrm{J \cdot s}$
真空中的光速	Speed of light in a vacuum	c	$2.99792458 \times 10^{8} \mathrm{m \cdot s^{-1}}$
玻尔兹曼常量	Boltzmann constant	k	$1.380662 \times 10^{-23} \mathrm{J \cdot K^{-1}}$
阿伏伽德罗常量	Avogadro's constant	N_A	$6.022045 \times 10^{23} \mathrm{mol^{-1}}$
气体常数	Gas constant	R	$8.314510 \mathrm{J \cdot K^{-1} \cdot mol^{-1}}$
电子电荷	Elementary charge (of photon)	e	$1.60210 \times 10^{-19} \mathrm{C}$
电子静止质量	Electronic static mass	m_e	$9.109534 \times 10^{-31} \mathrm{kg}$
质子静止质量	Rest mass of proton	m_p	$1.6726485 \times 10^{-27} \mathrm{kg}$
中子静止质量	Rest mass of neutron	m_n	$1.674920 \times 10^{-27} \mathrm{kg}$
克分子气体常数	Gram-molecular gas constant	R	$2.24136 \mathrm{J \cdot mol^{-1} \cdot K^{-1}}$
真空介电常数	Permittivity of a vacuum.	ε_0	$8.854187818 \times 10^{-12} \mathrm{F \cdot m^{-1}}$
真空磁导率	Permeability of a vacuum	μ_0	$4\pi \times 10^{-7} \mathrm{H \cdot m^{-1}}$
1eV对应的能量	Energy corresponding to 1eV	eV	$1.60210 \times 10^{-19} \mathrm{J}$
万有引力常数	Gravitational constant	G	$6.6720 \times 10^{-11} \mathrm{N \cdot m^2 \cdot kg^{-2}}$
标准大气压	Standard atmospheric pressure	P_0	$1.013 \times 10^{5} \mathrm{Pa}$
空气密度	Density of air (20℃ and 1atm)	ρ_{air}	$1.20 \mathrm{kg \cdot m^{-3}}$
水的密度	Density of water (20℃ and 1atm)	ρ_w	$1.00 \times 10^{3} \mathrm{kg \cdot m^{-3}}$
光年	Light year	ly	$9.46 \times 10^{15} \mathrm{m}$
地球赤道半径	Equator radius of the Earth	R_e	$6.378140 \times 10^{6} \mathrm{m}$
地球平均半径	Average radius of the Earth	R_{ae}	$6.374 \times 10^{6} \mathrm{m}$
太阳赤道半径	Equator radius of the Sun	R_s	$6.9599 \times 10^{8} \mathrm{m}$
太阳平均半径	Average radius of the Sun	R_{as}	$6.9599 \times 10^{8} \mathrm{m}$
地球质量	Mass of the Earth	M_e	$5.98 \times 10^{24} \mathrm{kg}$
太阳质量	Mass of the Sun	M_s	$1.98892 \times 10^{30} \mathrm{kg}$
月亮质量	Mass of the Moon	M_m	$7.36 \times 10^{22} \mathrm{kg}$
太阳发光功率	Radiation light power of the Sun	L_s	$3.826 \times 10^{26} \mathrm{J \cdot s^{-1}}$
地球与太阳的距离	Average Earth-Sun distance	d_{es}	$1.496 \times 10^{11} \mathrm{m}$
地球与月亮的距离	Average Earth-Moon distance	d_{em}	$3.84 \times 10^{8} \mathrm{m}$
人类已观测到的宇宙范围	Universe range		$10^{26} \mathrm{m}$

附录2　常用的物理单位

附表2　基本单位

符号	单位名称	定义	度量
m	米	1/299792458s 光在真空中行程的长度	长度
kg	千克	$1m^3$ 的纯水在 4℃时的质量	质量
s	秒	铯-133 原子基态的两个超精细结构能级之间跃迁相对应辐射周期的 9192631770 倍所持续的时间定义为 1s	时间
A	安培	截面每秒 $1.602176634×10^{19}$ 个元电荷通过即为 1A。定义于 2019 年 5 月 20 日正式生效	电流
K	开尔文	热力学温标。摄氏零度以下 273.15℃为零点，称为绝对零点，273.15K = 0℃	温度
cd	坎德拉	光源在给定方向上的发光强度，当光源发出频率为 $5.40×10^{12}Hz$ 的单色辐射，且在此方向上的辐射强度为 1/683W/sr 时，1cd 是指光源在指定方向的单位立体角内发出的光通量	光强度
mol	摩尔	表示大量数目粒子的一个基本物理量。每摩尔物质含有阿伏伽德罗常量($6.02×10^{23}$)个粒子，仅用于微观粒子数目，如分子、原子、离子等	物质的量
rad	弧度	弧长等于半径的弧，其所对的圆心角为 1rad。一周的弧度数为 $2\pi r/r = 2\pi$，$360° = 2\pi rad$，$1rad ≈ 57.3°$	平面角
sr	球面度	若球面上有一圆形表面积或其他形状的表面积，刚好与该球半径 r 的平方相等，则该面积对应的球心所张的立体角为 1sr。球面积 $4\pi r^2$，故球的立体角为 4π sr	空间立体角

附表3　推导单位

符号	单位名称	定义	度量
Hz	赫兹	$1Hz = 1s^{-1}$	频率
N	牛顿	$1N = 1kg \cdot m \cdot s^{-2}$	力
J	焦耳	$1J = 1N \cdot m$	能量
W	瓦特	$1W = 1J \cdot s^{-1}$	功率
Pa	帕斯卡	$1Pa = 1N \cdot m^{-2}$	压强
V	伏特	$1V = 1W \cdot A^{-1}$	电压
C	库仑	$1C = 1A \cdot s$	电荷
Ω	欧姆	$1\Omega = 1V \cdot A^{-1}$	电阻
F	法拉	$1F = 1C \cdot V^{-1}$	电容
H	亨	$1H = 1\Omega \cdot s = Wb \cdot A^{-1}$	电感
S	西门子	$1S = 1A \cdot V^{-1} = 1\Omega^{-1}$	电导
Wb	韦伯	$1Wb = 1V \cdot s$	磁通量
T	特斯拉	$1T = 1Wb \cdot m^{-2}$	磁通量强度
lm	流明	$1lm = 1cd \cdot sr$	光通量
lx	勒克斯	$1lx = 1lm \cdot m^{-2}$	照度

附表4　国际单位用于构成十进倍数和分数单位的词头

表示因数	中文词头	英文前缀	词头符号	表示因数	中文词头	英文前缀	词头符号
10^{24}	尧[它]	yotta	Y	10^{-1}	分	deci	d
10^{21}	泽[它]	zetta	Z	10^{-2}	厘	centi	c
10^{18}	艾[可萨]	exa	E	10^{-3}	毫	milli	m
10^{15}	拍[它]	peta	P	10^{-6}	微	micro	μ
10^{12}	太[拉]	tera	T	10^{-9}	纳[诺]	nano	n
10^{9}	吉[咖]	giga	G	10^{-12}	皮[可]	pico	p
10^{6}	兆	mega	M	10^{-15}	飞[母托]	femto	f
10^{3}	千	kilo	k	10^{-18}	阿[托]	atto	a
10^{2}	百	hecto	h	10^{-21}	仄[普托]	zepto	z
10^{1}	十	deca	da	10^{-24}	幺[科托]	yocto	y

附表5　时间与功率

时间			功率		
值	符号	名称	值	符号	名称
10^{0}s	s	秒	10^{-6}W	μW	微瓦
10^{-1}s	ds	分秒	10^{-3}W	mW	毫瓦
10^{-2}s	cs	厘秒	10^{2}W	hW	百瓦
10^{-3}s	ms	毫秒	10^{3}W	kW	千瓦
10^{-6}s	μs	微秒	10^{6}W	MW	兆瓦
10^{-9}s	ns	纳秒	10^{9}W	GW	吉瓦
10^{-12}s	ps	皮秒	10^{12}W	TW	太瓦
10^{-15}s	fs	飞秒	10^{15}W	PW	拍瓦
10^{-18}s	as	阿秒	10^{18}W	EW	艾瓦
10^{-21}s	zs	仄秒	10^{21}W	ZW	泽瓦
10^{-24}s	ys	幺秒	10^{24}W	YW	尧瓦

附表6　米的各级单位

分数			倍数		
值	符号	名称	值	符号	名称
10^{-1} m	dm	分米	10^{1} m	dam	十米
10^{-2} m	cm	厘米	10^{2} m	hm	百米
10^{-3} m	mm	毫米	10^{3} m	km	千米
10^{-6} m	μm	微米	10^{6} m	Mm	兆米
10^{-9} m	nm	纳米	10^{9} m	Gm	吉米
10^{-12} m	pm	皮米	10^{12} m	Tm	太米
10^{-15} m	fm	飞米	10^{15} m	Pm	拍米
10^{-18} m	am	阿米	10^{18} m	Em	艾米
10^{-21} m	zm	仄米	10^{21} m	Zm	泽米
10^{-24} m	ym	幺米	10^{24} m	Ym	尧米

附表 7　非国际单位与国际单位的转换

单位变换	非国际单位			国际单位			变换关系
	单位名称	英文名称	符号	单位名称	英文名称	符号	
长度单位	埃	ångström	Å	米	meter	m	$1\,Å = 10^{-10}m$
	飞米	femtometre	fm	米	meter	m	$1fm = 10^{-15}m$
	光年	light · year	l.y.	米	meter	m	$1l.y. = 9.46053×10^{15}m$
	海里	Sea mile	nmile	米	meter	m	$1n\ mile = 1.852km$
	英里	English mile	mile	米	meter	m	$1mile = 1609.344m$
	码	yard	yard	米	meter	m	$1yard = 0.9144m$
	英尺	1foot = 12in	ft	米	meter	m	$1ft = 0.3048m$
	英寸	inch	in	米	meter	m	$1in = 0.0254m$
压强	托	torr = mmHg	torr	帕	Pa	Pa	$1torr = 1mmHg = 1.33322×10^{2}\,Pa$
	巴	bar	bar	帕	Pa	Pa	$1bar = 10^{5}\,Pa$
	标准大气压	atmospheric pressure	atm	帕	Pa	Pa	$1atm = 760torr = 1.01325×10^{5}\,Pa$

后　记

　　激光技术、半导体技术、计算机技术、材料科学技术、航天航海技术、5G 通信技术、AI 技术等融合将使工业、农业、商业、金融、教育、交通、军事、社会保障等领域发生翻天覆地的变化，量子信息通信、量子计算机的出现，更显出第四次工业革命的勃勃生机。跟随科技发展的步伐，为科技进步添砖加瓦，为光学人才教育事业拾柴添薪、略尽绵薄之力，是吾辈的一点心愿。

　　本书在策划和编写过程中，有幸得到李银妹、白晋涛、王展云、程光华、田东涛、张文静等教师的无私奉献，方得今日之颜容。李银妹提供了激光微束超控技术方面的成果资料；白晋涛根据自己多年激光教学和科研实践，提供了丰富的实验数据和成果；王展云编写了《激光器件与技术(上册)：激光器件》中第 2、4、6、9 章约 33 万字、《激光器件与技术(下册)：激光技术及应用》中第 2、4、5、6、10 章约 18 万字；程光华、田东涛查找资料、校对书稿，提出建议、插图等不辞辛劳。西北大学物理学院院长杨文力教授、杨涛教授等均给予极大的支持和帮助，在此表示衷心的感谢。

作　者

2022 年 6 月于西安